创新型计算机精品教材

Power BI 数据分析与可视化案例教程

主审　罗忠海
主编　刘　博　杨　健　孟祥明

内容提要

本书采用项目式编写方法，从实用角度出发，系统全面、循序渐进地介绍了 Power BI 数据分析与可视化的相关技术与实际应用。本书结构合理清晰、知识讲解全面、案例典型实用、配套资源丰富。全书共分为 9 个项目，分别为数据分析与可视化基础、数据获取、数据清洗、数据整理、数据建模、视觉对象、报表、Power BI 服务、实战演练——人力资源数据分析与可视化。

本书可作为各类院校计算机科学与技术、大数据技术、电子商务、财务管理等相关专业学生的教材，也可供相关从业者自学使用。

图书在版编目（CIP）数据

Power BI 数据分析与可视化案例教程 / 刘博，杨健，孟祥明主编. -- 上海 ：上海交通大学出版社，2025. 1.

ISBN 978-7-313-32359-0

Ⅰ. TP31；TP274

中国国家版本馆 CIP 数据核字第 2025CS5566 号

Power BI 数据分析与可视化案例教程

Power BI SHUJU FENXI YU KESHIHUA ANLI JIAOCHENG

主　　编：刘　博　杨　健　孟祥明

出版发行：上海交通大学出版社　　地　　址：上海市番禺路 951 号

邮政编码：200030　　电　　话：021-64071208

印　　制：三河市祥达印刷包装有限公司　　经　　销：全国新华书店

开　　本：787 mm×1092 mm　1/16　　印　　张：16.75

字　　数：408 千字

版　　次：2025 年 1 月第 1 版　　印　　次：2025 年 1 月第 1 次印刷

书　　号：ISBN 978-7-313-32359-0　　电子书号：ISBN 978-7-89564-234-8

定　　价：59.90 元

前言
PREFACE

在信息爆炸的时代，企业对数据分析与可视化的需求日益增长。在众多数据分析与可视化工具中，微软的 Power BI 因其强大的功能、友好的用户界面，以及与其他微软产品的良好兼容性，逐渐成为相关从业者的首选工具。

为帮助学生更好地掌握利用 Power BI 进行数据分析与可视化的方法，我们精心规划和编写了本书。具体来说，本书具有以下特色。

1. 立德树人，德技并修

党的二十大报告指出："育人的根本在于立德。"本书积极贯彻党的二十大精神，坚持价值塑造、能力培养、知识传授"三位一体"的育人理念，将能够培养学生职业素养、爱国情怀和社会责任感等的内容潜移默化地融入知识和技能教育，引导学生树立正确的世界观、人生观和价值观，培养学生成为有担当、高素质、高水平的专业型人才。

2. 校企合作，协同育人

本书邀请相关企业专家指导和参与编写，结合企业对人才的实际要求，选取与实际应用紧密相关的案例，将重心落在职业需要和岗位需求上，充分发挥学校和企业各自在人才培养方面的优势，帮助学生实现从校园到企业的平稳过渡。

3. 全新形态，全新理念

本书遵循"理论够用，重在实践"的原则，采用项目化教学方式，将项目分为课前、课中和课后 3 部分，引导学生自主学习。课前，学生通过"项目导读"和"项目目标"模块了解项目的背景和主要目标，通过"项目描述"模块了解项目的相关知识，以及项目实施的内容，通过观看视频和查找资料完成"项目准备"模块中的引导问题；课中，学生学习项目的相关知识，并完成"项目实施"模块中的案例；课后，学生通过"项目实训"和"项目考核"模块进一步练习和巩固项目所学的知识和技能，并通过"项目评价"模块评价整个项目的学习情况。

此外，本书还根据需要设置了“提示”“知识库”等栏目，适时提醒学生需注意的事项，解决学生在学习与操作过程中遇到的问题，让学生少走弯路，提高学习效率。

4. 平台支撑，资源升级

本书配有丰富的数字资源，学生可以借助手机或其他移动设备扫描二维码观看微课视频，也可以登录文旌综合教育平台“文旌课堂”查看和下载本书配套资源，如素材与实例、项目考核答案、优质课件、教案等。学生在学习过程中遇到问题，也可以登录该平台寻求帮助。

此外，本书还提供了在线题库，支持“教学作业，一键发布”，教师只需通过微信或“文旌课堂”App 扫描扉页二维码，即可迅速选题、一键发布、智能批改，并查看学生的作业分析报告，提高教学效率，提升教学体验。学生可在线完成作业，巩固所学知识，提高学习效率。

本书创作团队

本书由罗忠海担任主审，刘博、杨健、孟祥明担任主编，李琪、龙全圣、刘子豪、倪红、余杨、杜亚洲、李吉祥担任副主编。由于编者水平有限，书中可能存在疏漏或不妥之处，敬请各位读者批评指正。

特别说明

（1）在本书编写过程中，编者参考了大量资料，这些资料大部分已获授权，但由于部分资料来自网络，我们暂时无法联系到原作者。对此，我们深表歉意，并欢迎原作者随时与我们联系。

（2）本书所有案例涉及的人名和企业名等信息均为化名。

本书配套资源下载网址和联系方式

网址：https://www.wenjingketang.com

电话：400-117-9835

邮箱：book@wenjingketang.com

片头

目录 CONTENTS

项目 1

数据分析与可视化基础

项目导读

在数据爆炸式增长的今天，数据的价值不断被人们挖掘和发现，各行各业的分析决策都离不开数据的支持。而要从海量的数据中获得有价值的信息，并以直观、生动的方式呈现数据，就离不开数据分析与可视化。要对数据进行分析与可视化，首先要了解相关知识，然后还要有合适的工具。

项目目标

知识目标

- 了解数据分析与可视化的基础知识、基本流程及常用工具。
- 了解 Power BI 的家族成员及其功能。
- 掌握 Power BI Desktop 的下载与安装方法。
- 熟悉 Power BI Desktop 的工作界面。
- 了解 Power BI Desktop 的视图模式。

能力目标

- 能够下载和安装 Power BI Desktop。
- 能够通过示例查看 Power BI 数据分析与可视化效果。

素质目标

- 保持积极的学习态度，勇于提出问题。
- 强化合作意识，发扬共享精神。

项目描述

本项目首先介绍数据分析与可视化的基础知识、基本流程及常用工具等相关知识，然后介绍数据分析与可视化工具 Power BI 的功能、下载与安装方法、工作界面及视图模式，最后通过示例查看 Power BI 数据分析与可视化效果。

项目准备

全班学生以 3～5 人为一组，各组选出组长。组长组织组员扫码观看“数据分析与可视化应用场景”视频，讨论并回答下列问题。

问题 1：说一说你对数据分析与可视化的理解。

数据分析与可视化应用场景

问题 2：列举数据分析与可视化的应用场景（不少于 3 个）。

1.1 数据分析与可视化概述

1.1.1 什么是数据分析与可视化

数据分析是指通过对数据进行收集、清洗、转换、归纳、建模和推断等，从数据中提取出有价值的信息。数据分析能够揭示数据之间的关系、规律和趋势，从而帮助人们做出更准确的决策。数据可视化则更注重于以直观、生动的方式呈现数据，将复杂的数据信息简化为易于理解的图表和图形，使数据更具表现力和可读性。

在现代数据驱动的环境中，数据分析与可视化已广泛应用于商业、科学、医疗、教育等各个领域，它不仅可以帮助人们更好地理解数据，还可以支持决策，发现问题和机会，提高业务竞争力和效益。

1.1.2 数据分析与可视化的基本流程

数据分析与可视化的基本流程通常包括以下 5 个阶段，如图 1-1 所示。

需求分析 → 数据获取 → 数据处理 → 数据分析 → 数据可视化

图 1-1 数据分析与可视化的基本流程

（1）需求分析。

需求分析是整个数据分析与可视化过程的基础，首先要明确分析的目的，如做出决

策、发现趋势、解决问题等，然后确定需要分析的数据范围和来源，最后明确想要得到的结果。

（2）数据获取。

完成需求分析，确定需要分析的数据范围和来源后，接下来是获取数据。数据通常分为内部数据和外部数据，内部数据获取方式比较简单，可以从企业内部直接获取；外部数据获取方式比较复杂且多样，主要有网上获取开源数据、爬取网络数据、购买外部数据等方式。

知识库

内部数据是指企业自身产生和拥有的数据，通常保存在内部系统中，如公司的销售记录、客户信息、产品数据、员工数据、财务数据等。内部数据对于企业来说具有重要的价值，因为它反映了企业的运营情况、业务绩效和内部关系。外部数据是指企业从外部获取的数据，如市场数据、经济指标、社交媒体数据、行业数据、科研数据等，通常来自于外部数据提供商、开放数据源、第三方平台等。外部数据对于企业来说也具有重要的意义，因为它可以帮助企业了解市场趋势、行业动态、竞争情况等，为业务发展和决策提供参考和支持。

（3）数据处理。

数据处理是指对数据进行清洗和整理，以便得到满足数据分析与可视化需求的数据。数据处理包括清除数据中的错误，处理缺失值、异常值和重复值，统一数据格式，整合不同数据源中的数据等，是数据分析与可视化中必不可少的一步。

（4）数据分析。

数据分析是指根据分析目的，通过合适的分析手段、方法和技巧对处理后的数据进行描述或建模等，从中发现数据的内在规律，提取有价值的信息，形成有效结论。

（5）数据可视化。

数据可视化是指以图表、仪表板等方式展示数据分析的结果，可以更直观地揭示数据的趋势和模式，有效地传达数据信息。

1.1.3 数据分析与可视化常用工具

1. Power BI

Power BI 是微软推出的商业智能（business intelligence, BI）工具，旨在通过数据连接、数据建模、报表设计和仪表板制作等功能，为用户提供从数据获取到报表生成的全方位解决方案，使用户能够更好地理解和利用数据，从而做出更明智的业务决策。

Power BI 具有丰富的数据连接选项，可以连接上百种数据源，包括 Excel 文件、数据库、Azure 等，同时提供强大的数据处理和建模功能，支持复杂的数据计算和分析。在 Power BI 中，用户可以通过设计报表和仪表板对数据进行可视化展示，也可以将它们在线发布和共享，方便团队协作和数据访问。本书使用 Power BI 进行数据分析与可视化。

2. Tableau

Tableau 是一款桌面系统简单的商业智能工具，可以连接多种数据源，包括数据库、Excel 文件、CSV（comma-separated values，逗号分隔值）文件等，并将其中的数据整合到一个统一的数据模型中。Tableau 还提供了丰富的分析工具、图表和交互式仪表板，用户可以根据需要选择合适的图表来呈现数据，还可以将多个可视化图表组合成一个仪表板，以实现数据的全面展示和交互式分析。除此之外，Tableau 还提供了高级的数据分析和预测功能，如趋势线、聚类分析、预测模型等，这些功能使得用户可以进行更深入的数据挖掘和分析，发现数据中的潜在规律和趋势，从而做出更准确的预测和决策。

3. FineBI

FineBI 是一款国产的企业级商业智能工具，提供了全面的数据分析和可视化功能，并且界面设计简洁直观，用户无须具有专业技能也能快速上手，进行数据分析和可视化操作。FineBI 支持多种数据源，用户可以轻松地探索数据并制作交互式报表和仪表板。此外，FineBI 具有强大的数据集成和 ETL（extract-transform-load，提取、转换和加载）功能，可以帮助用户更好地处理和管理数据，它还支持移动端访问、自定义开发、自定义计算等，满足不同业务场景的需求，是企业进行数据分析和可视化的理想工具。

4. QlikView 和 Qlik Sense

QlikView 和 Qlik Sense 均是 Qlik 推出的数据分析和可视化工具。其中，QlikView 是一款传统的商业智能工具，拥有丰富的数据建模和分析功能，同时提供了一个内置开发环境，用户可以使用 QlikView 特有的编程语言创建和部署交互式分析应用程序和仪表板。而 Qlik Sense 是一款专注于用户体验和交互性的新一代自助式商业智能工具，提供现代化的个性化数据分析与可视化服务，用户可以在云端轻松访问。Qlik Sense 还具有强大的增强分析功能，可帮助用户扩展数据分析能力，并且无须具有专业编码技能也能构建自定义应用程序。

5. Python 和 R

Python 和 R 是两种常用的数据分析和可视化编程语言，都具有丰富的数据分析和可视化库。Python 的 numpy、pandas、matplotlib、seaborn 等库提供了强大的数据处理和可视化功能，大大提高了数据分析与可视化的效率。此外，Python 语言具有易于学习和使用的特点，语法简洁明了，对于初学者来说相对友好。与 Python 相比，R 语言在数据统计建模和可视化方面具有显著优势，它具有丰富的统计和图形库扩展包，如 dplyr、mass、ggplot2 和 rbokeh 等，使得用户能够轻松进行复杂的数据统计建模和可视化。

6. Excel

Excel 是微软推出的一款电子表格软件，也是一种常用的数据分析与可视化工具。Excel 的数据透视表、函数、图表等可以帮助用户快速分析和展示数据。Excel 还提供了数据分析工具包，可以对数据进行简单的回归分析、方差分析和相关分析等。

1.2 Power BI 概述

1.2.1 Power BI 产品家族

微软针对不同的应用需求提供了一系列 Power BI 产品或服务。

1. Power BI Desktop

Power BI Desktop 是一款免费的桌面应用程序，用于获取、转换和分析数据，并生成交互式报表。本书主要使用 Power BI Desktop 进行数据分析和可视化。

2. Power BI Service

Power BI Service（Power BI 服务）是一款基于云的 SaaS 服务平台，用户可以将使用 Power BI Desktop 创建的报表发布至 Power BI 服务，也可以直接在 Power BI 服务中设计报表和仪表板。需要注意的是，使用 Power BI 服务需要获得许可，许可包括用户注册后自动获得的 Free 许可，以及订阅 Power BI Pro 后获得的 Pro 许可。

知识库

SaaS（software as a service，软件即服务）是一种软件交付模式，它允许用户通过互联网使用基于云的应用程序，这些应用程序，如办公软件、ERP（enterprise resource planning，企业资源计划）系统、CRM（customer relationship management，客户关系管理）系统、通信协作工具等，被部署在云端的服务器上，并通过互联网向用户提供服务，其数据都存储在服务器上。用户只需要支付使用费用，便可随时随地使用这些应用程序，无须购买和维护硬件或软件。SaaS 服务平台就是提供 SaaS 应用的云计算平台，其供应商将应用程序打包发布到云端，并负责软件数据备份、升级维护等工作，以确保用户能够安全、稳定地使用云端应用。

3. Power BI Pro

Power BI Pro 是一种付费订阅服务，订阅后可以获得 Pro 许可解锁 Power BI 服务的更多功能，如报表共享和协作、嵌入 API（application programming interface，应用程序编程接口）和控件、访问 Power BI 应用、电子邮件订阅等，通常用于较大规模的数据分析和团队协作。

4. Power BI Mobile

Power BI Mobile（Power BI 移动应用）是一款移动应用程序，用户可以在移动设备上访问 Power BI 移动应用中的内容，以便实时查看报表和仪表板，随时掌握业务情况。

5. Power BI Premium

Power BI Premium 是一种基于容量的服务，企业获得容量许可后，无须向每个企业用户授予许可，即可在整个企业内发布、访问报表。企业可以根据需要最大限度应用其专用容量，根据用户数量、工作负载需求或其他因素将容量分配到指定的工作空间，并根据需求的变化进行扩展或压缩。

6. Power BI Embedded

Power BI Embedded 是一种提供嵌入式解决方式的服务，主要面向企业开发人员。借助 Power BI Embedded，开发人员可以将 Power BI 报表和仪表板嵌入其他应用程序，为用户提供数据分析和可视化功能。

7. Power BI Report Server

Power BI Report Server（Power BI 报表服务器）是一个本地报表服务器，包含一个显示和管理报表和 KPI（key performance indicator，关键绩效指标）的 Web 网站，以及创建 Power BI 报表、分页报表和 KPI 的工具。用户可通过 Web 浏览器、移动设备或电子邮件查看服务器中的报表，还可通过 Web 浏览器存储和管理 Power BI 报表、分页报表和 KPI。

总的来说，Power BI 既可作为个人制作报表的工具，也可作为开发人员、项目管理人员、销售团队等的部署和决策引擎，不同需求的用户可以使用不同的 Power BI 产品或服务。Power BI 主要家族成员的应用是，在 Power BI Desktop 中创建报表，在 Power BI 服务中管理报表和仪表板，使用 Power BI 移动应用随时随地查看报表和仪表板，如图 1-2 所示。

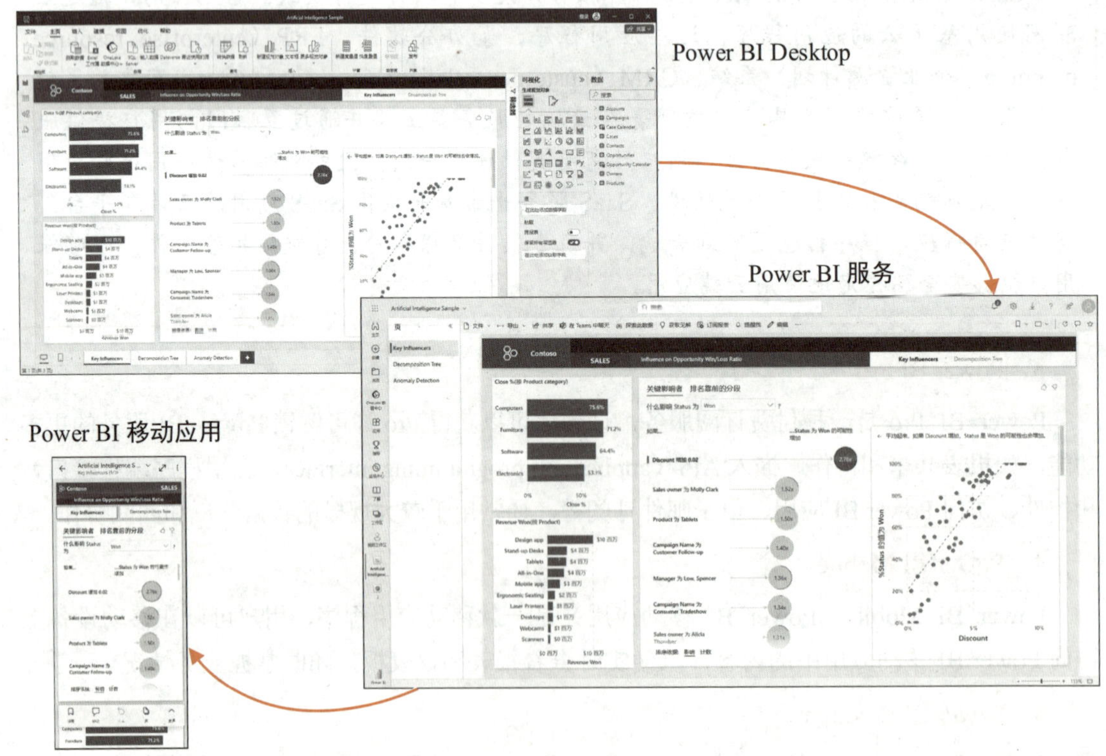

图 1-2　Power BI 主要家族成员的应用

1.2.2 Power BI 的功能

1. 连接数据源

Power BI 几乎可以连接所有类型的数据源，包括 Excel 文件、文本/CSV 文件、XML 文件、JSON 文件、文件夹中的文件、PDF 文件、SQL Server 数据库、Access 数据库、Web 网页等。

2. 数据处理与建模

使用 Power BI 导入的数据可能会存在一定程度的不规范，或者无法满足后续数据分析与可视化的需求，用户可以对数据进行清洗和整理，如数据类型转换、数据替换、数据筛选、管理行列数据、合并来自多个源的数据等。数据处理完成后，用户还可以使用 Power BI 对数据进行建模，包括建立关系，新建计算列、计算表和度量值等，以完成不同需求的分析。

3. 创建报表

Power BI 报表是数据的多角度视图，即以可视化效果展示数据和数据的各种统计分析结果，具有高度互动性和可定制性。报表可以通过多个视觉对象，如图表、矩阵、卡片等，简单快速地将复杂数据转化为易于理解的形式。

4. 共享与协作

可视化效果不仅可以展示在 Power BI Desktop 上，还可以通过 Power BI 服务和 Power BI 移动应用查看，并在 Power BI 服务和 Power BI 移动应用中协作共享报表和仪表板。

1.3 Power BI Desktop 下载与安装

Power BI Desktop 可直接在 Microsoft Power BI Desktop 官方网站（网址为“https://powerbi.microsoft.com/zh-cn/desktop”）下载，具体步骤如下。

（1）打开 Power BI Desktop 官网（见图 1-3），单击“高级下载选项”按钮。

图 1-3 Power BI Desktop 官网

（2）打开 Power BI Desktop 下载页面，在“选择语言”下拉列表中选择“中文（简体）”选项，单击“下载”按钮，如图 1-4 所示。

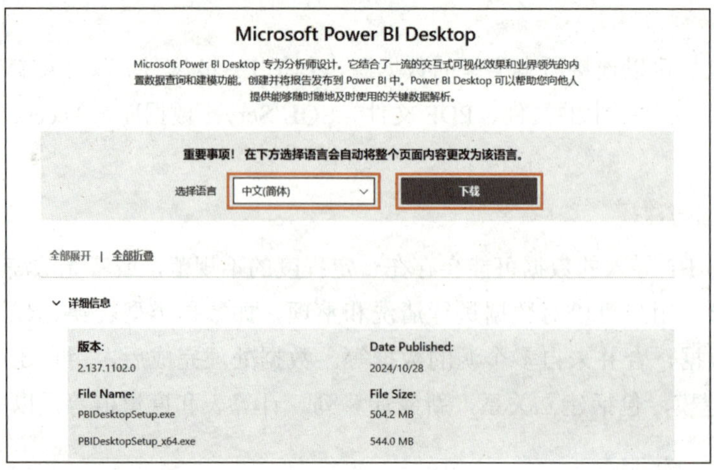

图 1-4　选择语言

（3）打开“选择你要下载的程序”对话框，其中 PBIDesktopSetup.exe 是 32 位系统的安装包，PBIDesktopSetup_x64.exe 是 64 位系统的安装包，用户可根据计算机中的 Windows 系统版本选择安装包，此处勾选“PBIDesktopSetup_x64.exe”复选框，单击“下载”按钮，如图 1-5 所示。

图 1-5　选择安装包并下载

软件下载完成后，双击下载的 PBIDesktopSetup_x64.exe 文件，打开安装程序对话框（见图 1-6），单击“下一步”按钮，然后按照安装程序的指引完成软件安装。

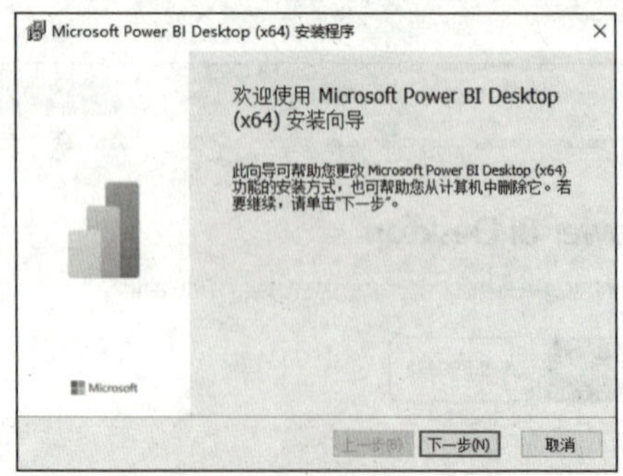

图 1-6　Microsoft Power BI Desktop 安装程序对话框

提　示

Power BI Desktop 软件每月都会更新，工作界面可能略有差别，但基本框架和功能基本一致，读者可下载最新版本的软件。

1.4 Power BI Desktop 工作界面

启动 Power BI Desktop，在“新建”区选择“报表”选项，新建报表，如图 1-7 所示。

图 1-7　新建报表

打开 Power BI Desktop 工作界面，如图 1-8 所示。该界面主要由功能区、“视图”侧边栏、视图区、窗格区等组成。

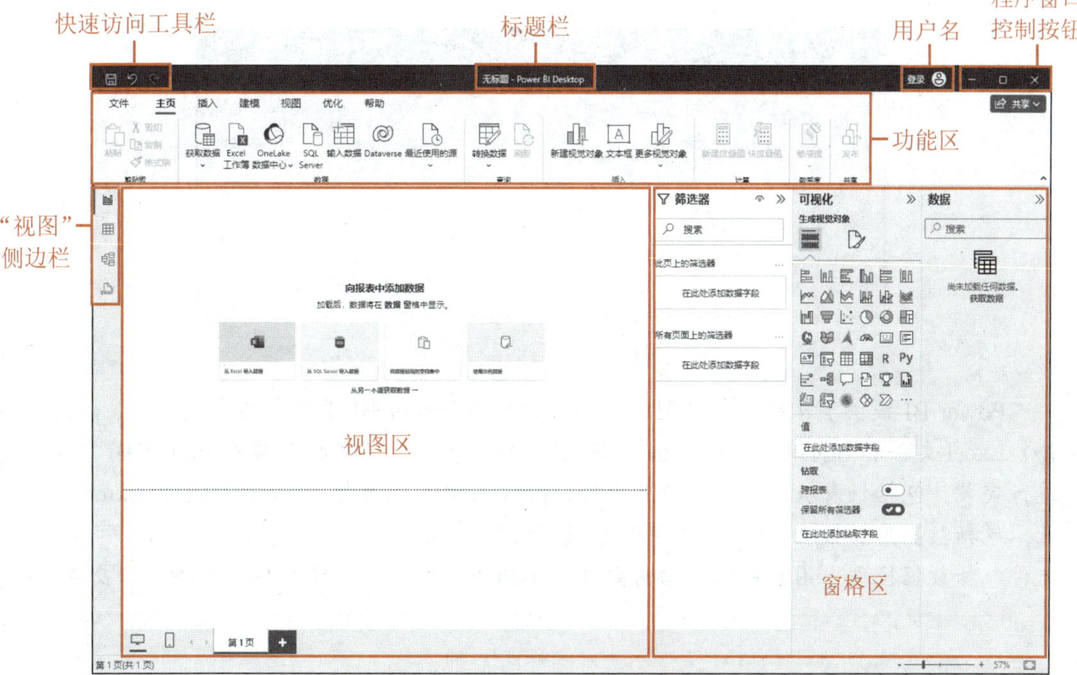

图 1-8　Power BI Desktop 工作界面

功能区包含 Power BI Desktop 的大部分命令按钮，这些命令按钮以选项卡的形式分类显示。选项卡位于功能区顶部，一个选项卡分为多个命令组，每个命令组中包含多个同类功能的命令按钮，组名显示在底部。例如，“主页”选项卡“数据”命令组中包含数据相关的命令按钮，如图 1-9 所示。

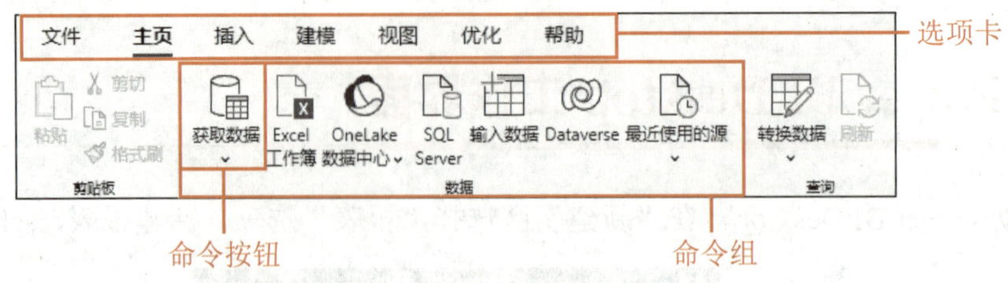

图 1-9 “数据”命令组

“视图”侧边栏用于切换视图，视图区用于展示各种视图，包括报表视图、表格视图、模型视图、DAX 查询视图 4 种视图。窗格区位于视图区右侧，用于显示当前视图对应的窗格。

知识库 

Power BI Desktop 的“帮助”选项卡为用户提供了丰富的学习资料（见图 1-10），包括指导式学习、培训视频、文档、示例等，有助于用户学习使用 Power BI。在 Power BI Desktop 的“帮助”选项卡“资源”命令组中单击“示例”下拉按钮，在其下拉列表中选择“示例报表”选项，可在浏览器中打开 Power BI 示例页面，用户可使用其中的示例试用和学习 Power BI。

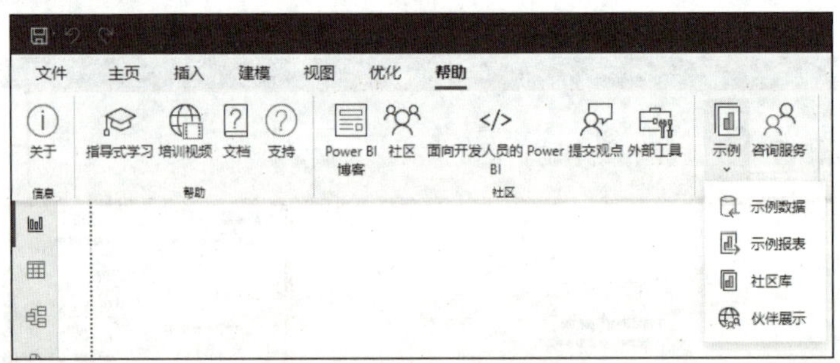

图 1-10 “帮助”选项卡

Power BI 提供了 4 种不同类型的示例，分别为 Power BI 服务中的内置示例、pbix 文件、Excel 文件和 SQL 数据库。Power BI 服务中的内置示例可以直接在 Power BI 服务中进行安装，包括仪表板、报表和语义模型；pbix 文件可以直接在 Power BI Desktop 中打开，包括数据集和报表；Excel 文件和 SQL 数据库可以导入 Power BI Desktop 中，Excel 文件包括数据模型。用户可以根据需要选择不同类型的示例，还可以与示例进行交互。

1.5 视图模式

Power BI Desktop 包括报表、表格、模型和 DAX 查询 4 种视图模式，下面分别介绍。

1. 报表视图模式

报表视图模式是 Power BI Desktop 的主要视图模式，用于创建和设计报表。报表视图模式下显示报表视图和“筛选器”“可视化”“数据”3 个窗格，如图 1-11 所示。其中，报表视图用于展示可视化元素，如图表、表格、文本框等，它可以包含多个报表页，通过报表视图下方的导航栏可以新建和切换报表页；“筛选器”窗格用于筛选视觉对象展示的数据字段；“可视化”窗格用于创建可视化对象；“数据”窗格用于查看和管理获取的数据表及表中的字段。

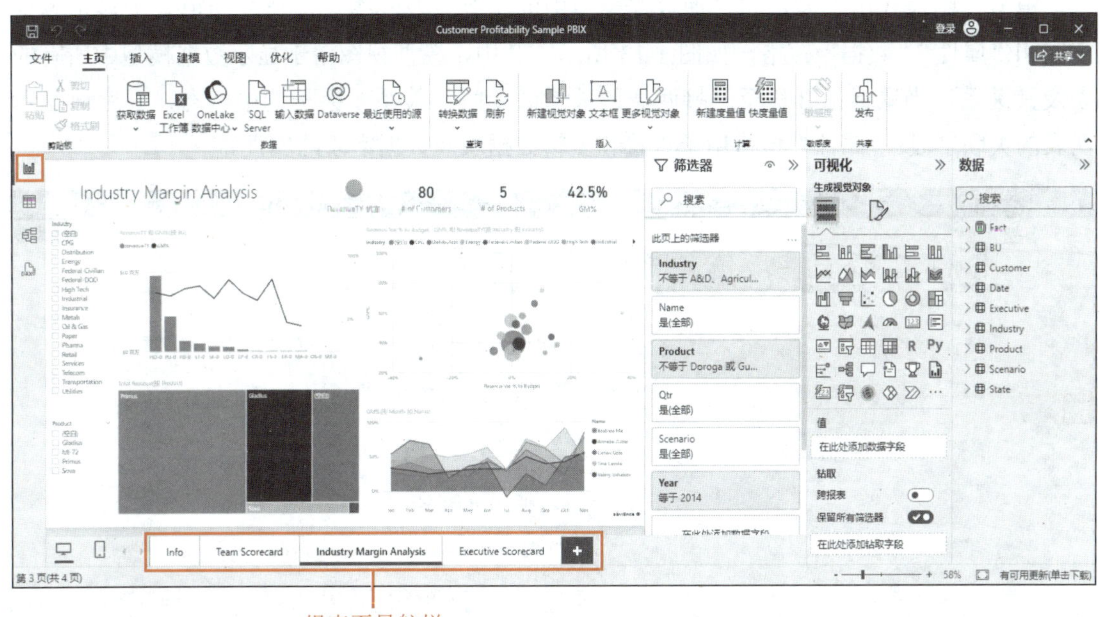

图 1-11 报表视图模式

2. 表格视图模式

表格视图模式用于查看和管理数据表及数据字段，如新建表、新建列和新建度量值等。表格视图模式下显示表格视图和“数据”窗格，如图 1-12 所示。其中，表格视图用于以表格形式查看获取的数据，以及处理和分析后的数据，这些数据可用于创建报表。

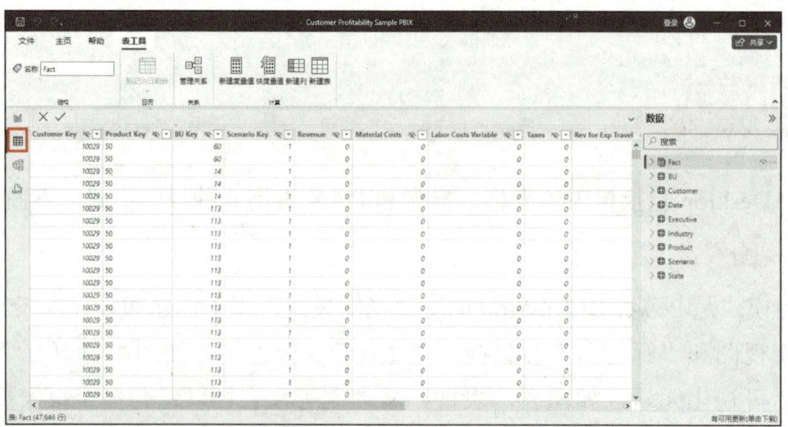

图 1-12 表格视图模式

3. 模型视图模式

模型视图模式用于显示和管理数据模型中的所有表及其关系，该视图模式下显示模型视图和“属性”“数据”窗格，如图 1-13 所示。其中，模型视图用于显示数据模型中所有的表及其关系，当鼠标指针移至连接两表的关系线上时，关系线会呈选中状态，并突出显示两表的关联字段；“属性”窗格用于查看和编辑数据表及数据字段的属性。

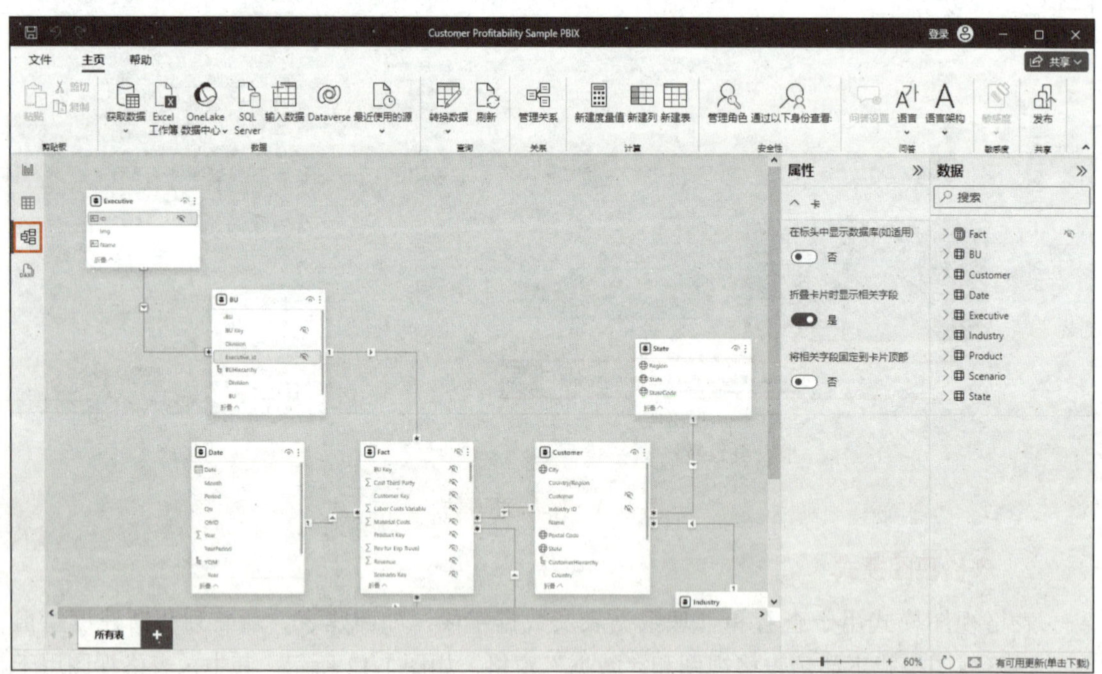

图 1-13 模型视图模式

4. DAX 查询视图模式

DAX 查询视图模式用于查询数据表中的数据，该视图模式下显示 DAX 查询视图和“数据”窗格，如图 1-14 所示。其中，DAX 查询视图中包括查询编辑器和查询结果窗口，

在查询编辑器中编写和编辑 DAX 查询后单击“运行”按钮，可在查询编辑器下方的查询结果窗口中查看查询结果，通过 DAX 查询视图下方的导航栏可以新建和切换查询；“数据”窗格主要用于快速查询已有的数据表、数据字段或度量值。

图 1-14　DAX 查询视图模式

例如，在“Fact”数据表中查询“Cost Third Party”字段的方法是，在“数据”窗格中单击数据表“Fact”左侧的按钮 >，在展开的列表中右键单击“Cost Third Party”选项，在弹出的快捷菜单中选择“快速查询”/“显示数据预览”选项，即可在 DAX 查询视图中显示 DAX 查询代码及查询结果，如图 1-15 所示。

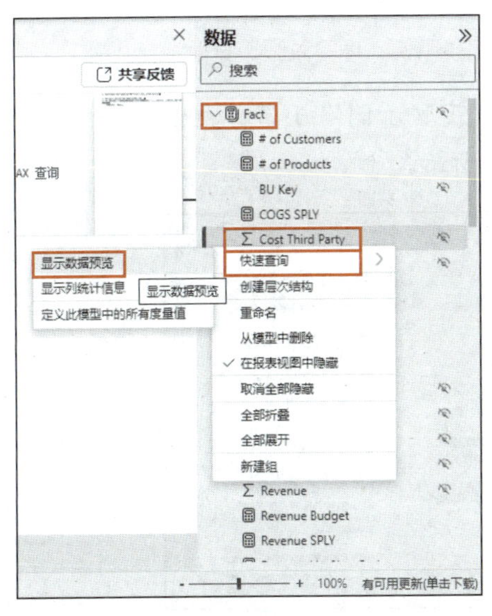

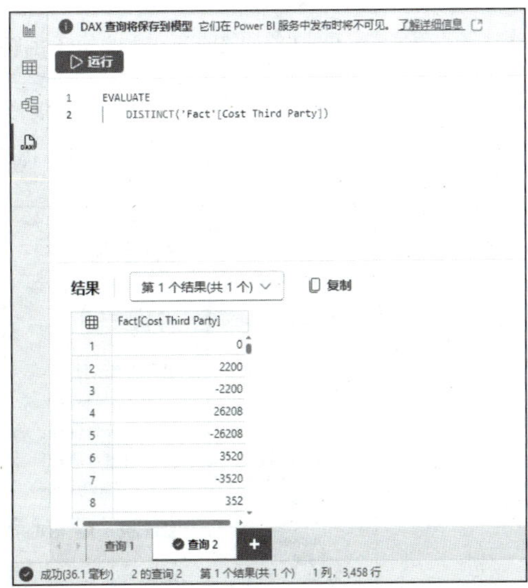

图 1-15　查询数据字段

项目实施——通过示例查看 Power BI 数据分析与可视化效果

本项目实施首先下载 Power BI Desktop 示例文档中的“员工招聘和历史记录”，然后通过不同的视图查看该示例的数据分析与可视化效果，感受 Power BI 的强大功能。

通过示例查看 Power BI 数据分析与可视化效果

步骤 1 在 Power BI Desktop 的“帮助”选项卡“资源”命令组中单击“示例”下拉按钮，在其下拉列表中选择“示例报表”选项，打开 Power BI 示例页面。

步骤 2 在左侧文档目录中单击“员工招聘和历史记录”链接，右侧显示“Power BI 的员工招聘和历史记录示例：体验教程”页面，如图 1-16 所示。

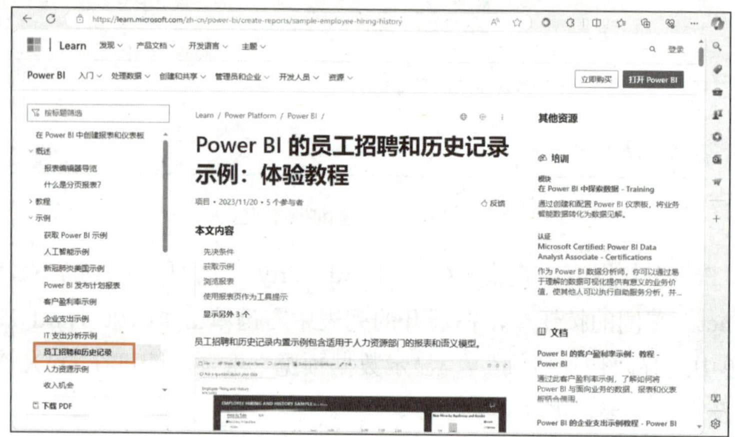

图 1-16 “Power BI 的员工招聘和历史记录示例：体验教程”页面

步骤 3 首先单击“获取示例”链接跳转至“获取示例”小节，然后单击“.pbix 文件”链接，以获取 pbix 文件形式的示例，如图 1-17 所示。

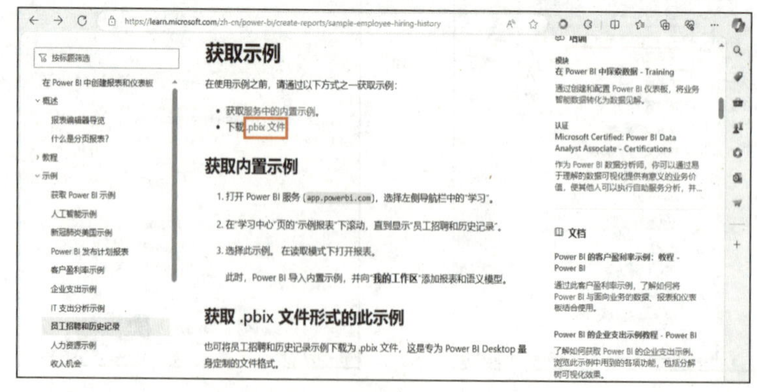

图 1-17 单击“.pbix 文件”链接

步骤 4 页面跳转至“获取.pbix 文件形式的此示例”小节，单击“浏览至‘员工招聘和历史记录示例.pbix 文件’”右侧的 ↗ 按钮，如图 1-18 所示。

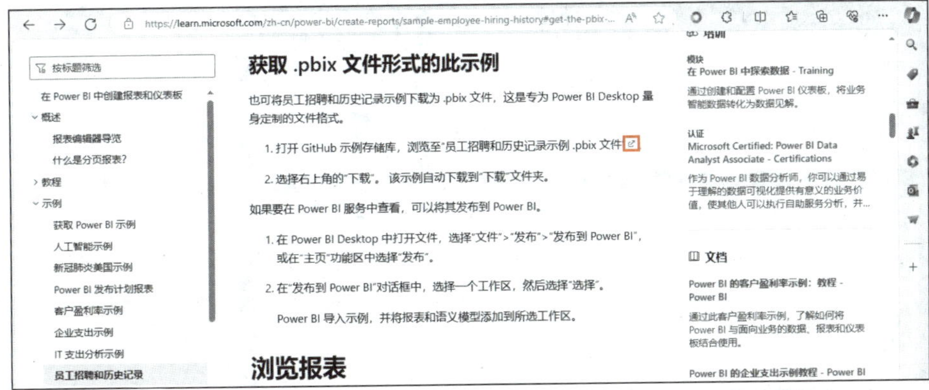

图 1-18 单击 ↗ 按钮

步骤 5 打开 GitHub 示例存储库，单击页面右侧的“下载”按钮 ⤓，下载“Employee Hiring and History.pbix”文件，如图 1-19 所示。

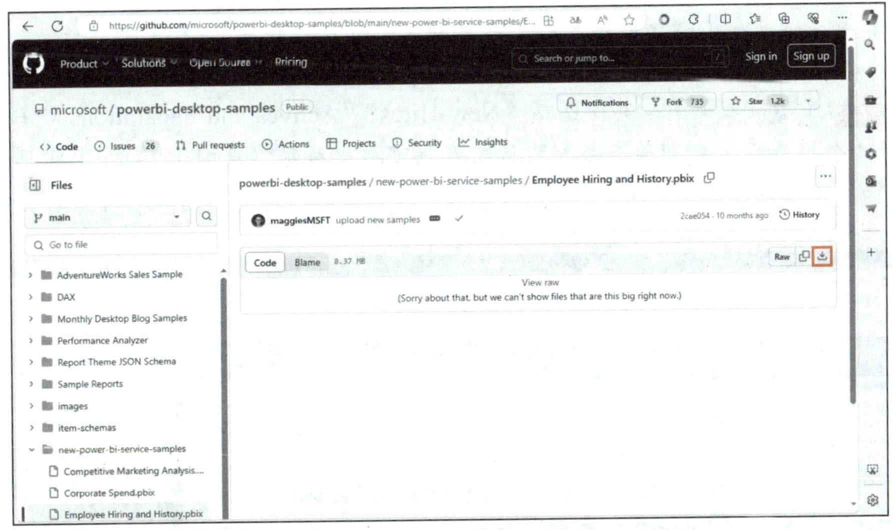

图 1-19 下载“Employee Hiring and History.pbix”文件

下载文件时如无反应，可换其他浏览器试试。

步骤 6 下载完成后，双击 pbix 文件，在 Power BI Desktop 中打开该文件，如图 1-20 所示。

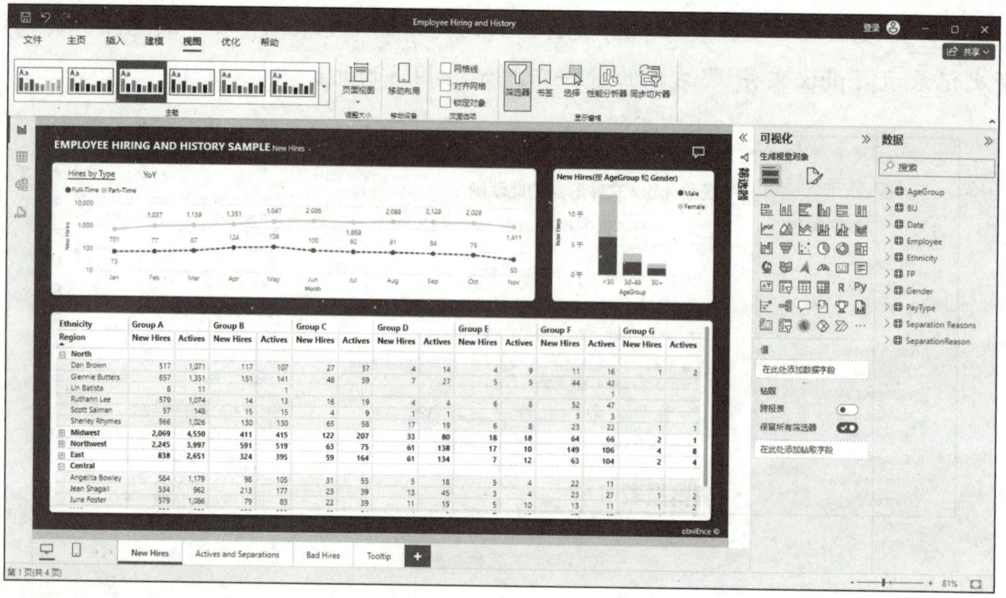

图 1-20　在 Power BI Desktop 中打开 pbix 文件

打开文件时若弹出对话框提示输入电子邮件，可直接将其关闭。

步骤 7　显示报表视图，其中包括“New Hires”“Actives and Separations”“Bad Hires”“Tooltip”4 个报表页，分别展示新入职员工数据可视化效果（见图 1-20），离职员工数据可视化效果、不满足要求员工数据可视化效果和提示数据可视化效果，如图 1-21～图 1-23 所示。

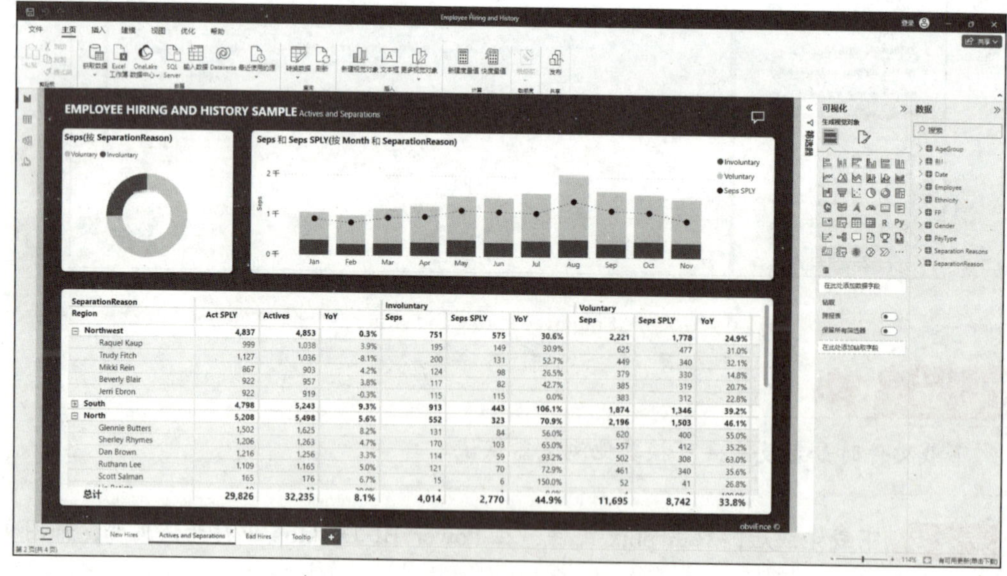

图 1-21　离职员工数据可视化效果

在“Actives and Separations”报表页中，左上角的圆环图展示了自愿和非自愿离职员工人数占比；右上角的堆积柱形图展示了不同月份自愿和非自愿离职员工人数，折线图展示了去年同期离职员工人数；下方矩阵为原始数据。

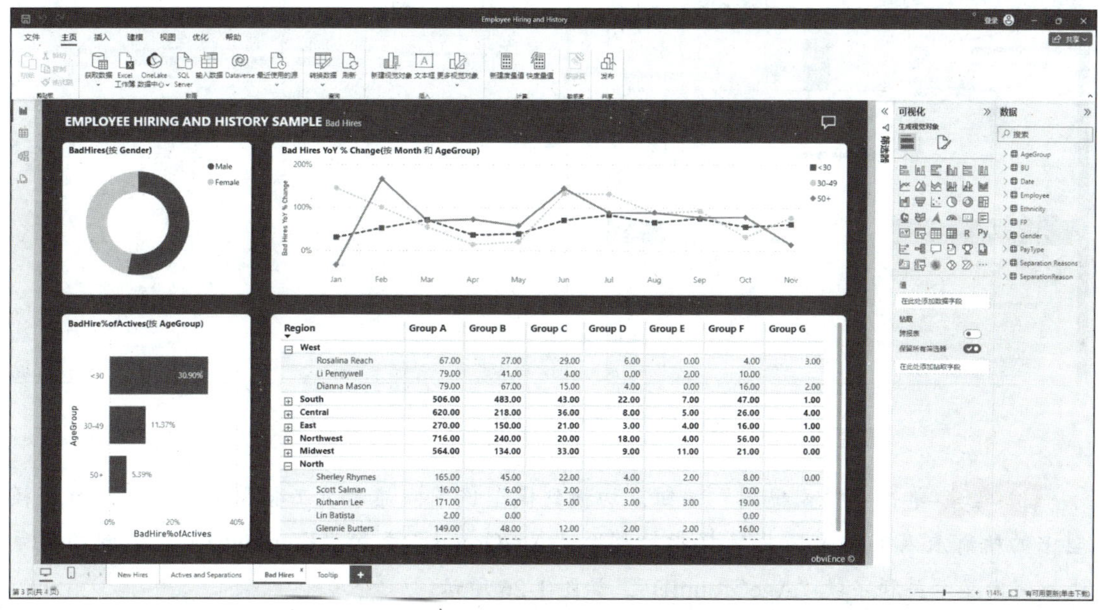

图 1-22　不满足要求员工数据可视化效果

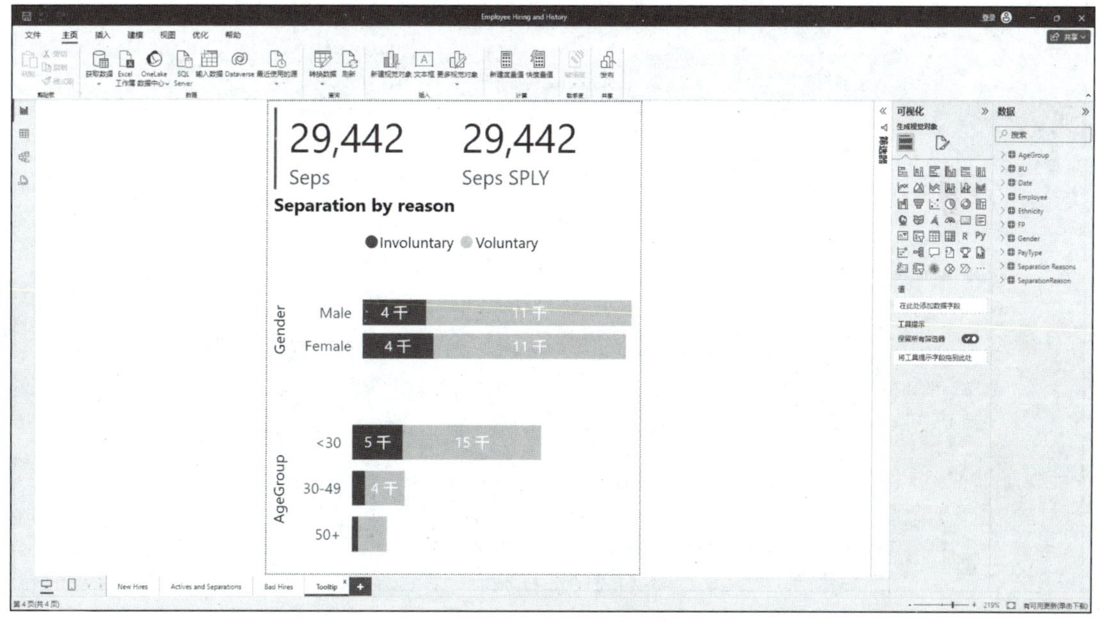

图 1-23　提示数据可视化效果

“Tooltip”报表页可以作为工具提示添加到其他可视化效果中。将鼠标指针移至“Actives and Separations”报表页中圆环图的黄色扇区上，工具提示可视化效果如图 1-24 所示。

步骤 8 单击“表格视图”按钮，切换到表格视图，显示员工招聘和历史记录相关数据表（见图 1-25），单击右侧“数据”窗格中的表名可在各表之间切换。

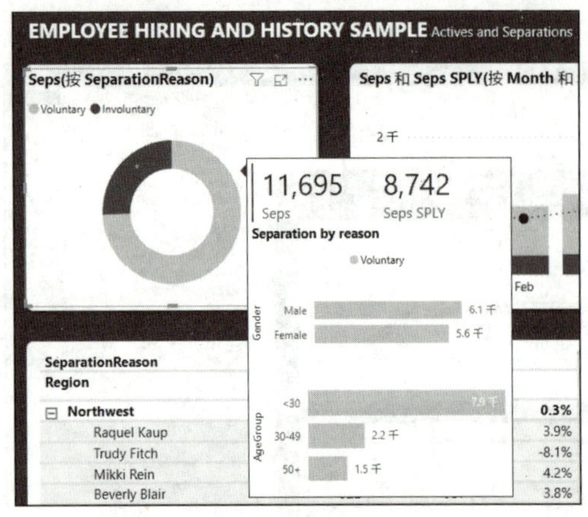

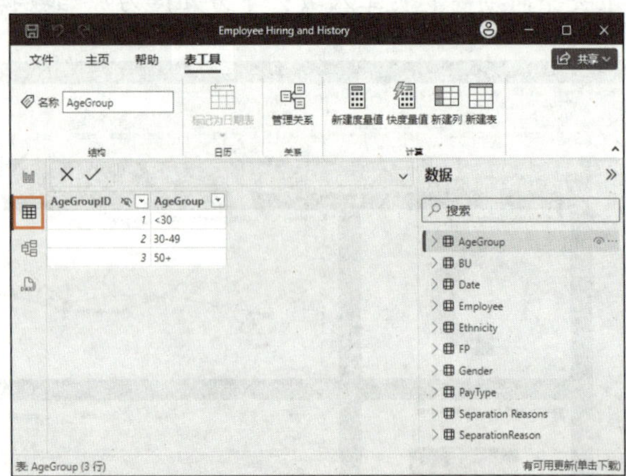

图 1-24 工具提示可视化效果　　　　图 1-25 员工招聘和历史记录相关数据表

步骤 9 单击“模型视图”按钮，切换到模型视图，显示员工招聘和历史记录数据模型中的所有表及其关系，将鼠标指针移至“AgeGroup”表和“Employee”表之间的关系线，突出显示关联字段“AgeGroupID”，如图 1-26 所示。

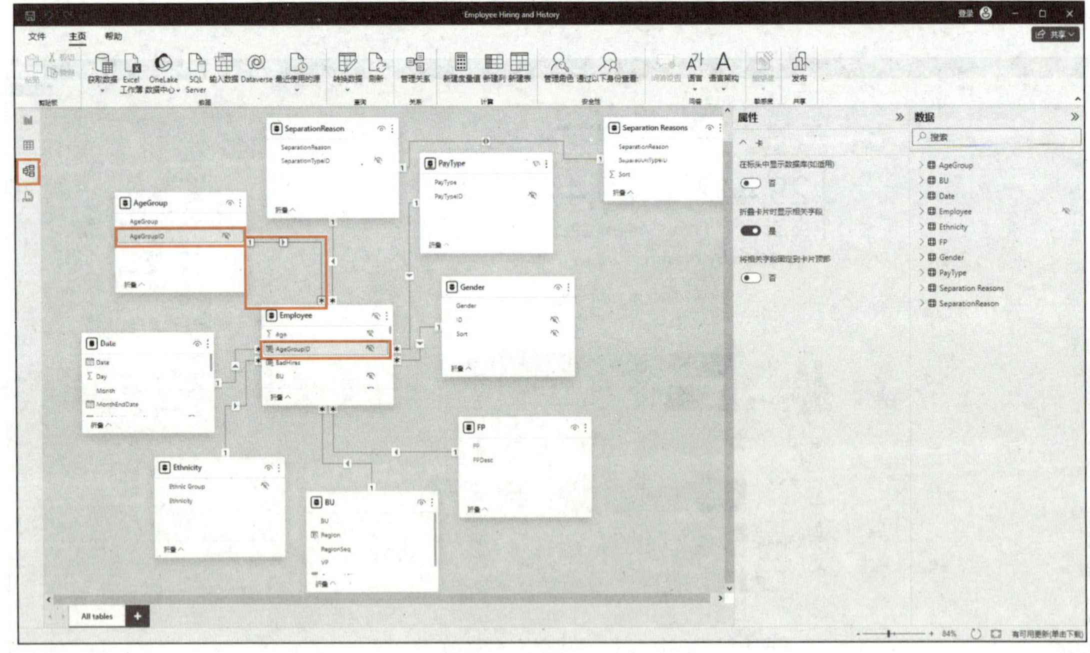

图 1-26 突出显示关联字段

项目实训

1. 实训目标

（1）练习下载示例页面中的示例。

（2）练习使用 Power BI Desktop 打开 pbix 文件，查看视觉对象的类型和数据字段，并修改视觉对象的可视化效果。

2. 实训内容

参照项目实施的操作，下载 pbix 文件形式的“客户盈利率示例”，并对示例执行以下操作。

（1）双击打开下载的 pbix 文件，在“Industry Margin Analysis”报表页中单击右下角视觉对象的空白位置，在“可视化”窗格中查看当前视觉对象的类型，在“数据”窗格中查看当前视觉对象的数据字段，如图 1-27 所示。

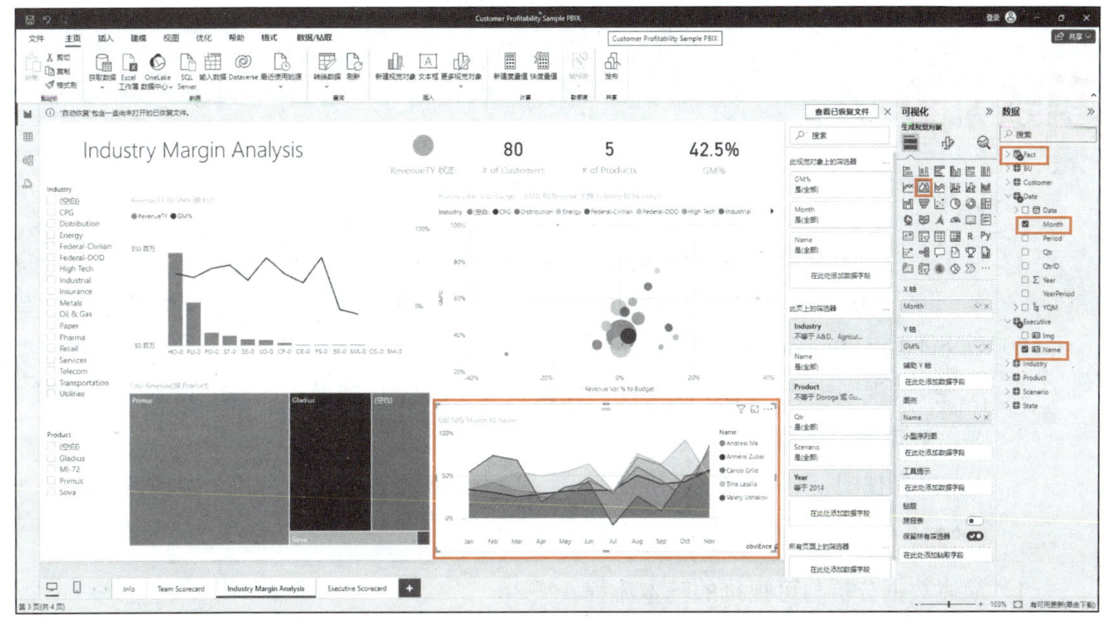

图 1-27 查看视觉对象的类型和数据字段

（2）在“可视化”窗格“生成视觉对象”选项卡中单击“簇状柱形图”按钮，在所选数据字段不变的情况下修改该视觉对象的可视化效果，如图 1-28 所示。使用同样的方法修改其他报表页中视觉对象的可视化效果。

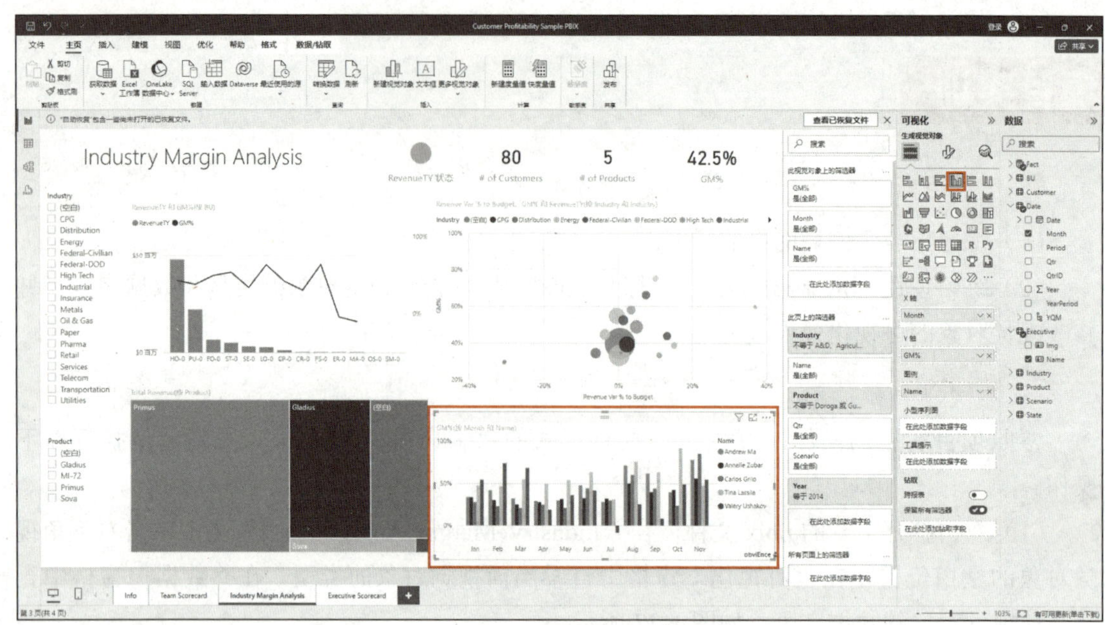

图 1-28　修改后的可视化效果

项目考核

1. 选择题

（1）以下不属于数据分析与可视化工具的是（　　）。

A. Power BI　　B. Tableau　　C. Photoshop　　D. FineBI

（2）以下不属于 Power BI 视图模式的是（　　）。

A. 报表视图模式　　B. 表格视图模式　　C. 模型视图模式　　D. 大纲视图模式

（3）显示数据模型中所有表及其关系的视图是（　　）。

A. 报表视图　　B. 表格视图　　C. 模型视图　　D. 大纲视图

2. 简答题

（1）简述数据分析与可视化的基本流程。

（2）简述 Power BI Desktop 中报表视图模式、表格视图模式、模型视图模式、DAX 查询视图模式的功能。

3. 操作题

（1）在 Power BI 示例文档中下载 pbix 文件形式的“人力资源示例”。

（2）在 Power BI Desktop 中打开下载的 pbix 文件，并对各个报表页中视觉对象的类型和数据字段进行查看与分析。

项目评价

请同学们结合本项目的学习情况，按小组对学习成果进行自评和互评，然后请教师进行师评和综合评价，并将评价结果填入表 1-1 中。

表 1-1 学习成果评价表

评价项目	评价内容	分值	评价分数		
			自评	互评	师评
项目完成度（20%）	项目准备阶段，回答问题清晰准确，能够紧扣主题，没有明显错误	5 分			
	项目实施阶段，根据操作步骤完成项目实施内容	5 分			
	项目实训阶段，出色地完成实训内容	5 分			
	项目考核阶段，完成考核题目	5 分			
知识（30%）	数据分析与可视化的基础知识、基本流程及常用工具	4 分			
	Power BI 的家族成员及其功能	4 分			
	Power BI Desktop 的下载与安装方法	6 分			
	Power BI Desktop 的工作界面	8 分			
	Power BI Desktop 的视图模式	8 分			
能力（30%）	下载和安装 Power BI Desktop	15 分			
	通过示例查看 Power BI 数据分析与可视化效果	15 分			
素养（20%）	互帮互助，具有团队精神	5 分			
	认真负责，按时完成学习、实践任务	5 分			
	保持积极的学习态度，勇于提出问题	5 分			
	强化合作意识，发扬共享精神	5 分			
合计		100 分			
综合分数	自评（25%）+互评（25%）+师评（50%）=______	等级：			
综合评价	最突出的表现（创新或进步）：				
	还需改进的地方（不足或缺点）：				
	指导教师签字：				

注：等级可以“优”（90 分≤综合分数≤100 分）、“良”（80 分≤综合分数<90 分）、“中”（60 分≤综合分数<80 分）、“差”（综合分数<60 分）为标准进行评价。

项目 2

数据获取

项目导读

数据获取是指从不同的数据源中获取原始数据，它是数据分析与可视化的前提和基础，必须先有数据才能进行后续的数据分析与可视化工作。Power BI 作为一款强大的商业智能工具，可以从上百种数据源中获取数据。

项目目标

知识目标

- 了解 Power BI 可连接的数据源类型。
- 掌握获取 Excel、CSV 和 JSON 等文件数据的方法。
- 掌握获取 MySQL 和 SQL Server 数据库数据的方法。
- 掌握获取 Web 数据的方法。

能力目标

- 能够使用 Power BI Desktop 获取不同数据源中的数据。

素质目标

- 提高举一反三、从多个角度思考问题的能力。
- 养成精益求精、严谨认真的工作态度。

项目描述

本项目首先介绍 Power BI 可连接的数据源类型，然后通过实例介绍使用 Power BI Desktop 获取文件数据、数据库数据和 Web 数据的方法，最后通过获取文件中的 DK 运动品牌数据巩固所学知识。

项目准备

全班学生以 3～5 人为一组，各组选出组长。组长组织组员扫码观看“常见的数据来源”视频，讨论并回答下列问题。

问题 1：常见的数据来源有哪几种？

常见的数据来源

问题 2：观看视频后，请选择一种你比较熟悉的数据来源，思考如何获取这类数据。

2.1 Power BI 可连接的数据源类型

使用 Power BI Desktop 连接数据源获取数据是生成数据模型和创建报表的第一步。Power BI 支持几乎所有类型的数据源，常见的数据源如下。

（1）文件：Excel、文本/CSV、XML、JSON、PDF 等。

（2）数据库：SQL Server、Access、Oracle、IBM Db2、MySQL 等。

（3）Azure：Azure SQL 数据库、Azure Blob 存储等。

（4）联机服务：SharePoint Online 列表、Microsoft Exchange Online、Dynamics 365 等。

（5）其他：Web、SharePoint 列表、OData 数据源、R 脚本、Python 脚本等。

2.2 获取文件数据

在 Power BI Desktop 的“主页”选项卡“数据”命令组中单击“获取数据”命令按钮，可打开“获取数据”对话框，在左侧列表中选择“文件”类别，右侧会出现 Power BI Desktop 支持的数据源的文件类型，选择不同文件类型可连接对应的数据源，如图 2-1 所示。

图 2-1　获取文件数据

2.2.1　获取 Excel 文件数据

Excel 文件以电子表格形式保存数据，Power BI 可连接的 Excel 文件包括 xl、xls、xlsx、xlsm、xlsb 和 xlw 等，本节以 xlsx 文件为例，介绍使用 Power BI Desktop 获取 Excel 文件数据的方法。

【实例 2-1】　获取 Excel 文件数据。

【素材文件】　素材与实例\项目 2\销售业绩表.xlsx。

【具体步骤】

（1）在 Power BI Desktop 的“主页”选项卡“数据”命令组中单击“Excel 工作簿”命令按钮，在打开的“打开”对话框中选择“销售业绩表.xlsx”工作簿，单击“打开”按钮，如图 2-2 所示。

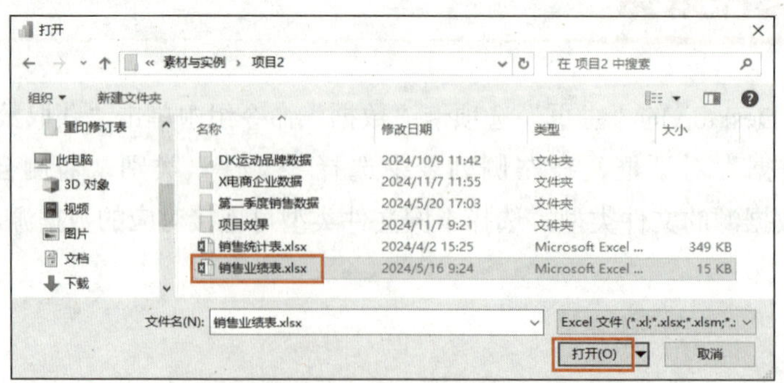

图 2-2　打开“销售业绩表.xlsx”工作簿

（2）打开“导航器”对话框，其左侧列出了 Excel 文件中的所有工作表，选中工作表，可在右侧预览该工作表中的数据，勾选工作表名称左侧的复选框，单击“加载”按钮可导入工作表中的数据。此处勾选“物品信息表”“销售业绩表”“销售员信息表”复选框并单击“加载”按钮，如图 2-3 所示。

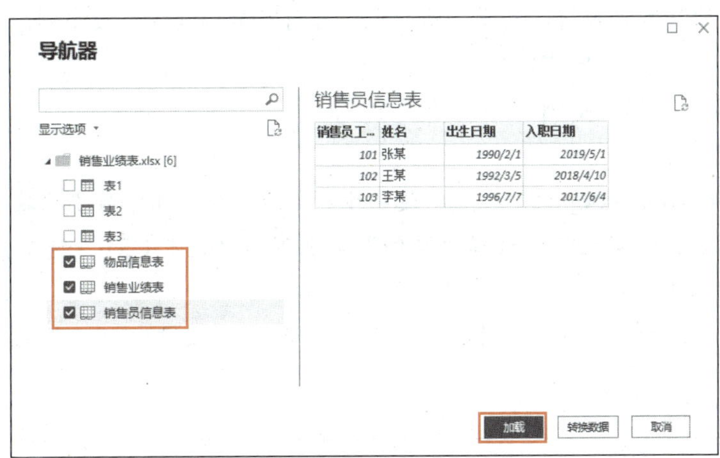

图 2-3　加载工作表数据

提　示

在 Power BI Desktop 中获取套用了 Excel 自带的表格格式的文件数据时，“导航器”对话框左侧会出现工作表的引用，如图 2-3 中的“表 1”“表 2”“表 3”，其中的数据与工作表相同，无须处理。

单击“导航器”对话框中的“转换数据”按钮，可直接打开 Power Query 编辑器进行数据清洗和整理，Power Query 编辑器的应用将在项目 3 和项目 4 中讲解。

（3）将选择的工作表全部导入 Power BI Desktop 中，在表格视图模式下单击“数据”窗格中的数据表名称，可以查看每个数据表的详细数据，如图 2-4 所示。

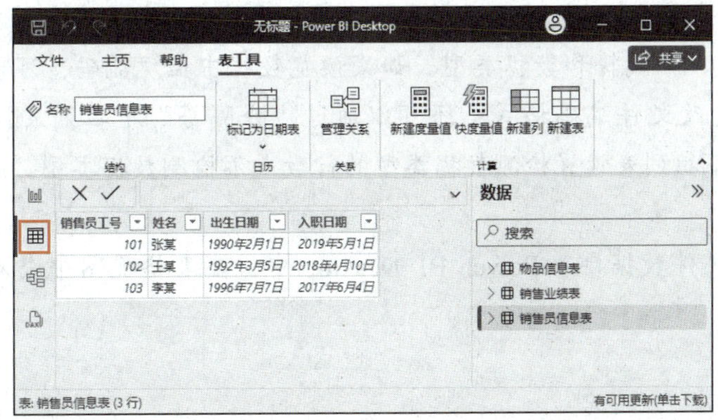

图 2-4　查看导入的 Excel 文件数据

2.2.2 获取 CSV 文件数据

CSV 文件以纯文本形式存储表格数据（数字和文本）。CSV 文件由任意数目的记录组成，记录间以某种换行符分隔；每条记录由字段组成，字段间的分隔符是其他字符或字符串，最常见的是逗号或制表符。通常，所有记录都有完全相同的字段序列。

【实例 2-2】 获取 CSV 文件数据。

【素材文件】 素材与实例\项目 2\招生专业.csv。

【具体步骤】

（1）在 Power BI Desktop 的“主页”选项卡“数据”命令组中单击“获取数据”命令按钮，打开“获取数据”对话框，选择“文件”类别下的“文本/CSV”选项，单击“连接”按钮。

（2）在打开的“打开”对话框中选择“招生专业.csv”文本文件，单击“打开”按钮，如图 2-5 所示。

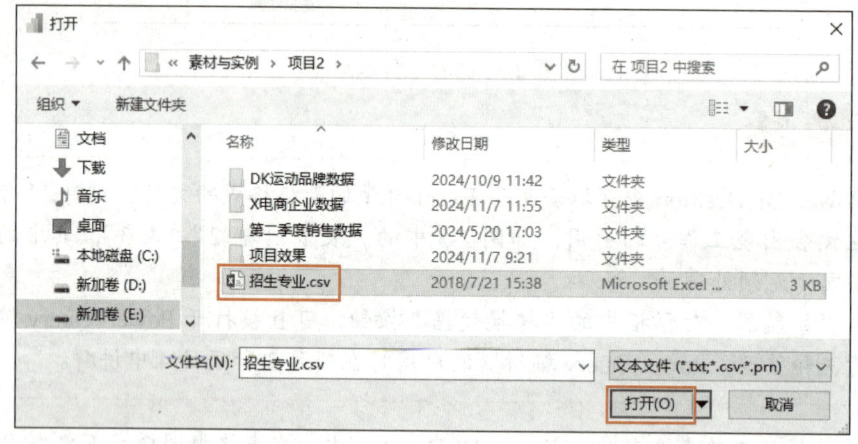

图 2-5 打开“招生专业.csv”文本文件

（3）打开“招生专业.csv”对话框（见图 2-6），此时可预览文本文件中的数据，并自动检测文件编码格式、分隔符和数据类型。如果预览数据中出现乱码，可以通过“文件原始格式”下拉列表更改文件编码格式；还可以通过“分隔符”下拉列表设置分隔符，以及“数据类型检测”下拉列表设置检测数据类型的行数或不检测数据类型。此处保持默认，单击“加载”按钮。

（4）将 CSV 文件数据导入 Power BI Desktop 中，在表格视图中查看导入的数据，如图 2-7 所示。

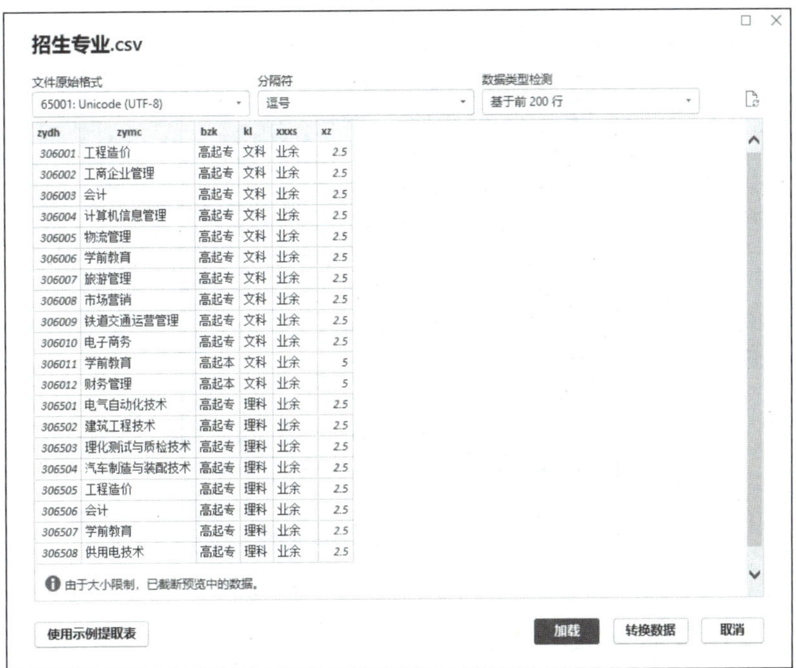

图 2-6 “招生专业.csv”对话框

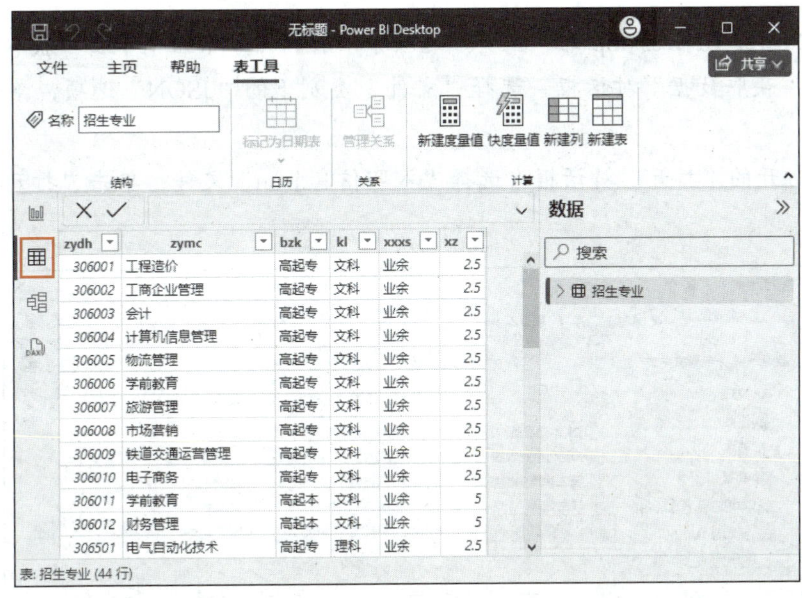

图 2-7 查看导入的 CSV 文件数据

2.2.3 获取 JSON 文件数据

JSON（JavaScript object notation，JavaScript 对象表示法）是一种轻量级的数据交换格式，采用完全独立于编程语言的文本格式存储和表示数据。JSON 的层次结构简洁、清晰，易于阅读和编写，同时也易于机器解析和生成，其文件格式如图 2-8 所示。

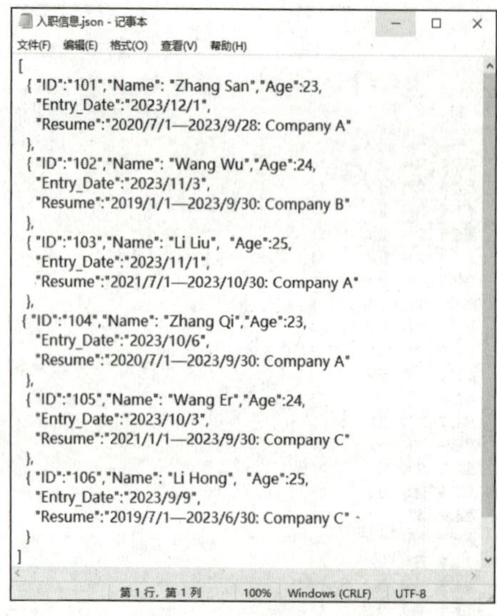

图 2-8 JSON 文件格式

【实例 2-3】 获取 JSON 文件数据。

【素材文件】 素材与实例\项目 2\入职信息.json。

【具体步骤】

（1）在 Power BI Desktop 的“主页”选项卡“数据”命令组中单击“获取数据”命令按钮，打开“获取数据”对话框，选择“文件”类别下的“JSON”选项，单击“连接”按钮。

（2）在打开的“打开”对话框中选择“入职信息.json”文件，单击“打开”按钮，如图 2-9 所示。

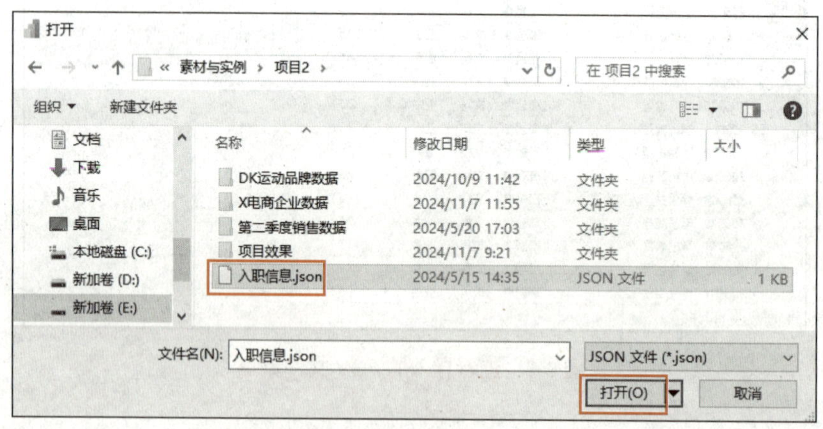

图 2-9 打开“入职信息.json”文件

（3）若 JSON 文件没有错误，将直接打开 Power Query 编辑器，显示导入的 JSON 文件数据（见图 2-10），在“主页”选项卡“关闭”命令组中单击“关闭并应用”命令按钮。

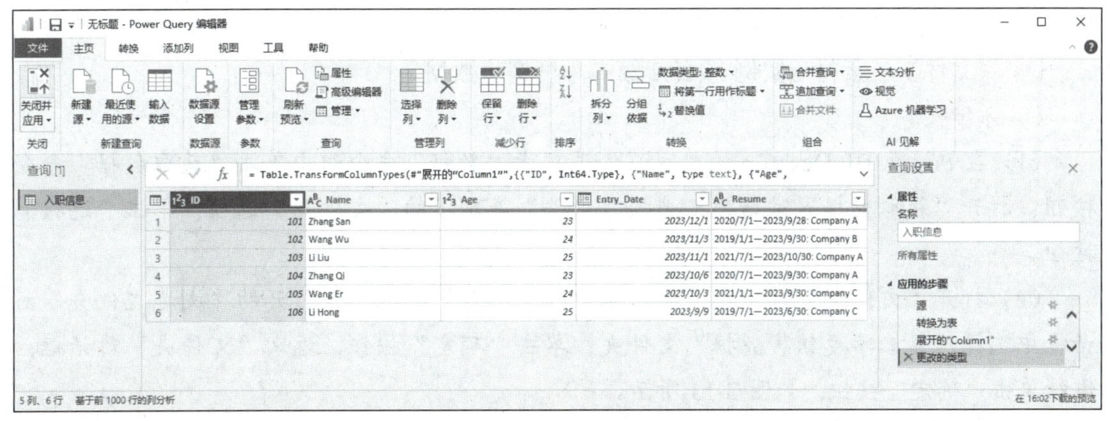

图 2-10　Power Query 编辑器显示导入的 JSON 文件数据

若 JSON 文件有错误，导入时会弹出“无法连接”提示框，如图 2-11 所示。

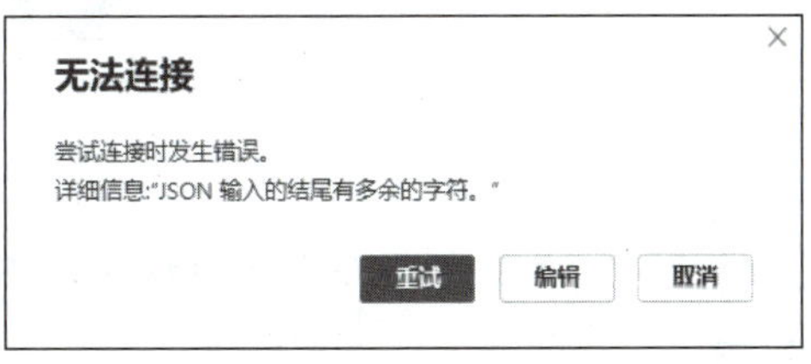

图 2-11　“无法连接”提示框

（4）返回 Power BI Desktop，在表格视图查看导入的 JSON 文件数据，如图 2-12 所示。

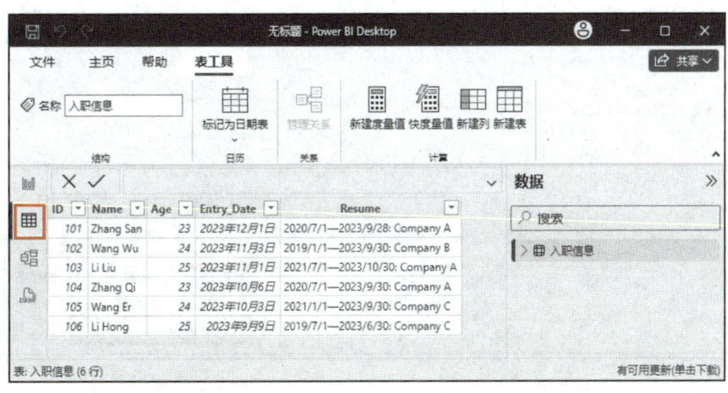

图 2-12　查看导入的 JSON 文件数据

2.2.4　获取文件夹中的文件数据

使用 Power BI Desktop 可以将文件夹中具有相同结构的多个文件中的数据合并到一个数据表中，还可以将文件夹中所有文件的名称、类型、创建日期、路径等相关信息作为数据导入数据表。

【实例 2-4】 获取文件夹中的文件数据并合并。

【素材文件】 素材与实例\项目 2\第二季度销售数据。

【具体步骤】

（1）在 Power BI Desktop 的“主页”选项卡“数据”命令组中单击“获取数据”命令按钮，打开“获取数据”对话框，选择“文件”类别下的“文件夹”选项，单击“连接”按钮。

（2）打开“文件夹”对话框，单击其中的“浏览”按钮，在打开的“浏览文件夹”对话框中选择“第二季度销售数据”文件夹，单击“确定”按钮，返回“文件夹”对话框，继续单击“确定”按钮，如图 2-13 所示。

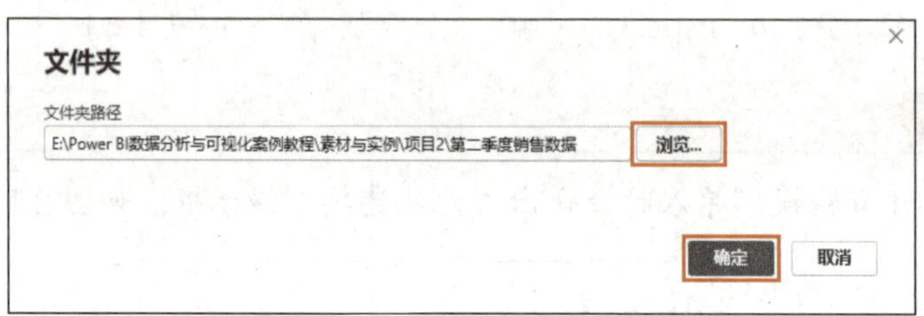

图 2-13 选择文件夹

（3）打开文件信息预览对话框，单击“组合”下拉按钮，在其下拉列表中选择“合并和加载”选项，如图 2-14 所示。

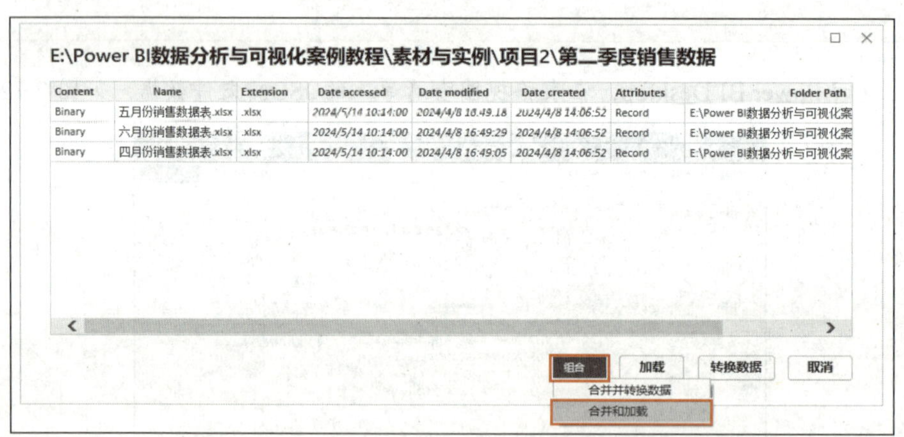

图 2-14 选择“合并和加载”选项

若在文件信息预览对话框中单击“加载”按钮，可以获取文件夹中文件的相关信息，如图 2-15 所示。

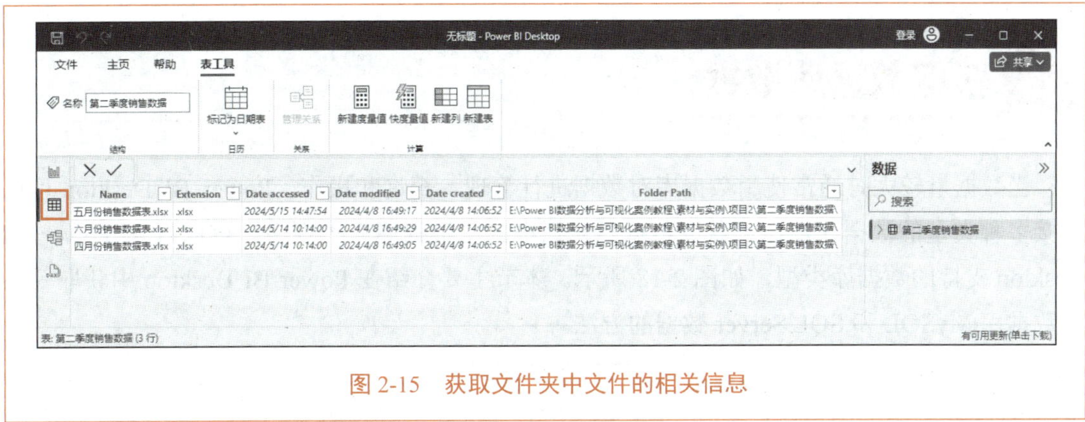

图 2-15 获取文件夹中文件的相关信息

（4）打开“合并文件”对话框，在“示例文件”下拉列表中选择要查看的文件，然后单击左侧的工作表，可在右侧预览工作表中的数据（见图 2-16），预览各个工作表无误后，单击“确定”按钮。

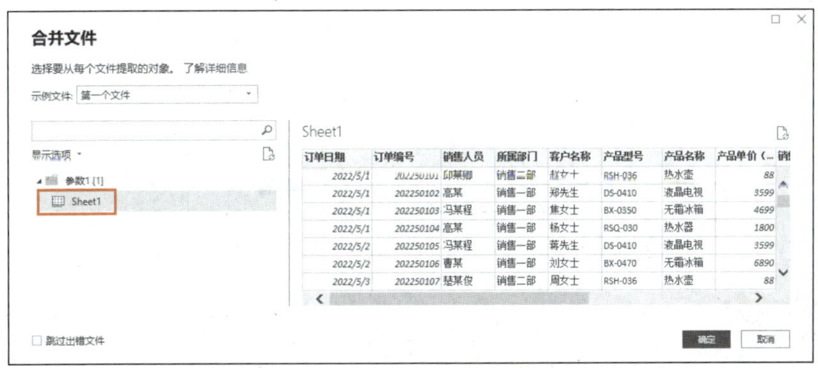

图 2-16 预览工作表

（5）将文件夹中的文件数据合并导入 Power BI Desktop 中，在表格视图查看合并导入的数据，如图 2-17 所示。

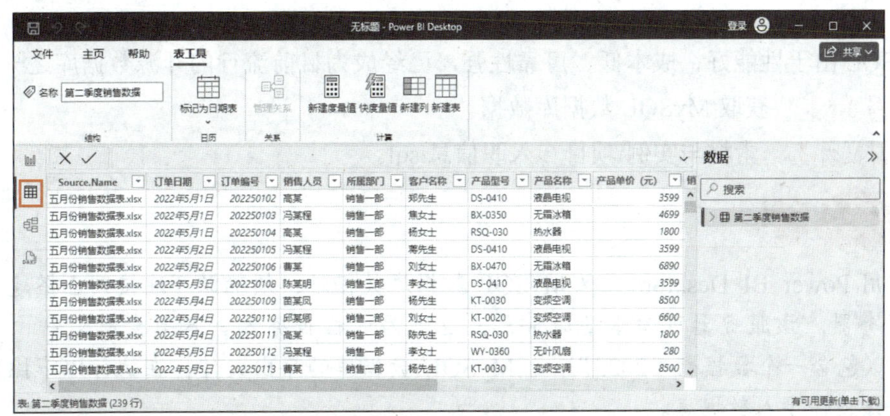

图 2-17 查看合并导入的文件夹中的文件数据

2.3 获取数据库数据

当数据量较大时通常使用数据库对数据进行管理、查询和操作。Power BI Desktop 可以连接多种类型的数据库，在“获取数据”对话框的“数据库”类别中，可以看到 Power BI Desktop 支持的数据库类型，如图 2-18 所示。本节主要介绍在 Power BI Desktop 中获取关系型数据库 MySQL 和 SQL Server 数据的方法。

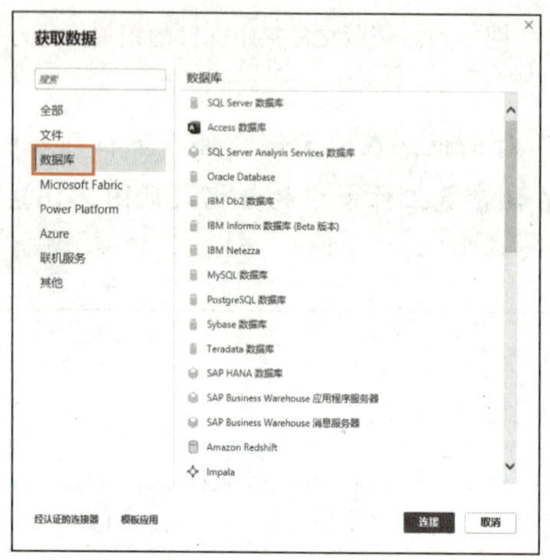

图 2-18　查看 Power BI Desktop 支持的数据库类型

提　示

> Power BI 团队在不断扩展适用于 Power BI 的数据源，若数据源标记为 Beta 版本，表示该数据源所提供的支持和功能有限，不适合在生产环境中使用。

2.3.1　获取 MySQL 数据库数据

MySQL 由于性能好、成本低、可靠性强，已经成为目前流行的开源数据库之一。

【实例 2-5】　获取 MySQL 数据库数据。

【素材文件】　素材与实例\项目 2\入职信息.sql。

提　示

> 使用 Power BI Desktop 获取 MySQL 数据库数据时，须确保可连接到已搭建好的数据库服务器。该服务器可为本地服务器，也可为远程服务器。本节素材文件“入职信息.sql”（包含一个数据表“2023”）是 MySQL 数据库的导出文件，在执行以下操作之前须先将该文件导入数据库。

【具体步骤】

（1）在 Power BI Desktop 的“主页”选项卡“数据”命令组中单击“获取数据”命令按钮，打开“获取数据”对话框，选择“数据库”类别下的“MySQL 数据库”选项。弹出提示框，提示初次连接 MySQL 数据库时需要安装组件，单击“了解详细信息”链接，如图 2-19 所示。

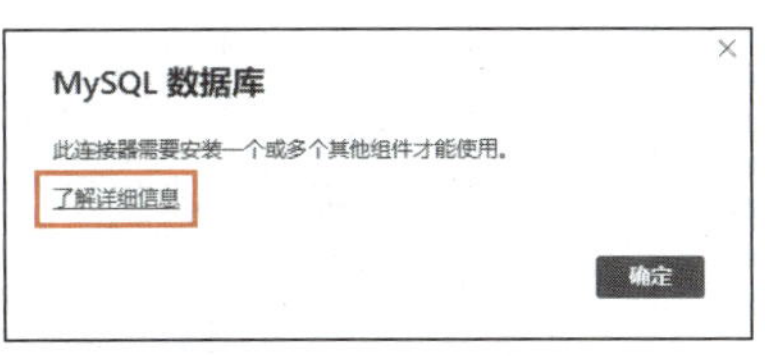

图 2-19　单击“了解详细信息”链接

（2）跳转到 MySQL Community Downloads 页面，下载 MySQL Connector/NET 驱动程序，单击“Download”按钮，在打开的页面中单击“No thanks, just start my download.”链接，开始下载，如图 2-20 所示。

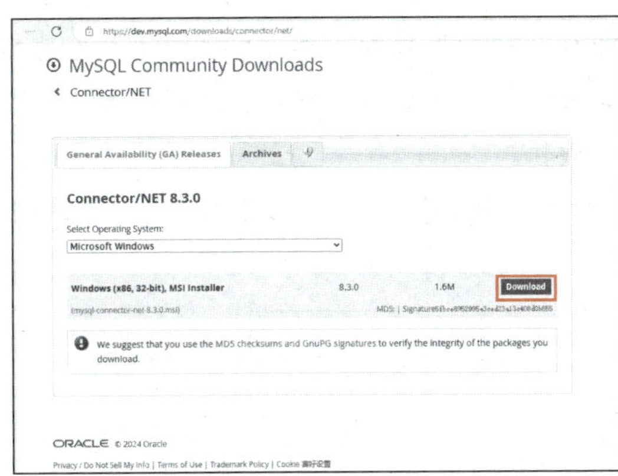

图 2-20　下载 MySQL Connector/NET 驱动程序

（3）双击下载的驱动程序文件 mysql-connector-net-8.3.0.msi，打开欢迎安装对话框（见图 2-21），单击“Next”按钮，打开设置安装路径对话框，此处保持默认，单击“Next”按钮，如图 2-22 所示。

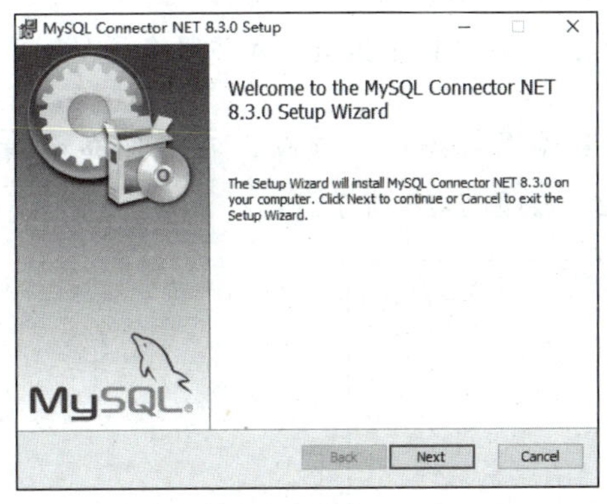

图 2-21　欢迎安装对话框

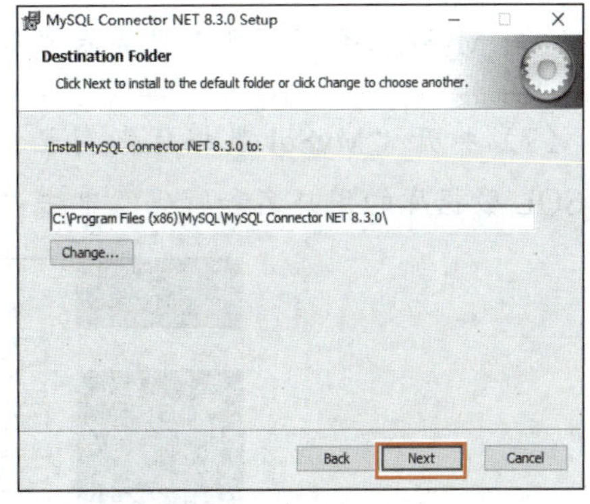

图 2-22　设置安装路径

（4）在打开的对话框中单击“Install”按钮，开始安装，如图 2-23 所示。安装完成后，在打开的对话框中单击“Finish”按钮，如图 2-24 所示。

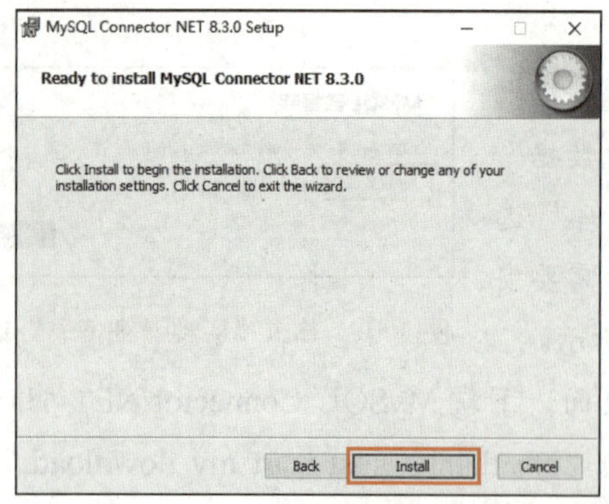

图 2-23　开始安装

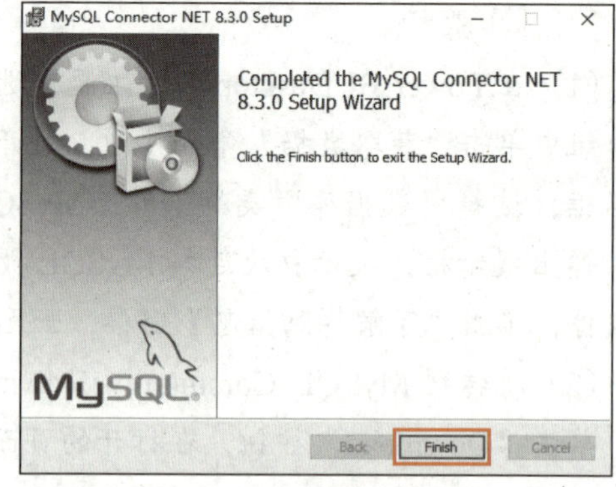

图 2-24　完成安装

（5）返回 Power BI Desktop，单击提示框的“确定”按钮。再次单击“主页”选项卡“数据”命令组中的“获取数据”命令按钮，打开“获取数据”对话框，选择“数据库”类别下的“MySQL 数据库”选项，单击“连接”按钮。

（6）在打开的“MySQL 数据库”对话框中输入 MySQL 数据库所在服务器地址和数据库名称，单击“确定”按钮，如图 2-25 所示。

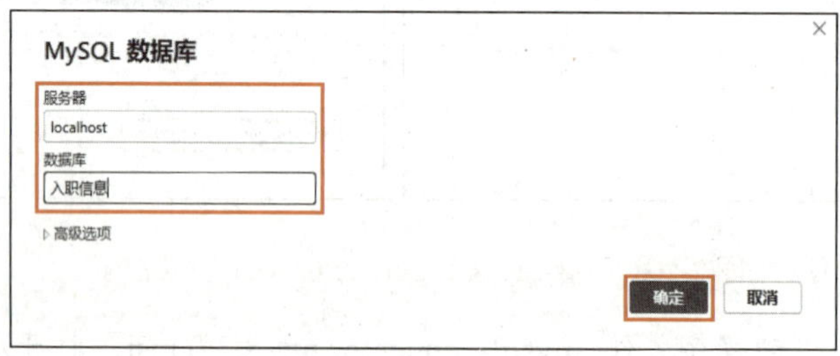

图 2-25　设置 MySQL 数据库

提　示

当 MySQL 数据库所在服务器为本地服务器时，可用“localhost”代替服务器地址。

（7）打开“MySql 数据库”对话框，在左侧选择“数据库”选项，在右侧界面输入 MySQL 数据库的用户名和密码，单击“连接”按钮，如图 2-26 所示。

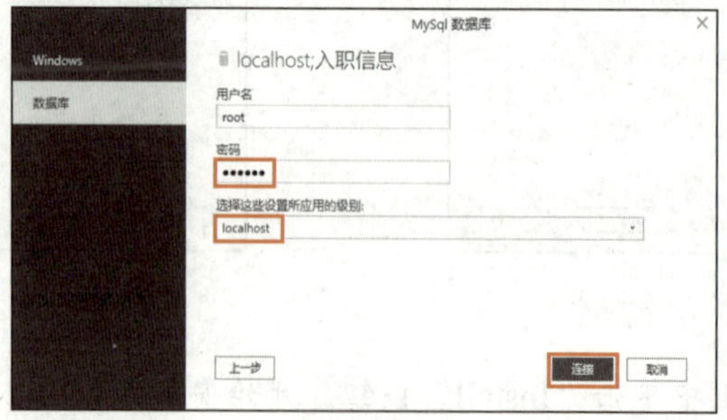

图 2-26　输入 MySQL 数据库的用户名和密码并连接

提　示

首次成功连接 MySQL 数据库后，再次连接时不会打开“MySql 数据库”对话框，不需要再次输入用户名和密码。

（8）Power BI Desktop 正确连接到 MySQL 服务器后，打开“导航器”对话框，在左侧列表中选中要导入的数据表，此处勾选“入职信息.2023”复选框，在右侧可预览“入职信息”数据库中“2023”表中的数据（见图 2-27），单击“加载”按钮。

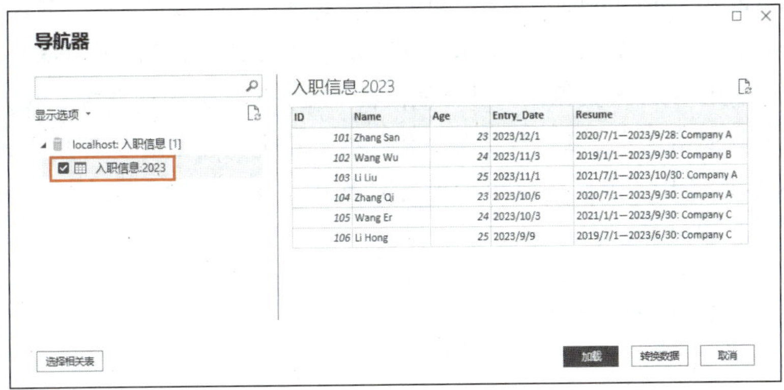

图 2-27　预览数据表

（9）将 MySQL 数据库中的数据导入 Power BI Desktop 中，在表格视图查看导入的数据，如图 2-28 所示。

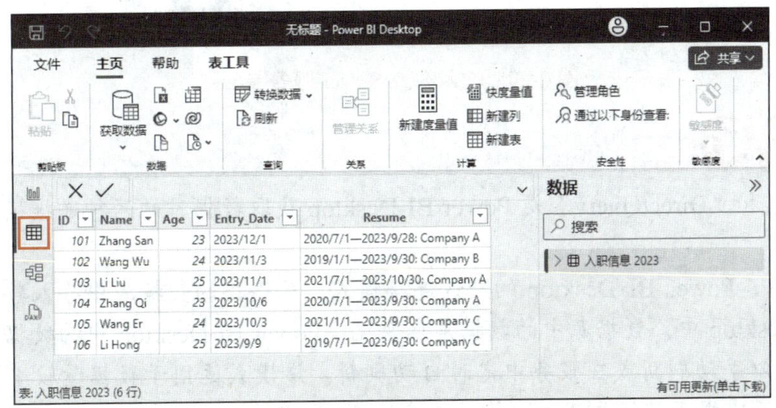

图 2-28　查看导入的 MySQL 数据库数据

2.3.2　获取 SQL Server 数据库数据

SQL Server 是微软推出的可扩展的、高性能的关系型数据库。

【实例 2-6】　获取 SQL Server 数据库数据。

【素材文件】　“素材与实例\项目 2”文件夹中的入职信息.mdf 和入职信息_log.ldf。

提 示 

本实例素材文件“入职信息.mdf”和“入职信息_log.ldf”是SQL Server数据库分离出的数据文件和日志文件，在执行以下操作之前，须先将mdf和ldf文件导入要连接的SQL Server数据库，导入文件的方法可扫码查看。

SQL Server数据库导入文件

【具体步骤】

（1）在Power BI Desktop的“主页”选项卡“数据”命令组中单击“获取数据”命令按钮，打开“获取数据”对话框，选择“数据库”类别下的“SQL Server数据库”选项。

（2）打开“SQL Server数据库”对话框，在“服务器”输入框中输入SQL Server数据库所在服务器名称或端口号，在“数据库”输入框中可输入要连接的SQL Server数据库名称，若不输入名称将会显示服务器中的所有数据库，此处不输入数据库名称，单击“确定”按钮，如图2-29所示。

图 2-29 输入SQL Server服务器名称

知识库 

“导入”和“DirectQuery”是Power BI Desktop获取数据时的两种连接模式，它们的区别如下。

① 导入：Power BI Desktop的默认连接模式，从连接的数据源中导入数据并缓存到Power BI Desktop中，数据源中的数据发生变化，Power BI Desktop中的数据不会自动实时更新，可以手动刷新或在服务中定时自动刷新。该模式适用于数据量较小且不经常变化的情况，可以提高数据加载和查询的速度。

② DirectQuery（直接查询）：不会导入数据到Power BI Desktop中进行缓存，而是通过对数据源发送查询来检索数据。该模式适用于数据量较大且经常变化的情况。

（3）打开“SQL Server数据库”对话框，保持默认，单击“连接”按钮，如图2-30所示。弹出“加密支持”对话框（见图2-31），单击“确定”按钮，采用不加密方式进行连接数据库。

图 2-30　使用 Windows 凭据访问数据库

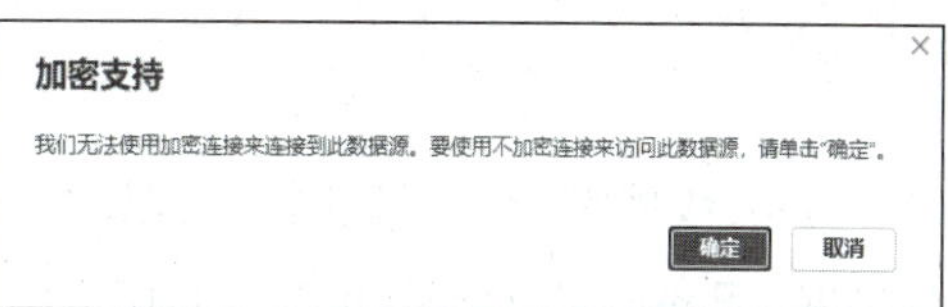

图 2-31　“加密支持”提示框

提　示

默认情况下，Power BI Desktop 使用加密方式连接 SQL Server 数据源（避免账户泄密）。如果当前 SQL Server 服务器不支持加密连接，会弹出“加密支持”提示框。

（4）打开“导航器”对话框，单击“入职信息”左侧的 ▹ 按钮，在展开的列表中勾选“2023”复选框，在右侧可预览数据（见图 2-32），单击“加载”按钮。

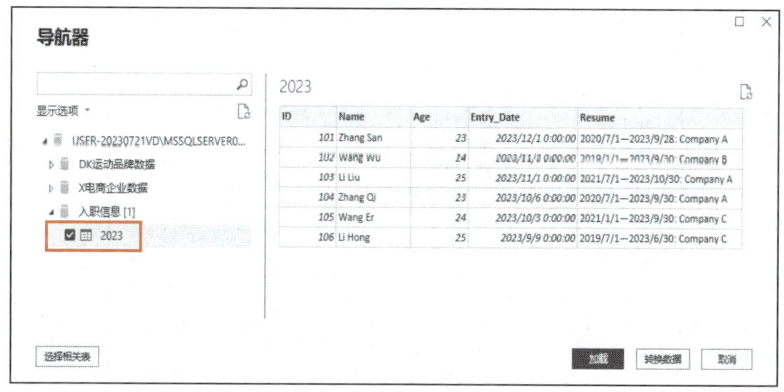

图 2-32　预览数据表

（5）将 SQL Server 数据库中的数据导入 Power BI Desktop 中，在表格视图查看导入的数据，如图 2-33 所示。

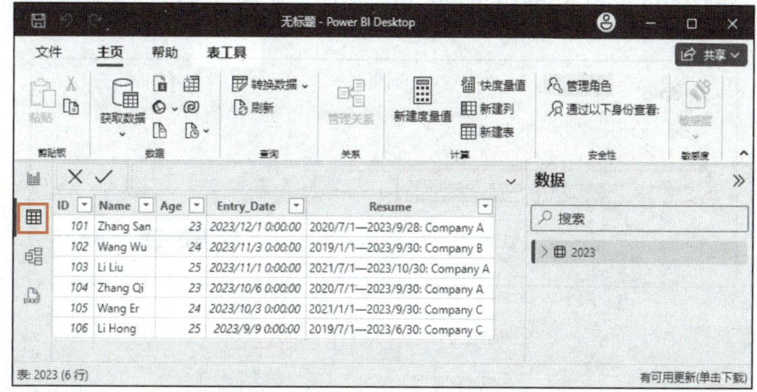

图 2-33　查看导入的 SQL Server 数据库数据

2.4 获取 Web 数据

Web 数据是指从互联网上获取的各种数据，可以是数据文件，也可以是展示在网页上的数据，Power BI Desktop 可以通过 URL 地址轻松获取 Web 数据。

【实例 2-7】 获取网页数据。

【具体步骤】

（1）在 Power BI Desktop 的"主页"选项卡"数据"命令组中单击"获取数据"命令按钮，打开"获取数据"对话框，选择"其他"类别下的"Web"选项，单击"连接"按钮，如图 2-34 所示。

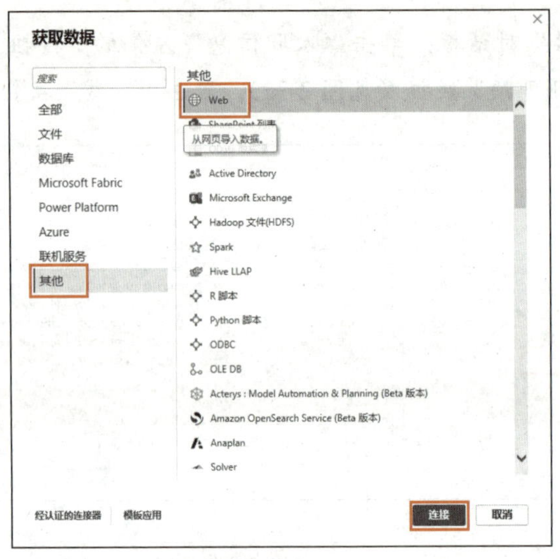

图 2-34 选择"Web"选项并单击"连接"按钮

（2）打开"从 Web"对话框，在"URL"输入框中输入 URL 地址，此处输入 https://www.wenjingketang.com/bookList?cat_id=4301（见图 2-35），单击"确定"按钮。

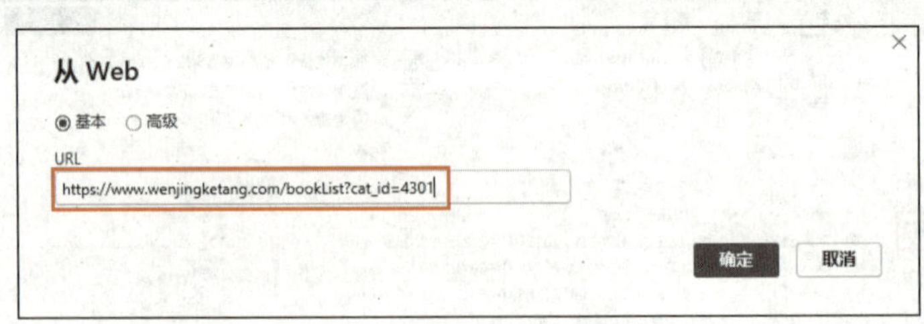

图 2-35 输入 URL 地址

（3）打开"访问 Web 内容"对话框（见图 2-36），保持默认，单击"连接"按钮。

图 2-36 “访问 Web 内容”对话框

提 示

再次访问已经连接过的 URL 地址时，不会打开“访问 Web 内容”对话框。

（4）打开“导航器”对话框，Power BI Desktop 会根据网页内容自动生成不同的数据表，如“表 1”“表 2”“表 3”……此处勾选“表 1”复选框（见图 2-37），单击“加载”按钮。

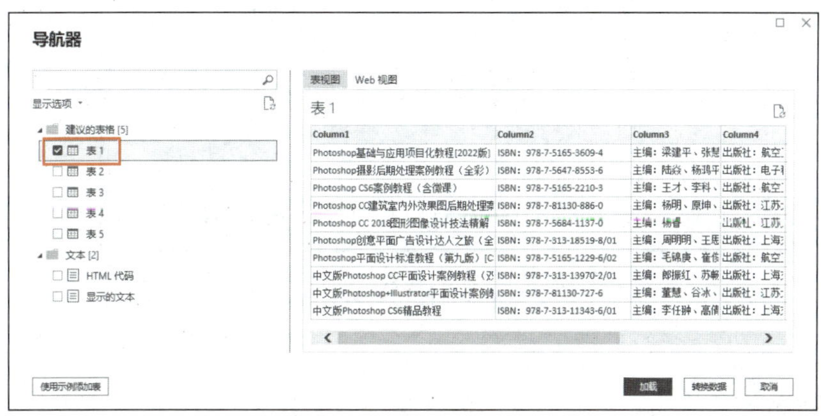

图 2-37 选择数据表

（5）将网页中的数据导入 Power BI Desktop 中，在表格视图查看导入的数据，如图 2-38 所示。

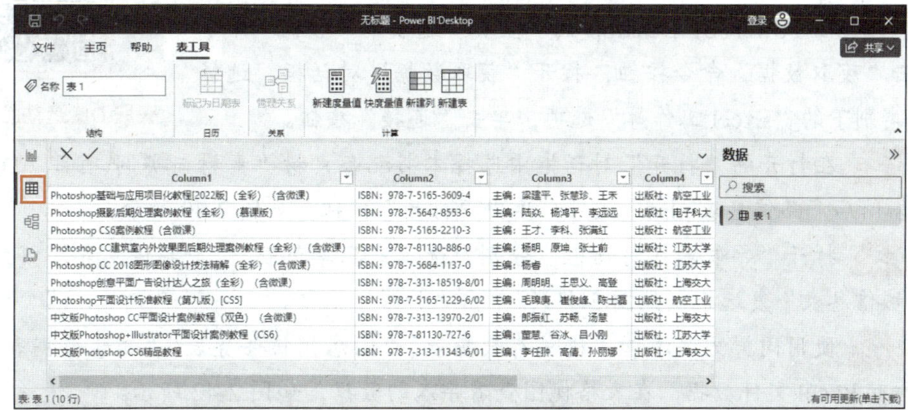

图 2-38 查看导入的网页数据

知识库

如果数据量较少，可以直接通过输入数据的方法来添加数据。在 Power BI Desktop 的“主页”选项卡“数据”命令组中单击“输入数据”命令按钮，打开“创建表”对话框，如图 2-39 所示。双击单元格进入编辑状态，可输入或修改数据。单击“插入列”按钮 + ，可在表最右侧添加新列。单击“插入行”按钮 + ，可在表最下方添加新行。右键单击列标题，在弹出的快捷菜单中可以进行剪切、复制、粘贴、插入、删除列操作。

图 2-39　打开“创建表”对话框

项目实施——获取 DK 运动品牌数据

本项目实施使用 Power BI Desktop 获取 DK 运动品牌数据，并将其中的会员信息表的数据进行合并。

获取 DK 运动品牌数据

步骤 1 在 Power BI Desktop 的“主页”选项卡“数据”命令组中单击“获取数据”命令按钮，打开“获取数据”对话框，选择“文件”类别下的“Excel 工作簿”选项，单击“连接”按钮。

步骤 2 在打开的“打开”对话框中选择本书配套素材“素材与实例\项目 2\DK 运动品牌数据\门店产品信息表.xlsx”文件，单击“打开”按钮，如图 2-40 所示。

步骤 3 打开“导航器”对话框，分别勾选“产品季节表”“产品信息表”“门店信息表”“区域信息表”复选框（见图 2-41），单击“加载”按钮。

步骤 4 使用同样方法添加“进销存数据表”“门店销售任务表”“销售数据表”文件夹中的所有 Excel 文件数据，在表格视图查看导入的数据，如图 2-42 所示。

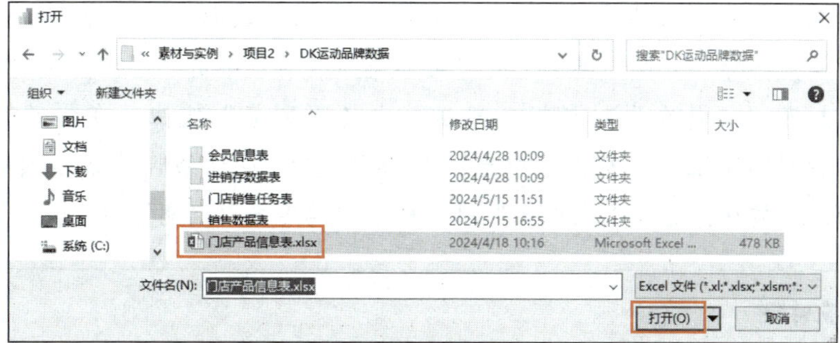

图 2-40 打开“门店产品信息表.xlsx”文件

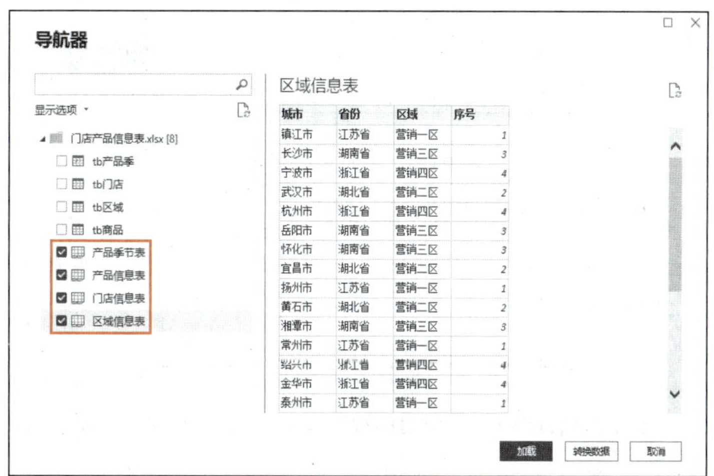

图 2-41 选择数据表

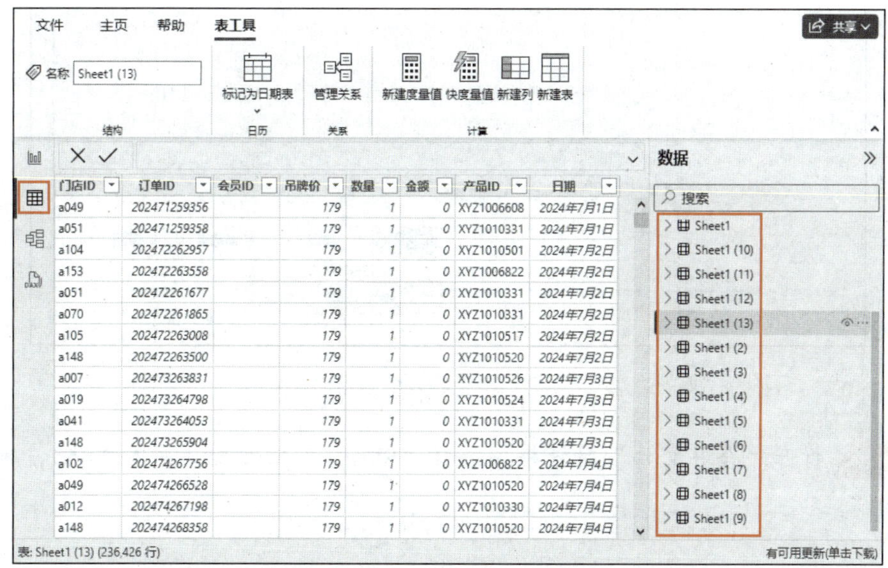

图 2-42 查看导入的文件夹中的 Excel 文件数据

步骤 5 在“主页”选项卡“数据”命令组中单击“获取数据”命令按钮，打开“获取数据”对话框，选择“文件”类别下的“文件夹”选项，单击“连接”按钮。

步骤 6 打开“文件夹”对话框，单击其中的“浏览”按钮，在打开的“浏览文件夹”对话框中选择本书配套素材“素材与实例\项目 2\DK 运动品牌数据\会员信息表”文件夹，单击“确定”按钮，返回“文件夹”对话框，继续单击“确定”按钮，如图 2-43 所示。

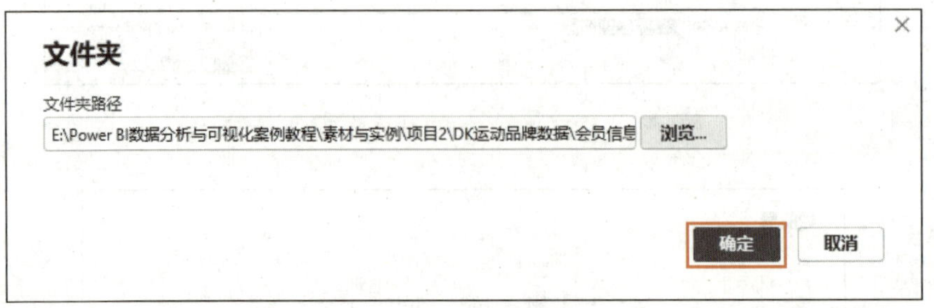

图 2-43　选择文件夹

步骤 7 打开文件信息预览对话框，可看到该文件夹中包含“会员信息表 1.xlsx”和“会员信息表 2.xlsx”工作簿，单击“组合”下拉按钮，在其下拉列表中选择“合并和加载”选项，如图 2-44 所示。

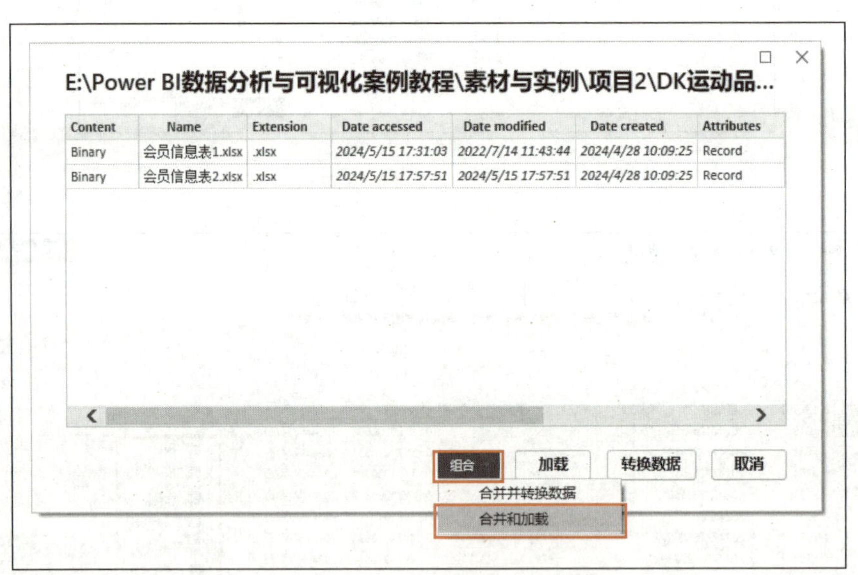

Content	Name	Extension	Date accessed	Date modified	Date created	Attributes
Binary	会员信息表1.xlsx	.xlsx	2024/5/15 17:31:03	2022/7/14 11:43:44	2024/4/28 10:09:25	Record
Binary	会员信息表2.xlsx	.xlsx	2024/5/15 17:57:51	2024/5/15 17:57:51	2024/4/28 10:09:25	Record

图 2-44　选择“合并和加载”选项

步骤 8 打开“合并文件”对话框，选择“Sheet1”工作表（见图 2-45），单击“确定”按钮。

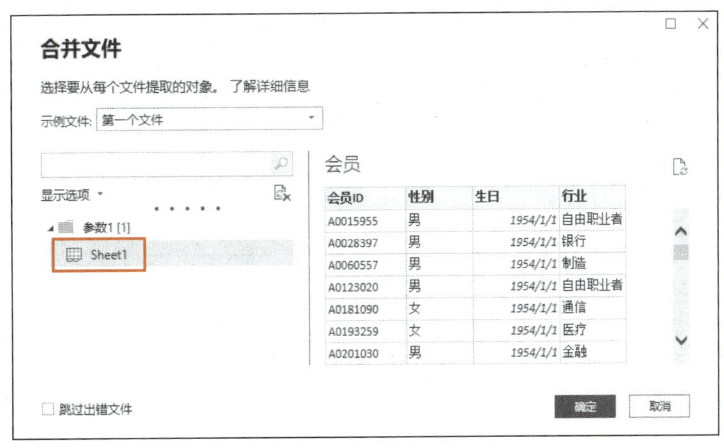

图 2-45 选择工作表

步骤 9 合并后的数据表自动以文件夹名称命名，“会员信息表 1.xlsx”和“会员信息表 2.xlsx”数据表合并为“会员信息表”数据表，在表格视图查看合并后的数据，如图 2-46 所示。

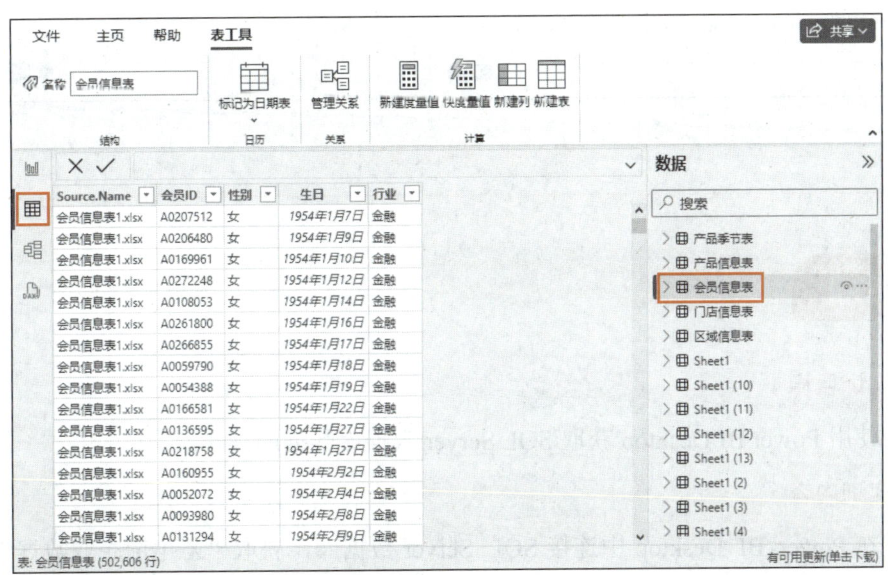

图 2-46 查看合并后的数据

提 示

若导入的数据源名称或位置发生变化，数据可能出错，此时需要重新设置数据源。具体方法是，在“主页”选项卡“查询”命令组中单击“转换数据”下拉按钮，在其下拉列表中选择“数据源设置”选项（见图 2-47），打开“数据源设置”对话框，单击“更改源”按钮，在打开的对话框中单击“浏览”按钮，在打开的对话框中选择正确的数据源位置，如图 2-48 所示。

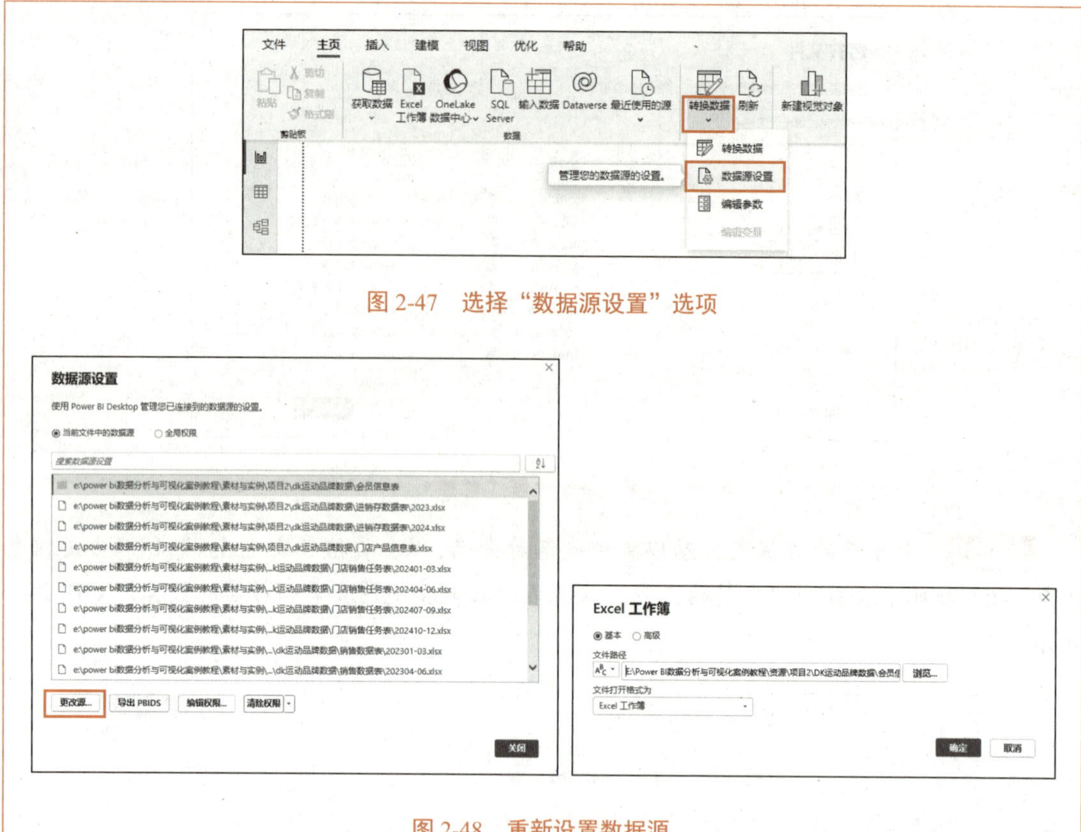

图 2-47　选择“数据源设置”选项

图 2-48　重新设置数据源

项目实训

1. 实训目标

练习使用 Power BI Desktop 获取 SQL Server 数据库数据的操作。

2. 实训内容

（1）在 Power BI Desktop 中连接 SQL Server 数据库，获取“X 电商企业数据”数据库中的数据（素材文件：“素材与实例\项目 2”文件夹中的“X 电商数据.mdf”和“X 电商数据_log.ldf”文件）。

（2）在“导航器”对话框中选择“X 电商企业数据”下的数据表，加载“X 电商企业数据”数据库中所有数据表，如图 2-49 所示。

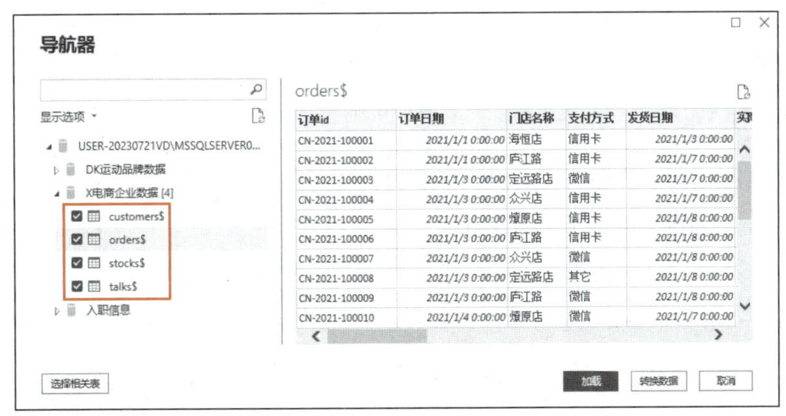

图 2-49　选择数据表

项目考核

1. 选择题

（1）以下不属于文件数据源的是（　　）。

A．Excel（.xlsx，.xls）　　B．JSON（.json）

C．Web（.html）　　D．CSV（.csv）

（2）以纯文本形式存储表格数据的是（　　）。

A．CSV 文件　　B．SQL Server 数据库

C．MySQL 数据库　　D．Web

（3）以下关于数据源连接的说法，正确的是（　　）。

A．首次成功连接 MySQL 数据库后再次连接时无须输入账号和密码

B．连接 MySQL 数据库数据源时需要输入端口号

C．能直接连接加密 Excel 文件获取数据

D．通过文件夹获取数据时，只能获取文件信息而不能获取文件中的具体数据

2. 简答题

（1）简述 Power BI 可连接的数据源类型。

（2）简述将 Excel 文件数据导入 Power BI Desktop 中的步骤。

3. 操作题

在 Power BI Desktop 中导入中国大学 MOOC 网站中的计算机精选课程数据。

项目评价

请同学们结合本项目的学习情况，对学习成果进行自评和互评，然后请教师进行师评和综合评价，并将评价结果填入表 2-1 中。

表 2-1　学习成果评价表

<table>
<tr><th rowspan="2">评价项目</th><th rowspan="2">评价内容</th><th rowspan="2">分值</th><th colspan="3">评价分数</th></tr>
<tr><th>自评</th><th>互评</th><th>师评</th></tr>
<tr><td rowspan="4">项目完成度
（20%）</td><td>项目准备阶段，回答问题清晰准确，能够紧扣主题，没有明显错误</td><td>5 分</td><td></td><td></td><td></td></tr>
<tr><td>项目实施阶段，根据操作步骤完成项目实施内容</td><td>5 分</td><td></td><td></td><td></td></tr>
<tr><td>项目实训阶段，出色地完成实训内容</td><td>5 分</td><td></td><td></td><td></td></tr>
<tr><td>项目考核阶段，完成考核题目</td><td>5 分</td><td></td><td></td><td></td></tr>
<tr><td rowspan="4">知识
（30%）</td><td>Power BI 可连接的数据源类型</td><td>4 分</td><td></td><td></td><td></td></tr>
<tr><td>获取 Excel、CSV 和 JSON 等文件数据的方法</td><td>8 分</td><td></td><td></td><td></td></tr>
<tr><td>获取 MySQL 和 SQL Server 数据库数据的方法</td><td>10 分</td><td></td><td></td><td></td></tr>
<tr><td>获取 Web 数据的方法</td><td>8 分</td><td></td><td></td><td></td></tr>
<tr><td>能力
（30%）</td><td>使用 Power BI Desktop 获取不同数据源中的数据</td><td>30 分</td><td></td><td></td><td></td></tr>
<tr><td rowspan="4">素养
（20%）</td><td>互帮互助，具有团队精神</td><td>5 分</td><td></td><td></td><td></td></tr>
<tr><td>认真负责，按时完成学习、实践任务</td><td>5 分</td><td></td><td></td><td></td></tr>
<tr><td>提高举一反三、从多个角度思考问题的能力</td><td>5 分</td><td></td><td></td><td></td></tr>
<tr><td>养成精益求精、严谨认真的工作态度</td><td>5 分</td><td></td><td></td><td></td></tr>
<tr><td colspan="2">合计</td><td>100 分</td><td></td><td></td><td></td></tr>
<tr><td>综合分数</td><td>自评（25%）+互评（25%）+师评（50%）=________</td><td colspan="4">等级：</td></tr>
<tr><td rowspan="3">综合评价</td><td colspan="5">最突出的表现（创新或进步）：</td></tr>
<tr><td colspan="5">还需改进的地方（不足或缺点）：</td></tr>
<tr><td colspan="5">指导教师签字：</td></tr>
</table>

注：等级可以“优”（90 分≤综合分数≤100 分）、“良”（80 分≤综合分数<90 分）、“中”（60 分≤综合分数<80 分）、“差”（综合分数<60 分）为标准进行评价。

项目 3

数据清洗

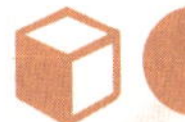

项目导读

数据清洗是数据处理的关键步骤，主要工作是调整数据结构和布局，统一数据格式和命名规范，以及去除错误、冗余和不一致的数据，以确保数据的质量，提高数据分析和决策的准确度与可信度。

项目目标

知识目标

- 了解 Power Query 编辑器的基本知识。
- 掌握管理查询表的基本操作。
- 掌握数据规范化的基本操作。

能力目标

- 能够使用 Power Query 编辑器管理查询表。
- 能够使用 Power Query 编辑器规范数据。
- 具备对实际数据进行清洗的能力。

素质目标

- 增强主动思考、积极寻求问题解决方法的意识。
- 增强隐私保护意识，树立正确的价值观。

项目描述

本项目首先介绍数据清洗工具——Power Query 编辑器，然后以 GT 公司销售数据为例介绍管理查询表和数据规范化的基本操作，最后通过对 DK 运动品牌数据进行清洗巩固所学知识。

项目准备

全班学生以3～5人为一组，各组选出组长。组长组织组员扫码观看“数据清洗”视频，讨论并回答下列问题。

问题1：说一说在数据分析与可视化时为什么要对数据进行清洗操作。

数据清洗

问题2：Power BI 在数据清洗方面有哪些优势？

3.1 认识 Power Query 编辑器

Power Query 编辑器是 Power BI 中用于数据处理的强大工具，它具有直观的界面和丰富的功能，可以有效地清洗和整理各类数据，以满足数据分析与可视化的需求。

打开 Power Query 编辑器的方法有两种，一种是在 Power BI Desktop 中单击“主页”选项卡“查询”命令组中的“转换数据”命令按钮；另一种是在获取数据时，在打开的“导航器”对话框中单击“转换数据”按钮。

Power Query 编辑器界面主要由功能区、“查询”窗格、数据编辑区、“查询设置”窗格等组成，如图3-1所示。

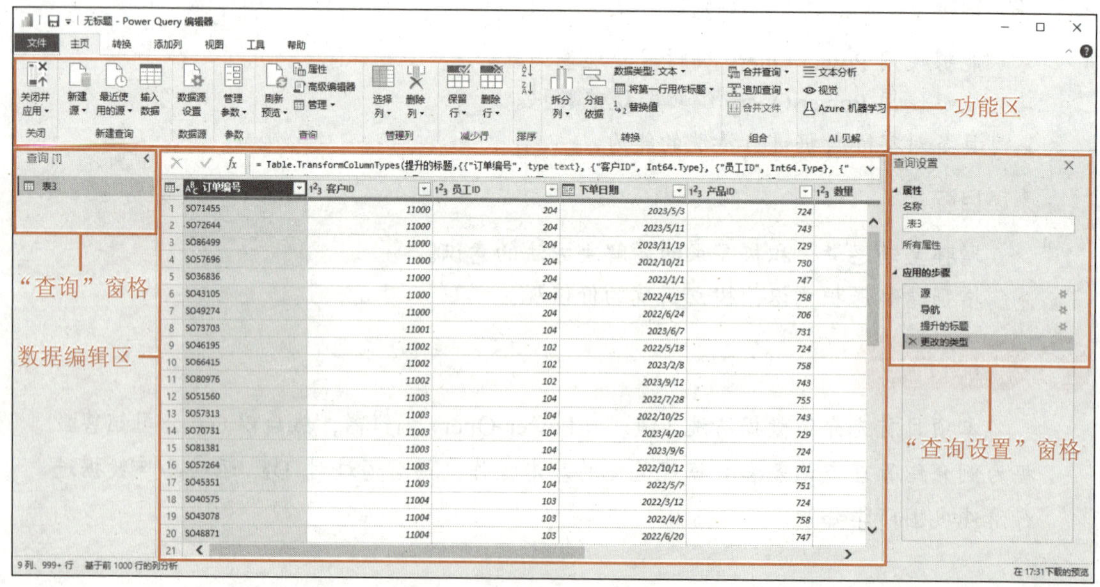

图3-1 Power Query 编辑器界面

功能区包括“主页”“转换”“添加列”“视图”“工具”“帮助”等选项卡，提供了一系列用于数据清洗和整理的命令按钮和选项，可帮助用户快速、方便地完成各种数据处理操作，包括管理查询表、规范数据、管理行列数据、合并查询表等。

“查询”窗格中列出了加载到 Power Query 编辑器的所有查询表，且在窗格标题显示查询表的数量。右键单击查询表可以对查询表进行复制、删除、重命名、分组等操作，右键单击“查询”窗格下方空白区域可以新建查询、参数、组等。

数据编辑区显示了当前查询表的数据，在此可以查看数据的结构、内容和格式，还可以通过右键快捷菜单对数据进行清洗、整理等操作。

“查询设置”窗格分为“属性”和“应用的步骤”两栏。在“属性”栏的“名称”输入框中可以修改查询表的名称，在单击“所有属性”链接文字打开的对话框中可以修改查询表名称，并对查询表进行描述说明。“应用的步骤”栏显示当前查询表所应用的所有数据处理步骤，也就是数据处理的过程，在其中可以对数据处理步骤进行编辑、删除或重新排序等操作，实现对数据处理过程的灵活控制和管理。

3.2 管理查询表

在进行数据处理时，通常需要先对查询表进行整理。本节主要介绍查询表的重命名、复制、插入、删除、引用和分组等操作。

3.2.1 重命名查询表

一个 Power BI 文件中通常包含多个查询表，为了更清晰地标识查询表的内容和意义，可以将查询表重命名为与其内容一致的名称，帮助用户在后续的数据处理及分析过程中快速定位和使用相关数据，提高工作效率和准确性。

重命名查询表的方法如下（此处以“素材与实例\项目 3\GT 公司销售与产品信息表.xlsx”为例，下同）。

- 在“查询”窗格中右键单击查询表，在弹出的快捷菜单中选择“重命名”选项，表名称变为可编辑状态，输入新名称后按【Enter】键，如图 3-2 所示。
- 在“查询”窗格中直接双击查询表，表名称变为可编辑状态，输入新名称后按【Enter】键。

返回 Power BI Desktop，会发现“数据”窗格中的查询表名称仍为旧名称，且视图区上方提示“未应用的查询中有挂起的更改”，如图 3-3 所示。

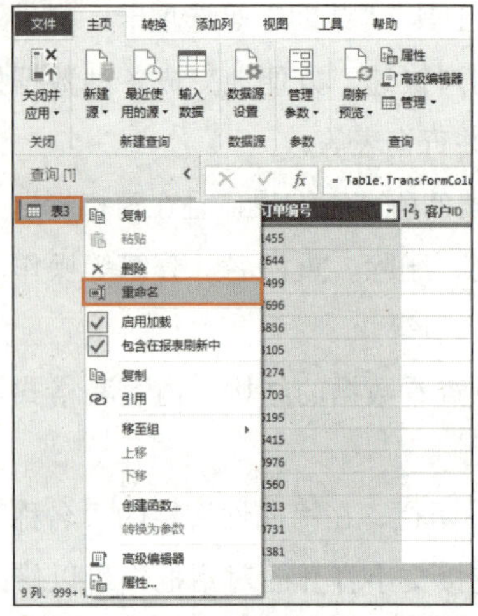
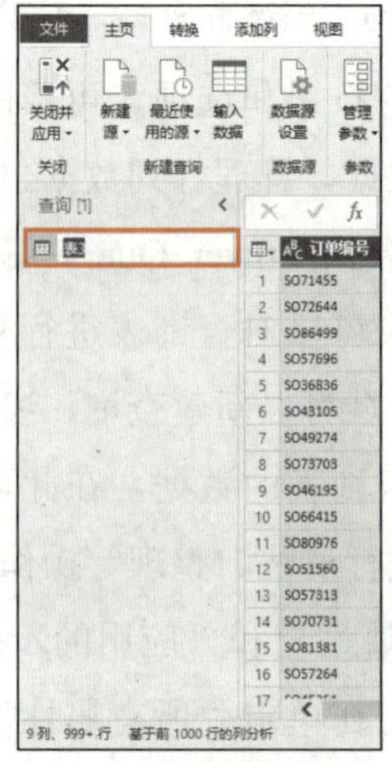
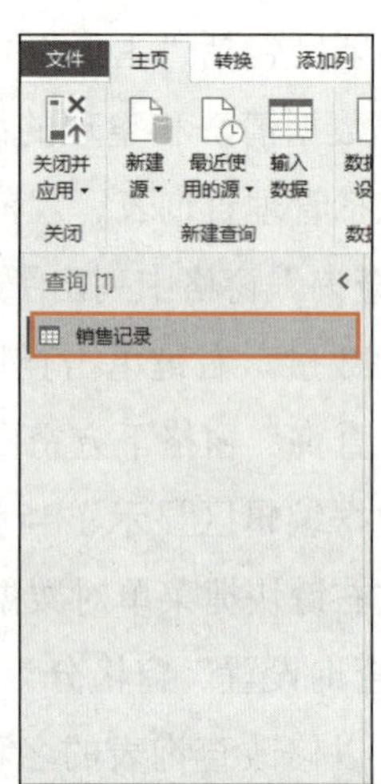

图 3-2　重命名查询表

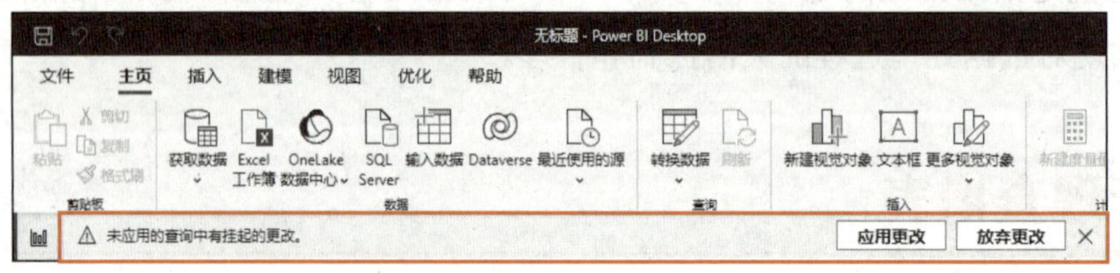

图 3-3　“未应用的查询中有挂起的更改”提示

若要在 Power BI Desktop 中应用更改，可单击提示栏中的“应用更改”按钮；或在 Power Query 编辑器的“主页”选项卡“关闭”命令组中单击“关闭并应用”下拉按钮，在其下拉列表中选择“应用”选项，如图 3-4 所示。需要注意的是，在 Power Query 编辑器中所做的更改都需要应用到 Power BI Desktop 中，以便后续进行数据分析与可视化。

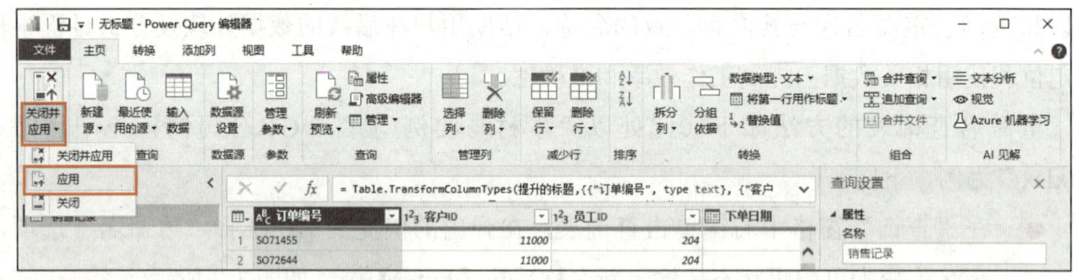

图 3-4　应用更改到 Power BI Desktop

提　示

若要应用更改的同时自动关闭 Power Query 编辑器，在其“主页”选项卡“关闭”命令组中直接单击“关闭并应用”命令按钮即可。

3.2.2 复制查询表

复制查询表操作会创建一个查询表的副本，完全复制被复制的查询表的数据源、操作步骤和设置。复制的查询表副本与源查询表互不影响，均完全独立。复制查询表的方法如下。

- 在“查询”窗格中右键单击查询表，在弹出的快捷菜单中选择第二个“复制”选项，如图 3-5 所示。
- 在“查询”窗格选中查询表，在“主页”选项卡“查询”命令组中单击“管理”下拉按钮，在其下拉列表中选择“复制”选项，如图 3-6 所示。

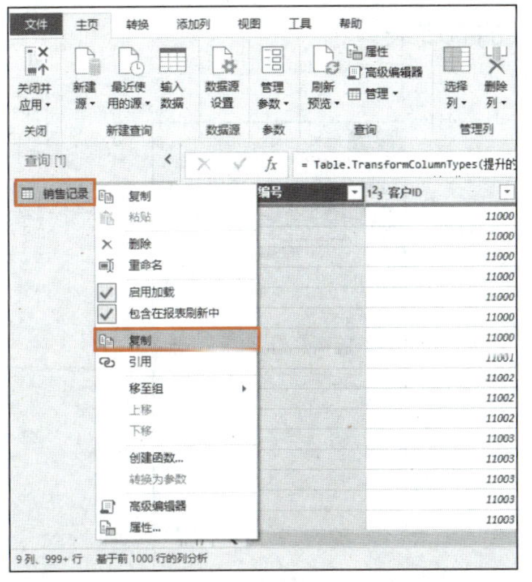

图 3-5 在查询表右键快捷菜单中选择第二个“复制”选项

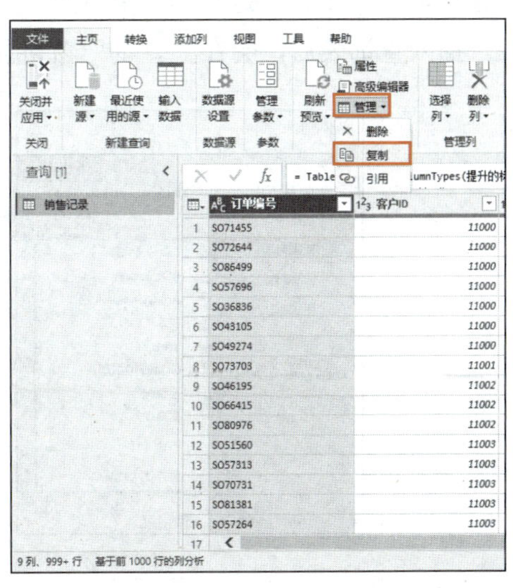

图 3-6 在“管理”下拉列表中选择“复制”选项

完成上述操作后，会在“查询”窗格中生成查询表的副本，并自动在表名称后添加编号，如图 3-7 所示。

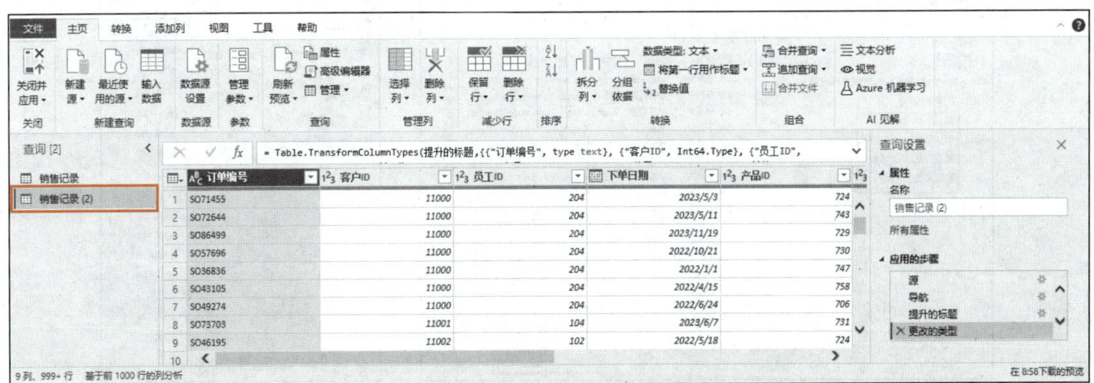

图 3-7 生成查询表副本

提 示

若选择图 3-5 中快捷菜单的第一个“复制”选项不会自动生成查询表的副本，还需要在“查询”窗格空白区域右键单击，在弹出的快捷菜单中选择“粘贴”选项。

3.2.3 插入和删除查询表

在 Power Query 编辑器中，可以通过右键单击“查询”窗格的空白区域，在弹出的快捷菜单中选择“新建查询”选项下的子选项（见图 3-8）插入包含数据的查询表或空白查询表；也可以在“主页”选项卡“新建查询”命令组（见图 3-9）中单击相应命令按钮插入查询表。插入查询表后，会在“查询”窗格显示插入的查询表。

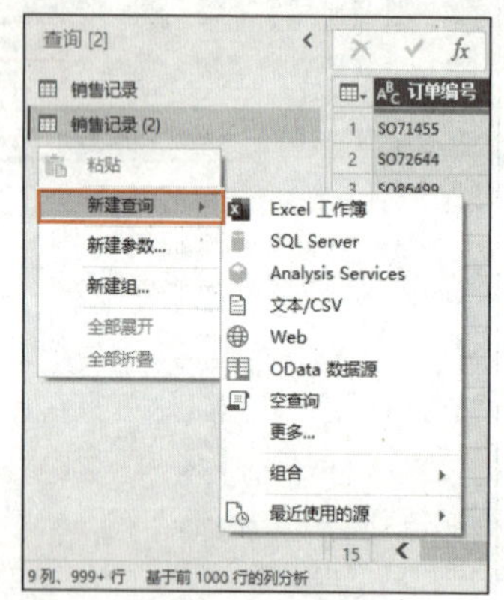

图 3-8 “新建查询”选项下的子选项

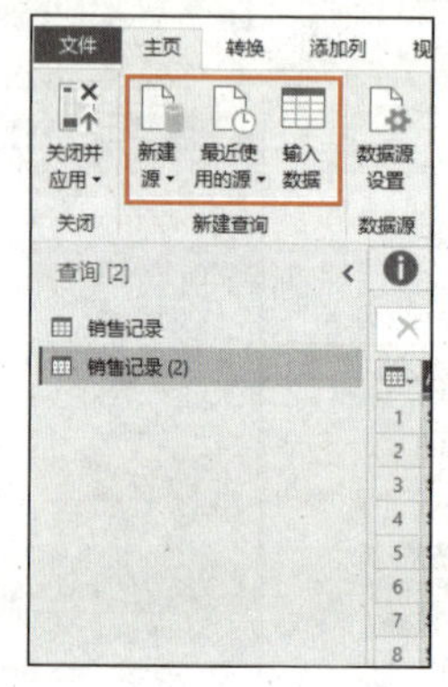

图 3-9 “新建查询”命令组

例如，下面通过选择“新建查询”下的“Excel 工作簿”子选项，以本书配套素材“素材与实例\项目 3\GT 公司销售与产品信息表.xlsx”工作簿中的“产品信息”“区域”“销售任务金额”“员工信息”工作表为数据源，插入 4 个查询表，如图 3-10 所示。

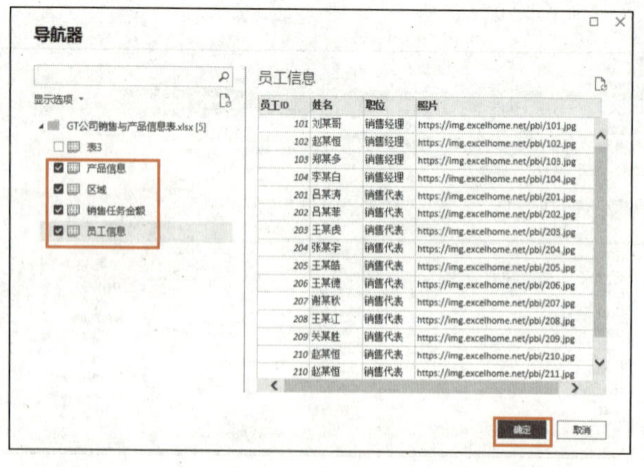

图 3-10 插入 4 个查询表

若要删除查询表，只需要在“查询”窗格中右键单击查询表，在弹出的快捷菜单中选择“删除”选项，打开“删除查询”对话框，单击“删除”按钮，如图 3-11 所示。

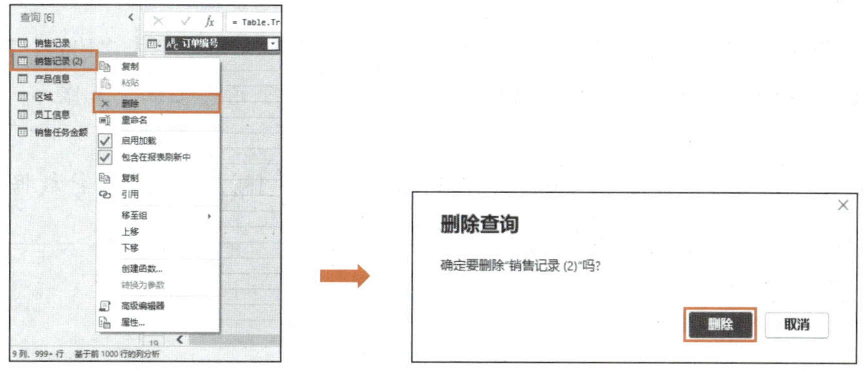

图 3-11　删除查询表

3.2.4　引用查询表

引用查询表操作会创建一个指向现有查询表的副本，既可以保护原始数据，避免在数据处理过程中意外修改或破坏原始数据，也可以在新的引用查询表中进行定制化的数据处理和分析。与复制查询表不同的是，被引用的查询表发生变化时，引用查询表会随之改变，而引用查询表发生变化时，被引用的查询表不变。

引用查询表的方法是，在“查询”窗格中右键单击查询表，在弹出的快捷菜单中选择“引用”选项，在“查询”窗格中生成引用查询表，并自动在表名称后添加编号，如图 3-12 所示。由图 3-12 可以看出，在“查询设置”窗格显示引用查询表应用的步骤只有一个“源”，说明引用查询表将被引用的查询表作为数据源，没有做其他更改操作。

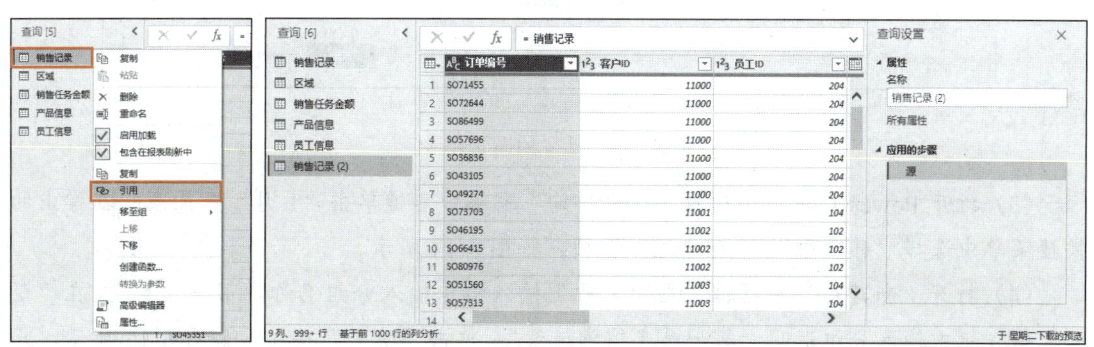

图 3-12　引用查询表

3.2.5　查询表分组

当查询表较多时，为便于查看和管理，可以对查询表进行分组。

【实例 3-1】 查询表分组。

【素材文件】 素材与实例\项目 3\GT 公司 2023 年销售记录.xlsx。

【具体步骤】

（1）在 Power BI Desktop 的“主页”选项卡“数据”命令组中单击“Excel 工作簿”命令按钮，在打开的“打开”对话框中选择“GT 公司 2023 年销售记录”工作簿，单击“打开”按钮。

（2）打开“导航器”对话框，选择所有工作表（见图 3-13），单击“转换数据”按钮。

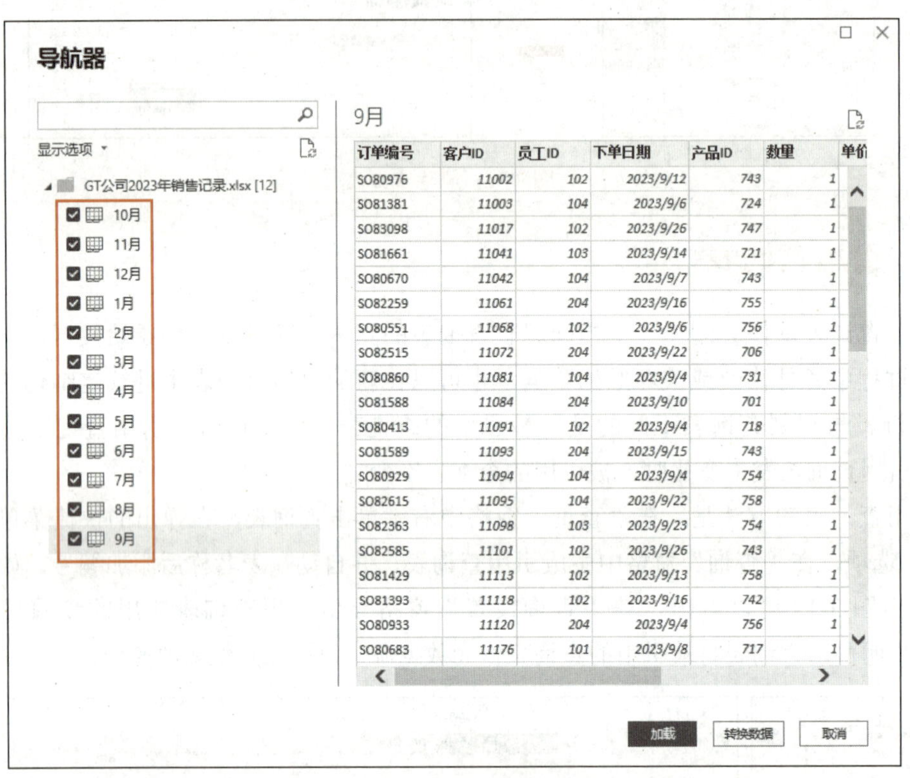

图 3-13 选择所有工作表

（3）打开 Power Query 编辑器，在“查询”窗格中右键单击“1 月”查询表，在弹出的快捷菜单中选择“移至组”/“新建组”选项，如图 3-14 所示。

（4）打开“新建组”对话框，在“名称”输入框中输入分组名称“第一季度”，在“说明”输入框中输入分组说明“第一季度销售记录”，单击“确定”按钮，如图 3-15 所示。此时，所选查询表移到新建的分组中，其他查询表则移到自动创建的“其他查询”分组中。

（5）在“查询”窗格中右键单击“2 月”查询表，在弹出的快捷菜单中选择“移至组”/“第一季度”选项，将“2 月”查询表移到“第一季度”分组中，如图 3-16 所示。

（6）使用同样方法完成其他查询表的分组，分组结果如图 3-17 所示。

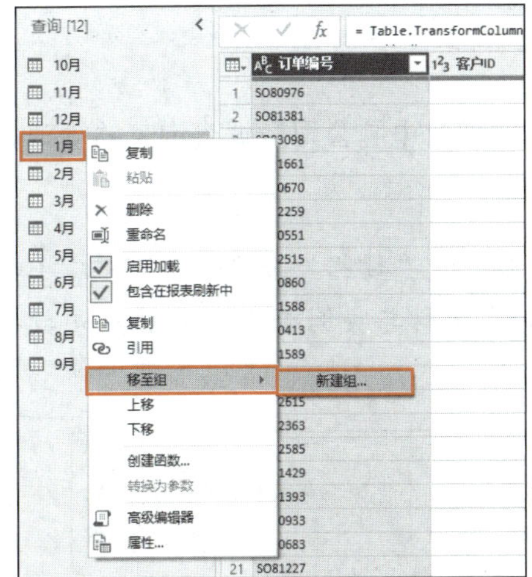

图 3-14 选择“移至组”/“新建组”选项

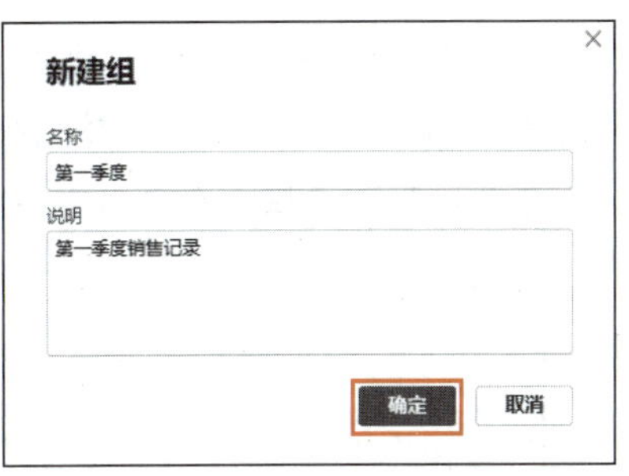

图 3-15 设置新建组名称和说明

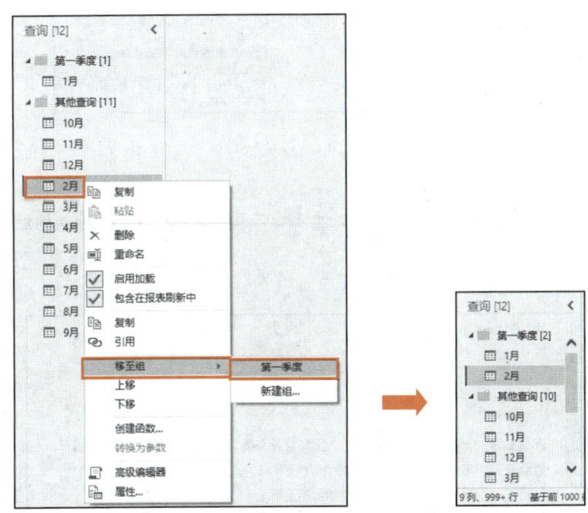

图 3-16 将“2 月”查询表移到“第一季度”分组中

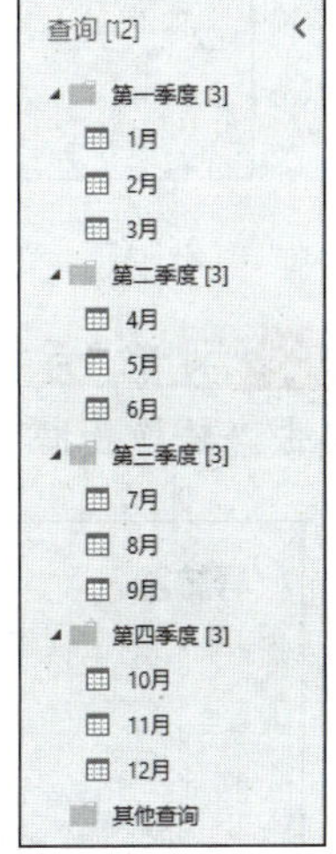

图 3-17 分组结果

右键单击组名，在弹出的快捷菜单中选择“取消分组”“删除组”“重命名”选项，可对分组进行取消、删除和重命名操作，如图 3-18 所示。需要注意的是，取消分组后，分组中的查询表将移到“其他查询”分组中；所有分组全部取消后，“其他查询”分组也会自动取消；删除分组会将分组中的查询表一起删除。

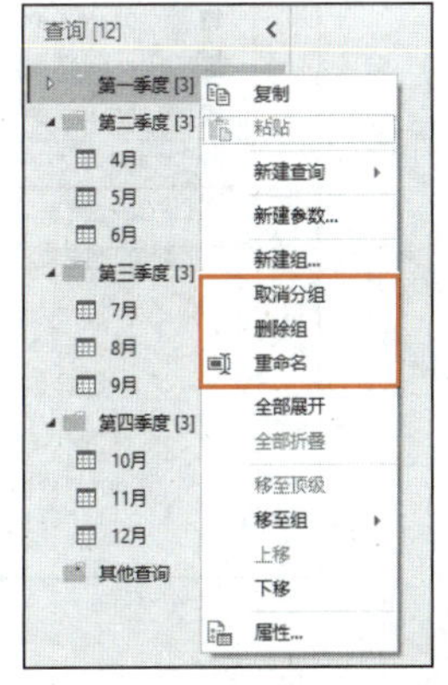

图 3-18 “取消分组”“删除组”“重命名”选项

提 示

“其他查询”分组不能删除，删除它只删除分组中的所有查询表；“其他查询”组名也不能修改。

3.2.6 【示例】管理电脑公司数据查询表

本示例通过重命名、插入及分组查询表操作实现对电脑公司数据查询表的管理。

1. 加载查询表

步骤 1 在 Power BI Desktop 的“主页”选项卡“数据”命令组中单击“Excel 工作簿”命令按钮，在打开的“打开”对话框中选择“素材与实例\项目 3\电脑公司数据.xlsx”工作簿，单击“打开”按钮，如图 3-19 所示。

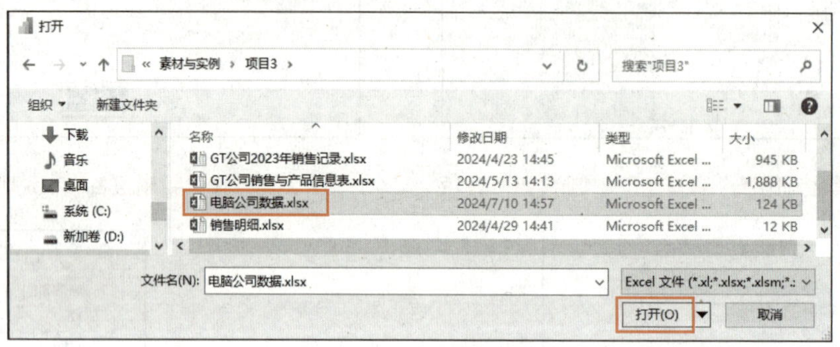

图 3-19 打开“电脑公司数据.xlsx”工作簿

步骤 2 打开“导航器”对话框，参照图 3-20 所示选择“电脑公司数据.xlsx”下的工作表，单击“转换数据”按钮。

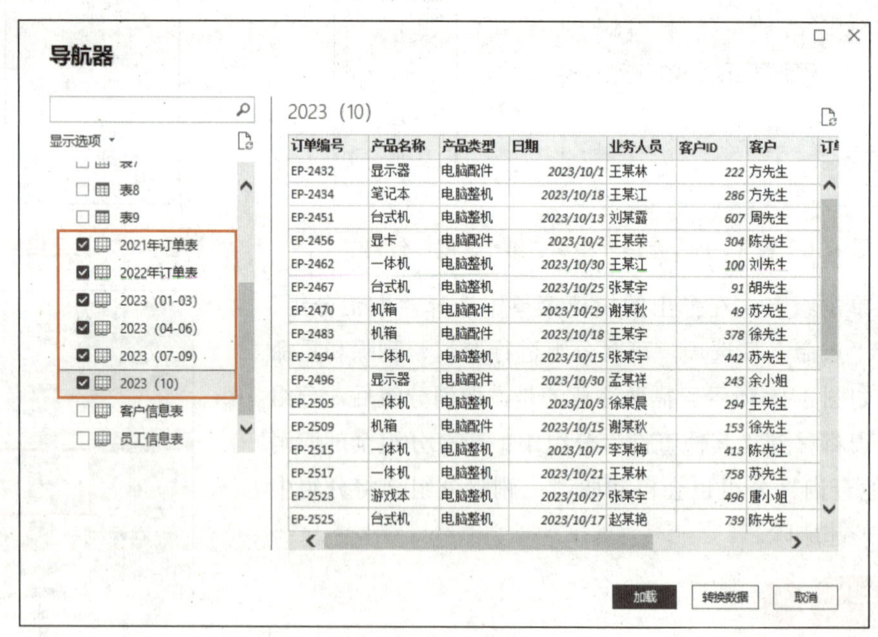

图 3-20 选择工作表

步骤 3 打开 Power Query 编辑器，加载查询表，如图 3-21 所示。

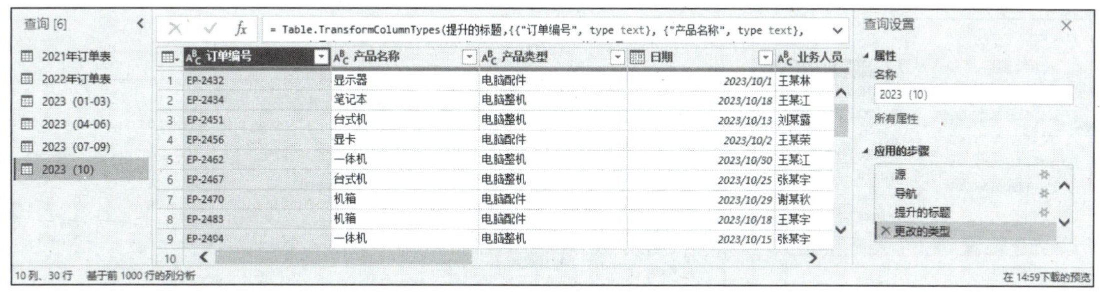

图 3-21 加载查询表

2. 重命名查询表

步骤 1 在“查询”窗格中右键单击“2023（01-03）”查询表，在弹出的快捷菜单中选择“重命名”选项，将查询表的名称修改为“2023 年第一季度订单表”，如图 3-22 所示。

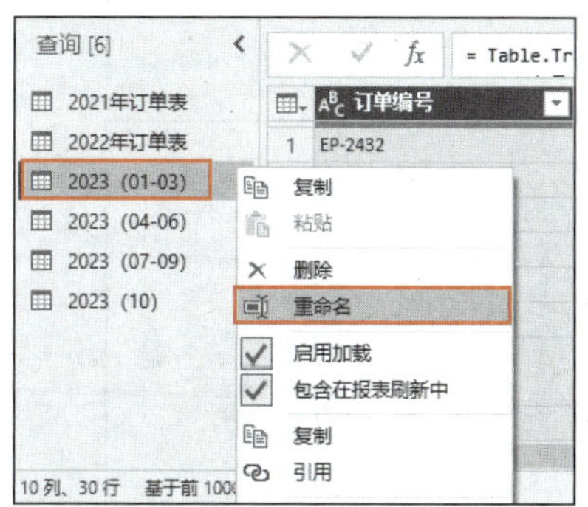

图 3-22 重命名查询表

步骤 2 使用同样方法分别将“2023（04-06）”“2023（07-09）”“2023（10）”查询表重命名为“2023 年第二季度订单表”“2023 年第三季度订单表”“2023 年第四季度订单表”，如图 3-23 所示。

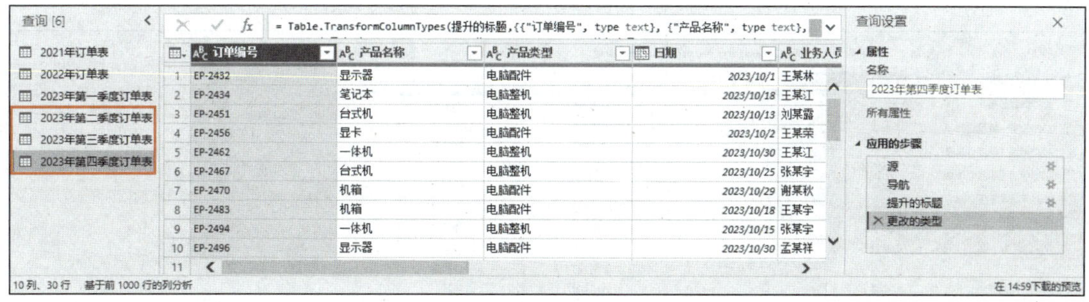

图 3-23 重命名其他查询表

3. 插入查询表

步骤 1 右键单击“查询”窗格的空白区域，在弹出的快捷菜单中选择“新建查询”/“Excel 工作簿”选项（见图 3-24），在打开的“打开”对话框中选择“电脑公司数据.xlsx”工作簿，单击“打开”按钮，如图 3-25 所示。

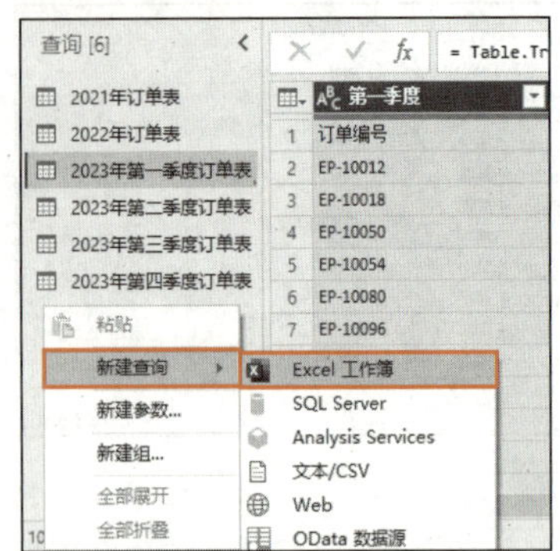

图 3-24　选择“新建查询”/“Excel 工作簿”选项

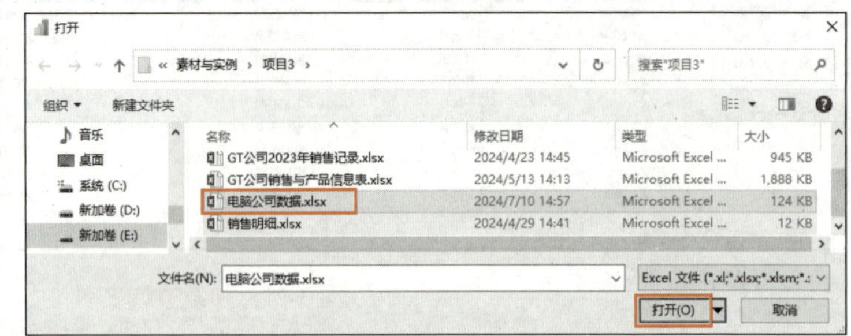

图 3-25　打开“电脑公司数据.xlsx”工作簿

步骤 2 在打开的“导航器”对话框中勾选“客户信息表”和“员工信息表”复选框（见图 3-26），单击“确定”按钮。

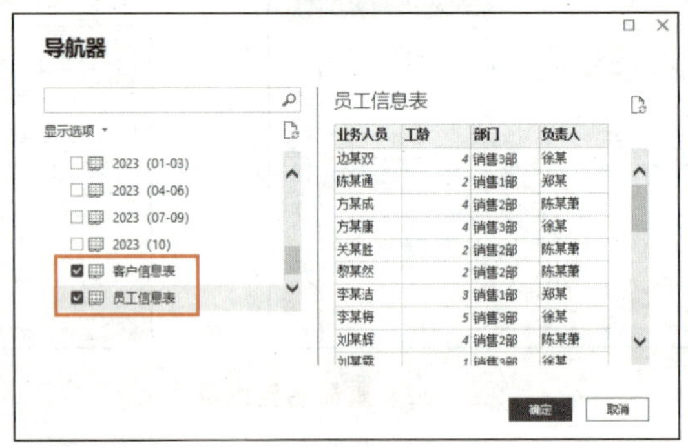

图 3-26　选择工作表

步骤 3 在 Power Query 编辑器中插入“客户信息表”和“员工信息表”查询表，如图 3-27 所示。

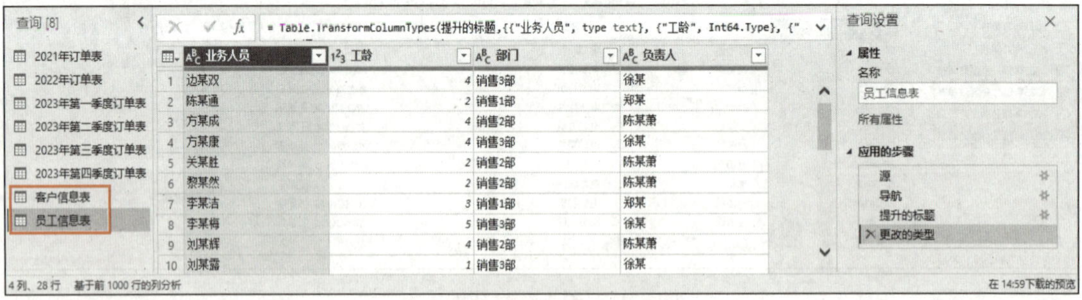

图 3-27　插入查询表

4. 查询表分组

步骤 1 在“查询”窗格中右键单击“2023 年第一季度订单表”查询表，在弹出的快捷菜单中选择“移至组”/“新建组”选项，如图 3-28 所示。打开“新建组”对话框，在

"名称"输入框中输入"2023 年订单表"，在"说明"输入框中输入"按季度划分"，单击"确定"按钮，将查询表移到新建的分组"2023 年订单表"中，如图 3-29 所示。

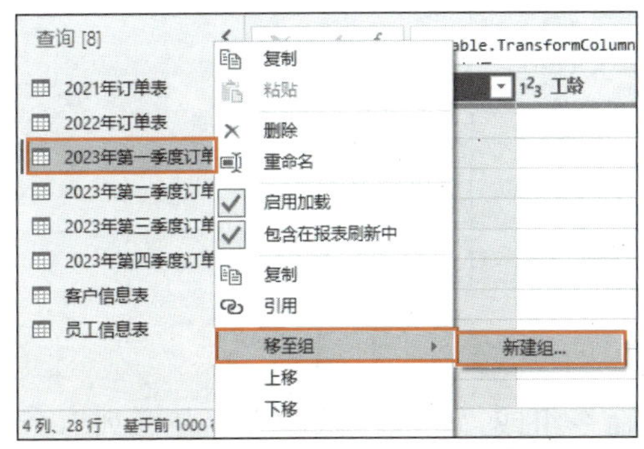

图 3-28 选择"移至组"/"新建组"选项

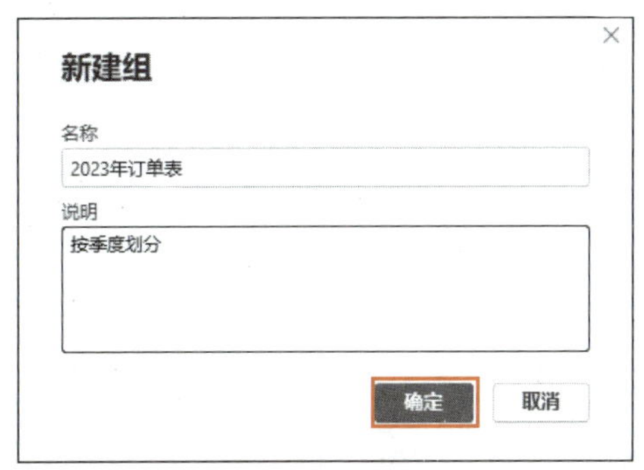

图 3-29 设置新建组名称和说明

步骤 2 右键单击"2023 年第二季度订单表"查询表，在弹出的快捷菜单中选择"移至组"/"2023 年订单表"选项，将查询表移到"2023 年订单表"分组中，如图 3-30 所示。使用同样方法将 2023 年的其他查询表移到"2023 年订单表"分组中，分组结果如图 3-31 所示。

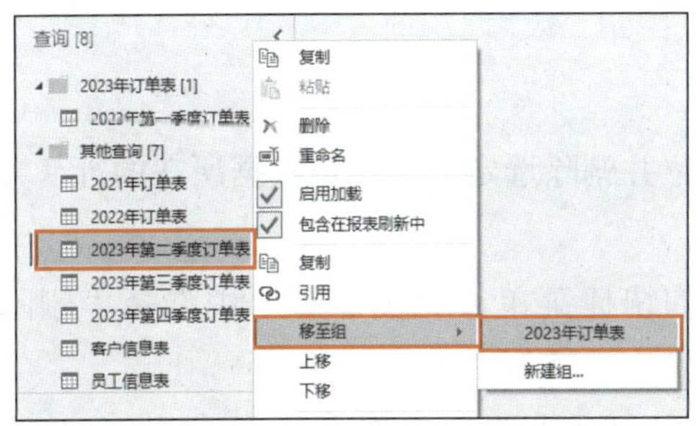

图 3-30 将查询表移到"2023 年订单表"分组中

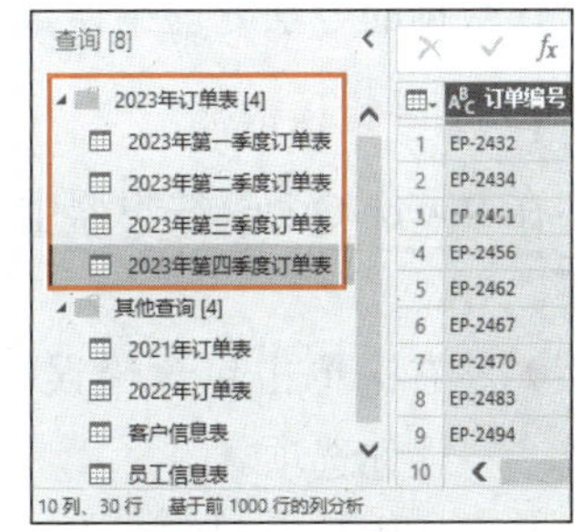

图 3-31 分组结果

3.3 数据规范化

从不同数据源加载到 Power BI 的数据可能存在数据类型不正确、数据重复、数据异常、标题位置不对等一系列数据不规范的情况。通过 Power Query 编辑器可以快速将数据整理成符合特定标准或规范的数据，以提高数据质量，减少数据冗余和错误，便于数据存储、管理和分析。

3.3.1 更改数据类型

在 Power Query 编辑器中可以按列更改数据类型，方法如下。

- 单击列标题左侧的数据类型图标，在其下拉列表（见图 3-32）中选择想要更改为的数据类型。

图 3-32　数据类型下拉列表

- 选中列后，在“主页”选项卡“转换”命令组或“转换”选项卡“任意列”命令组中单击“数据类型”下拉按钮，在其下拉列表中选择想要更改为的数据类型。

3.3.2　错误数据处理

导入的查询表可能因为各种原因产生一些错误数据，可以采用直接删除错误数据或替换错误数据的方法处理错误数据。

1. 删除错误数据

在 Power Query 编辑器中可以非常方便地定位并删除选定列中错误数据所在的行，方法如下。

- 右键单击包含错误的列标题，在弹出的快捷菜单（见图 3-33）中选择“删除错误”选项。
- 选中包含错误的列，在“主页”选项卡“减少行”命令组中单击“删除行”下拉按钮，在其下拉列表（见图 3-34）中选择“删除错误”选项。

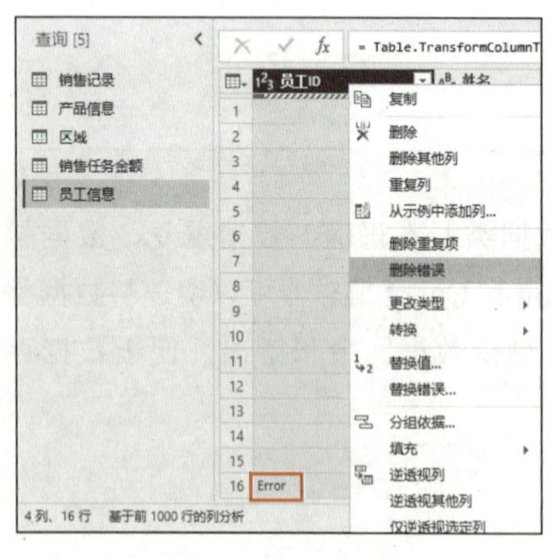

图 3-33　列标题右键快捷菜单

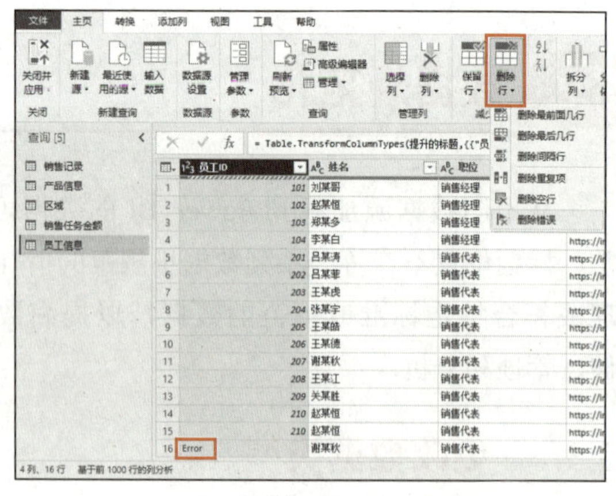

图 3-34　“删除行”下拉列表

完成上述操作后，数据编辑区中存在错误数据的行被删除，同时在“查询设置”窗格的“应用的步骤”栏中显示该步骤，如图 3-35 所示。

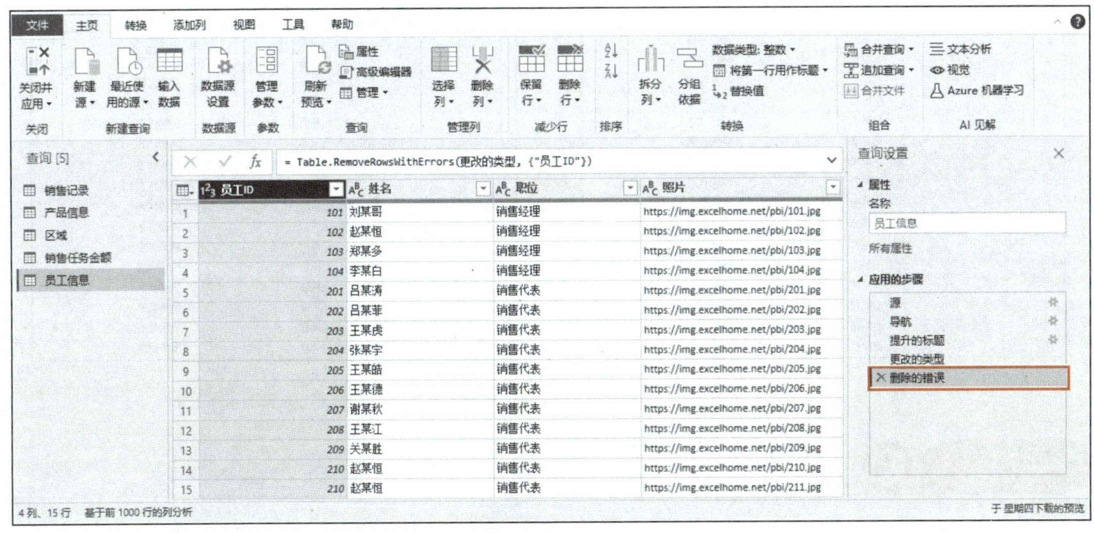

图 3-35　删除错误数据

在“查询设置”窗格的“应用的步骤”栏中，可以在选中某一步骤后单击 × 按钮删除此步骤，还可以通过右键快捷菜单进行移动、删除、重命名、新建步骤等操作。

2. 将错误数据替换为特定值

在 Power Query 编辑器中可以自动查找并替换错误数据，具体方法是，在“查询”窗格选中查询表，在数据编辑区右键单击需要替换数据值的列标题，在弹出的快捷菜单中选择“替换错误”选项，打开“替换错误”对话框，在“值”输入框中输入替换为的值，单击“确定”按钮，如图 3-36 所示。

图 3-36　设置替换为的值

完成上述操作后，所选列中的错误数据被替换，如图 3-37 所示。

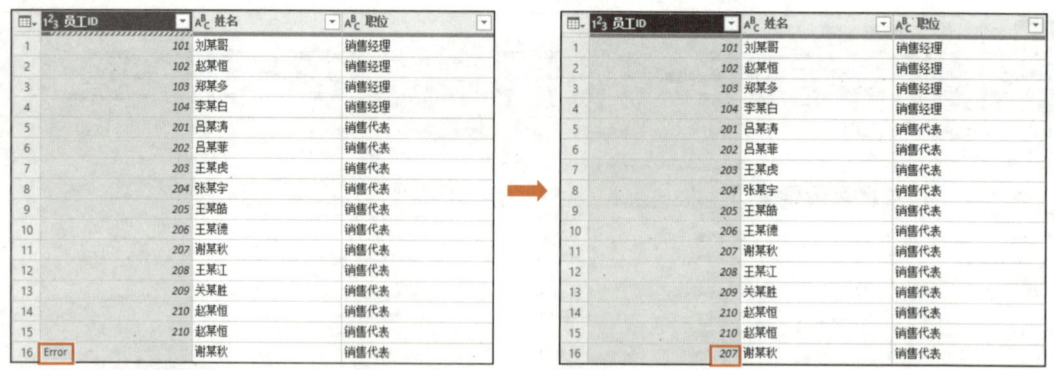

	员工ID	姓名	职位
1	101	刘某哥	销售经理
2	102	赵某恒	销售经理
3	103	郑某多	销售经理
4	104	李某白	销售经理
5	201	吕某涛	销售代表
6	202	吕某菲	销售代表
7	203	王某虎	销售代表
8	204	张某宇	销售代表
9	205	王某皓	销售代表
10	206	王某德	销售代表
11	207	谢某秋	销售代表
12	208	王某江	销售代表
13	209	关某胜	销售代表
14	210	赵某恒	销售代表
15	210	赵某恒	销售代表
16	Error	谢某秋	销售代表

	员工ID	姓名	职位
1	101	刘某哥	销售经理
2	102	赵某恒	销售经理
3	103	郑某多	销售经理
4	104	李某白	销售经理
5	201	吕某涛	销售代表
6	202	吕某菲	销售代表
7	203	王某虎	销售代表
8	204	张某宇	销售代表
9	205	王某皓	销售代表
10	206	王某德	销售代表
11	207	谢某秋	销售代表
12	208	王某江	销售代表
13	209	关某胜	销售代表
14	210	赵某恒	销售代表
15	210	赵某恒	销售代表
16	207	谢某秋	销售代表

图 3-37　替换错误数据

知识库

若想替换指定数据，右键单击需要替换数据的列标题，在弹出的快捷菜单中选择“替换值”选项，会弹出“替换值”对话框，输入要查找的数据和替换为的数据后单击“确定”按钮即可。

3.3.3　删除重复数据

在数据录入过程中，可能由于人为因素或系统故障导致数据被重复录入。在 Power Query 编辑器中可以快速自动删除重复数据，提高数据处理和查询的效率，便于后续的数据处理和分析，方法如下。

- 右键单击包含重复数据的列标题，在弹出的快捷菜单中选择“删除重复项”选项。
- 选中包含重复数据的列，在“主页”选项卡“减少行”命令组中单击“删除行”下拉按钮，在其下拉列表中选择“删除重复项”选项。

完成上述操作后，将保留首行重复数据，删除其他重复数据，如图 3-38 所示。

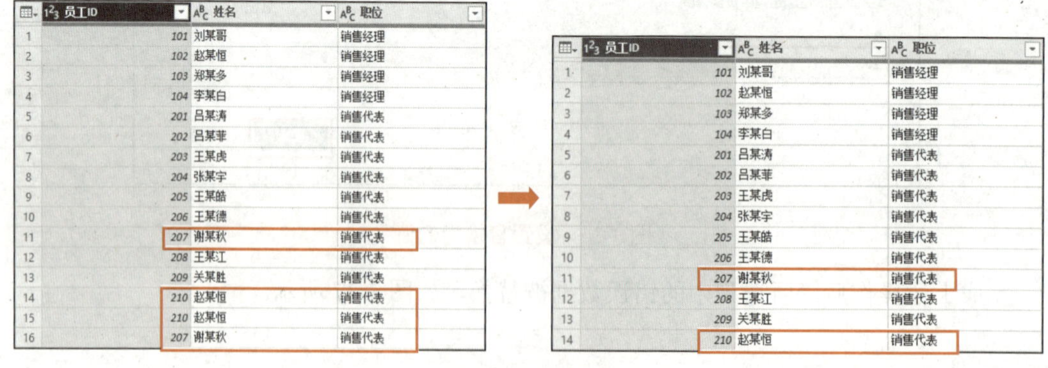

	员工ID	姓名	职位
1	101	刘某哥	销售经理
2	102	赵某恒	销售经理
3	103	郑某多	销售经理
4	104	李某白	销售经理
5	201	吕某涛	销售代表
6	202	吕某菲	销售代表
7	203	王某虎	销售代表
8	204	张某宇	销售代表
9	205	王某皓	销售代表
10	206	王某德	销售代表
11	207	谢某秋	销售代表
12	208	王某江	销售代表
13	209	关某胜	销售代表
14	210	赵某恒	销售代表
15	210	赵某恒	销售代表
16	207	谢某秋	销售代表

	员工ID	姓名	职位
1	101	刘某哥	销售经理
2	102	赵某恒	销售经理
3	103	郑某多	销售经理
4	104	李某白	销售经理
5	201	吕某涛	销售代表
6	202	吕某菲	销售代表
7	203	王某虎	销售代表
8	204	张某宇	销售代表
9	205	王某皓	销售代表
10	206	王某德	销售代表
11	207	谢某秋	销售代表
12	208	王某江	销售代表
13	209	关某胜	销售代表
14	210	赵某恒	销售代表

图 3-38　删除重复数据

按住【Ctrl】键的同时选中多列数据，删除重复项功能可删除多列数据值相同的行。

3.3.4 为空单元格填充相邻数据

如果数据源中存在合并单元格，数据导入 Power BI 后会出现空值，在 Power Query 编辑器中可以将空值填充为相邻单元格中的数据值，方法如下。

- 右键单击包含空值的列标题，在弹出的快捷菜单中选择“填充”下的“向下”或“向上”选项。
- 选中包含空值的列，在“转换”选项卡“任意列”命令组中单击“填充”下拉按钮，在其下拉列表（见图 3-39）中选择“向下”或“向上”选项。

“向下”填充是指将所选列的单元格中的值向下填充至相邻空单元格，“向上”填充则相反。例如，“向下”填充效果如图 3-40 所示。

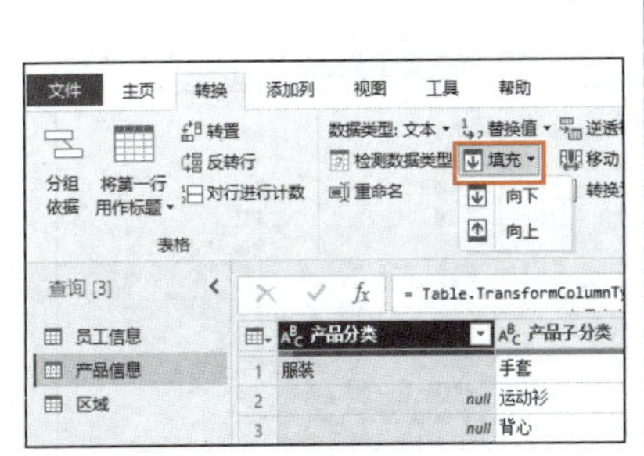

图 3-39 “填充”下拉列表

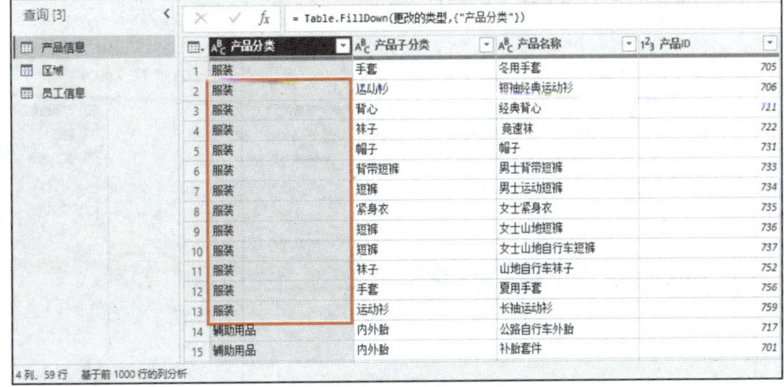

图 3-40 “向下”填充效果

3.3.5 删除不可见字符

导入 Power BI 的文本数据可能含有空格或其他不可见字符（非打印字符），这些字符通常不会在屏幕上显示出来，但会影响后续的数据整理、分析和可视化。

在 Power Query 编辑器中删除文本前后空格和其他不可见字符的方法是，选中文本数据列，在“转换”选项卡“文本列”命令组中单击“格式”下拉按钮，在其下拉列表中选择“修整”或“清除”选项，如图 3-41 所示。“修整”可以删除所选列的每个单元格中的前导空格和尾随空格，“清除”可以清除所选列中的非打印字符。

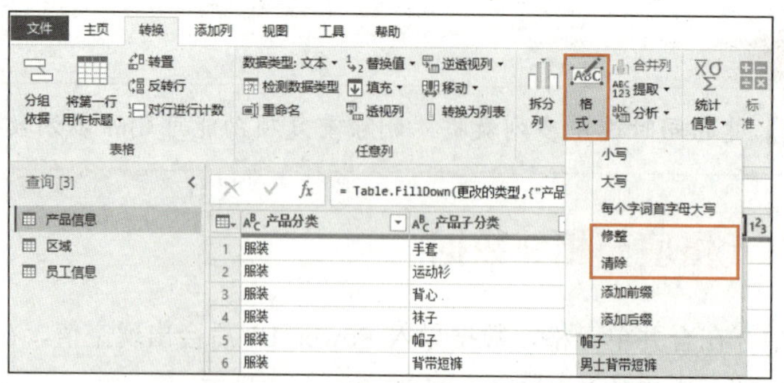

图 3-41　选择“修整”或“清除”选项

3.3.6　设置标题行

当数据表的标题行有误，且第一行数据可以做标题时，可以在 Power Query 编辑器中将第一行中的内容提升为标题。具体方法是，选中查询表，在“主页”选项卡“转换”命令组或“转换”选项卡“表格”命令组中单击“将第一行用作标题”命令按钮，如图 3-42 所示。

此时第一行被提升为标题行，如图 3-43 所示。

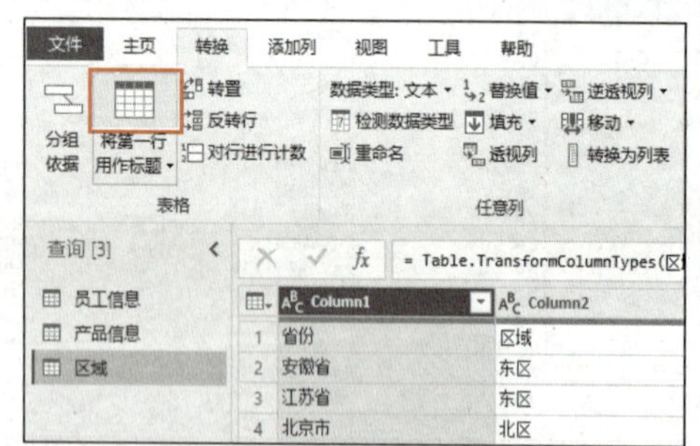

图 3-42　单击“将第一行用作标题”命令按钮

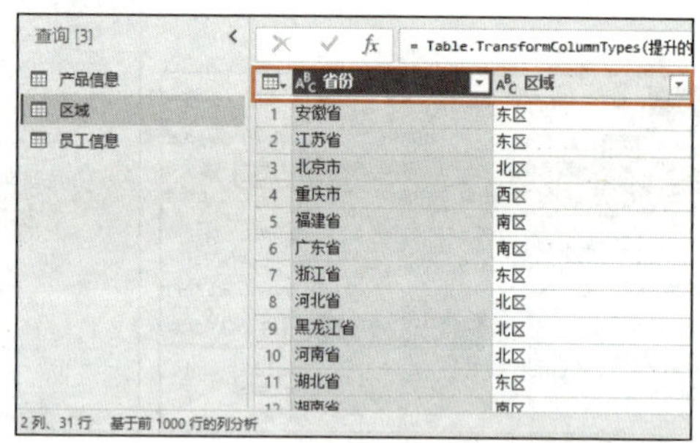

图 3-43　将第一行用作标题

3.3.7　【示例】电脑销售数据规范化

本示例通过为电脑销售数据设置标题行、更改数据类型及删除不可见字符等，对其进行规范化。

1．设置标题行

步骤 1　在 Power BI Desktop 中连接本书配套素材“素材与实例\项目 3\电脑公司数据.xlsx”工作簿，将“2023（01-03）”工作表中的数据加载到 Power Query 编辑器中，“2023（01-03）”查询表中的数据如图 3-44 所示。

步骤 2　在“转换”选项卡“表格”命令组中单击“将第一行用作标题”命令按钮，此时第一行被提升为标题行，如图 3-45 所示。

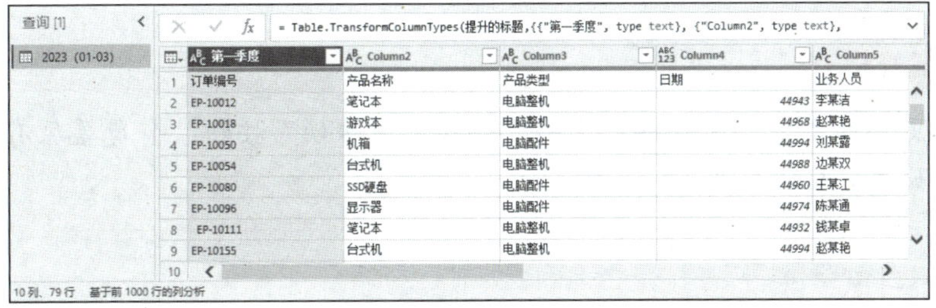

图 3-44 “2023（01-03）”查询表中的数据

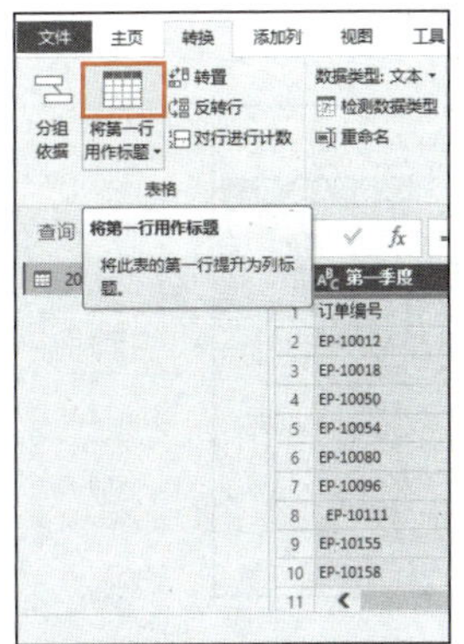

图 3-45 设置标题行

2. 更改数据类型

步骤 1 选中“日期”列，单击列标题左侧的数据类型图标，在其下拉列表中选择“日期”选项。

步骤 2 在弹出的“更改列类型”提示框中单击“添加新步骤”按钮（见图 3-46），此时在“查询设置”窗格中新增更改类型步骤，“日期”列数据显示为日期格式，如图 3-47 所示。

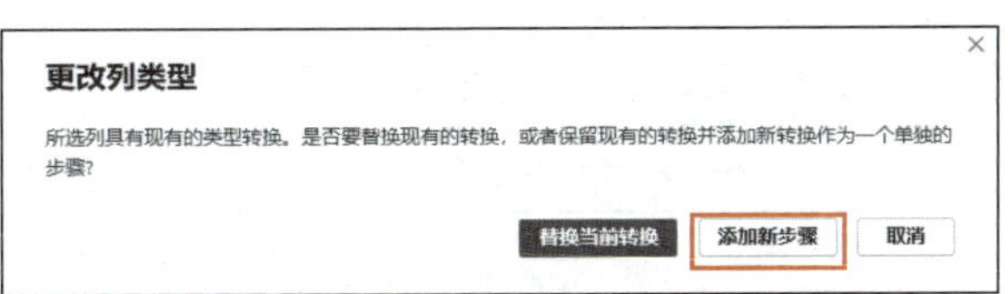

图 3-46 单击“添加新步骤”按钮

图 3-47 更改数据类型

提 示

若在“更改列类型”提示框中单击“替换当前转换”按钮，会覆盖原有的更改数据类型操作，如“更改的类型 1”步骤。

3. 删除不可见字符

步骤 1 选中第一列数据，在按住【Ctrl】键的同时继续选中后续文本类型数据列，如图 3-48 所示。

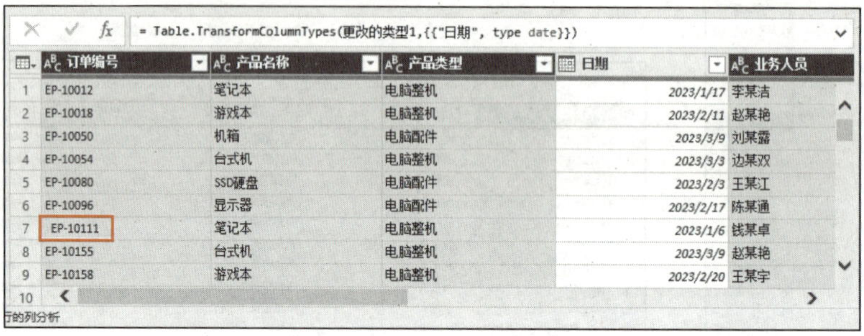

图 3-48 选中数据列

步骤 2 在“转换”选项卡“文本列”命令组中单击“格式”下拉按钮，在其下拉列表中选择“修整”选项，删除所选列的每个单元格中的前导空格和尾随空格，如图 3-49 所示。

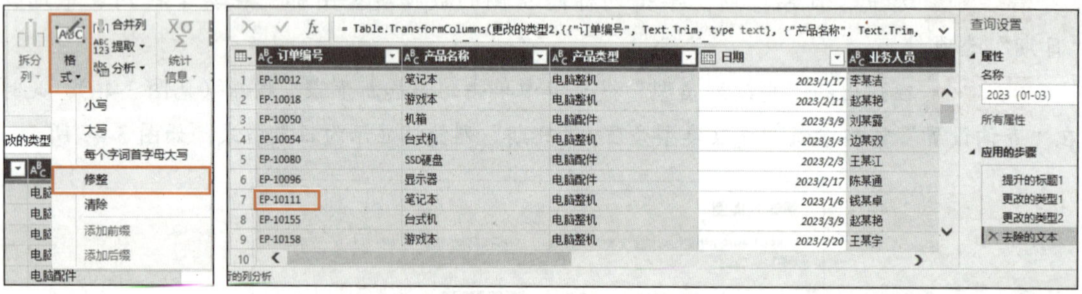

图 3-49 修整数据

项目实施——DK 运动品牌数据清洗

本项目实施在 Power BI Desktop 中打开“DK 运动品牌数据.pbix”文件，并对 DK 运动品牌数据进行清洗。

步骤 1 打开本书配套素材“素材与实例\项目 3\DK 运动品牌数据.pbix”文件，在“主页”选项卡“查询”命令组中单击“转换数据”命令按钮。

DK 运动品牌数据清洗

步骤 2 打开 Power Query 编辑器，如果素材文件夹未放在 pbix

文件中的数据源路径下，可能出现错误提示，如图 3-50 所示。

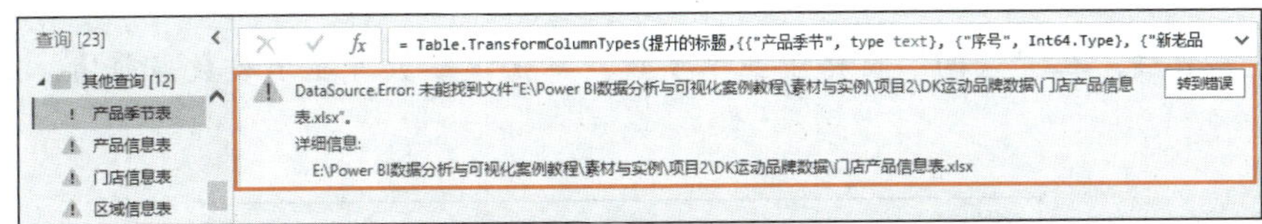

图 3-50　数据源错误提示

在 Power BI Desktop 中直接打开 pbix 文件时，在 Power Query 编辑器中可能会出现数据源错误提示，这是因为数据源不存在或数据源的实际路径与 pbix 文件中的数据源路径不一致。若数据源不存在则无法继续在 Power Query 编辑器中对数据进行处理，只能在 Power BI Desktop 中进行操作；若数据源路径不一致，可以参考项目 2 项目实施后的提示修改数据源路径，也可以将路径的文件夹部分以参数形式表示，后续只修改参数即可，步骤 3～4 使用添加参数的方法修改数据源路径。

步骤 3 在“主页”选项卡“参数”命令组中单击“管理参数”下拉按钮，在其下拉列表中选择“新建参数”选项，如图 3-51 所示。

打开“管理参数”对话框，在“名称”输入框中输入参数名称，如“FilePath”，在“当前值”输入框中输入用户本机放置本书配套素材“素材与实例”文件夹的实际路径，如“E:\Power BI 数据分析与可视化案例教程”，单击“确定”按钮，如图 3-52 所示。

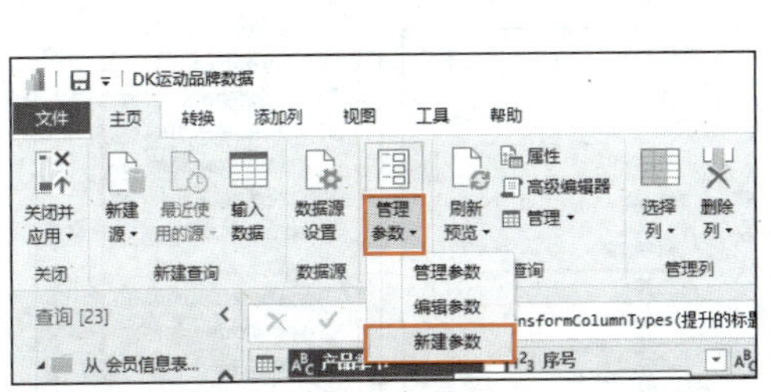

图 3-51　选择“新建参数”选项

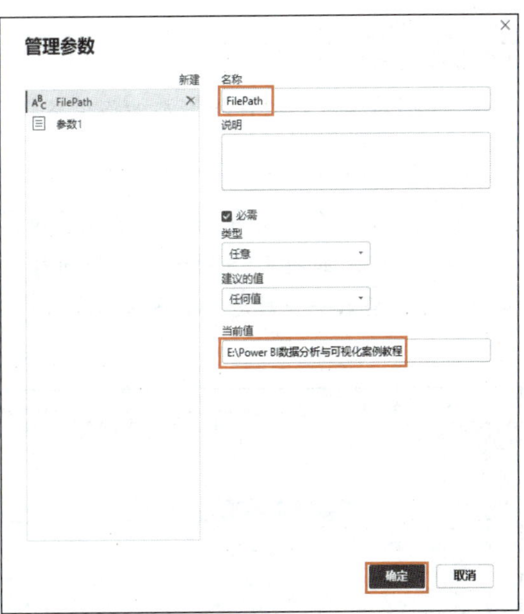

图 3-52　设置路径参数

提 示 

新建参数后，在“查询”窗格中显示参数，单击该参数可显示参数当前值，如图 3-53 所示。

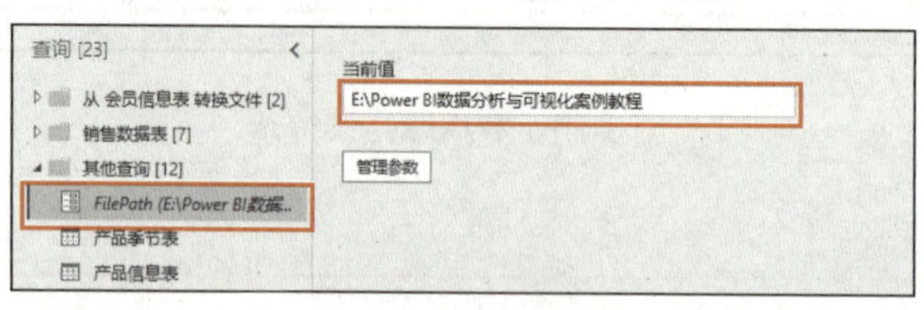

图 3-53　显示参数

步骤 4 选中“产品季节表”查询表，在“查询设置”窗格“应用的步骤”栏中单击第一个步骤“源”，编辑栏中会显示数据源的绝对路径，将文件夹的实际路径修改为“参数名&”，如图 3-54 所示。使用同样方法逐一设置其他查询表的数据源路径。

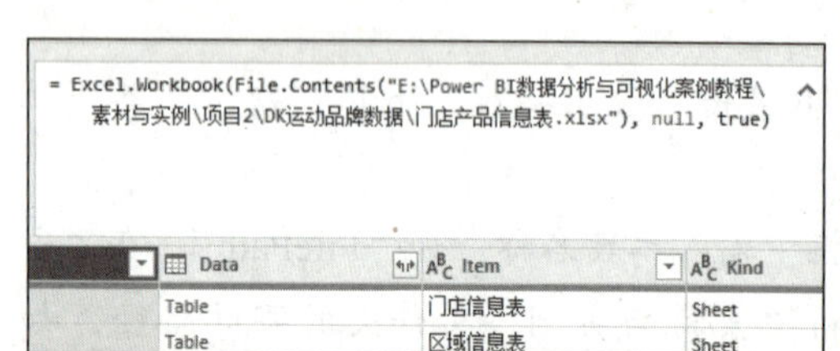

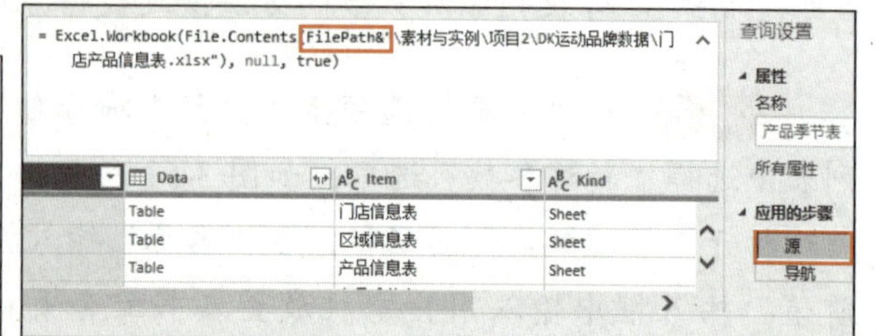

图 3-54　设置数据源路径

提 示

本书后续素材文件均已添加路径参数，读者可直接更改参数中的路径。

步骤 5 选中“Sheet1”查询表，在“查询设置”窗格中单击“源”步骤，在编辑栏中查看查询表的路径，并根据部分路径重命名查询表，此处将所选查询表重命名为“进销存数据表\2023”，如图 3-55 所示。使用同样方法重命名其他名称包含 Sheet1 的查询表，使表名与部分路径名一一对应，如图 3-56 所示。

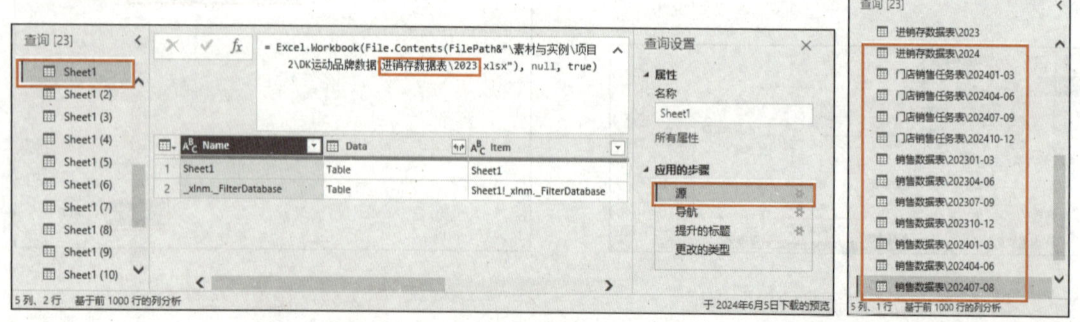

图 3-55　重命名“Sheet1”查询表　　　图 3-56　重命名其他查询表

步骤 6 在“查询”窗格中右键单击“销售数据表\202301-03”查询表，在弹出的快捷菜单中选择“移至组”/“新建组”选项（见图 3-57），打开“新建组”对话框，在“名称”输入框中输入“销售数据表”，单击“确定”按钮，如图 3-58 所示。

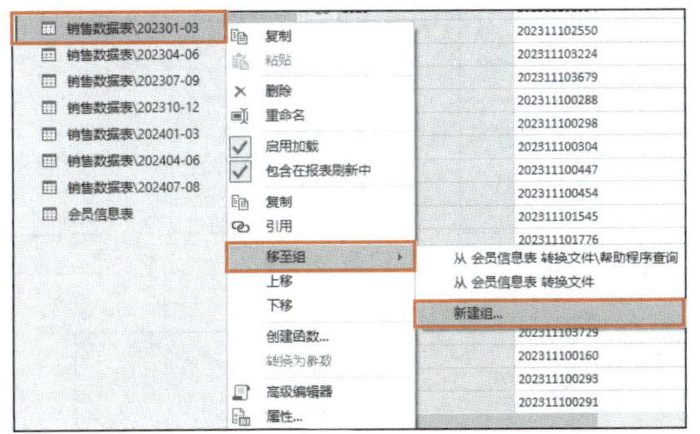

图 3-57　选择“移至组”/“新建组”选项

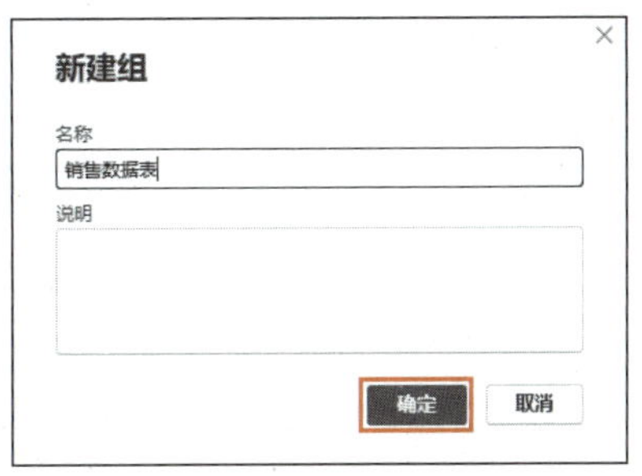

图 3-58　设置组名称

步骤 7 在“查询”窗格中右键单击“销售数据表\202304-06”查询表，在弹出的快捷菜单中选择“移至组”/“销售数据表”选项，将查询表移到“销售数据表”分组，如图 3-59 所示。使用同样方法完成销售数据表分组，结果如图 3-60 所示。

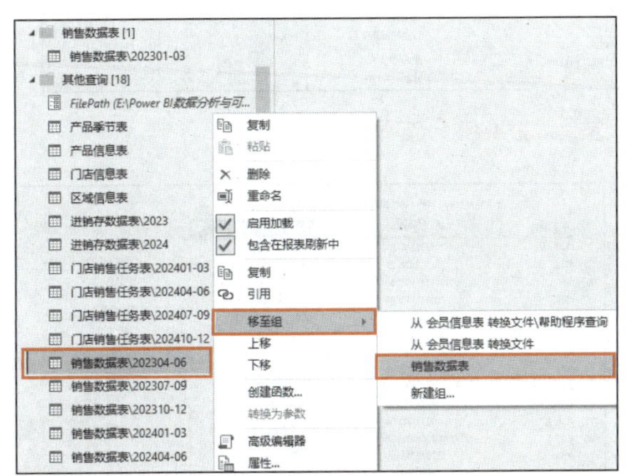

图 3-59　将“202304-06”查询表移到“销售数据表”分组

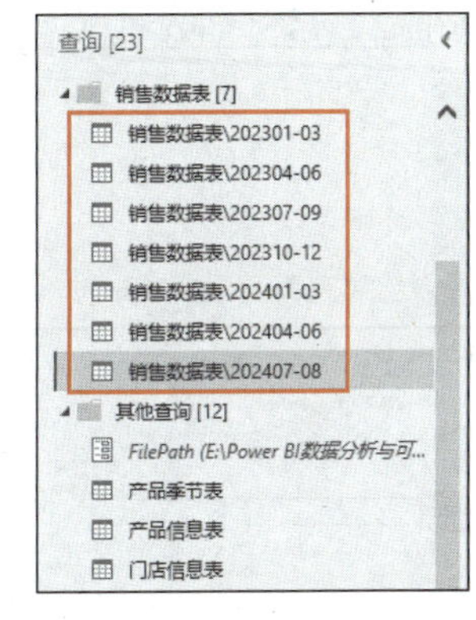

图 3-60　销售数据表分组结果

步骤 8 在“查询”窗格中单击“销售数据表\202301-03”查询表，选中“订单 ID”列，在“主页”选项卡“转换”命令组中单击“数据类型”下拉按钮，在其下拉列表中选择“文本”选项，在弹出的“更改列类型”提示框中单击“添加新步骤”按钮，完成数据类型的更改，如图 3-61 所示。

步骤 9 使用同样方法将“销售数据表”分组中其他查询表的订单 ID 修改为文本类型。

步骤 10 在“查询”窗格中选中“销售数据表\202301-03”查询表，右键单击“会员 ID”列标题，在弹出的快捷菜单中选择“替换值”选项，如图 3-62 所示。打开“替换值”对话框，保持“要查找的值”输入框为空，在“替换为”输入框中输入“非会员”，单击“确定”按钮，完成空值的替换，如图 3-63 所示。

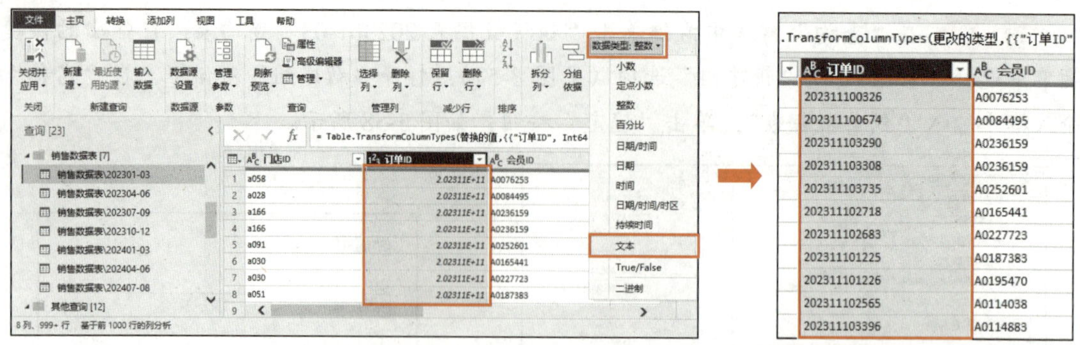

图 3-61　将“订单 ID”列数据类型修改为“文本”

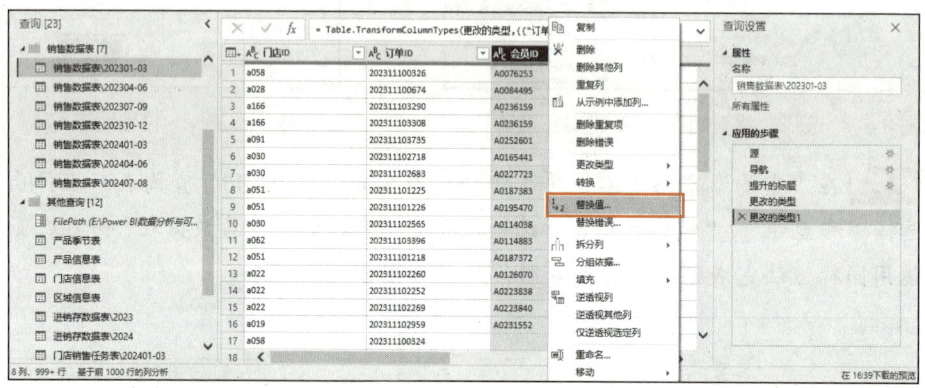

图 3-62　选择“替换值”选项

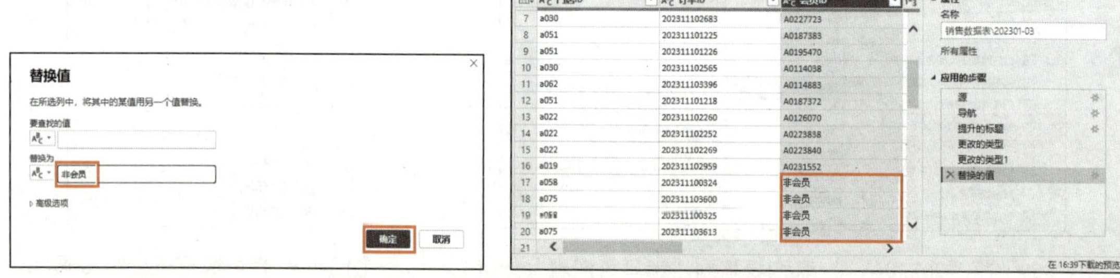

图 3-63　将空值替换为“非会员”

步骤 11 使用同样方法替换“销售数据表”分组中其他查询表中“会员 ID”列的空值。

项目实训

1. 实训目标

练习使用 Power Query 编辑器进行数据清洗，如重命名查询表、更改数据类型等操作。

2. 实训内容

（1）在 Power BI Desktop 中获取“X 电商企业数据”文件夹中的 4 个 Excel 文件数据（素材文件：素材与实例\项目 3\X 电商企业数据）。

（2）打开 Power Query 编辑器，在“查询”窗格中重命名查询表，结果如图 3-64 所示。

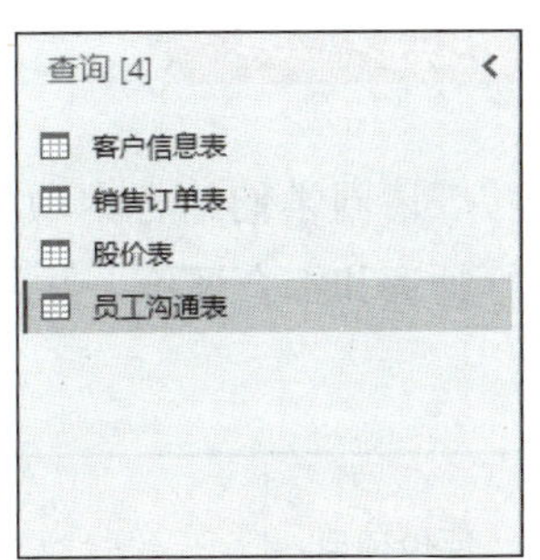

图 3-64　重命名查询表

（3）修改“销售订单表”查询表中“订单日期”和“发货日期”列的数据类型为日期，“是否退回”和“是否满意”列的数据类型为文本。

（4）修改“股价表”查询表中“交易日期”列的数据类型为日期。

（5）删除“员工沟通表”查询表中所有列数据均相同的重复项。

项目考核

1. 选择题

（1）以下选项中，在 Power Query 编辑器不能实现的是（　　）。

A．建模分析　　B．设置标题行　　C．更改数据类型　　D．删除错误数据

（2）Power Query 编辑器主要用于（　　）。

A．创建数据模型　　B．数据处理　　C．数据可视化　　D．数据存储

（3）使用 Power Query 编辑器进行数据规范化主要是指（　　）。

A．更改数据类型

B．删除重复项和错误数据

C．替换某列中的指定值和错误值

D．以上说法都对

2. 简答题

（1）简述打开 Power Query 编辑器的方法。

（2）简述复制查询表和引用查询表的区别。

3. 操作题

在 Power BI Desktop 中导入销售明细数据（素材文件：素材与实例\项目 3\销售明细.xlsx），包括“采购信息”和“销售明细”查询表，引用“销售明细”查询表，并将引用查询表重命名为“销售明细_引用”；复制“销售明细”查询表，并将复制查询表重命名为“销售明细_复制”。

项目评价

请同学们结合本项目的学习情况，按小组对学习成果进行自评和互评，然后请教师进行师评和综合评价，并将评价结果填入表 3-1 中。

表 3-1 学习成果评价表

评价项目	评价内容	分值	评价分数		
			自评	互评	师评
项目完成度（20%）	项目准备阶段，回答问题清晰准确，能够紧扣主题，没有明显错误	5 分			
	项目实施阶段，根据操作步骤完成项目实施内容	5 分			
	项目实训阶段，出色地完成实训内容	5 分			
	项目考核阶段，完成考核题目	5 分			
知识（30%）	Power Query 编辑器的基本知识	5 分			
	管理查询表的基本操作	10 分			
	数据规范化的基本操作	15 分			
能力（30%）	使用 Power Query 编辑器管理查询表	10 分			
	使用 Power Query 编辑器规范数据	10 分			
	对实际数据进行清洗	10 分			
素养（20%）	互帮互助，具有团队精神	5 分			
	认真负责，按时完成学习、实践任务	5 分			
	增强主动思考、积极寻求问题解决方法的意识	5 分			
	增强隐私保护意识，树立正确的价值观	5 分			
合计		100 分			
综合分数	自评（25%）+互评（25%）+师评（50%）=______	等级：			
综合评价	最突出的表现（创新或进步）：				
	还需改进的地方（不足或缺点）：				
	指导教师签字：				

注：等级可以“优”（90 分≤综合分数≤100 分）、“良”（80 分≤综合分数＜90 分）、“中”（60 分≤综合分数＜80 分）、“差”（综合分数＜60 分）为标准进行评价。

项目 4

数据整理

项目导读

数据整理是指在数据清洗的基础上，进一步对数据进行加工和整理，包括优化查询表的结构、聚焦关键信息、合并和整合数据、优化数据结构，将数据转化为适合分析与可视化的形式。

项目目标

知识目标

- 掌握管理行列数据的基本操作。
- 掌握排序和筛选数据的基本操作。
- 掌握分类汇总数据的基本操作。
- 掌握合并查询表和追加查询表的基本操作。
- 了解 Power Query 编辑器的 M 语言。

能力目标

- 能够使用 Power Query 编辑器从复杂的数据中提取有价值的数据并汇总统计。
- 能够使用 Power Query 编辑器合并不同查询表。
- 具备对实际数据进行整理的能力。

素质目标

- 增强自主学习、探究学习的意识。
- 加强实践练习，自觉提升专业技能和职业素养。

项目描述

本项目首先介绍管理查询表行列数据的基本操作，然后介绍排序和筛选数据、分类汇总数据、合并查询表和追加查询表的基本操作，接着简单介绍 M 语言，最后通过对 DK 运动品牌数据进行整理巩固所学知识。

项目准备

全班学生以 3～5 人为一组，各组选出组长。组长组织组员扫码观看“数据整理”视频，讨论并回答下列问题。

问题 1：说一说在数据分析与可视化时为什么要进行数据整理操作。

数据整理

问题 2：Power BI 在进行数据整理方面有哪些优势？

4.1 管理行列数据

利用 Power Query 编辑器可以轻松管理查询表的行列数据，包括查看行数据、保留和删除行数据、合并和拆分列数据等。

4.1.1 查看行数据

当查询表的列数据较多时，可以拖动 Power Query 编辑器中数据编辑区下方的滚动条查看被遮挡的列数据，但使用这种方法不能同时查看某行所有单元格的数据。Power Query 编辑器提供了一种更快速、更全面地查看完整行数据的方法：在数据编辑区单击要查看的行号，在数据编辑区下方查看所选行所有单元格的数据，如图 4-1 所示。

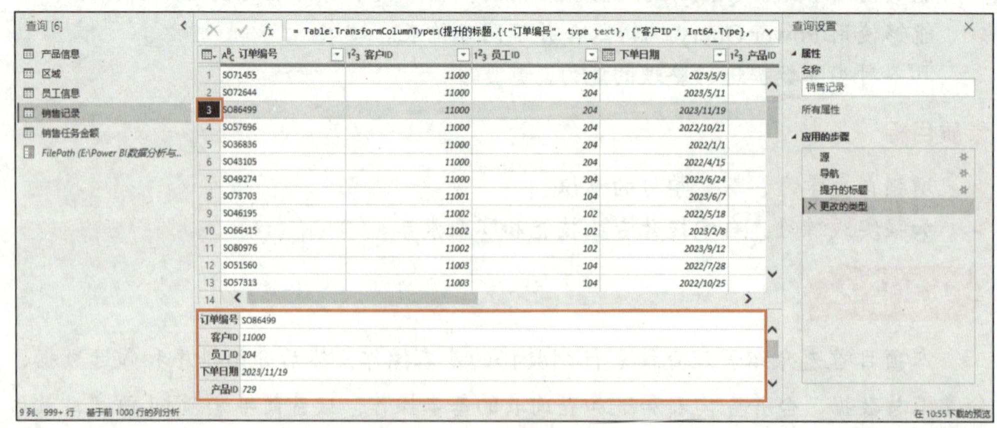

图 4-1 查看行数据

4.1.2 保留和删除行数据

如果加载的数据中存在多余的行数据，可以使用 Power Query 编辑器的保留和删除行数据功能对多余的数据进行处理。

1. 保留行数据

若只需对查询表中较少的行数据进行处理分析，可以通过保留行功能只显示指定行数据，包括保留最前面几行、保留最后几行、保留指定间隔行等。

在 Power Query 编辑器的“主页”选项卡“减少行”命令组中单击“保留行”下拉按钮，在其下拉列表中可选择相应选项保留不同的行，如图 4-2 所示。

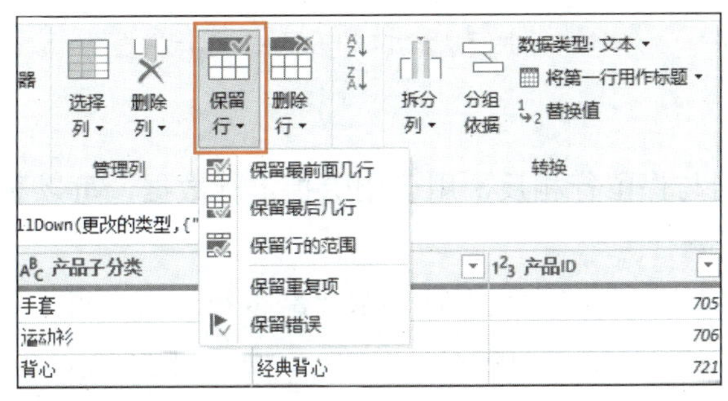

图 4-2 “保留行”下拉列表

例如，在“查询”窗格选中“产品信息”查询表，在“保留行”下拉列表中选择“保留行的范围”选项，打开“保留行的范围”对话框，在“首行”和“行数”输入框中分别输入要保留的起始行和总行数，此处分别输入“14”和“18”，单击“确定”按钮，如图 4-3 所示。

保留行的范围

指定要保留的行的范围。

首行

14

行数

18

确定 取消

图 4-3 设置保留行的范围

此时“产品信息”查询表保留了从第 14 行开始的 18 行数据，即“辅助用品”产品分类的数据，如图 4-4 所示。

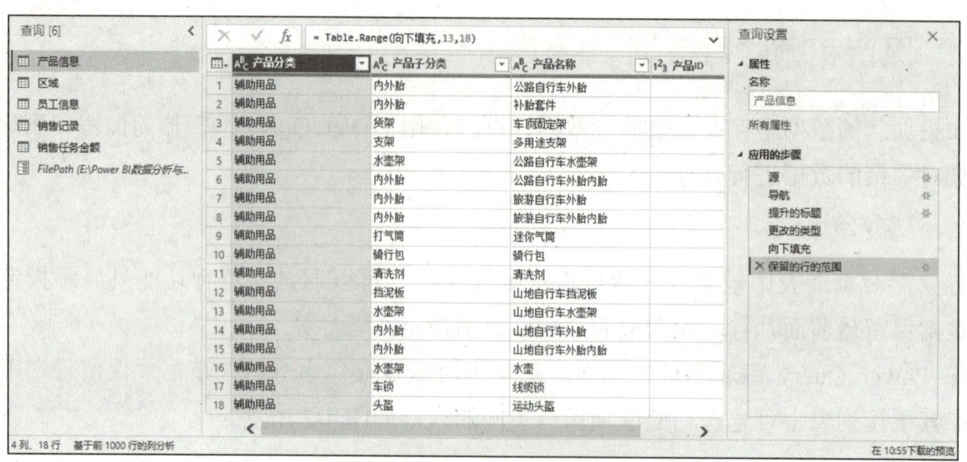

图 4-4　保留从第 14 行开始的 18 行数据

2．删除行数据

删除行功能的作用与保留行相反，用于删除指定行数据，可以删除最前面几行、删除最后几行、删除指定间隔行等。

在 Power Query 编辑器的“主页”选项卡“减少行”命令组中单击“删除行”下拉按钮，在其下拉列表中可选择相应选项删除不同的行，如图 4-5 所示。

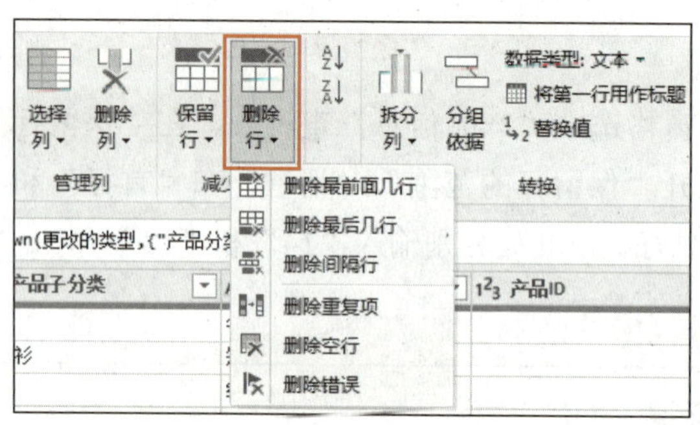

图 4-5　“删除行”下拉列表

4.1.3　移动、选择和删除列数据

使用移动、选择和删除列数据功能可以重新组织数据，使其符合数据分析需求的逻辑顺序和结构。

1．移动列数据

移动列数据，也就是重新安排列的位置，可以使数据更加直观和易读，特别是在需要手动审查和理解数据时，有助于数据分析人员更快地找到和理解关键信息，提高工作效率。

在 Power Query 编辑器中右键单击列标题，在弹出的快捷菜单中选择“移动”选项，在其子菜单中可选择相应选项移动列数据，如图 4-6 所示。

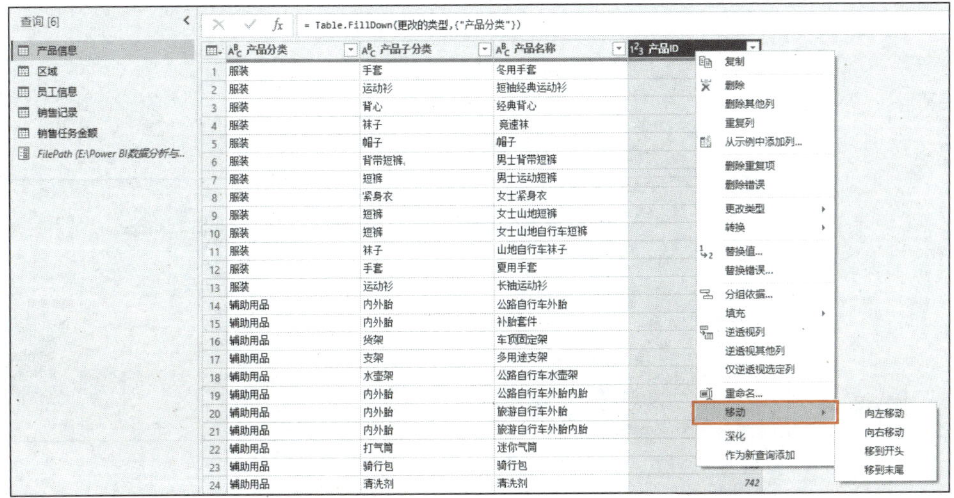

图 4-6 “移动”子菜单

提 示

在 Power Query 编辑器中，还可以手动移动列数据。单击列标题并按住鼠标左键，向左或向右拖动鼠标（此时列标题背景呈黑色），移到目标位置（黑线位置）松开鼠标即可。

2. 选择和删除列数据

选择和保留与数据分析直接相关的列，或者删除不必要的列，可以降低数据模型的复杂性，从而减少 Power BI 进行计算和处理的时间，显著提升响应速度。

（1）在 Power Query 编辑器的“主页”选项卡“管理列”命令组中单击“选择列”下拉按钮，在其下拉列表中可选择“选择列”或“转到列”选项，如图 4-7 所示。使用“选择列”功能可以只保留部分需要的列数据；使用“转到列”功能可以快速定位到想要查看的列。

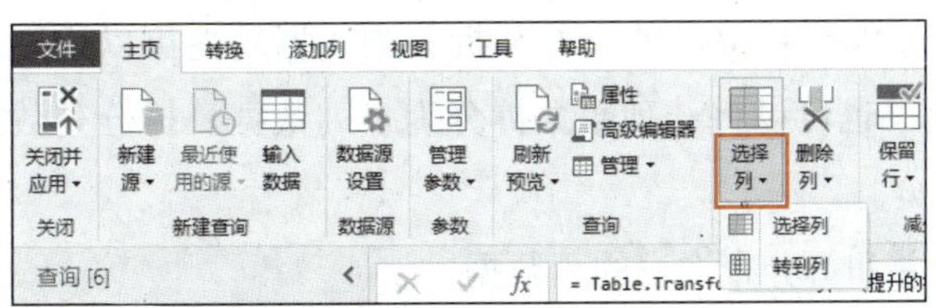

图 4-7 “选择列”下拉列表

例如，在“查询”窗格选中“销售记录”查询表，在“选择列”下拉列表中选择“选择列”选项，打开“选择列”对话框，取消勾选“(选择所有列)”复选框，勾选“订单编号”“客户 ID”“金额”“省份”复选框，单击“确定”按钮，如图 4-8 所示。此时数据编辑区只保留选择的列，其他列被删除，如图 4-9 所示。在执行其他操作前，可以在“选择列”对话框中勾选相应列复选框恢复所删列。

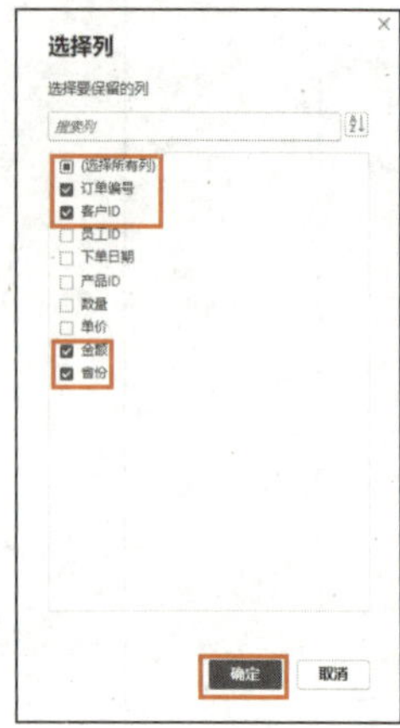

图 4-8　选择列

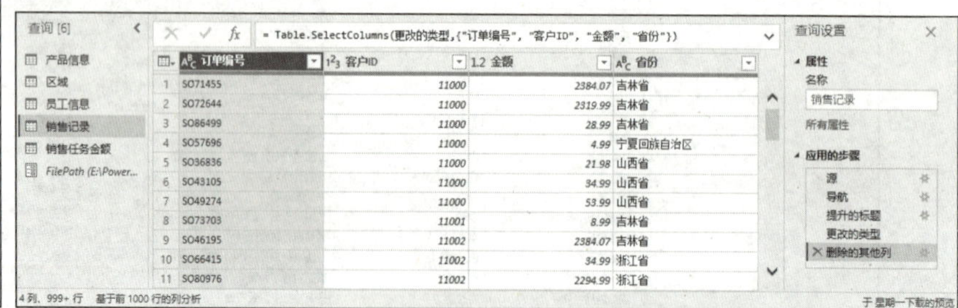

图 4-9　保留选择的列

（2）使用“删除列”功能可以删除指定列，或者删除除指定列外的其他列。在 Power Query 编辑器的“主页”选项卡“管理列”命令组中单击“删除列”下拉按钮，在其下拉列表中可选择“删除列”或“删除其他列”选项，如图 4-10 所示。

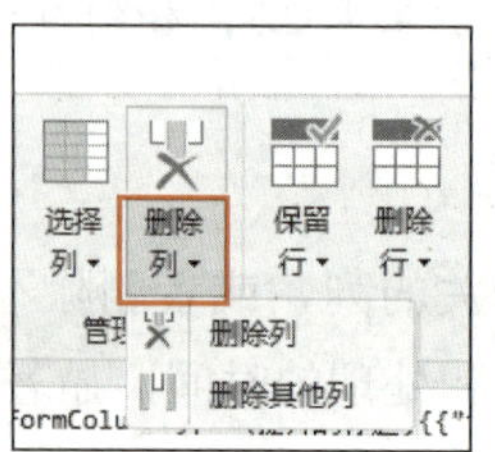

图 4-10　“删除列”下拉列表

4.1.4　合并和拆分列数据

使用 Power Query 编辑器提供的合并和拆分列数据功能可以快速将多列数据合并在一起，组成新的数据列；也可以将一列数据拆分为多列数据。拆分列数据时可以按分隔符、字符数或位置进行拆分。

【实例 4-1】　合并和拆分查询表的列数据。

【素材文件】　素材与实例\项目 4\订单统计表.xlsx。

【具体步骤】

（1）打开 Power BI Desktop，获取“订单统计表.xlsx”工作簿数据，在打开的“导航器”对话框中勾选“建议的表格”下的“2024 年 6 月订单统计表（订单统计表）”复选框，单击“转换数据”按钮，如图 4-11 所示。

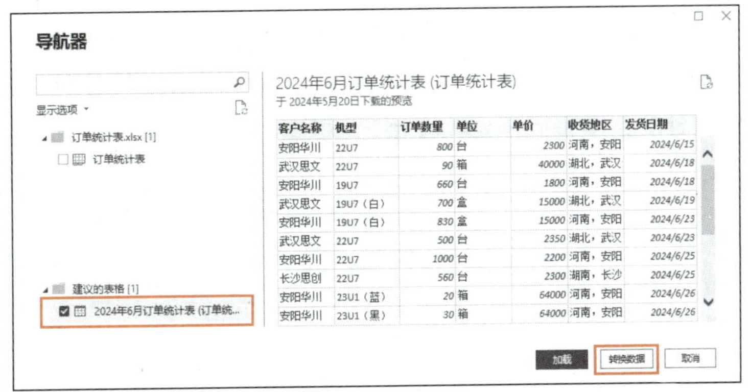

图 4-11　选择数据表

建议的表格自动修改了数据表名并提升了标题行，若直接选择“订单统计表”数据表，需要在 Power Query 编辑器中通过“第一行用作标题”操作提升标题行。

（2）进入 Power Query 编辑器，按住【Ctrl】键的同时选中需要合并的数据列，此处选中“订单数量”和“单位”列，如图 4-12 所示。

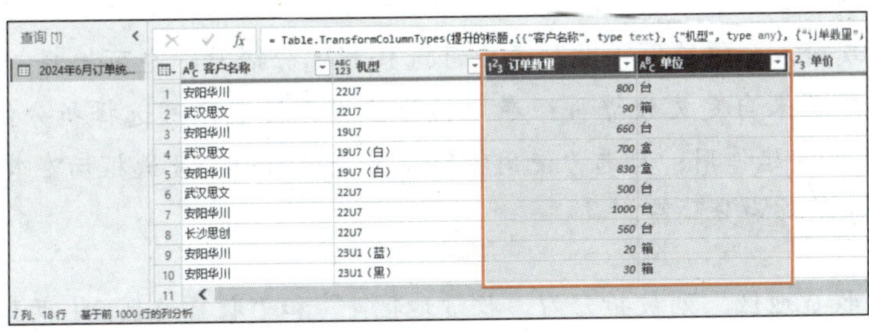

图 4-12　选择要合并的数据列

（3）在“转换”选项卡“文本列”命令组中单击“合并列”命令按钮，打开“合并列”对话框，在“分隔符”下拉列表中选择合并后的两列数据之间的分隔符，此处选择“空格”选项；在“新列名”输入框中输入合并后的列名称，也可保持默认，此处输入“订购量”，单击“确定”按钮合并列，如图 4-13 所示。

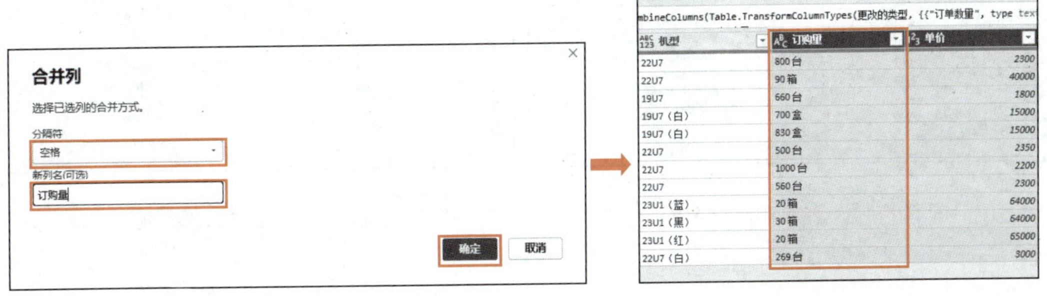

图 4-13　合并列

（4）选中“收货地区”列，在“转换”选项卡“文本列”命令组中单击“拆分列”下拉按钮，在其下拉列表中选择“按分隔符”选项，打开“按分隔符拆分列”对话框（见图 4-14），保持默认设置，单击“确定”按钮。

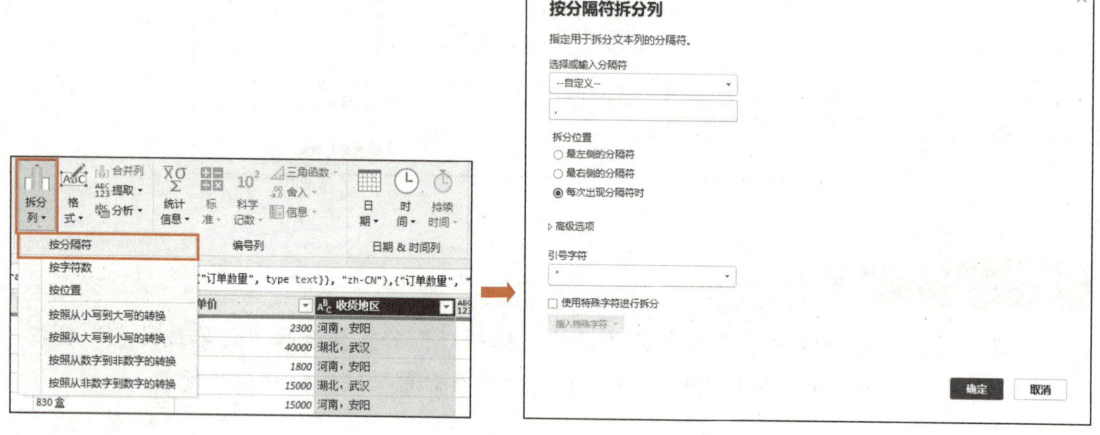

图 4-14　打开“按分隔符拆分列”对话框

提　示

在“选择或输入分隔符”下拉列表中可选择指定分隔符，也可选择“自定义”选项后直接输入分隔符来自定义分隔符；在“拆分位置”设置区可选择拆分位置；“引号字符”仅对 CSV 文件起作用；勾选“使用特殊字符进行拆分”复选框后在其下拉列表中可选择指定特殊字符作为分隔符。

（5）此时“收货地区”列被拆分为“收货地区.1”和“收货地区.2”两列，如图 4-15 所示。分别双击此两列标题，将它们重命名为“收货省份”和“收货城市”，如图 4-16 所示。

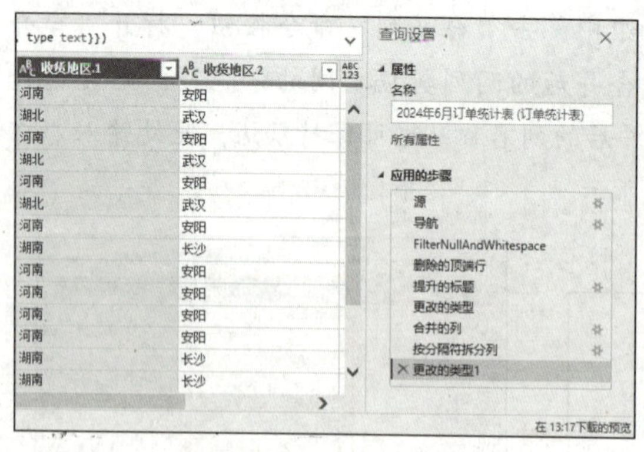

图 4-15　拆分列后的效果

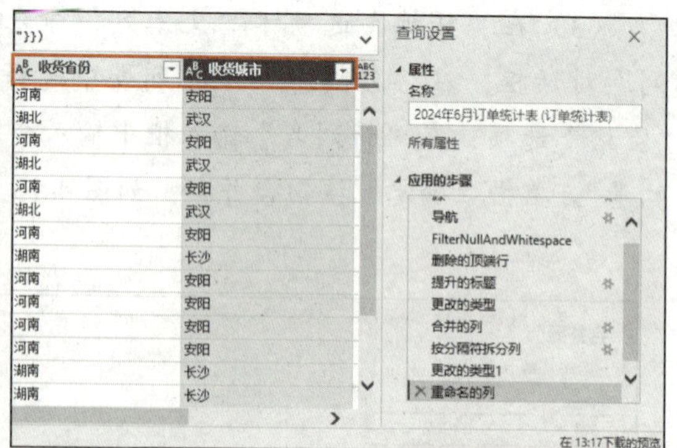

图 4-16　重命名列标题

4.1.5 添加列数据

在数据处理和分析中，有时需要添加一些辅助列，以满足更深入的数据分析与可视化需求。Power Query 编辑器提供了丰富的添加列数据功能，可以添加重复列、索引列、条件列、自定义列和示例中的列。在“添加列”选项卡“常规”命令组中单击相应命令按钮可添加列，如图 4-17 所示。

图 4-17 “添加列”相应命令按钮

（1）添加重复列是指将选中的列进行复制并生成一个新列，对复制的列数据进行修改不会影响原始列数据。选中想要复制的列，单击“重复列”命令按钮，或者右键单击想要复制的列，在弹出的快捷菜单中选择“重复列”选项，即可完成添加重复列操作，添加的“产品名称”重复列如图 4-18 所示。

图 4-18 添加的重复列

（2）添加索引列是指为查询表的每行数据添加索引。单击“索引列”下拉按钮，在其下拉列表中可选择索引类型，如图 4-19 所示。其中，从 0 或从 1 开始的索引列默认增量为 1，自定义的索引列可设置开始索引和增量。直接单击“索引列”命令按钮默认添加从 0 开始的索引列。

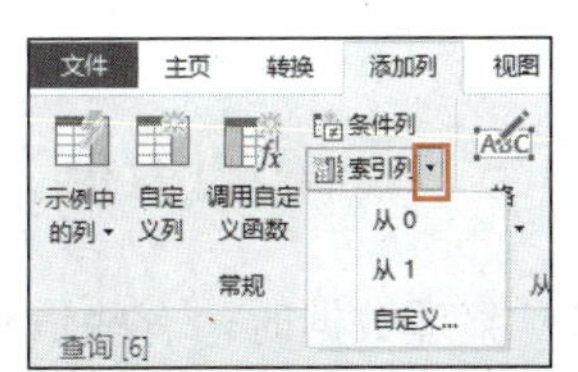

图 4-19 “索引列”下拉列表

（3）添加条件列是指根据指定条件从某些列中提取数据并进行计算后生成新列。单击“条件列”命令按钮，在打开的“添加条件列”对话框中可设置新列名、判断条件及输出值，还可通过单击“添加子句”按钮添加判断条件。例如，以“金额”列作为判断条件，设置金额大于或等于 1 000 元的订单等级为高，金额大于或等于 10 元且小于 1 000 元的订单等级为中，其他订单等级为低，新列名为“订单等级”，“添加条件列”对话框的设置如图 4-20 所示。

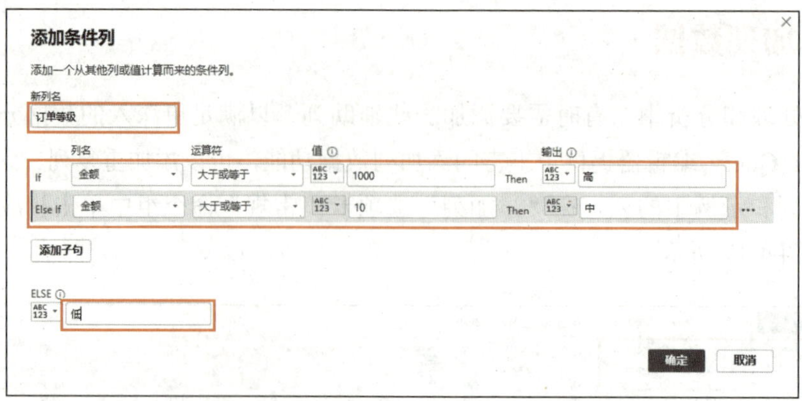

图 4-20 “添加条件列”对话框的设置

（4）添加自定义列是指通过输入计算公式生成新列。单击“自定义列”命令按钮，在打开的“自定义列”对话框中可设置新列名和计算公式，在“可用列”列表框中选择列选项并单击“插入”按钮可在公式中插入参数。例如，利用公式“金额=数量*单价”创建“金额”列，“自定义列”对话框的设置如图 4-21 所示。

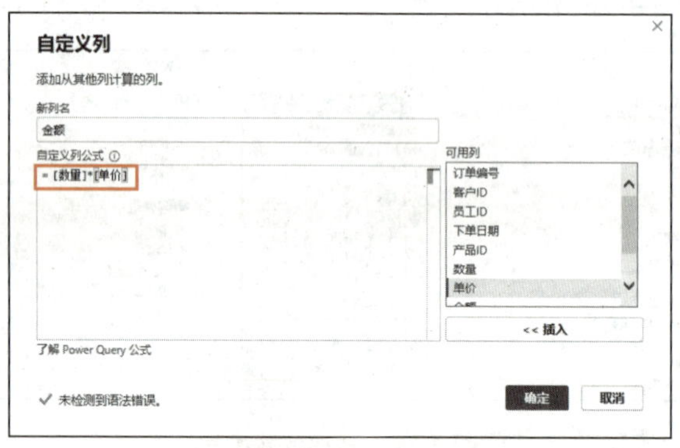

图 4-21 “自定义列”对话框的设置

4.1.6 提取列数据

整理数据时，有些信息可以从已有列数据中提取得到。在 Power Query 编辑器的“转换”选项卡“文本列”命令组中单击“提取”下拉按钮，在其下拉列表中选择相应选项可提取列数据，如图 4-22 所示。

此外，对于日期、时间类型列数据，可以快速提取其中的年、月、日、时、分、秒等信息，具体方法是，在 Power Query 编辑器的“转换”选项卡“日期&时间列”命令组中单击“日期”或“时间”下拉按钮，在其下拉列表中选择要提取的数据类型，如图 4-23 所示。

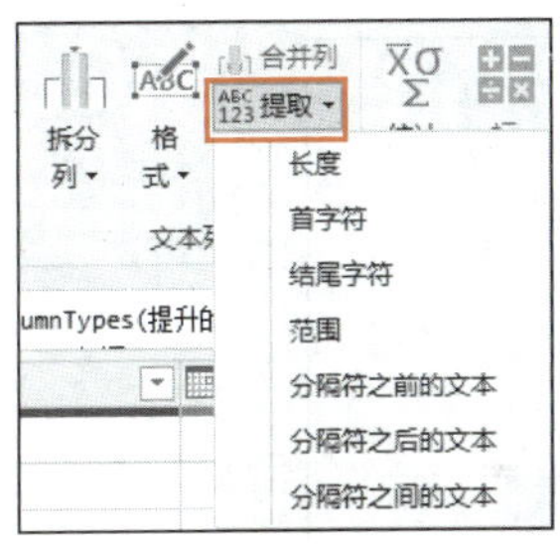

图 4-22 “提取”下拉列表

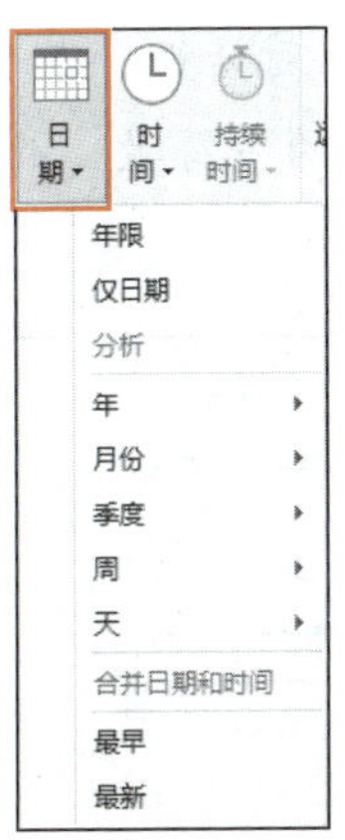

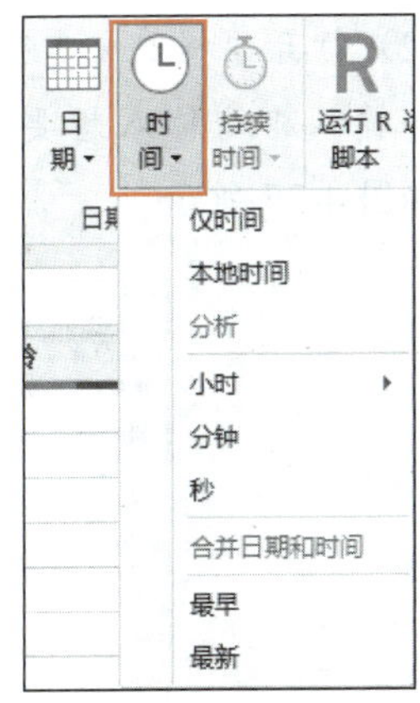

图 4-23 “日期”和“时间”下拉列表

提 示

使用“转换”选项卡中命令提取的数据会取代原始数据，如果希望自动新建一列放置提取的数据，可以在“添加列”选项卡的“从文本”或“从日期和时间”命令组中执行提取列数据操作。

【实例 4-2】 提取列数据。

【素材文件】 素材与实例\项目 4\GT 公司订单记录.xlsx。

【具体步骤】

（1）打开 Power BI Desktop，获取“GT 公司订单记录.xlsx”工作簿中的“2023 12”工作表数据，进入 Power Query 编辑器，选中“客户名称”列，在“添加列”选项卡“从文本”命令组中单击“提取”下拉按钮，在其下拉列表中选择“范围”选项，如图 4-24 所示。

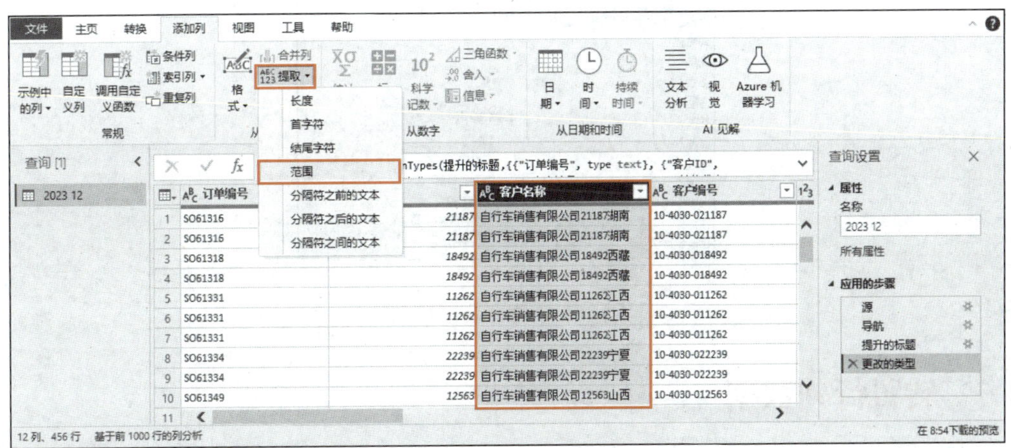

图 4-24 选中数据列并在“提取”下拉列表中选择“范围”选项

（2）打开“提取文本范围”对话框，在“起始索引”输入框中输入首字符的索引，“字符数”输入框中输入想要保留的字符数，此处分别输入“14”和“3”，单击“确定”按钮，如图 4-25 所示。

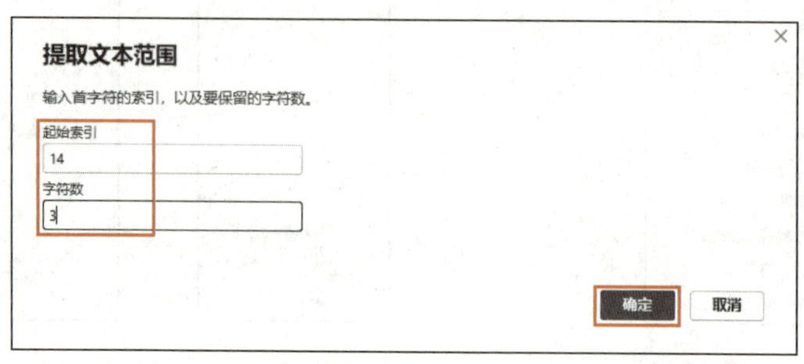

图 4-25　设置提取文本的范围

（3）数据编辑区最右侧新增“文本范围”列，显示客户所在地信息，将列标题重命名为“省份”，如图 4-26 所示。

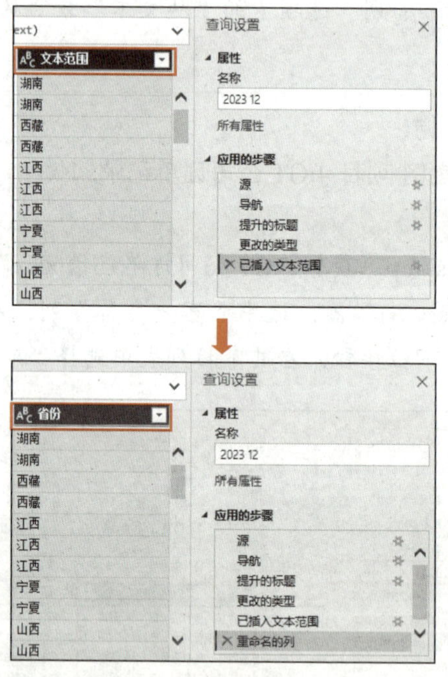

图 4-26　重命名提取列

4.1.7　转置行列数据

转置行列数据就是将数据表的行变为列，列变为行。此处以“素材与实例\项目 4\产品明细表.xlsx”为例介绍转置行列数据的方法，将素材数据加载到 Power Query 编辑器后，在“转换”选项卡“表格”命令组中单击“转置”命令按钮，如图 4-27 所示。

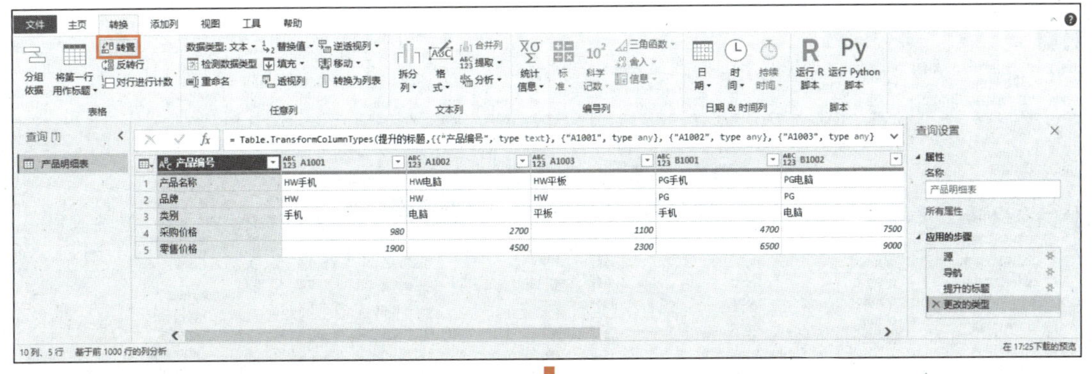

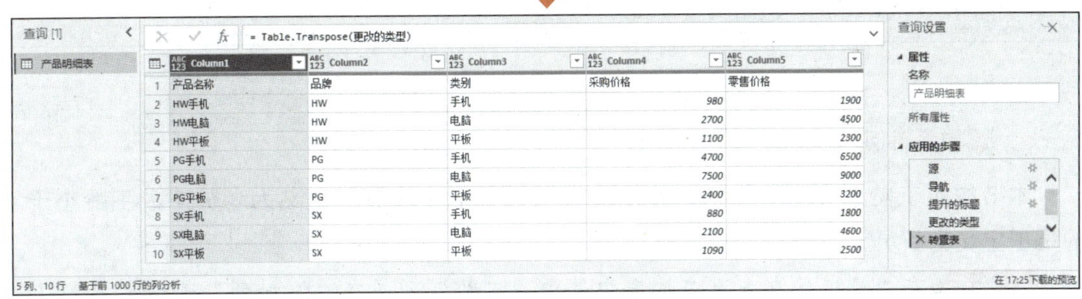

图 4-27　转置行列数据

若要进一步优化查询表，可以在“转换”选项卡“表格”命令组中单击“将第一行用作标题”命令按钮设置标题行。

4.1.8　【示例】管理电脑公司数据查询表的行列数据

本示例通过提取列数据、添加条件列数据及移动列数据操作实现对电脑公司数据查询表行列数据的管理。

1. 提取列数据

本节从“2023 年第一季度订单表”查询表的“日期”列中提取“月份”列数据。

步骤 1 打开本书配套素材“素材与实例\项目 4\电脑公司数据.pbix”文件，在“主页”选项卡“查询”命令组中单击“转换数据”命令按钮。

步骤 2 打开 Power Query 编辑器，选中“2023 年订单表”分组中的“2023 年第一季度订单表”查询表，如显示未能找到路径提示，可参照项目 3 项目实施步骤 3～4 修改 FilePath 参数的值来统一修改数据源路径。

步骤 3 选中“日期”列，在“添加列”选项卡“从日期和时间”命令组中单击“日期”下拉按钮，在其下拉列表中选择“月”/“月”选项，新增“月份”列，如图 4-28 所示。

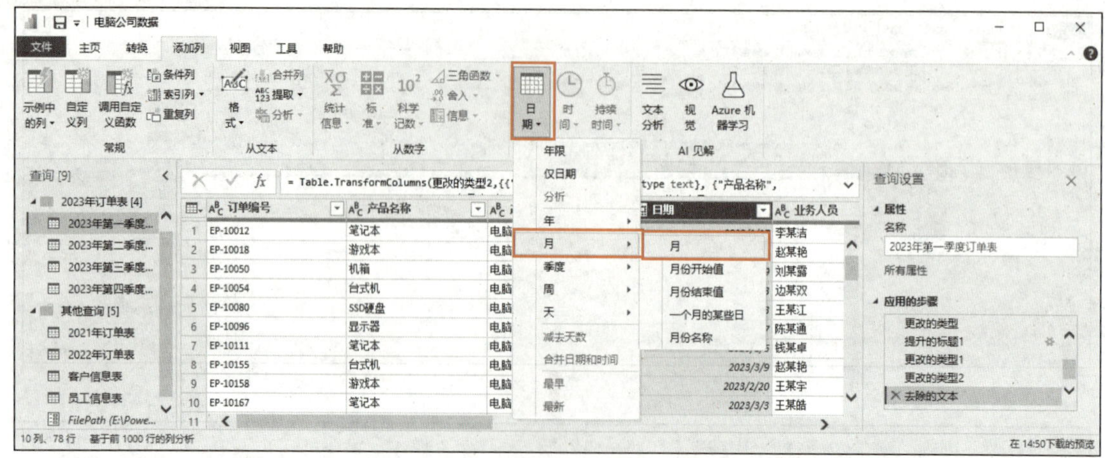

图 4-28　选择“月”/“月”选项

2. 添加条件列数据

本节按照工龄划分新老员工，将工龄大于或等于 4 的员工定义为老员工，工龄小于 4 的员工定义为新员工。

步骤 1 在“员工信息表”查询表中选中“工龄”列，在“添加列”选项卡“常规”命令组中单击“条件列”命令按钮，打开“添加条件列”对话框。

步骤 2 在“新列名”输入框中输入“新老员工”；在“If”行的“列名”下拉列表中选择“工龄”选项，“运算符”下拉列表中选择“大于或等于”选项，“值”输入框中输入“4”，“输出”输入框中输入“老员工”；在“ELSE”输入框中输入“新员工”，单击“确定”按钮，如图 4-29 所示。

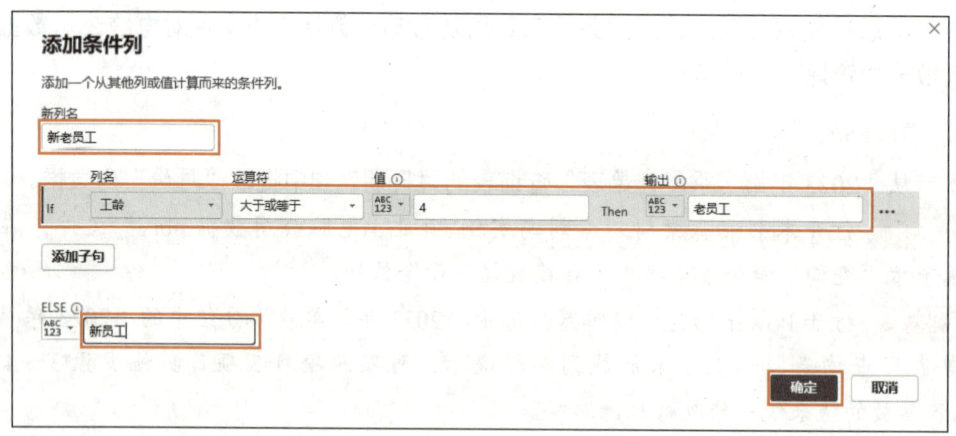

图 4-29　设置条件列

步骤 3 此时在数据编辑区最右侧新增“新老员工”列，如图 4-30 所示。

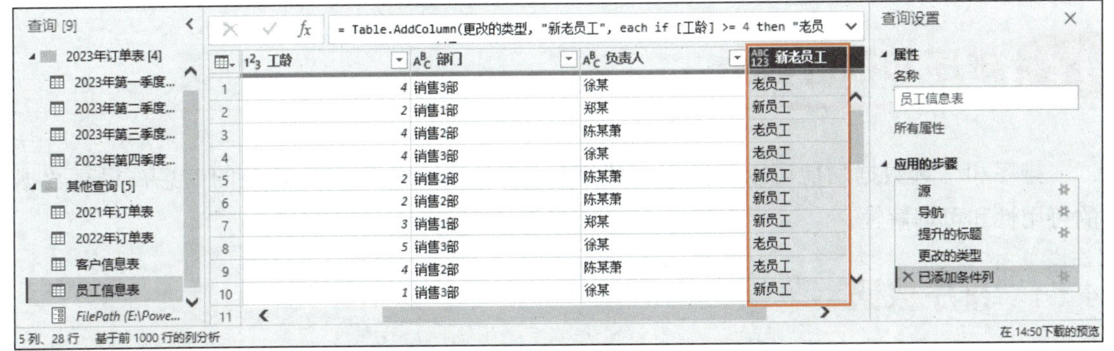

图 4-30　新增“新老员工”列

3．移动列数据

步骤 1　切换到“2023 年第一季度订单表”查询表，选中“月份”列，按住鼠标左键并向左拖动，将其移到“日期”列右侧后松开鼠标，如图 4-31 所示。

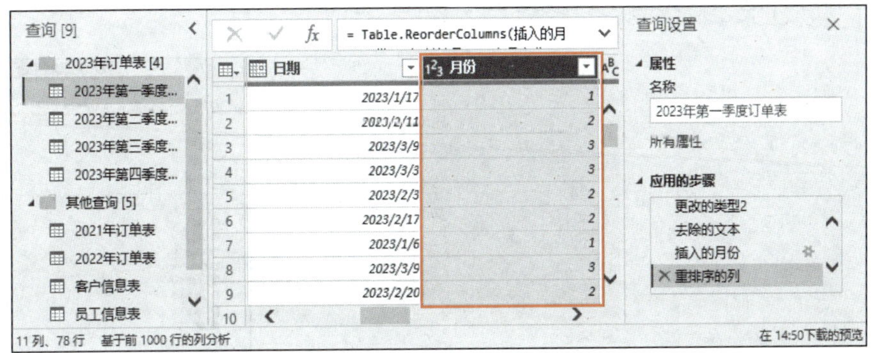

图 4-31　移动“月份”列数据

步骤 2　切换到“员工信息表”查询表，选中“新老员工”列，按住鼠标左键并向左拖动，将其移到“工龄”列右侧后松开鼠标，如图 4-32 所示。

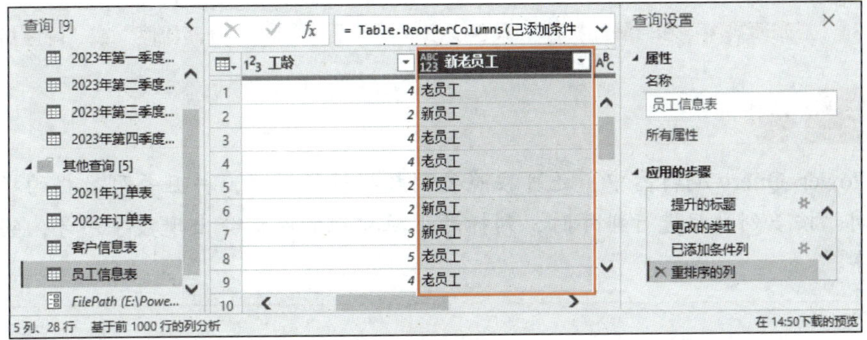

图 4-32　移动“新老员工”列数据

4.2 排序和筛选数据

排序和筛选数据功能可以帮助用户从复杂的数据中快速提取有价值的信息，提高数据的可用性和可理解性。

4.2.1 排序数据

通过排序数据可以将无序数据变成有序数据，以便观察和比较。在 Power Query 编辑器中，使用排序功能可以快速按照单列数据（排序依据）进行升序或降序排序，方法如下。

- 选中排序依据列，在“主页”选项卡“排序”命令组中单击“升序排序”命令按钮 或“降序排序”命令按钮 ，如图 4-33 所示。
- 单击排序依据列标题右侧的下拉按钮，在其下拉列表中选择“升序排序”或“降序排序”选项（见图 4-34），单击“确定”按钮。

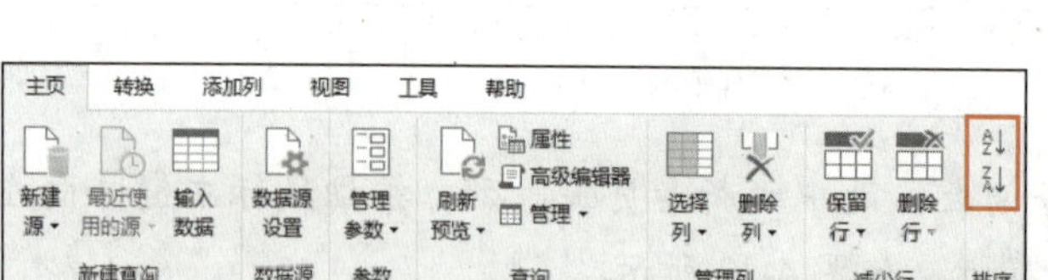

图 4-33 “升序排序”和“降序排序”命令按钮

图 4-34 “升序排序”或“降序排序”选项

提 示

> 在 Power Query 编辑器中，还可按照多列数据进行排序，并且每列数据的排序方式可以不同。按多列数据进行排序时，列标题下拉按钮的左侧会出现数字序号，它代表排序的顺序。

4.2.2 筛选数据

筛选数据是指根据特定条件从数据中提取满足条件的记录（行）。在 Power Query 编辑

器中，单击列标题右侧的下拉按钮，在其下拉列表中可选择筛选器，并设置不同的筛选条件。不同类型数据列的下拉列表中显示的筛选器不同，日期类型数据和文本类型数据分别会显示日期筛选器和文本筛选器，如图 4-35 所示。

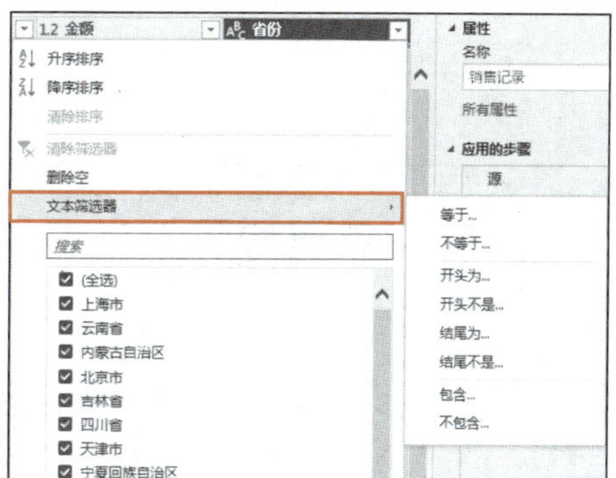

图 4-35　日期筛选器和文本筛选器

4.2.3　【示例】排序和筛选电脑公司数据

本示例通过排序、删除重复项、选择列及筛选操作，筛选客户首次购买且订单金额大于 300 元的数据。

步骤 1 打开本书配套素材“素材与实例\项目 4\电脑公司数据.pbix”文件，在“主页”选项卡“查询”命令组中单击“转换数据”命令按钮。

步骤 2 打开 Power Query 编辑器，选中“2023 年订单表”分组中的“2023 年第二季度订单表”查询表后选中“日期”列，在“主页”选项卡“排序”命令组中单击“升序排序”命令按钮，按日期升序排序数据，如图 4-36 所示。

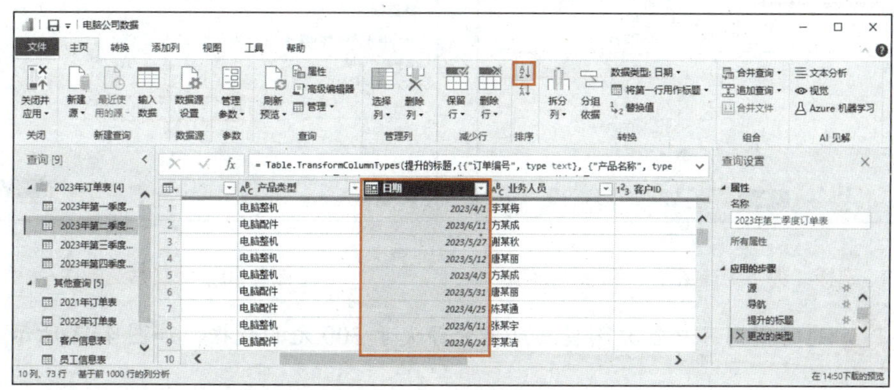

图 4-36　按日期升序排序数据

步骤 3 右键单击“客户 ID”列标题，在弹出的快捷菜单中选择“删除重复项”选项，保留客户首次购买的数据，如图 4-37 所示。

步骤 4 在“主页”选项卡“管理列”命令组中单击“选择列”命令按钮，在打开的“选择列”对话框中，取消勾选“(选择所有列)”复选框，勾选“日期”“客户 ID”“客户”“订单金额”“成本”“利润”复选框，单击“确定”按钮，如图 4-38 所示。

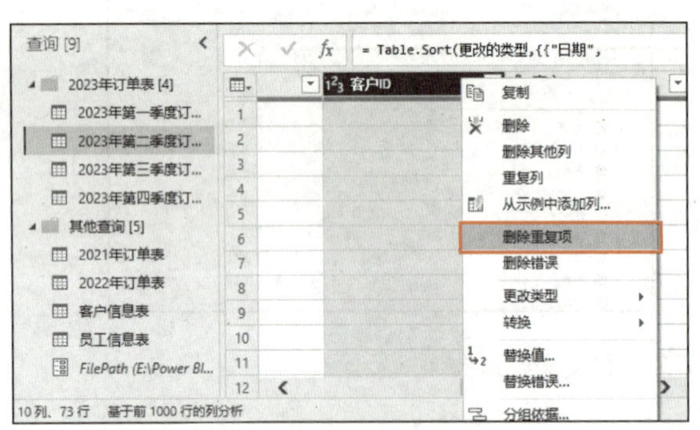

图 4-37 选择“删除重复项”选项

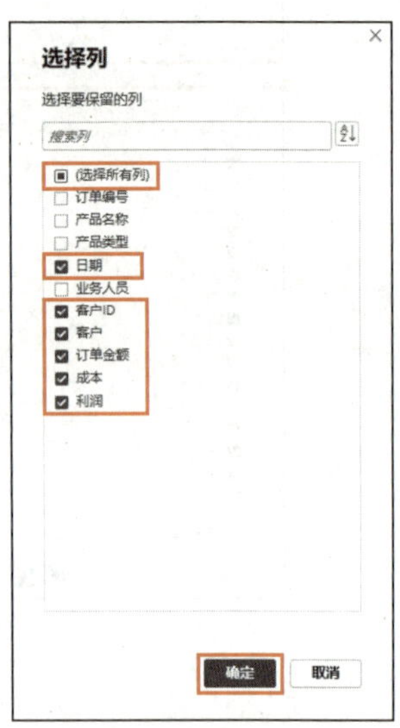

图 4-38 选择列

步骤 5 单击“订单金额”列标题右侧的下拉按钮，在其下拉列表中选择“数字筛选器”/“大于”选项（见图 4-39），打开“筛选行”对话框，在“大于”右侧的编辑框中输入“300”，单击“确定”按钮，如图 4-40 所示。

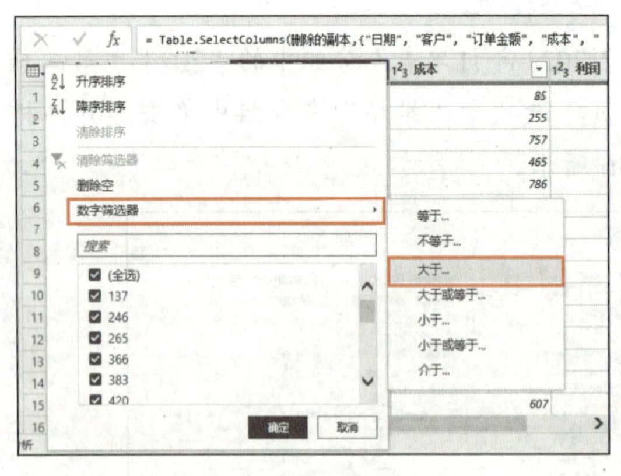

图 4-39 选择“数字筛选器”/“大于”选项

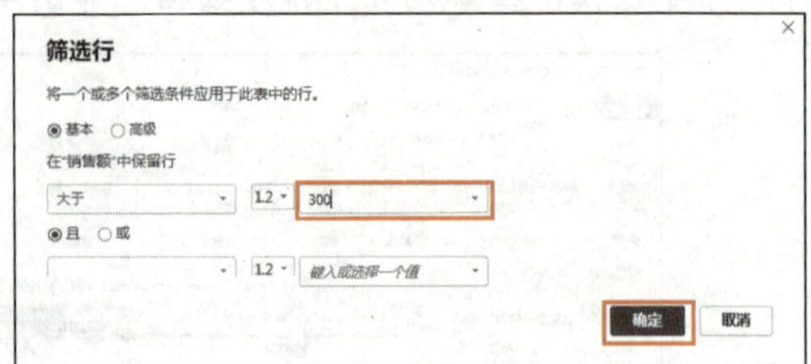

图 4-40 设置筛选条件

步骤 6 此时得到客户首次购买且订单金额大于 300 元的数据，如图 4-41 所示。

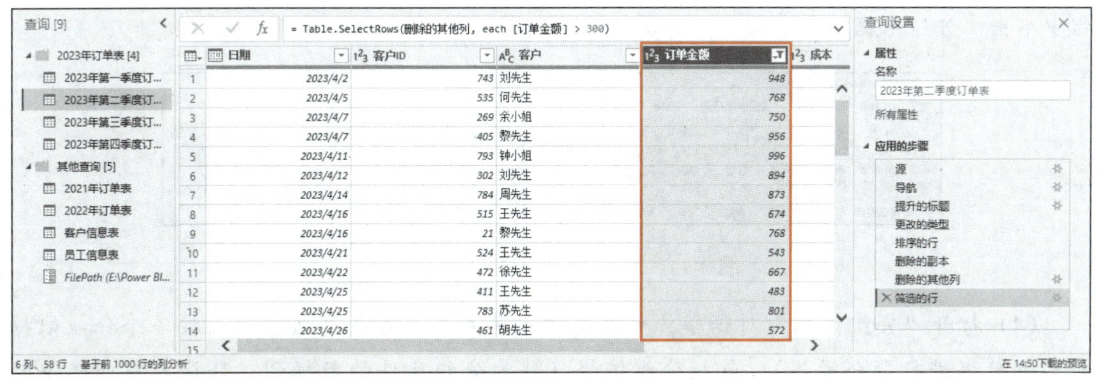

图 4-41　客户首次购买且订单金额大于 300 元的数据

4.3 分类汇总数据

在 Power Query 编辑器中，使用分组功能可以快速按照某一列或某几列数据对数据进行分类，然后在其基础上对其他列数据进行聚合计算，如求和、计数、求平均值、求最大值、求最小值等。

【实例 4-3】　按照销售代表 ID 汇总销售金额和销售数量。

【素材文件】　素材与实例\项目 4\GT 公司订单记录.xlsx。

【具体步骤】

（1）打开 Power BI Desktop，获取“GT 公司订单记录.xlsx”工作簿“订单记录”工作表数据，进入 Power Query 编辑器，在“添加列”选项卡“常规”命令组中单击“自定义列”命令按钮。

（2）打开“自定义列”对话框，首先在“可用列”列表框中双击“数量”选项，“自定义列公式”编辑框中出现“[数量]”，然后输入乘号“*”，接着双击“单价”选项，最后将新列名设置为“销售金额”，单击“确定”按钮，如图 4-42 所示。

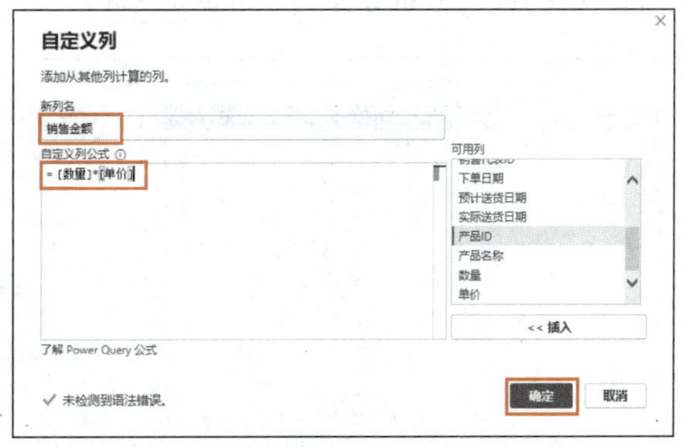

图 4-42　设置自定义列

（3）此时在数据编辑区最右侧新增“销售金额”列。在“主页”选项卡“转换”命令组中单击“分组依据”命令按钮，如图 4-43 所示。

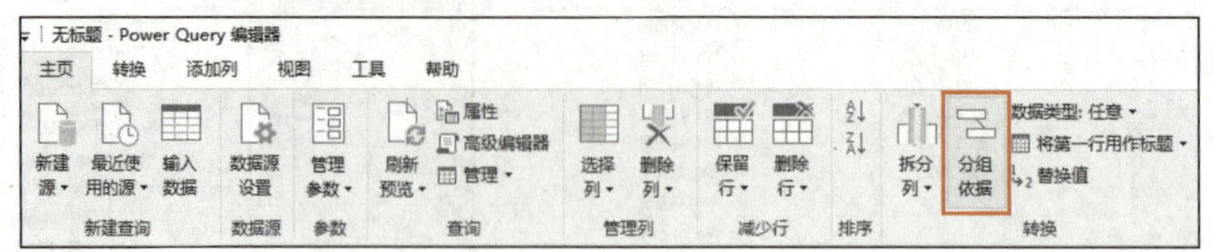

图 4-43　单击“分组依据”命令按钮

（4）打开“分组依据”对话框，可在其中设置基本分组或高级分组（按多个分组依据对多列数据进行聚合操作），包括分组依据（作为分组条件的数据列，默认为当前选中的列）、新列名、操作（聚合计算方法）和柱（用于聚合计算的数据列），默认为“基本”分组，如果要按照多个分组依据对多列数据进行聚合操作，可选择“高级”分组。

此处选中“高级”单选钮，将分组依据设置为“销售代表 ID”，在“新列名”输入框中输入“销售金额”，将“操作”设置为“求和”、“柱”设置为“销售金额”，单击“添加聚合”按钮，将新增的聚合行设置为“销售数量”“求和”“数量”，单击“确定”按钮，如图 4-44 所示。

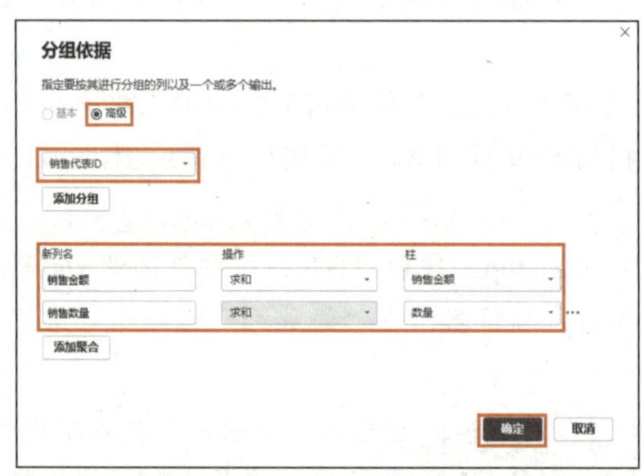

图 4-44　设置分组依据

（5）此时得到按照销售代表 ID 汇总销售金额和销售数量的结果，如图 4-45 所示。

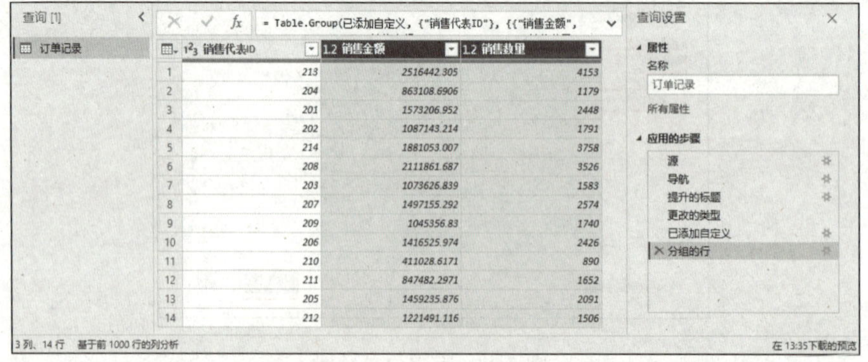

	销售代表ID	销售金额	销售数量
1	213	2516442.305	4153
2	204	863108.6906	1179
3	201	1573206.952	2448
4	202	1087143.214	1791
5	214	1881053.007	3758
6	208	2111861.687	3526
7	203	1073626.839	1583
8	207	1497155.292	2574
9	209	1045356.83	1740
10	206	1416525.974	2426
11	210	411028.6171	890
12	211	847482.2971	1652
13	205	1459235.876	2091
14	212	1221491.116	1506

图 4-45　按照销售代表 ID 汇总销售金额和销售数量的结果

4.4 合并查询表和追加查询表

使用合并查询表和追加查询表功能可以将来自不同查询表的数据合并到同一个查询表中，避免进行跨表查询和计算，提高运算效率。

4.4.1 合并查询表

合并查询表根据指定的匹配列，将当前查询表与另一个查询表进行横向合并（结构上的合并，按字段匹配记录），从而创建一个包含所有相关信息的新表或将其中一个表中的数据合并到另一个工作表中。需要注意的是，进行合并的两个查询表须包含相关联的数据列，两个表会将关联列值相同的记录合并为一条记录。

【实例 4-4】 合并查询表。

【素材文件】 素材与实例\项目 4\GT 公司销售与产品信息数据.pbix。

【具体步骤】

（1）打开素材文件，在“主页”选项卡“查询”命令组中单击“转换数据”命令按钮。

（2）打开 Power Query 编辑器，选中“销售记录”查询表，在“主页”选项卡“组合”命令组中单击“合并查询”命令按钮，如图 4-46 所示。

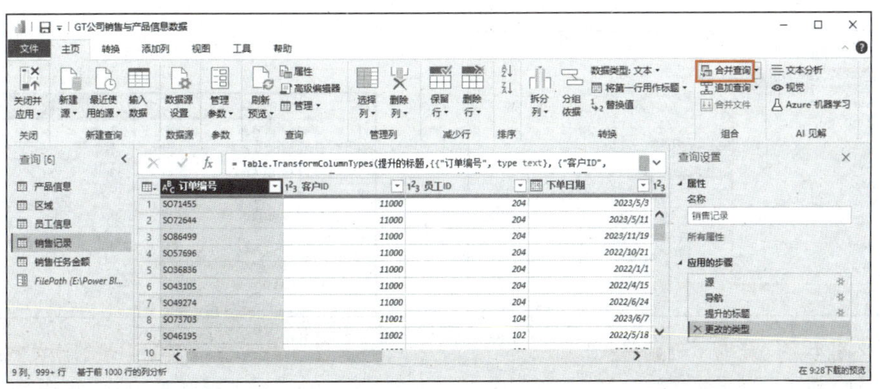

图 4-46 单击“合并查询”命令按钮

提 示

在“主页”选项卡“组合”命令组中单击“合并查询”下拉按钮，在其下拉列表中选择“将查询合并为新查询”选项，合并时会自动新建查询表。

（3）打开“合并”对话框，前面选中的“销售记录”查询表为第一个查询表，在中间的下拉列表中选择要合并的第二个查询表，此处选择“产品信息”查询表，然后选择匹配列，此处分别单击两个查询表中的“产品 ID”列，“联接种类”下拉列表保持默认的“左外部”选项，单击“确定”按钮，如图 4-47 所示。

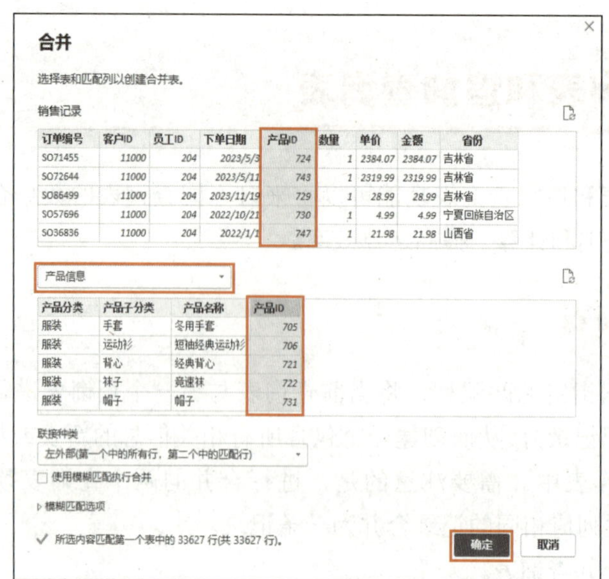

图 4-47　设置要合并的查询表和匹配列

（4）此时在“销售记录”查询表最右侧新增“产品信息”列，“产品信息”查询表以链接表的形式合并到了“销售记录”查询表中，如图 4-48 所示。单击“产品信息”列中任意行的空白位置（单击“Table”链接会转换到匹配记录，使查询结果只包含匹配记录），在预览视图中可显示匹配记录的预览数据，如图 4-49 所示。

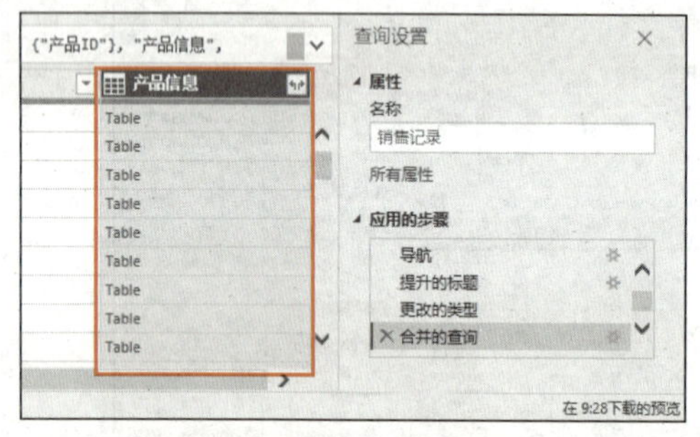

图 4-48　新增“产品信息”列

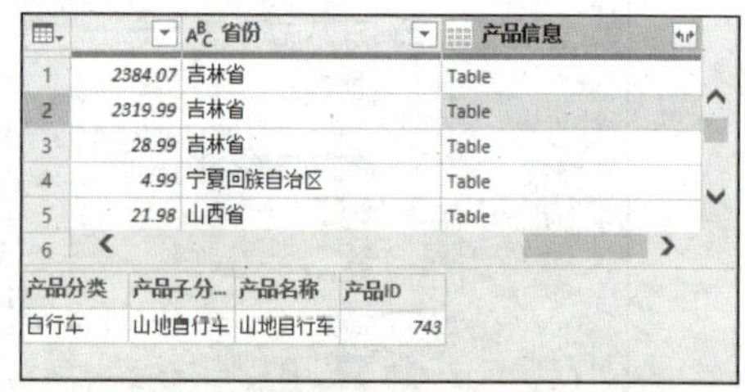

图 4-49　显示匹配记录的预览数据

知识库 

合并查询表提供了多种联接方式，包括左外部、右外部、完全外部、内部、左反和右反。使用不同联接方式合并查询表的结果具体如下。

① 左外部：返回第一个查询表中的所有行，仅返回第二个查询表中与匹配列关联的行。

② 右外部：返回第二个查询表中的所有行，仅返回第一个查询表中与匹配列关联的行。

③ 完全外部：返回两个查询表中的所有行，无论是否有与匹配列关联的行。

④ 内部：返回两个查询表中与匹配列关联的行。

⑤ 左反：返回第一个查询表中存在，但第二个查询表中不存在的行。

⑥ 右反：返回第二个查询表中存在，但第一个查询表中不存在的行。

（5）单击“产品信息”列标题右侧的扩展按钮，在展开的列表中选中“展开”单选钮，取消勾选“(选择所有列)”和“使用原始列名作为前缀”复选框，勾选“产品名称”复选框（只显示该列），单击“确定”按钮，如图 4-50 所示。

（6）此时“产品信息”列标题变为“产品名称”，并显示产品 ID 对应的产品名称，将该列移到“产品 ID”列右侧，最终效果如图 4-51 所示。

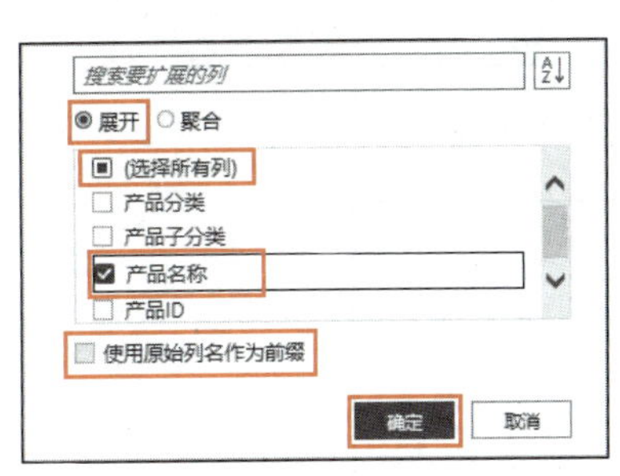

图 4-50　设置扩展形式并选择扩展的列

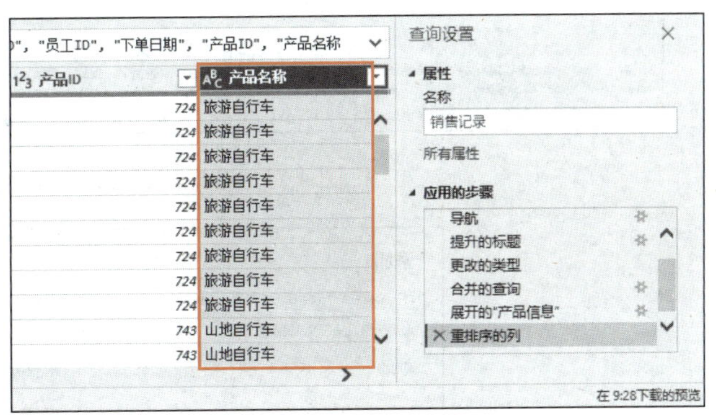

图 4-51　最终效果

4.4.2　追加查询表

追加查询表是将两个或多个查询表纵向合并在一起，通常要求两个查询表具有相同的结构，即相同的数据列。

【实例 4-5】　追加查询表。

【素材文件】　素材与实例\项目 4\第二季度销售数据。

【具体步骤】

（1）打开 Power BI Desktop，获取“第二季度销售数据”文件夹中的 3 个工作簿数据，进入 Power Query 编辑器，如图 4-52 所示。

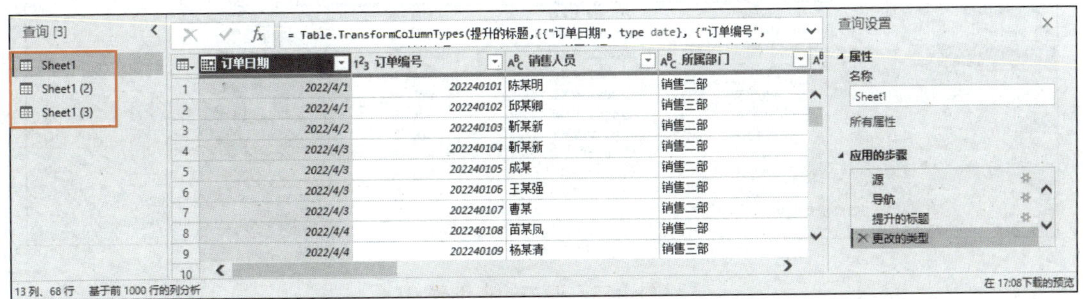

图 4-52　获取数据

（2）选中“Sheet1”查询表，在“主页”选项卡“组合”命令组中单击“追加查询”下拉按钮，在其下拉列表中选择“将查询追加为新查询”选项，如图 4-53 所示。

（3）打开“追加”对话框，默认选中“两个表”单选钮（只能连接两个查询表，默认当前选中的查询表为第一个表)，此处要连接三个查询表，因此选中“三个或更多表”单选钮，选择“可用表”列表框中的“Sheet1 (2)”选项，单击“添加”按钮，将其添加至“要追加的表”列表框，使用同样方法添加“Sheet1 (3)”查询表，单击“确定”按钮，如图 4-54 所示。

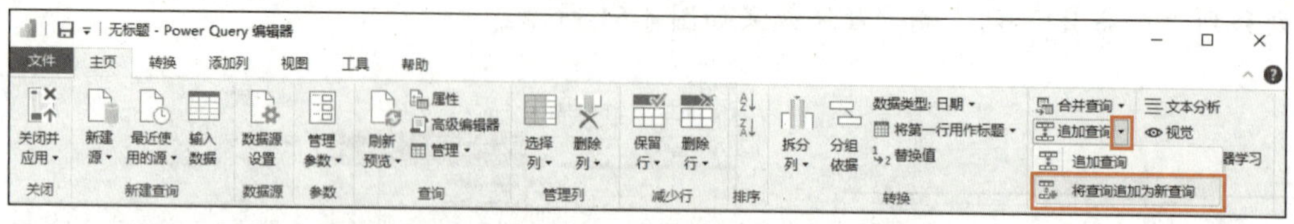

图 4-53 选择“将查询追加为新查询”选项

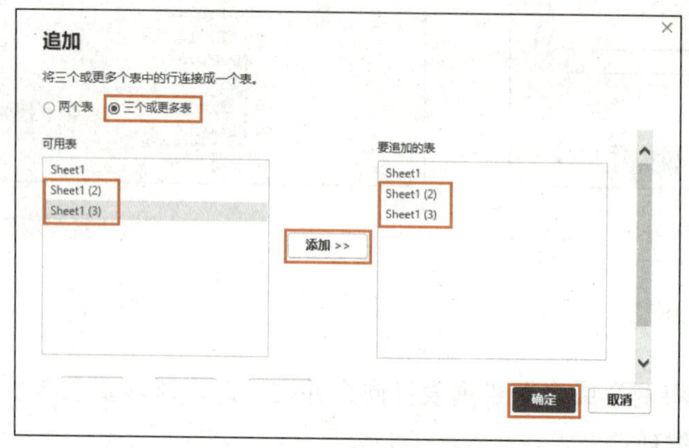

图 4-54 设置要追加的查询表

(4) 此时在“查询”窗格中自动添加“追加 1”查询表，在数据编辑区向下拖动滚动条，可以看到该查询表将三个原始查询表中的数据进行了合并，如图 4-55 所示。

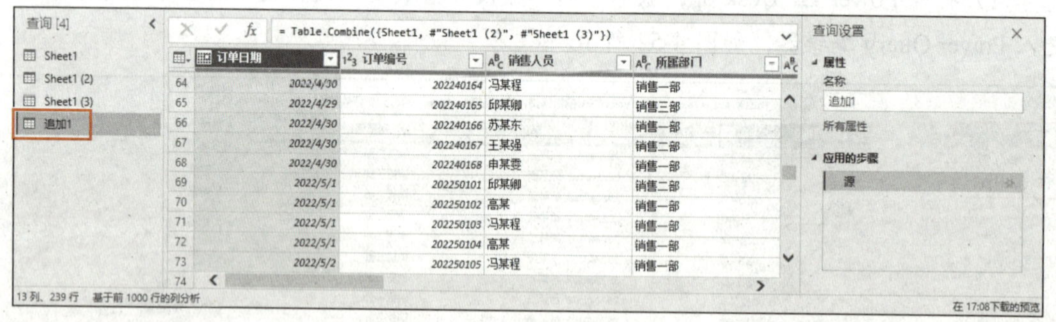

图 4-55 追加的查询表

提 示

若在图 4-53 中的“追加查询”下拉列表中选择“追加查询”选项，则可以将查询获取的数据直接追加到当前查询表的末尾，而不新建查询表。

4.5 使用 M 语言处理数据

本质上，Power Query 编辑器使用 M 语言实现数据获取、转换和加载等功能。M 语言的全称是 Power Query formula language，它是一种后台函数式编程语言。在 Power BI 环境中，一般可以在不书写 M 语言代码或修改少量简单 M 语言代码的情况下，通过 Power Query 编辑器界面操作实现几乎所有的常见数据处理操作。

Power Query 编辑器的操作代码可以通过“高级编辑器”对话框查看，“高级编辑器”对话框通过在 Power Query 编辑器的“主页”选项卡“查询”命令组中单击“高级编辑器”命令按钮打开。例如，打开本书配套素材“素材与实例\项目 4\GT 公司销售与产品信息数据.pbix”文件，进入 Power Query 编辑器，选中“产品信息”查询表，在“主页”选项卡“查询”命令组中单击“高级编辑器”命令按钮，在打开的“高级编辑器”对话框中可以查看自动生成的 M 语言代码，如图 4-56 所示。

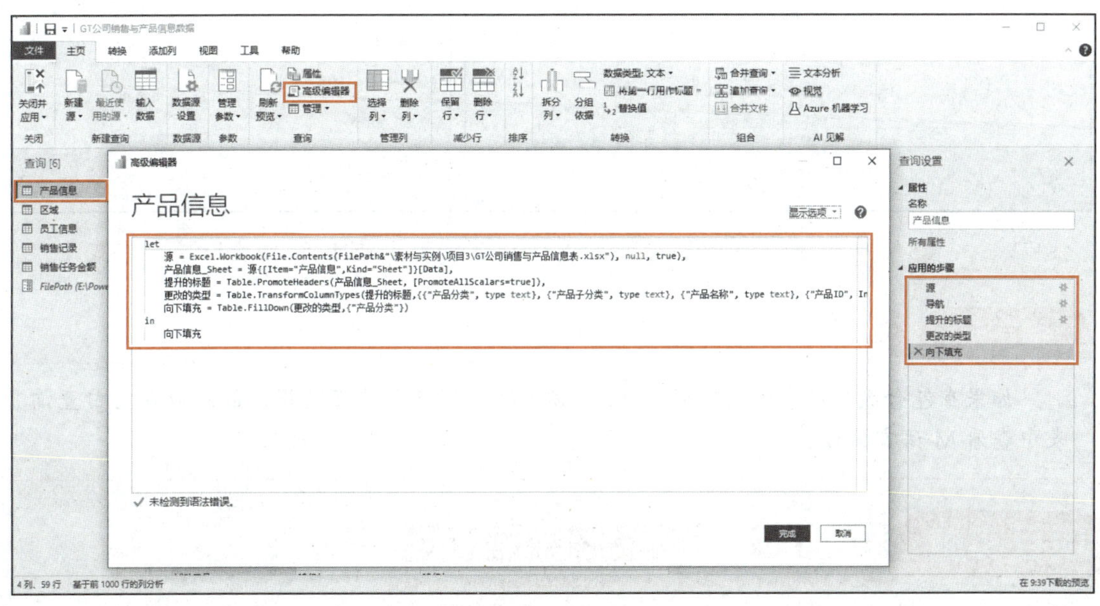

图 4-56　查看自动生成的 M 语言代码

提　示

“高级编辑器”对话框中显示的自动生成的 M 语言代码包括 pbix 文件创建后在 Power Query 编辑器中执行的所有操作对应生成的 M 语言代码。

由图 4-56 可以看出，M 语言代码由 let…in 语句构成，一般来说，let 后面的内容是操作，=前面是操作名称，=后面是具体的操作内容，也就是 M 语言函数，多个操作之间以逗号分隔；in 后面的内容是输出结果。“高级编辑器”对话框中的每行代码对应“查询设置”窗格“应用的步骤”栏中的每个步骤。

Power Query 编辑器的所有操作均通过 M 语言函数实现。例如，M 语言函数 Text.From(x)的含义是将参数 x 变为文本类型，Text.From(1)表示将参数“1”变为文本类型数据“1”。

如果要查看 M 语言中的函数，可在编辑栏中输入“=#shared”并按【Enter】键确认，此时会显示所有 M 语言函数（见图 4-57），单击某个函数，在窗口下方会显示相应函数的语法格式、参数含义和示例等；或在编辑栏中输入“=函数名”并按【Enter】键查找指定 M 语言函数，如输入“List.Max”查找 List.Max 函数，如图 4-58 所示。

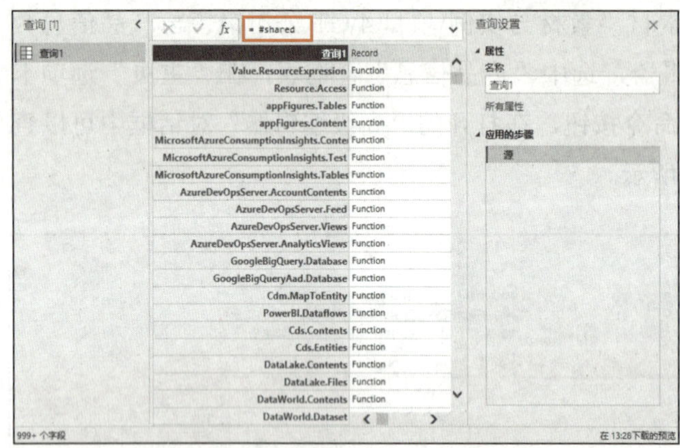

图 4-57　查看所有 M 语言函数

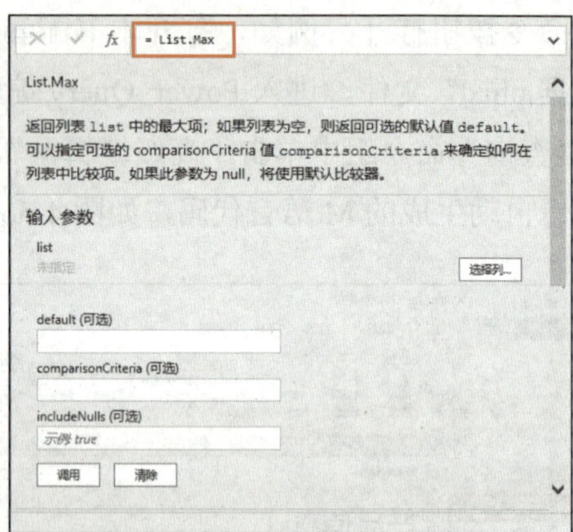

图 4-58　查找 List.Max 函数

提　示

如果在包含数据的查询表中查看 M 语言函数，可能会破坏数据，因此应在空白查询表中查看 M 语言函数。

项目实施——DK 运动品牌数据整理

本项目实施首先使用追加查询表和合并查询表功能生成 2023 年门店销售数据表，然后按照区域和门店汇总 2023 年的销售金额，最后判断 2024 年第一季度销售任务是否完成。

DK 运动品牌数据整理

1．生成 2023 年门店销售数据表

步骤 1 打开本书配套素材“素材与实例\项目 4\DK 运动品牌数据.pbix”文件，在“主页”选项卡“查询”命令组中单击“转换数据”命令按钮。

步骤 2 打开 Power Query 编辑器，选中“销售数据表”分组中的“销售数据表\202301-03”查询表，在“主页”选项卡“组合”命令组中单击“追加查询”下拉按钮，在其下拉列表中选择“将查询追加为新查询”选项。

步骤 3 打开“追加”对话框，选中“三个或更多表”单选钮，将“销售数据表\202304-06”“销售数据表\202307-09”“销售数据表\202310-12”查询表添加到“要追加的表”列表框中，单击“确定”按钮，如图 4-59 所示。

步骤 4 将新增的“追加 1”查询表重命名为“2023 年门店销售数据”。选中“其他查询”分组中的“门店信息表”查询表，在“主页”选项卡“组合”命令组中单击“合并查询”下拉按钮，在其下拉列表中选择“将查询合并为新查询”选项。

步骤 5 打开“合并”对话框，在中间的下拉列表中选择“区域信息表”查询表，然后分别单击两个查询表的“城市”列，单击“确定”按钮，如图 4-60 所示。

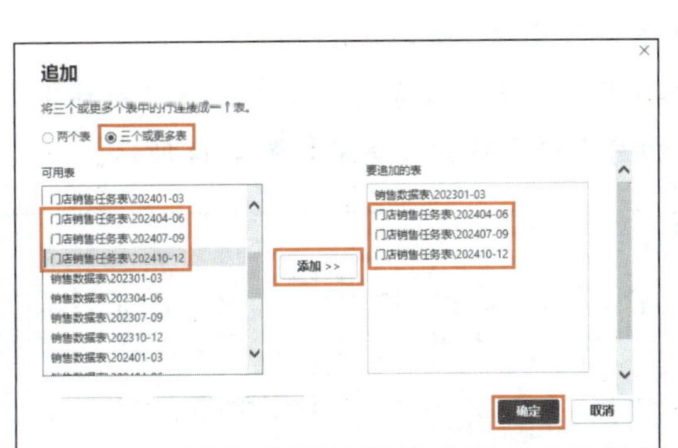

图 4-59 设置要追加的查询表

图 4-60 设置要合并的查询表和匹配列

步骤 6 将新增的“合并 1”查询表重命名为“门店区域表”。选中该表，单击“区域信息表”列标题右侧的扩展按钮，在展开的列表中选中“展开”单选钮，取消勾选“(选择所有列)”和“使用原始列名作为前缀”复选框，勾选“区域”复选框，单击“确定”按钮，如图 4-61 所示。

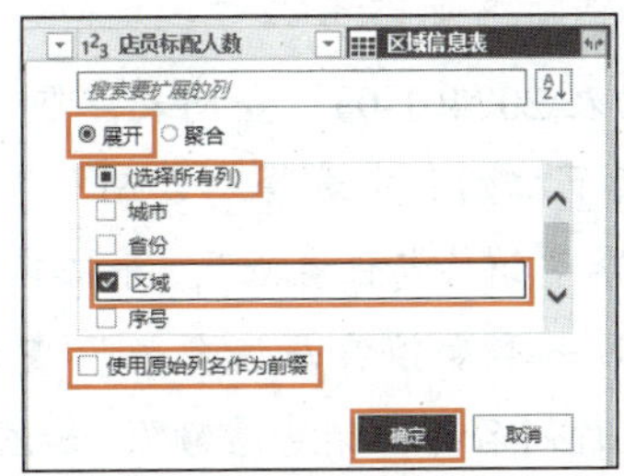

图 4-61 设置扩展形式并选择扩展的列

步骤 7 切换到“2023 年门店销售数据”查询表，参照前面的方法，以“门店 ID”列为匹配列，将“门店区域表”查询表中的“区域”列合并到“2023 年门店销售数据”查询表中，并将新增的“区域”列移到“门店 ID”列右侧，如图 4-62 所示。

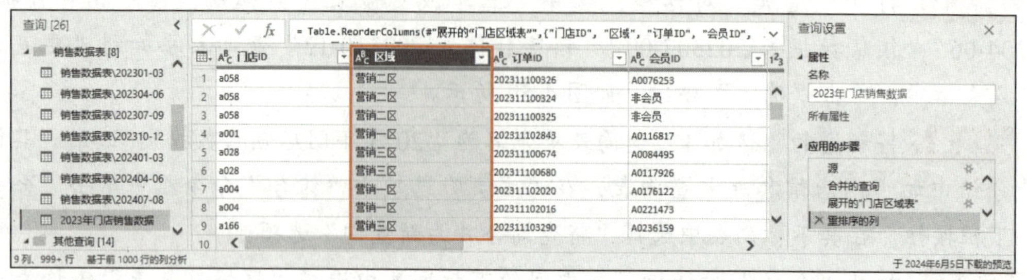

图 4-62 为“2023 年门店销售数据”查询表新增“区域”列

2. 按照区域和门店汇总 2023 年的销售金额

步骤 1 在“主页”选项卡“转换”命令组中单击“分组依据”命令按钮，打开“分组依据”对话框，选中“高级”单选钮，将分组依据设置为“区域”和“门店 ID”，将聚合行设置为“销售总额”“求和”“金额”，单击“确定”按钮，如图 4-63 所示。

步骤 2 选中“区域”列，在“主页”选项卡“排序”命令组中单击“升序排序”命令按钮，选中“门店 ID”列，再次单击“升序排序”命令按钮，结果如图 4-64 所示。

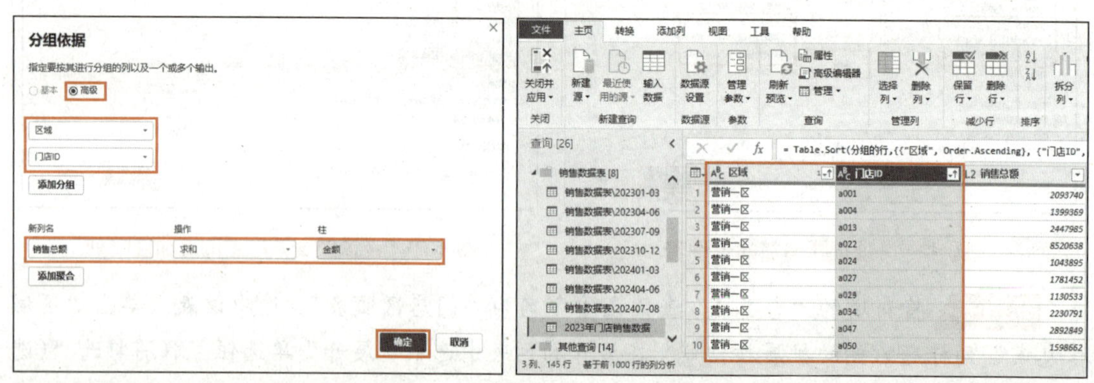

图 4-63 设置分组依据　　图 4-64 按“区域”列和“门店 ID”列升序排序数据

3. 判断 2024 年第一季度销售任务是否完成

步骤 1 切换到“销售数据表\202401-03”查询表，在“主页”选项卡“查询”命令组中单击“管理”下拉按钮，在其下拉列表中选择“复制”选项，将复制的查询表“202401-03 (2)”重命名为“2024 年第一季度销售与任务表”，并将其移到“其他查询”分组中。

步骤 2 切换到“2024 年第一季度销售与任务表”查询表，以“门店 ID”为分组依据，对“金额”列求和，并设置新列名为“销售总额”，如图 4-65 所示。

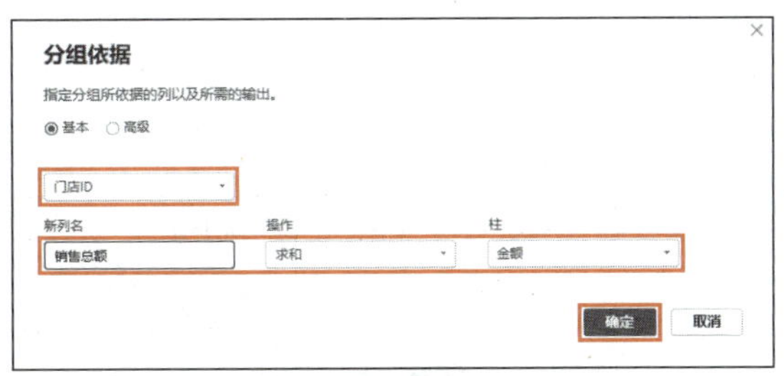

图 4-65 设置分组依据

步骤 3 以“门店 ID”为匹配列，将“门店销售任务表\202401-03”查询表合并到“2024 年第一季度销售与任务表”查询表，如图 4-66 所示。由于两个查询表的匹配列是一对多的关系，故在扩展按钮展开的列表中选中“聚合”单选钮，勾选“任务（元）的总和”复选框，单击“确定”按钮，如图 4-67 所示。

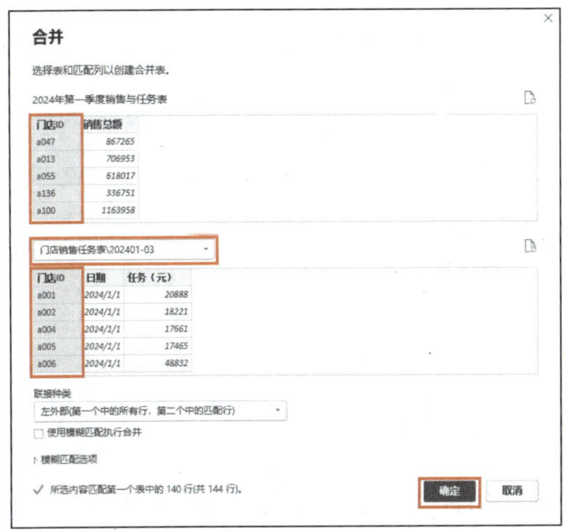

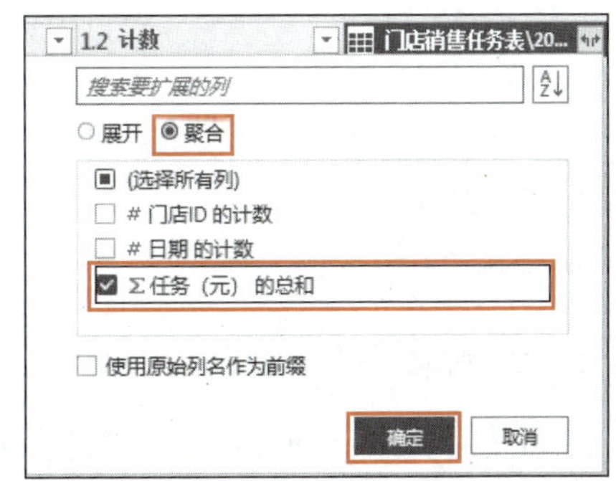

图 4-66 设置要合并的查询表和匹配列

图 4-67 设置扩展形式并选择扩展的列

步骤 4 在“添加列”选项卡“常规”命令组中单击“条件列”命令按钮，打开“添加条件列”对话框，在“新列名”输入框中输入“是否完成”；在“If”行的“列名”下拉列表中选择“销售总额”选项，“运算符”下拉列表中选择“大于”选项，“值”的类型下拉列表中选择“选择列”选项，并选择“任务（元）的总和”选项，在“输出”输入框中输入“完成任务”；在“ELSE”输入框中输入“未完成任务”，单击“确定”按钮，如图 4-68 所示。

步骤 5 在“是否完成”列标题下方有红色提示条，将鼠标指针移至该提示条上，提示本列有 4 个错误，右键单击“是否完成”列标题，在弹出的快捷菜单中选择“替换错误”选项，在打开的“替换错误”对话框中输入替换值“完成任务”，如图 4-69 所示。

步骤 6 按照“门店 ID”列升序排序数据，得到“2024 年第一季度销售与任务表”查询表最终效果，如图 4-70 所示。

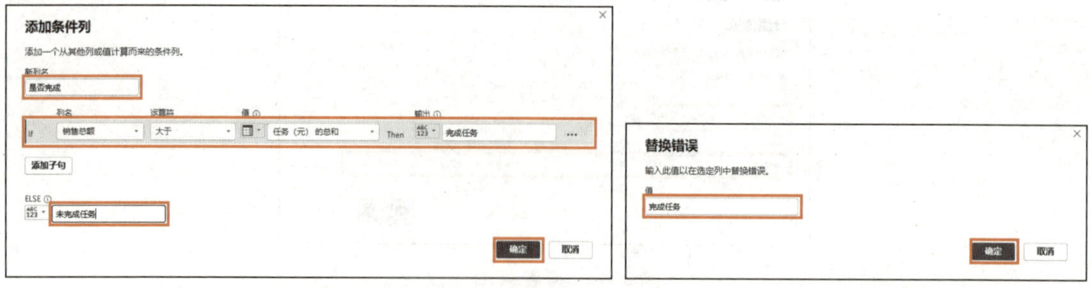

图 4-68　设置条件列　　　　图 4-69　设置替换值

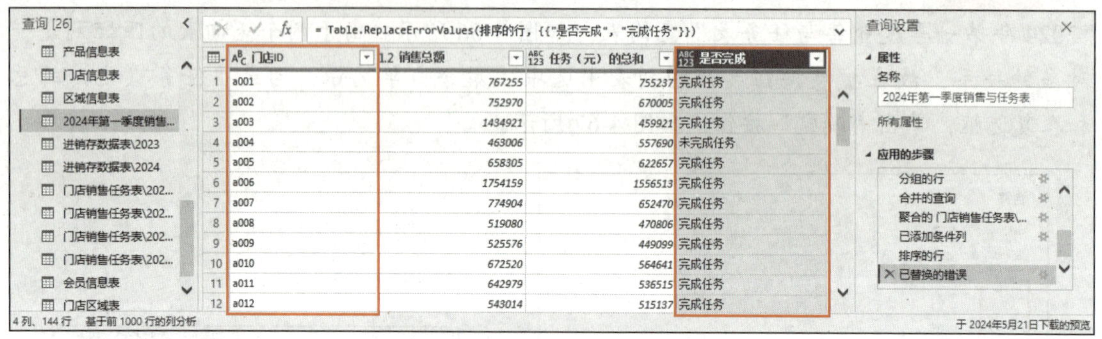

图 4-70　“2024 年第一季度销售与任务表”查询表最终效果

项目实训

1．实训目标

练习使用 Power Query 编辑器进行数据整理，如合并查询、分类汇总等操作。

2．实训内容

从性别、年龄、职业角度分析不同客户的消费总金额情况，并查看订单是否按时发货，具体操作如下。

（1）打开本书配套素材“素材与实例\项目 4\X 电商企业数据.pbix”文件，进入 Power Query 编辑器，复制“销售订单表”查询表并重命名为“客户订单表”。

（2）将“客户订单表”查询表数据按客户 id 和客户姓名对销售额进行求和汇总，并设置新列名为“消费金额”。

（3）将“客户订单表”查询表与“客户信息表”查询表以“客户 id”为匹配列进行合并，并展开“客户信息表”的“性别”“年龄”“职业”列，如图 4-71 所示。

（4）复制“客户订单表”查询表并重命名为“性别-消费总金额”，然后按性别求和汇总消费金额，并设置新列名为“消费总金额”。

（5）复制“客户订单表”查询表并重命名为“年龄-消费总金额”，为查询表添加年龄段条件列（“添加条件列”对话框的设置见图 4-72），然后删除查询表中的错误行，接着按年

龄段求和汇总消费金额，并设置新列名为“消费总金额”，最后按“消费总金额”列降序排序查询表数据。

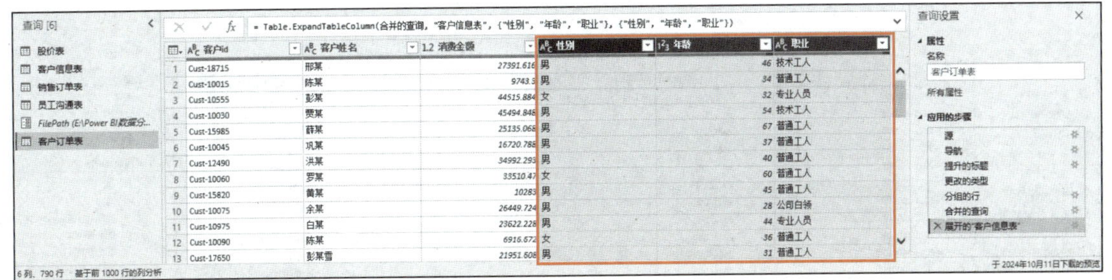

图 4-71　合并“客户订单表”查询表与“客户信息表”查询表

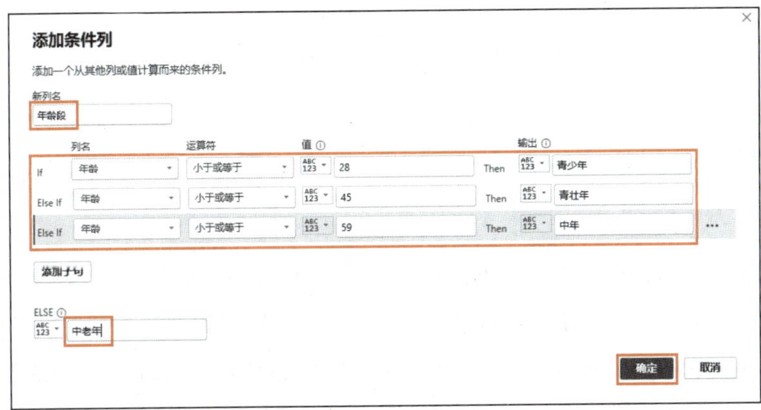

图 4-72　“添加条件列”对话框的设置

（6）复制“客户订单表”查询表并重命名为“职业-消费总金额”，然后按职业求和汇总消费金额，并设置新列名为“消费总金额”，最后按“消费总金额”列降序排序查询表数据。

（7）复制“销售订单表”查询表并重命名为“发货信息表”，然后选择保留“订单 id”“发货日期”“实际发货天数”“计划发货天数”“是否满意”列，最后添加条件列查看订单是否按时发货（“添加条件列”对话框的设置见图 4-73），查询表最终效果如图 4-74 所示。

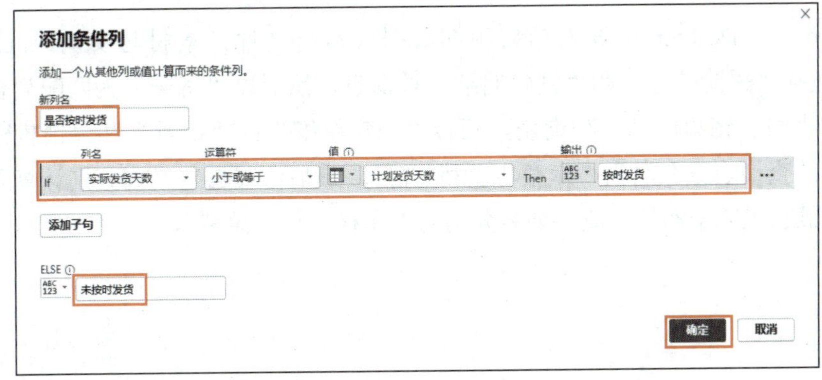

图 4-73　“添加条件列”对话框的设置

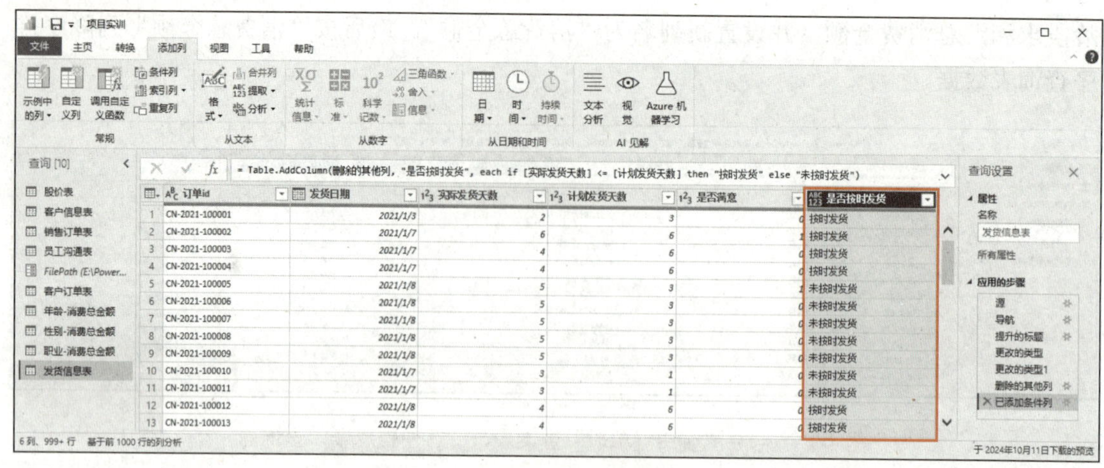

图 4-74 “发货信息表”查询表最终效果

项目考核

1．选择题

（1）在 Power Query 编辑器中，不能按照（　　）拆分列数据。

A．分隔符　　B．字符数　　C．数据类型　　D．位置

（2）在 Power Query 编辑器中，（　　）操作可以通过输入计算公式生成新列。

A．添加自定义列　　B．添加重复列　　C．添加索引列　　D．添加条件列

（3）在 Power Query 编辑器中，（　　）操作可以将两个表进行纵向合并。

A．追加查询　　B．合并查询　　C．分类汇总　　D．连接查询

2．简答题

（1）在 Power Query 编辑器中，如何进行分类汇总操作。

（2）简述合并查询表和追加查询表的区别。

3．操作题

在 Power BI Desktop 中导入销售明细数据（素材文件：素材与实例\项目 4\销售明细.xlsx），包括“采购信息”和“销售明细”查询表，然后以“货号”为匹配列合并“采购信息”查询表与“销售明细”查询表，聚合“销售明细”的“销量”和“销售额”列，并将合并得到的查询表重命名为“库存与盈利信息”，最后添加自定义列分别计算采购数量与销量、销售额与采购金额的差值，列名分别为“库存”与“盈利”。

项目评价

请同学们结合本项目的学习情况，按小组对学习成果进行自评和互评，然后请老师进行师评和综合评价，并将评价结果填入表 4-1 中。

表 4-1 学习成果评价表

<table>
<tr><th rowspan="2">评价项目</th><th rowspan="2">评价内容</th><th rowspan="2">分值</th><th colspan="3">评价分数</th></tr>
<tr><th>自评</th><th>互评</th><th>师评</th></tr>
<tr><td rowspan="4">项目完成度（20%）</td><td>项目准备阶段，回答问题清晰准确，能够紧扣主题，没有明显错误</td><td>5 分</td><td></td><td></td><td></td></tr>
<tr><td>项目实施阶段，根据操作步骤完成项目实施内容</td><td>5 分</td><td></td><td></td><td></td></tr>
<tr><td>项目实训阶段，出色地完成实训内容</td><td>5 分</td><td></td><td></td><td></td></tr>
<tr><td>项目考核阶段，完成考核题目</td><td>5 分</td><td></td><td></td><td></td></tr>
<tr><td rowspan="5">知识（30%）</td><td>管理查询表行列数据的基本操作</td><td>6 分</td><td></td><td></td><td></td></tr>
<tr><td>排序和筛选数据的基本操作</td><td>6 分</td><td></td><td></td><td></td></tr>
<tr><td>分类汇总数据的基本操作</td><td>6 分</td><td></td><td></td><td></td></tr>
<tr><td>合并查询表和追加查询表的基本操作</td><td>6 分</td><td></td><td></td><td></td></tr>
<tr><td>Power Query 编辑器的 M 语言</td><td>6 分</td><td></td><td></td><td></td></tr>
<tr><td rowspan="3">能力（30%）</td><td>使用 Power Query 编辑器从复杂的数据中提取有价值的数据并汇总统计</td><td>10 分</td><td></td><td></td><td></td></tr>
<tr><td>使用 Power Query 编辑器合并不同查询表</td><td>10 分</td><td></td><td></td><td></td></tr>
<tr><td>具备对实际数据进行整理的能力</td><td>10 分</td><td></td><td></td><td></td></tr>
<tr><td rowspan="4">素养（20%）</td><td>互帮互助，具有团队精神</td><td>5 分</td><td></td><td></td><td></td></tr>
<tr><td>认真负责，按时完成学习、实践任务</td><td>5 分</td><td></td><td></td><td></td></tr>
<tr><td>增强自主学习、探究学习的意识</td><td>5 分</td><td></td><td></td><td></td></tr>
<tr><td>加强实践练习，自觉提升专业技能和职业素养</td><td>5 分</td><td></td><td></td><td></td></tr>
<tr><td colspan="2">合计</td><td>100 分</td><td></td><td></td><td></td></tr>
<tr><td>综合分数</td><td>自评（25%）+互评（25%）+师评（50%）=______</td><td colspan="4">等级：</td></tr>
<tr><td rowspan="3">综合评价</td><td colspan="5">最突出的表现（创新或进步）：</td></tr>
<tr><td colspan="5">还需改进的地方（不足或缺点）：</td></tr>
<tr><td colspan="5">指导教师签字：</td></tr>
</table>

注：等级可以“优”（90 分≤综合分数≤100 分）、“良”（80 分≤综合分数<90 分）、“中”（60 分≤综合分数<80 分）、“差”（综合分数<60 分）为标准进行评价。

项目5

数据建模

项目导读

随着数字化时代的到来，每天都会产生大量的数据，人们对数据的关注度越来越高，数据分析也相应地变得愈发重要。数据分析往往会涉及多个表，Power BI 的优势就是打通各个表，然后从各个维度进行分析与可视化呈现。打通各个表实际上就是数据建模，最基本的实现方式就是在各表之间建立关系，另外也可以根据需要，通过新建度量值、新建列、新建表等方式实现。

项目目标

知识目标

- 掌握建立数据表之间关系的基本方法。
- 掌握新建度量值、计算列和计算表的方法。
- 了解 DAX 语言基础。
- 掌握常用 DAX 函数的使用方法。

能力目标

- 能够熟练管理数据关系。
- 能够熟练运用 DAX 函数新建度量值、计算列和计算表。

素质目标

- 提高灵活处理问题的能力，以更好地适应不断变化的环境。
- 养成未雨绸缪的习惯，增强忧患意识。

项目描述

本项目首先介绍建立数据表之间关系的方法，然后介绍新建度量值、计算列、计算表的方法，接着介绍 DAX 语言基础和常用的 DAX 函数，最后通过为 DK 运动品牌数据建模巩固所学知识。

项目准备

全班学生以 3～5 人为一组，各组选出组长。组长组织组员扫码观看“数据分析与建模”视频，讨论并回答下列问题。

问题 1：说一说可以从哪些角度对数据进行分析。

数据分析与建模

问题 2：如何在 Power BI 中进行数据建模？

5.1 建立数据表之间的关系

在 Power BI 中，建立数据表之间关系是数据建模的基础。这不仅有助于在不同表之间实现数据的整合和联动，也便于实现从各个维度对数据进行分类汇总与可视化呈现。在此基础上，通过 DAX 函数新建度量值、计算列和计算表，可以进一步完善数据模型。

5.1.1 维度表和事实表

维度表是同类型属性信息的集合，主要包含属性和描述性信息，一般不包含数值型数据，常见的如区域表、产品信息表、员工信息表等。事实表也称为数据明细表，是对定性数据的度量，也是数据模型中的中央表，常见的如销售记录表、业务明细表等。建立数据表之间的关系就是建立维度表和事实表之间的关系，这也是 Power BI 数据建模的本质。

5.1.2 创建关系

Power BI Desktop 在获取多个数据表后，可能需要同时调用不同数据表中的数据，这就需要通过匹配字段将独立的数据表通过某种逻辑连接起来，即为数据表创建关系。两个数据表通过创建关系连接在一起后，可以像在单个表中使用数据一样同时使用两个表中的数据。

通常情况下，Power BI 会自动检测并创建数据表之间的关系，但是如果对数据表中的字段进行了某些操作或者新增了数据表等，就需要使用“自动检测”功能创建关系；对于某些复杂的数据，自动创建的关系可能出现不准确的情况，此时就需要手动创建关系。

1．自动检测创建关系

在报表视图的“建模”选项卡、表格视图的“主页”或“表工具”选项卡或模型视图的“主页”选项卡中，均可单击“关系”命令组中的“管理关系”命令按钮打开“管理关系”对话框，如图 5-1 所示。

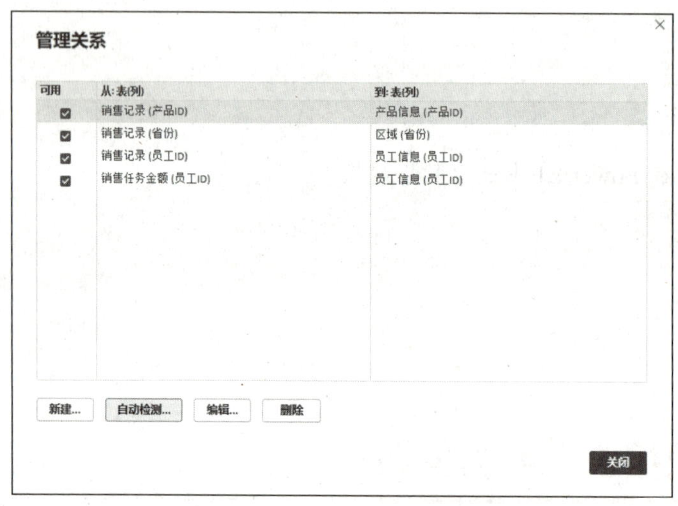

图 5-1　“管理关系”对话框

单击“自动检测”按钮，弹出“自动检测”提示框，若已经创建好关系，提示框会显示“未找到任何新关系”，如图 5-2（a）所示。若对数据进行了某种操作，则使用“自动检测”功能可能找到新关系，提示框会显示新关系的数量，如图 5-2（b）所示。连续单击“关闭”按钮切换到模型视图，可看到软件自动建立的可用关系。

（a）

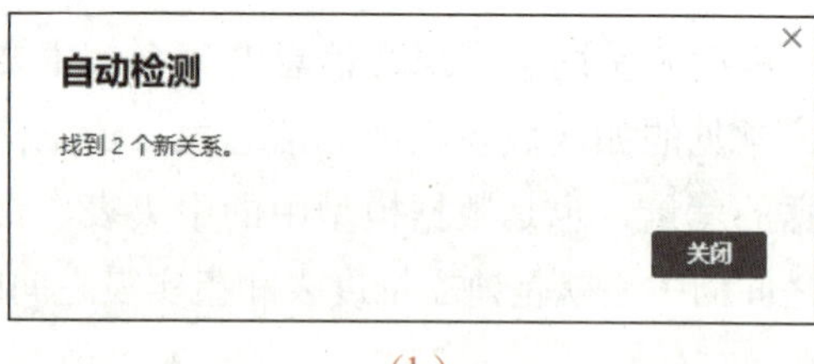

（b）

图 5-2　“自动检测”提示框

2．手动创建关系

手动创建关系的方法有两种，一种是在模型视图中手动拖动字段创建关系；另一种是在“管理关系”对话框中创建关系。

（1）在模型视图中，将一个表的匹配字段拖到另一个表的匹配字段上，即可创建关系。例如，要在“员工信息”和“销售任务金额”数据表之间创建关系，可将“员工信息”数据表的“员工 ID”字段拖到“销售任务金额”数据表的“员工 ID”字段上，释放鼠

标，即可在两个表之间创建关系，如图 5-3 所示。

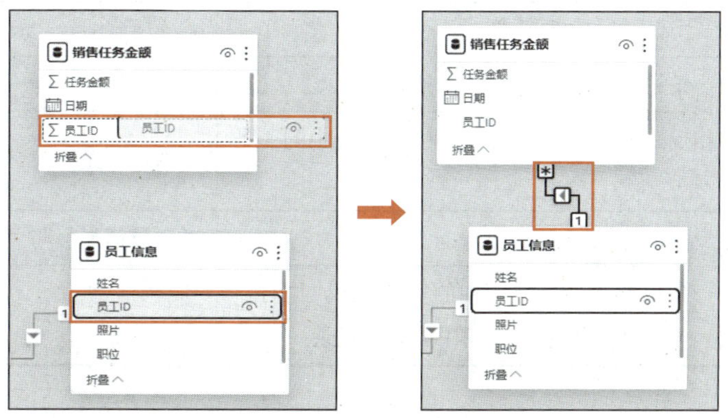

图 5-3　拖动字段创建关系

（2）在“管理关系”对话框中单击“新建”按钮，打开“创建关系”对话框，在前两个下拉列表中选择想要创建关系的数据表，并分别选中匹配列，此时软件会自动设置“基数”和“交叉筛选器方向”，若与分析需求不符可以通过下拉列表进行修改，最后单击“确定”按钮即可完成关系的创建。例如，在“员工信息”和“销售任务金额”数据表之间以“员工 ID”为匹配列创建关系，如图 5-4 所示。

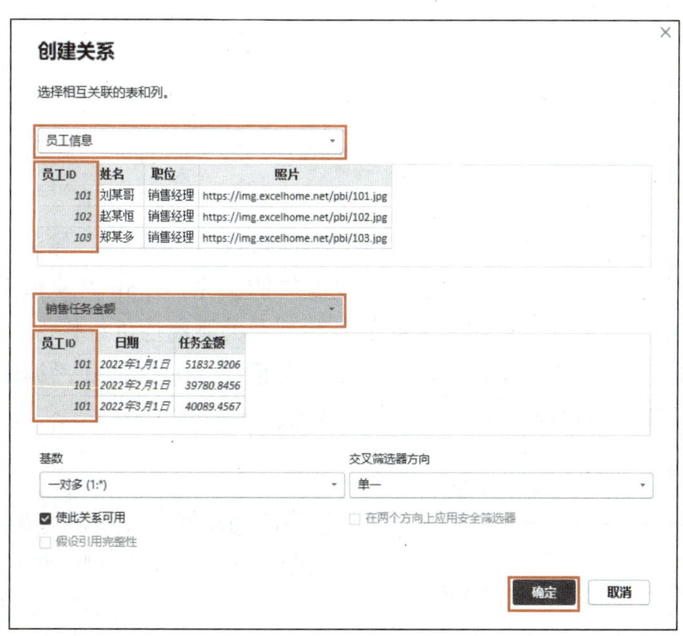

图 5-4　创建关系

在 Power BI Desktop 的模型视图中可以查看创建的关系，每个关系都由基数和交叉筛选器方向定义。基数位于关系线两端，表示通过关系线连接的两个关联表的匹配关系，基数类型及其含义如表 5-1 所示。

表 5-1 基数类型及其含义

关 系	含 义	示 例
一对多	A 表中的一条记录对应 B 表中的多条记录	“员工信息”与“销售记录”数据表
多对一	与一对多相反，A 表中的多条记录对应 B 表中的一条记录	“销售记录”与“员工信息”数据表
一对一	两个数据表中的记录一一对应	“会员信息”与“会员账户”数据表
多对多	A 表中的一条记录能对应 B 表中的多条记录，同时，B 表中的一条记录也能对应 A 表中的多条记录	—

提 示

实际工作中应尽量少用多对多基数关系，因为可能会使数据建模出现错误。若关系线显示为虚线，表示此关系不可用。

交叉筛选器方向位于关系线中间，表示表与表之间关系的方向，可以是单向或双向。单向表示只能从一个表根据匹配字段查找到另一个表中的匹配字段对应的记录；双向表示从任意一个表根据匹配字段都可以查找到另一个表中的匹配字段对应的记录，在进行筛选时可以互相筛选。

5.1.3 编辑和删除关系

1. 编辑关系

在 Power BI Desktop 中，可以通过编辑关系对创建好的关系进行修改，方法如下。

- 在“管理关系”对话框中，选中需要编辑的关系，单击“编辑”按钮，即可打开“编辑关系”对话框，对相互关联的表和列及关系属性进行修改。
- 在模型视图中，双击需要编辑的关系的关系线，即可打开“编辑关系”对话框，对相互关联的表和列及关系属性进行修改。

2. 删除关系

要删除已创建好的关系，可执行以下操作。

- 在“管理关系”对话框中选中需要删除的关系，单击“删除”按钮，弹出“删除关系”提示框（见图 5-5），单击“删除”按钮，即可删除选中关系，返回“管理关系”对话框。

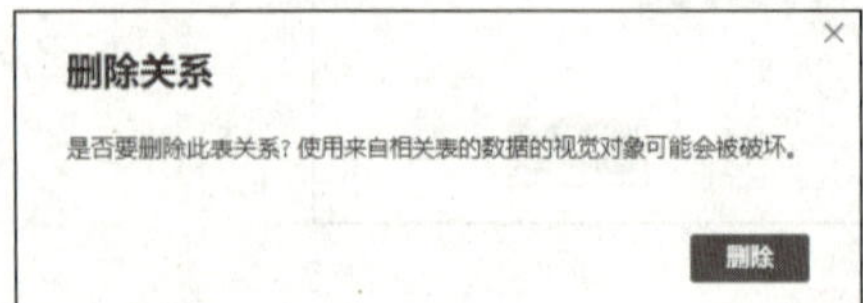

图 5-5 “删除关系”提示框

- 在模型视图中右键单击需要删除的关系的关系线，在弹出的快捷菜单中选择“删除”选项，弹出“删除关系”提示框，单击“是”按钮，即可删除选中关系，如图 5-6 所示。

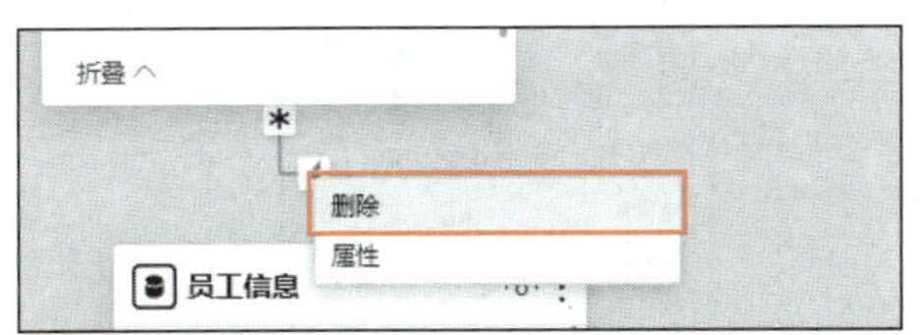

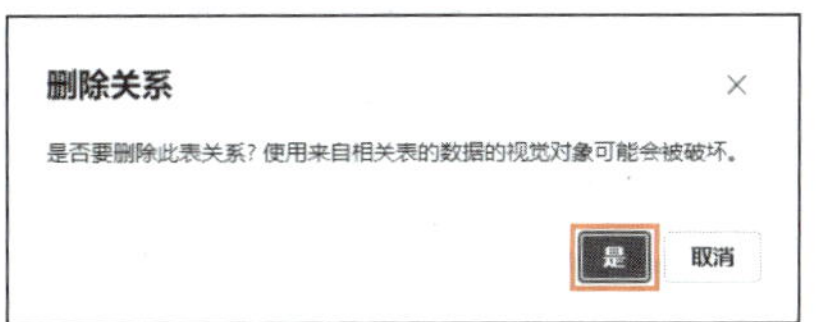

图 5-6 删除关系

提 示

如果只是暂时不使用两个表之间的关系，可以在“管理关系”对话框中取消勾选该关系左侧的复选框，此时模型视图中这两个表之间的关系线变为虚线。若想再次使用，只需勾选相应复选框即可。

5.2 度量值、计算列和计算表

在进行数据分析时，可能会出现使用现有数据无法实现需要的分析效果的情况，此时便可以通过创建度量值、计算列和计算表功能在报表中创建需要的数据。

5.2.1 度量值

度量值是一个只有名称而无实际数据的值，该值是一个标量值，可在报表的任意位置使用。度量值不会改变数据源和数据模型，也不会占用报表内存，但可以在创建其他度量值及数据可视化时使用。下面分别介绍创建度量值的两种方法。

1. 新建度量值

在 Power BI Desktop 中，可以在报表视图、表格视图或模型视图的“主页”选项卡“计算”命令组中单击“新建度量值”命令按钮创建度量值，也可以在“数据”窗格中右键单击任意字段或数据表，在弹出的快捷菜单中选择“新建度量值”选项创建度量值。

【实例 5-1】 新建度量值。

【素材文件】 素材与实例\项目 5\GT 公司销售与产品信息数据.pbix。

【具体步骤】

(1) 打开素材文件，在表格视图的“主页”选项卡“计算”命令组中单击“新建度量值”命令按钮，此时在公式栏中自动出现指定的度量值名称和等号，在“数据”窗格中显示带有计算器图标的度量值，如图 5-7 所示。

(2) 在公式栏中，可以根据需要重命名度量值并输入定义度量值的 DAX 表达式，此处修改度量值名称为“总销售额”。在等号后面输入函数名时，Power BI Desktop 会显示相关的 DAX 函数，选择某一函数，会自动添加左括号“(”并显示函数的语法和参数说明，可输入的数据表及字段下拉列表，此处输入 SUM 并在函数列表中选择 SUM 函数（5.4.1 节有详细介绍），如图 5-8 所示。

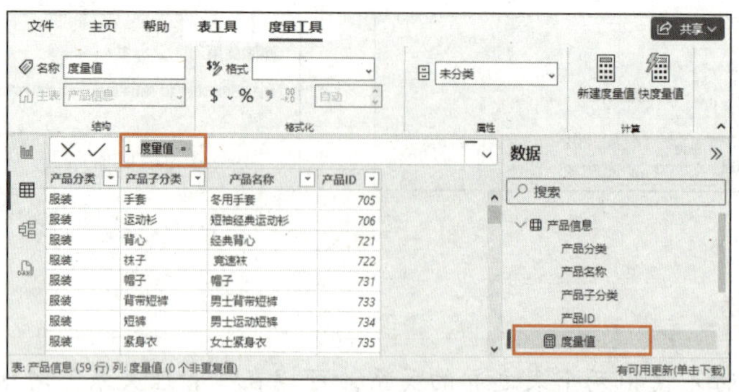

图 5-7　新建度量值

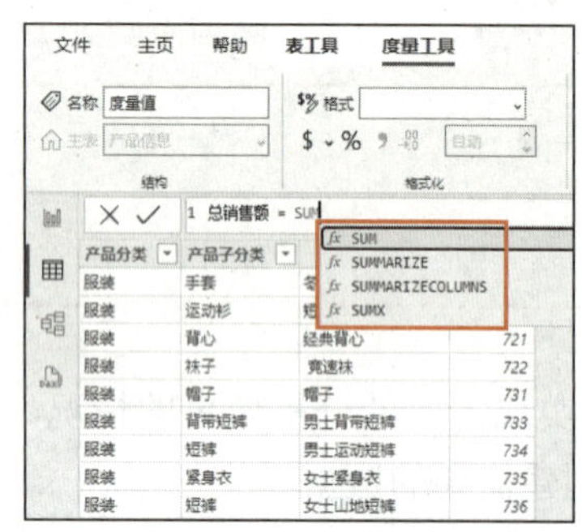

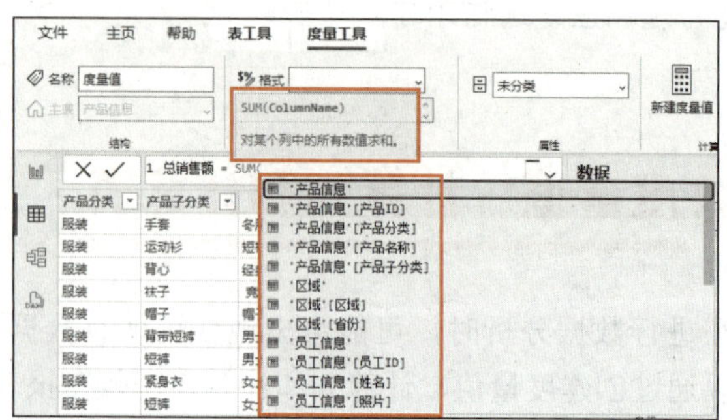

图 5-8　输入并选择 SUM 函数

（3）在可输入的数据表及字段下拉列表中选择需要的字段，此处选择“'销售记录'[金额]”字段，单击 ✓ 按钮，自动添加右括号“)”，完成公式的输入。如果公式很长，可以通过【Alt+Enter】快捷键在公式栏中添加换行符。

（4）此时创建好的度量值显示在当前选中的数据表中。选择度量值并在“度量工具”选项卡“结构”命令组的“主表”下拉列表中选择数据表，可以修改度量值的位置（所在的数据表），此处将“总销售额”度量值移到“销售记录”数据表中，如图 5-9 所示。

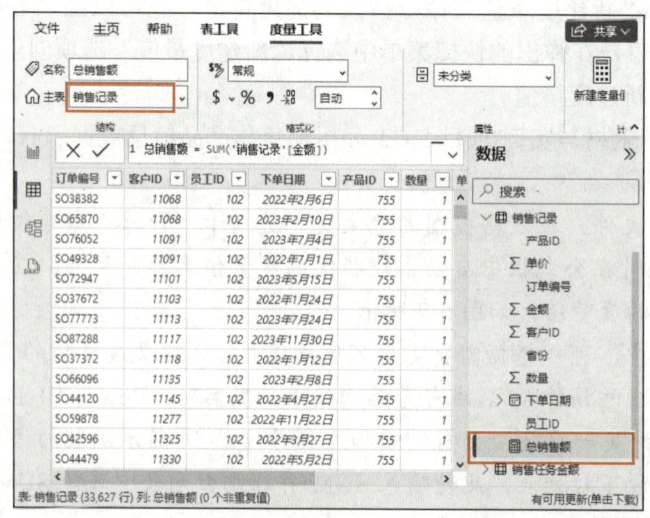

图 5-9　将“总销售额”度量值移到“销售记录”数据表中

如要查看度量值的计算结果，可切换到 DAX 查询视图，在“数据”窗格中右键单击“总销售额”度量值，在弹出的快捷菜单中选择“快速查询”/“计算”选项，下方的导航栏中自动新建“查询 2”查询，查询结果窗口中显示度量值的计算结果，如图 5-10 所示。

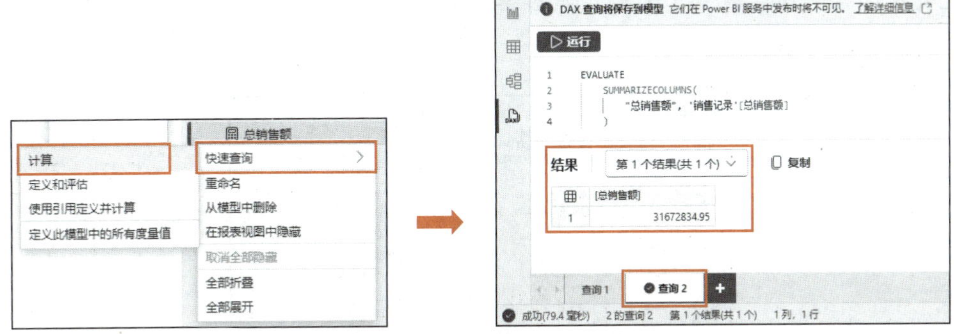

图 5-10　查看度量值的计算结果

2. 新建快度量值

除手动输入 DAX 函数新建度量值外，还可以利用系统设置好的功能，通过配置快速创建度量值。

在 Power BI Desktop 中，可以在报表视图或表格视图的“主页”选项卡“计算”命令组中单击“快度量值”命令按钮；也可以在“数据”窗格中右键单击任意字段或数据表，在弹出的快捷菜单中选择“新建快速度量值”选项，打开“快度量值”窗格（见图 5-11），然后在其中设置各项创建快度量值。

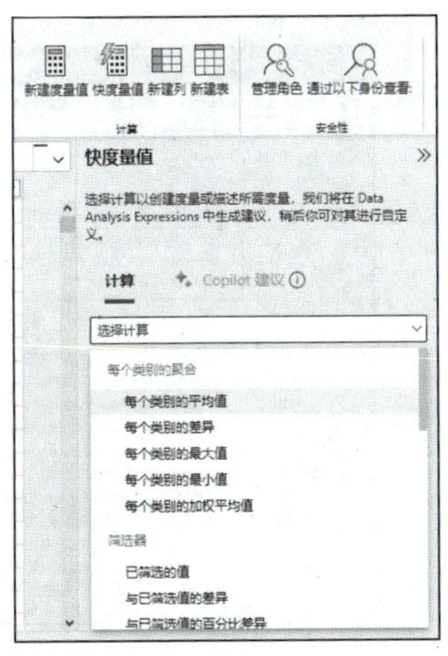

图 5-11　“快度量值”窗格

【实例 5-2】　新建快度量值。

【素材文件】　素材与实例\项目 5\GT 公司销售与产品信息数据.pbix。

【具体步骤】

（1）继续在前面的文件中操作，在表格视图的“主页”选项卡“计算”命令组中单击

“快度量值”命令按钮，打开“快度量值”窗格，在“计算”选项卡中单击“选择计算”下拉按钮，在其下拉列表中选择“每个类别的平均值”选项。

（2）单击“基值”设置区的“添加数据”按钮，在打开的“数据”窗格中选择所需字段，此处勾选“总销售额”复选框，如图 5-12 所示。使用同样的方法，在“类别”设置区添加“产品 ID”字段。

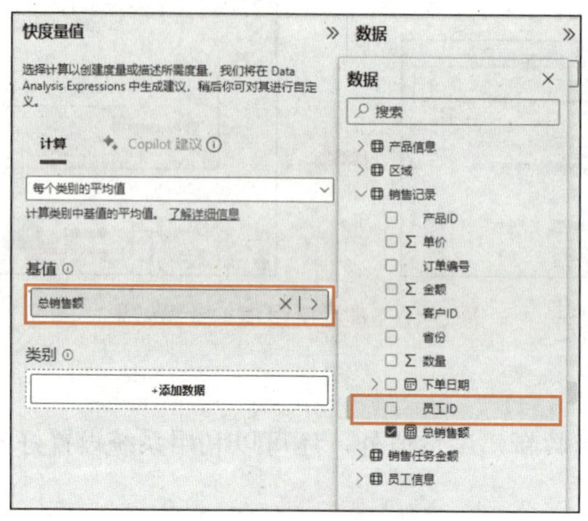

图 5-12　添加数据字段

（3）单击“快度量值”窗格右下角“添加”按钮（见图 5-13），新建的快度量值显示在“数据”窗格当前选中的数据表中，在公式栏中可以看到此度量值的 DAX 公式，如图 5-14 所示。

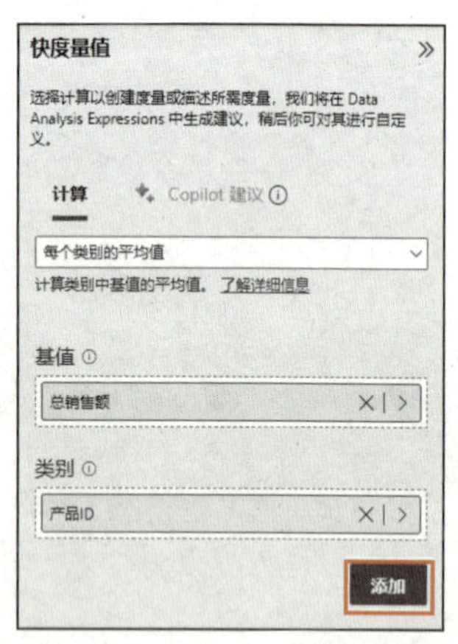

图 5-13　单击“添加”按钮

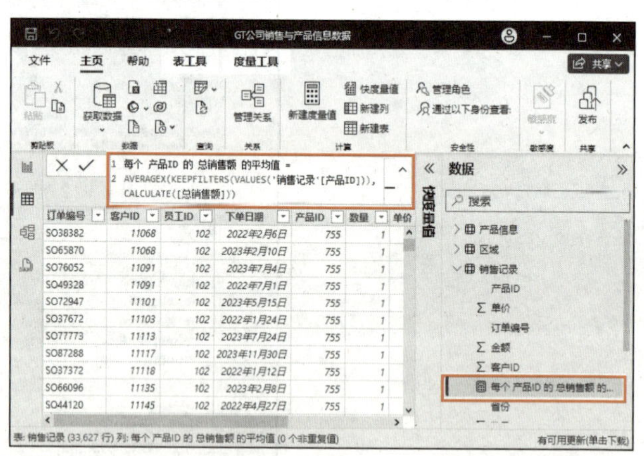

图 5-14　度量值的 DAX 公式

对于不需要的度量值可以随时从模型中删除，具体方法是，在“数据”窗格中右键单击度量值或单击度量值右侧的…按钮，在弹出的快捷菜单中选择“从模型中删除”选项。此外，使用快捷菜单还可以进行重命名度量值等操作。

5.2.2 计算列

计算列是为满足特定分析需求在某个表中添加的使用 DAX 公式计算得到的新的数据列。计算列的应用场景主要有 3 种，一是根据特定规则对数据进行分类，如根据销售额创建高、中、低等不同级别的分类列；二是根据现有数据衍生出新数据，如从一个日期列中提取出年、月、日等信息列；三是在数据模型中实现特定的业务逻辑，如根据出生日期计算年龄，或者根据库存情况计算需求量等。

计算列与在 Power Query 编辑器的查询表中“添加列”不同，“添加列”只基于当前查询表中的数据，而计算列是以已经加载到模型中的所有数据（建立了关系的不同数据表中的数据）为基础。计算列与度量值不同的是，度量值不存储计算结果，而计算列是对每行数据进行计算，并将计算结果静态存储在数据模型中。当数据刷新时，计算列的值会重新计算并更新。通过计算列，用户可以灵活地对数据进行各种操作，从而实现更精准、更细致的数据分析和可视化。

在 Power BI Desktop 中，可以在表格视图或模型视图的“主页”选项卡“计算”命令组中单击“新建列”命令按钮创建计算列，也可以在“数据”窗格中右键单击任意字段或数据表，在弹出的快捷菜单中选择“新建列”选项创建计算列。

【实例 5-3】 新建计算列。

【素材文件】 素材与实例\项目 5\GT 公司销售与产品信息数据.pbix。

【具体步骤】

（1）打开素材文件，在表格视图的“数据”窗格中选中“销售记录”数据表，在“主页”选项卡“计算”命令组中单击“新建列”命令按钮。

（2）在公式栏中输入“下单日期距今天数 = DATEDIFF('销售记录'[下单日期], TODAY(), DAY)”（5.4.2 节有详细介绍），单击 ✓ 按钮，此时在当前选中的数据表中可以看到新建的“下单日期距今天数”计算列，如图 5-15 所示。

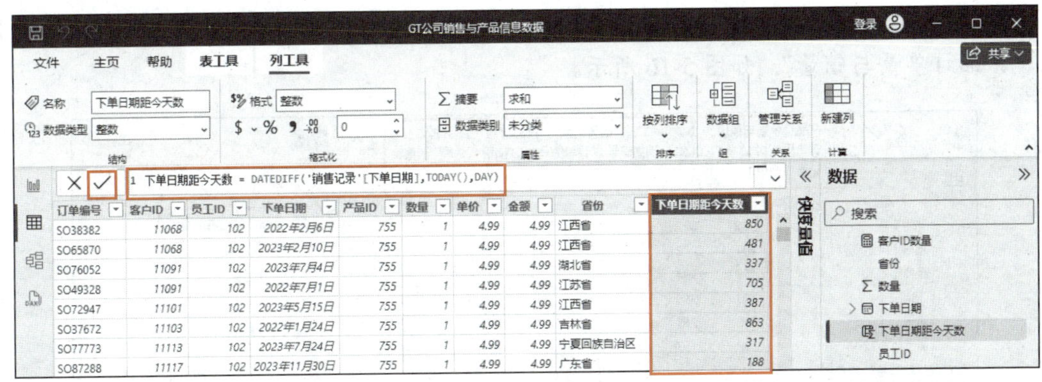

图 5-15 新建“下单日期距今天数”计算列

提 示 

计算列数据不会自动刷新到最新日期，可以通过右键单击计算列，在弹出的快捷菜单中选择“刷新数据”选项，实现数据刷新。若想刷新所有数据表，可以在“主页”选项卡“查询”命令组中单击“刷新”命令按钮。

5.2.3 计算表

计算表是使用 DAX 公式创建的新表。与导入或连接的数据表不同，计算表是基于现有数据表的计算结果生成的。计算表的应用场景主要有 3 种，一是对原始数据进行聚合和汇总，如创建一个新表来显示每个产品的总销售额；二是通过过滤和筛选创建特定条件下的数据子集，如创建一个只包含特定地区或特定产品的数据表；三是在数据建模中，为多对多关系的数据表创建连接表，如创建一个日期表供多个数据表统一引用。

与其他数据表一样，计算表也能与其他表建立关系，其中的列也支持设置数据类型和格式。

在 Power BI Desktop 中，可以在表格视图或模型视图的“主页”选项卡“计算”命令组中单击“新建表”命令按钮创建计算表，也可以在报表视图的“建模”选项卡“计算”命令组中单击“新建表”命令按钮创建计算表。

【实例 5-4】 新建计算表。

【素材文件】 素材与实例\项目 5\GT 公司销售与产品信息数据.pbix。

【具体步骤】

(1) 打开素材文件，在表格视图的“主页”选项卡“计算”命令组中单击“新建表”命令按钮。

(2) 在公式栏中输入“产品订单量与销量 = SUMMARIZE('销售记录', '产品信息'[产品名称], "订单量", DISTINCTCOUNT('销售记录'[订单编号]), "销量", SUM('销售记录'[数量]))”(5.4.9 和 5.4.1 节有详细介绍)，单击 ✓ 按钮，此时在“数据”窗格中可以看到新建的计算表“产品订单量与销量”，如图 5-16 所示。

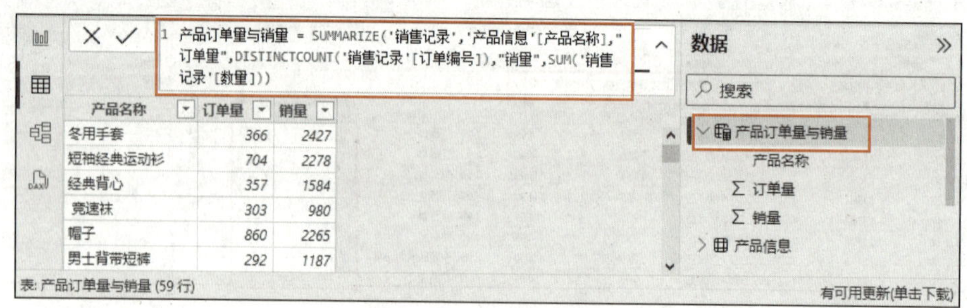

图 5-16 新建“产品订单量与销量”计算表

“产品订单量与销量”计算表按照产品名称统计了每个产品的订单数量和总销售量。

5.3 DAX 语言基础

DAX 语言全称为数据分析表达式（data analysis expressions），主要用于在 Power BI、Power Pivot 和 SQL Server Analysis Services（SSAS）等数据分析工具中进行数据分析和计算。

DAX 提供了丰富的函数和操作符，可以帮助用户通过模型中已有的数据创建新的数据，如度量值、计算列和计算表等。

DAX 语言主要有以下特点。

- 灵活性：DAX 具有高度灵活性，支持各种复杂的计算，包括聚合、过滤、排序、分组、条件判断等。
- 强大的计算能力：DAX 能够处理大量数据，并支持高效的数据分析和计算。
- 易于学习：虽然 DAX 包含一些复杂的概念（如计值上下文、迭代和上下文转换），但微软在开发 DAX 时从 Excel 中移植了很多函数，它们名称相同、参数用法也类似，因此初学者可以在较短时间内掌握其应用。

提 示

在 DAX 中，上下文指的是当前数据计算的环境或范围，它告诉 DAX 公式应该如何理解和操作数据。上下文主要分为两种类型：行上下文和筛选上下文，它们统称为计值上下文。

行上下文：与数据模型中的特定行相关联，允许直接访问行内的数据（DAX 的基本处理单位是列，所以访问某行的数据需要行上下文这种机制来支持）。

筛选上下文：筛选上下文是指将原始数据按照一定规则进行筛选，然后将提取出来的结果再作为环境变量代入函数中使用。通过设定筛选上下文，可以灵活地改变函数的运算范围，实现数据分类分析处理。

上下文转换就是将所有行上下文转换为等效的筛选上下文。

5.3.1 DAX 语法

DAX 语法主要指 DAX 公式的结构。一个 DAX 公式通常包括度量值、等号、函数、运算符和引用值等，如图 5-17 所示。

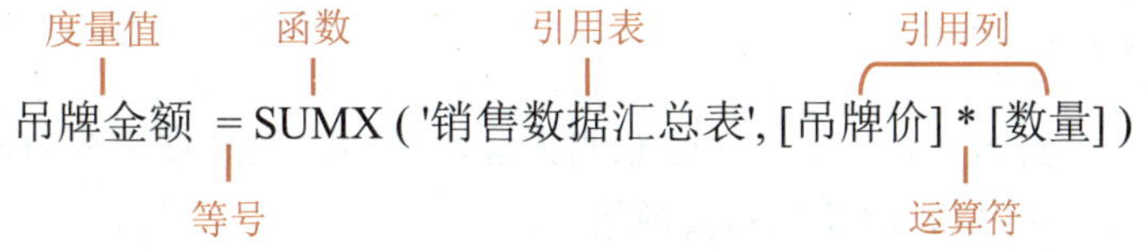

图 5-17 DAX 公式结构

（1）度量值。在 Power BI 中，可用 DAX 公式创建度量值、计算列和计算表，所以等号左侧可以是度量值、计算列或计算表。

（2）等号（=），表示公式的开始，其右侧为完成各种计算的表达式。

（3）函数，用于执行某种特定的计算，如 SUMX 函数将引用的表达式计算结果进行汇总求和。

（4）运算符，DAX 支持算术运算符、比较运算符、文本串联运算符和逻辑运算符。

（5）引用，引用表表示用于计算的数据表，用单引号' '引用表名（若表名为英文可以不使用单引号）；引用列表示用于计算的数据列，用方括号[]引用列名。如果引用的列和当前 DAX 公式所创建的度量值或计算列属于同一个表，则可以直接引用，不需要为列添加表名；如果不属于同一个表，则需要在引用列前加上表名，如'门店销售数据'[销售额]。

提 示

表达式中所有标点符号均为英文状态下的标点符号。

5.3.2 DAX 数据类型

DAX 数据类型主要包括整数类型、小数类型、货币类型、百分比类型、日期/时间类型、文本类型、布尔类型、表类型等。在报表视图或表格视图中选中一个字段，在“列工具”选项卡“结构”命令组中可以查看当前字段的数据类型，并可以通过选择“数据类型”下拉列表中的相应选项修改其数据类型。

在 DAX 公式中，每个运算符都对参与运算的数据的类型有特定要求。如果公式中输入的数据类型与要求的数据类型不一致，DAX 会自动将数据的类型进行隐式转换，其说明如表 5-2 所示。

表 5-2　DAX 数据类型隐式转换说明

输 入	结 果	说 明
TRUE+1	2	将 TRUE 隐式转换为数字 1，并执行 1+1 运算
"22" + 22	44	一个值为文本 22，另一个值为数字 22，DAX 会将字符串隐式转换为数字，然后执行加法运算
12 & 34	"1234"	连接两个数字，DAX 会将其隐式转换为字符串后进行连接

提 示

DAX 除使用常见的数据类型外，还使用表数据类型。表既可以作为函数引用，也可以作为函数输出，还可以作为其他函数的输入。

5.3.3 DAX 运算符及其优先级

运算符是对公式中的操作数进行运算的特殊符号。DAX 支持 4 种运算符，分别是算术运算符、比较运算符、文本串联运算符和逻辑运算符。

（1）算术运算符。算术运算符用于实现基本的数学运算（加法、减法、乘法或除法），并得出计算结果。算术运算符包括加号（+）、减号（-）、乘号（*）、除号（/）和脱字号（^，实现幂运算）。

（2）比较运算符。比较运算符主要用于比较两个数值，并根据比较结果返回一个逻辑值，即真（TRUE）或假（FALSE）。比较运算符包括大于号（>）、小于号（<）、等号（=）、大于等于号（>=）、小于等于号（<=）和不等号（<>）。

（3）文本串联运算符。使用文本串联运算符“&”可以将两个或多个字符串串联为一个字符串。例如，“123” & “abc”，结果为“123abc”。

（4）逻辑运算符。逻辑运算符用于执行逻辑运算，结果为逻辑值 TRUE 或 FALSE。常用的逻辑运算符及其含义如表 5-3 所示。

表 5-3　常用逻辑运算符及其含义

逻辑运算符	含　义	示　例
&&（逻辑与）	在两个逻辑表达式之间创建 AND 条件。如果两个表达式都返回 TRUE，结果为 TRUE，否则结果为 FALSE	[区域] = "南区" && [销量] >= 100）
||（逻辑或）	在两个逻辑表达式之间创建 OR 条件。如果任一表达式返回 TRUE，结果为 TRUE；仅当两个表达式都为 FALSE 时，结果才为 FALSE	[单价] <500 || [销量] >= 100

在进行公式运算时，DAX 会根据公式中运算符的优先级进行先后运算，运算符优先级如表 5-4 所示。如果一个公式中的若干运算符具有相同优先级（如一个公式中既有加号又有减号），则按从左到右的顺序进行运算。

表 5-4　运算符优先级

运算符	说　明
^	求幂
-	负号
*和/	乘法和除法
+和-	加法和减法
&	串联文本
=、==、<、>、<=、>=、<>	比较运算
&&和||	逻辑运算

5.4 常用 DAX 函数

DAX 中的函数按照用途可分为聚合函数、日期和时间函数、筛选器函数、逻辑函数、信息函数、数学和三角函数、关系函数、统计函数、表操作函数、文本函数、时间智能函数等。

5.4.1 聚合函数

在 DAX 中，聚合函数是进行数据汇总和统计的基本工具，使用聚合函数可以对数据进行求和、求平均值、计数、求最大值、求最小值等操作。常用的聚合函数有 SUM、AVERAGE、MAX、MIN、COUNT 等，如表 5-5 所示。

表 5-5 常用聚合函数

函 数	说 明	可能的应用场景	示 例
SUM(column)	计算列（column）中所有数值的和	计算总销售额；计算销售量	总销售额 = SUM('销售明细表'[金额])
AVERAGE(column)	计算列（column）中所有数值的算术平均值	计算学生的平均成绩；计算员工的平均工资；计算房屋的均价	平均成绩 = AVERAGE('学生成绩表'[成绩])
MAX(column)	计算列（column）中所有数值的最大值	计算最高销售额；计算学生的最高成绩	最高销售额 = MAX('销售明细表'[金额])
MIN(column)	计算列（column）中所有数值的最小值	计算最低销量；计算学生的最低成绩	最低销量 = MIN('销售明细表'[数量])
COUNT(column)	统计列（column）中包含数值类型、日期类型和文本类型数据的行数	统计参加考试人数；统计订单数	参加考试人数 = COUNT('学生成绩表'[分数])
COUNTA(column)	统计列（column）中包含数值类型、日期类型、文本类型和布尔类型数据的行数，与 COUNT 函数唯一的区别是其可以操作布尔类型数据	统计订单数；统计参加考试人数	订单数 = COUNTA('订单统计表'[订单编号])
DISTINCTCOUNT(column)	统计列（column）中非重复值的个数（包括空值）	统计下单客户数；统计商品种类	客户 ID 数量 = DISTINCTCOUNT('发货单'[客户 ID])

（续表）

函 数	说 明	可能的应用场景	示 例
SUMX(table, expression)	使用表达式（expression）为表（table）中的每行求值，然后返回所有行的结果之和	计算总销售额，每行数据由数量乘以单价得到	总销售额 = SUMX('销售明细表', '销售明细表'[数量] * '销售明细表'[单价])
COUNTROWS(table)	统计指定表或表达式定义的表（table）中的行数	统计订单数	订单数 = COUNTROWS('订单表')

5.4.2 日期和时间函数

在 DAX 中，日期和时间函数主要用于处理和操作日期和时间类型数据。常用的日期和时间函数有 TODAY、NOW、YEAR、MONTH、DATEDIFF 等，如表 5-6 所示。

表 5-6 常用日期和时间函数

函 数	说 明	可能的应用场景	示 例
TODAY()	返回当前日期	显示当前日期；计算年龄	当前日期 = TODAY()
NOW()	返回当前日期和时间	显示当前日期和时间	当前日期时间 = NOW()
YEAR(date)	返回一个日期（date）的年份（1900～9999）	获取销售日期的年份；获取当前年份	年份 = YEAR('销售表'[销售日期]) 年份 = YEAR(TODAY())
MONTH(date)	返回一个日期（date）的月份（1～12）	获取销售日期的月份	月份 = MONTH('销售表'[销售日期])
DAY(date)	返回某月的一个日期（1～31）	获取销售日期在当月的日期	天数 = DAY('销售表'[销售日期])
WEEKDAY(date, [return_type])	返回日期（date）对应的星期数字（1～7），return_type（可选）指定星期的起始日，1 表示从星期日开始计算，2 表示从星期一开始计算，默认为 1	获取销售日期对应的星期数字	星期几 = WEEKDAY('销售表'[销售日期], 2)
DATE(year, month, day)	通过给定的年、月、日（year, month, day）返回日期格式的日期	获取指定日期	特定日期 = DATE(2008, 14, 2)（返回 2009 年 2 月 2 日） 特定日期 = DATE(08, 1, 2)（返回 1908 年 1 月 2 日）

（续表）

函 数	说 明	可能的应用场景	示 例
DATEDIFF(start_date, end_date, interval)	返回起始日期（start_date）与结束日期（end_date）之间的间隔，单位为 SECOND、MINUTE、HOUR、WEEK、QUARTER、DAY、MONTH 或 YEAR（由 interval 指定）	获取两个日期之间相隔的天数、月份等	日期差值（天数）= DATEDIFF('销售表'[开始日期], '销售表'[结束日期], DAY)
CALENDAR(start_date, end_date)	返回起始日期（start_date）与结束日期（end_date）之间所有日期构成的数据表	构建日期表	日期表 = CALENDAR(DATE(2015, 1, 1), DATE(2021, 12, 31))

5.4.3 筛选器函数

在 DAX 中，使用筛选器函数可以在相关表中按相关值筛选出特定数据，部分函数返回的是表，但无法显示出来，可以看作“虚拟表”。常用的筛选器函数有 CALCULATE、FILTER、ALL 和 LOOKUPVALUE 等，如表 5-7 所示。

表 5-7 常用筛选器函数

函 数	说 明	可能的应用场景	示 例
CALCULATE(expression, [filter1], [filter2], ...)	在筛选器参数（[filter1], [filter2], ...）修改过的上下文中计算表达式（expression）的值	某年销售额；电脑的销售数量；按分数定义学生成绩是否及格	2023 年销售额 = CALCULATE(SUM('销售表'[销售额]), YEAR('销售表'[销售日期]) = 2023)
FILTER(table, filter_expression)	返回表（table）经过指定筛选条件（filter_expression）筛选后的表	某年的销售数据表；按产品类别比较华北以外地区销售额	2023 年的销售数据表 = FILTER('销售表', YEAR('销售表'[销售日期]) = 2023)
ALL([TableNameOr ColumnName[, column[, column[, …]]]])	返回指定表或列中的所有值，同时忽略表或列中已应用的任何筛选器。此函数通常不单独使用，而是用作中间函数，从筛选上下文中删除相应的筛选	使用完整的销售表计算总销售额	总销售额（忽略所有筛选器）= CALCULATE(SUM('销售表'[销售额]), ALL('销售表'))

（续表）

函　数	说　明	可能的应用场景	示　例
LOOKUPVALUE(result_columnName, search_columnName, search_value, [search_columnName, search_value], ... [alternate_result])	根据条件在表中查找并返回对应的值。result_columnName 表示要返回的列的名称；search_columnName 表示要查找的列的名称；search_value 表示查找的值；search_columnName，search_value（可选）表示其他查找条件；alternate_result（可选）表示当 result_columnName 的上下文已筛选为空或多个非重复值时，返回该值，如果未指定，当 result_columnName 筛选为空时，返回 BLANK，当 result_columnName 的上下文中存在多个非重复值时，返回错误	在销售数据表中新建产品名称计算列，通过销售数据表中的产品 ID 在产品信息表中查找产品名称	产品名称 = LOOKUPVALUE ('产品信息'[产品名称], '产品信息'[产品 ID], '销售数据'[产品 ID])

5.4.4　逻辑函数

逻辑函数通过对表达式执行逻辑判断后根据判断结果返回表达式中有关值或集的信息。在 DAX 中，使用逻辑函数可以进行复杂的条件判断和逻辑运算。常用的逻辑函数有 AND、OR、IF、SWITCH 和 IFERROR 等，如表 5-8 所示。

表 5-8　常用逻辑函数

函　数	说　明	可能的应用场景	示　例
AND(logical1, logical2)	检查两个参数是否均为 TRUE，如果两个参数都是 TRUE，则返回 TRUE，否则返回 FALSE	与逻辑计算时应用	逻辑与 = IF(AND(10 > 9, −10 < −1), "All true", "One or more false"
OR(logical1, logical2)	检查参数是否为 TRUE，如果其中一个或两个都是，则返回 TRUE，如果两个参数均为 FALSE，则返回 FALSE	或逻辑计算时应用	销售额大于 1000 或单价大于 10 = OR('销售数据'[销售额] > 1000, '销售数据'[单价] > 10)
IF(logical_test, value_if_true[, value_if_false])	检查条件（logical_test），如果为 TRUE，则返回第一个值（value_if_true），否则返回第二个值（value_if_false）	根据每种产品的售价对其进行分类	产品分类 = IF('产品信息表'[售价] > 1000, "高", "低")

（续表）

函 数	说 明	可能的应用场景	示 例
SWITCH(expression, value1, result1, value2, result2, ..., else_result)	expression 可以是常数值，也可以是表达式。如果 expression 匹配 value1，返回 result1，如果不匹配 value1，继续匹配 value2，以此类推，如果不匹配任何值且未指定 else_result，则返回 BLANK。此函数可避免使用多个 IF 嵌套语句	判断销售业绩评级；创建月份名称	销售业绩评级 = SWITCH(TRUE(), '销售数据'[销售额] >= 30000, "优秀", '销售数据'[销售额] < 30000 && '销售数据'[销售额] >= 15000, "良好", '销售数据'[销售额] < 15000 && '销售数据'[销售额] >= 8000, "合格", '销售数据'[销售额] < 8000, "不合格", ISBLANK([销售额]), "不完整：未设置销售额")
IFERROR(value, value_if_error)	判断参数（value）是否有错误，如果有，则返回指定值（value_if_error）；否则返回参数本身的值	捕获和处理表达式中的错误	安全除法 = IFERROR('销售数据'[销售额] / '销售数据'[单价], 0)

5.4.5 信息函数

在 DAX 中，信息函数用于判断某行或某个值是否为期望的类型，使用信息函数可以进行数据验证和检查，确保数据处理和计算的准确性。常用的信息函数有 ISBLANK、ISNUMBER 和 ISERROR 等，如表 5-9 所示。

表 5-9 常用信息函数

函 数	说 明	可能的应用场景	示 例
ISBLANK(expression)	检查表达式（expression）的结果是否为空值，如果是返回 TRUE，否则返回 FALSE	作为 IF 函数的第一个参数，检查上一年销售额的值，避免发生被零除的错误	与上一年相比销售额的增加率或减少率 = IF(ISBLANK('销售表'[上一年销售额]), BLANK(), ('销售表'[本年销售额] - '销售表'[上一年销售额]) / '销售表'[上一年销售额])
ISNUMBER(expression)	检查表达式（expression）的结果是否为数值，如果是返回 TRUE，否则返回 FALSE	作为 IF 函数的第一个参数	是否为数值 = IF(ISNUMBER(3.1E-1), "是数值", "不是数值")

（续表）

函　数	说　明	可能的应用场景	示　例
ISERROR(expression)	检查表达式（expression）的结果是否错误，如果是返回 TRUE，否则返回 FALSE	作为 IF 函数的第一个参数，检查除数结果是否错误	电商销售额占零售总额的比例 = IF(ISERROR(SUM('电商销售'[销售金额]) / SUM('零售销售'[销售金额])), BLANK(), SUM('电商销售'[销售金额]) / SUM('零售销售'[销售金额]))

5.4.6 数学和三角函数

在 DAX 中，使用数学和三角函数可以进行各种数值计算。常用的数学和三角函数有 ABS、ROUND、MOD 和 SQRT 等，如表 5-10 所示。

表 5-10　常用数学和三角函数

函　数	说　明	可能的应用场景	示　例
ABS(number)	计算数值（number）的绝对值，返回一个数字	计算标价和经销商价格之差的绝对值	差价 = ABS([标价] - [经销商价格])
ROUND(number, num_digits)	将数值（number）四舍五入到指定的小数位数（num_digits）。如果 num_digits 大于 0，则将数值舍入到指定的小数位数；如果 num_digits 为 0，则将数值舍入为最接近的整数；如果 num_digits 小于 0，则将数值舍入到小数点左侧	做四舍五入时应用	Number = ROUND(2.15, 1)（返回 2.2） Number = ROUND(21.5, -1)（返回 20） Number = ROUND(221.5, -2)（返回 200）
MOD(number, divisor)	返回被除数（number）除以除数（divisor）后所得的余数，结果的符号始终与除数的符号相同	求余数时应用	Number = MOD(-3, -2)（返回-1）
SQRT(number)	返回数值（number）的平方根，如果数值为负数，返回错误	求平方根时应用	Number = SQRT(25)（返回 5）
DIVIDE(numerator, denominator[, alternateresult])	执行除法运算，除数（denominator）为 0 时，返回结果（alternateresult），没有该参数则返回 BLANK()	安全除法运算	Number = DIVIDE(5, 0, 1)（返回 1）
RAND()	返回大于或等于 0 且小于 1 的平均分布的随机数	做模拟计算时应用，生成一个大于 0 且小于 100 的随机数	Number = RAND() * 100

5.4.7 关系函数

在 DAX 中，关系函数用于管理和利用表之间的关系。常用的关系函数有 RELATED 和 RELATEDTABLE 等，如表 5-11 所示。

表 5-11 常用关系函数

函 数	说 明	可能的应用场景	示 例
RELATED(column)	返回相关表中指定列（column）的值，前提是当前表与目标表之间存在关系	获取产品类别列的值	相关产品类别 = RELATED('产品表'[类别])
RELATEDTABLE(tableName)	返回与当前行相关的表（tableName）中的所有行，引用关系“多”端上的表，通常结合聚合函数使用	计算产品类别为线上销售的销售额；统计销售订单数	线上销售产品的销售额 = SUMX(RELATEDTABLE('线上销售'), [销售额]) 销售订单数 = COUNTROWS(RELATEDTABLE('销售数量'))

5.4.8 统计函数

在 DAX 中，统计函数用于计算与统计分布和概率相关的值。常用的统计函数有 RANKX 和 RANK.EQ 等，如表 5-12 所示。

表 5-12 常用统计函数

函 数	说 明	可能的应用场景	示 例
RANKX(table, expression[, valuc[, order[, ties]]])	根据表（table）中每行计算表达式（expression）结果，并进行排名	为线上销售的每种产品计算销售排名	线上销售的每种产品计算销售排名 = RANKX(ALL('产品表'), SUMX(RELATEDTABLE('线上销售'), [销售额]))
RANK.EQ(value, columnName[, order])	返回某个数值（value）在数值列表（columnName）中的排名，order 为 0 表示降序排名，order 为 1 表示升序排名，默认为 0	计算每个学生的年级排名	计算列 = RANK.EQ('班级表'[总分], '年级表'[总分])

5.4.9 表操作函数

在 DAX 中，表操作函数用于返回一个表或操作现有表。常用的表操作函数有

SUMMARIZE、UNION、TOPN、VALUES、DISTINCT 和 ADDCOLUMNS 等，如表 5-13 所示。

表 5-13　常用表操作函数

函　数	说　明	可能的应用场景	示　例
SUMMARIZE(table, groupBy_columnName, name, expression, [name, expression], ...)	根据指定列（groupBy_columnName，可以有多个）对表（table）进行分组，并根据表达式（expression）计算汇总值，name 为派生列列名	类似于分类汇总和 Excel 的数据透视表	产品销售汇总 = SUMMARIZE('销售数据', '销售数据'[产品名称], "总销售额", SUM('销售数据'[金额]))
UNION(table1, table2[, table3, ...])	将两个或多个表合并到一个新表中，参与合并的表应具有相同的列数和相同的列名，如果列名不一致，合并会失败。UNION 函数不会自动删除重复行，如果需要删除重复行，可以结合 DISTINCT 函数使用	将多个销售数据表合并为一个表	合并销售数据 = UNION('销售数据 1', '销售数据 2')
TOPN(n_value, table, order_by_expression, [order[, order_by_expression, [order]], ...])	返回指定表（table）的前 N 行（n_value），按表达式（order_by_expression）排序。如果 n_value 小于等于 0，则为空表。order（可选）表示排序方式，可为 ASC（升序）或 DESC（降序）	返回销售额前 5 的产品	畅销产品 = TOPN(5, '销售数据', '销售数据'[销售额], DESC)
VALUES(TableNameOrColumnName)	返回参数在当前筛选上下文中的所有可见值，若参数为列，返回指定列非重复值组成的表，重复值被删除；若参数为表，返回指定表中的行，保留重复行	线上销售的非重复订单数	销售订单 = COUNTROWS(VALUES('线上销售'[销售订单号]))
DISTINCT(columnNameOrTable)	若参数为列，返回列中非重复值组成的单列表；若参数为表，返回表中非重复行组成的表	参数是列或表都会去重，保留非重复值	Table = DISTINCT({(1, "A"), (2, "B"), (1, "A")})

（续表）

函　数	说　明	可能的应用场景	示　例
ADDCOLUMNS(table, name, expression, [name, expression], ...)	为表（table）添加计算列（name），需要指定新增列对应的标量表达式（expression），并返回包含新列的表	为销售数据表新增税额列	带税额的销售数据 = ADDCOLUMNS('销售数据', "税额", '销售数据'[金额] * 0.1)
SELECTCOLUMNS(table, [name], expression, …)	返回具有一列或多列的表，table 表示从中选择列的表（源表），name 表示新增列的名称，expression 表示指定新增列对应的标量表达式	新建销售数据表并新增日期列	销售数据 = SELECTCOLUMNS('日期表', "日期", '日期表'[日期])

5.4.10 【示例】GT 公司数据建模

本示例使用 DAX 公式为 GT 公司销售与产品信息数据建模。

步骤 1 打开本书配套素材“素材与实例\项目 5\GT 公司销售与产品信息数据.pbix”文件，切换到表格视图，在“主页”选项卡“计算”命令组中单击“新建表”命令按钮。

步骤 2 在公式栏中输入“日期表 =

```
VAR BeginDate = MIN('销售记录'[下单日期])          // 根据实际修改
VAR EndDate = MAX('销售记录'[下单日期])            // 根据实际修改
RETURN
    ADDCOLUMNS(
        SELECTCOLUMNS(
            CALENDAR(
                DATE(YEAR(BeginDate) - 1, 1, 1),    // 实际日期最小值的前一年
                DATE(YEAR(EndDate) + 1, 12, 31)     // 实际日期最大值的后一年
            ),
            "日期", [Date]),
        "年", YEAR([日期]),
        "季度", SWITCH(
                TRUE(),
                MONTH([日期]) IN {1, 2, 3}, 1,
                MONTH([日期]) IN {4, 5, 6}, 2,
                MONTH([日期]) IN {7, 8, 9}, 3,
                MONTH([日期]) IN {10, 11, 12}, 4),
        "年份季度", YEAR([日期]) * 10 + SWITCH(
                TRUE(),
```

MONTH([日期]) IN {1, 2, 3}, 1,
MONTH([日期]) IN {4, 5, 6}, 2,
MONTH([日期]) IN {7, 8, 9}, 3,
MONTH([日期]) IN {10, 11, 12}, 4),
"月", MONTH([日期]),
"月份名称", "M" & MONTH([日期]),
"年月", YEAR([日期]) * 100 + MONTH([日期]),
"周", WEEKNUM([日期], 2),
"年份周数", YEAR([日期]) * 100 + WEEKNUM([日期], 2),
"星期", WEEKDAY([日期], 2),
"日", DAY([日期])
)"，单击✓按钮，得到"日期表"数据表。

步骤 3 选中"日期"列，在"列工具"选项卡"结构"命令组中单击"数据类型"下拉按钮，在其下拉列表中选择"日期"选项，此时日期表如图 5-18 所示。

1 日期表 =

日期	年	季度	年份季度	月	月份名称	年月	周	年份周数	星期	日
2024年7月2日	2024	3	20243	7	M7	202407	27	202427	2	2
2024年7月3日	2024	3	20243	7	M7	202407	27	202427	3	3
2024年7月4日	2024	3	20243	7	M7	202407	27	202427	4	4
2024年7月5日	2024	3	20243	7	M7	202407	27	202427	5	5
2024年7月6日	2024	3	20243	7	M7	202407	27	202427	6	6
2024年7月7日	2024	3	20243	7	M7	202407	27	202427	7	7
2024年7月8日	2024	3	20243	7	M7	202407	28	202428	1	8
2024年7月9日	2024	3	20243	7	M7	202407	28	202428	2	9
2024年7月10日	2024	3	20243	7	M7	202407	28	202428	3	10
2024年7月11日	2024	3	20243	7	M7	202407	28	202428	4	11

图 5-18 日期表

步骤 4 在"列工具"选项卡"关系"命令组中单击"管理关系"命令按钮，打开"管理关系"对话框，单击"新建"按钮，打开"创建关系"对话框，将"日期表"数据表分别与"销售记录"和"销售任务金额"数据表以日期为匹配列创建关系，如图 5-19 所示。

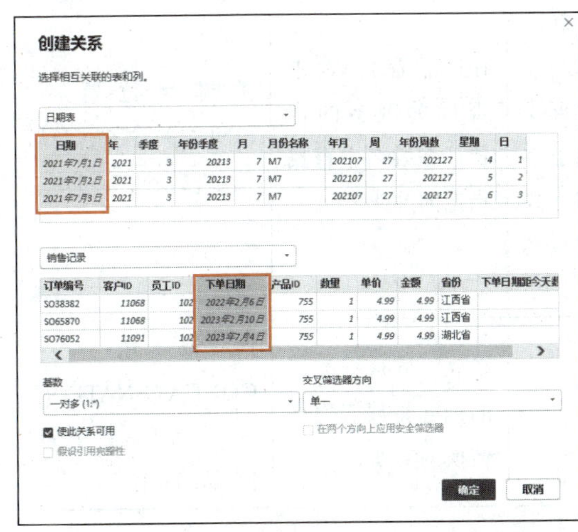

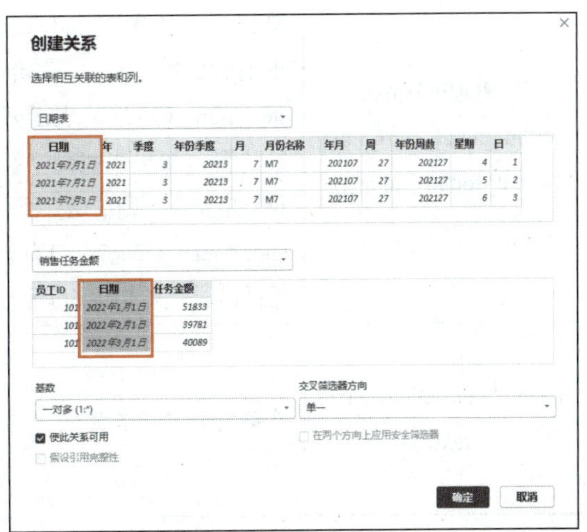

图 5-19 将"日期表"数据表分别与"销售记录"和"销售任务金额"数据表以日期为匹配列创建关系

步骤 5 关闭“管理关系”对话框。在“表工具”选项卡“计算”命令组中单击“新建表”命令按钮，在公式栏中输入“销售任务汇总 = SUMMARIZE('销售任务金额','日期表'[年月], "总任务金额", SUM('销售任务金额'[任务金额]))”，单击 ✓ 按钮，得到按“年月”汇总的“销售任务汇总”数据表，如图 5-20 所示。

再次新建表，在公式栏中输入“销售金额汇总 = SUMMARIZE('销售记录', '日期表'[年月], "总销售金额", SUM('销售记录'[金额]))”，单击 ✓ 按钮，得到按“年月”汇总的“销售金额汇总”数据表，如图 5-21 所示。将两个新建的数据表以“年月”为匹配列创建一对一关系。

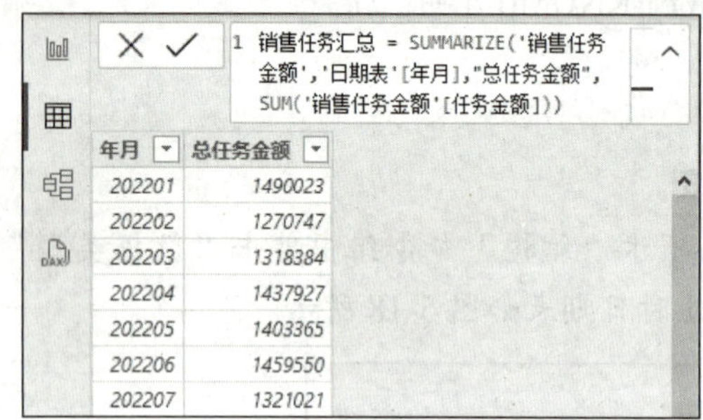

年月	总任务金额
202201	1490023
202202	1270747
202203	1318384
202204	1437927
202205	1403365
202206	1459550
202207	1321021

图 5-20 按“年月”汇总的“销售任务汇总”数据表

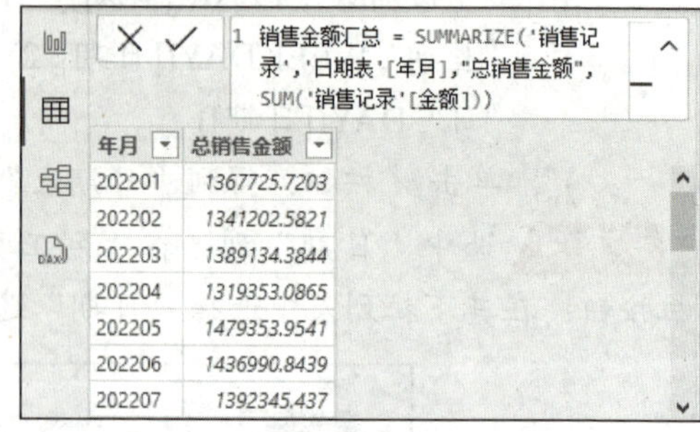

年月	总销售金额
202201	1367725.7203
202202	1341202.5821
202203	1389134.3844
202204	1319353.0865
202205	1479353.9541
202206	1436990.8439
202207	1392345.437

图 5-21 按“年月”汇总的“销售金额汇总”数据表

5.4.11 文本函数

在 DAX 中，文本函数主要用于提取、搜索或连接文本，设置文本格式等。常用的文本函数有 FIND、CONCATENATE、TRIM 和 FORMAT 等，如表 5-14 所示。

表 5-14 常用文本函数

函数	说明	可能的应用场景	示例
FIND(find_text, within_text [, start_num [, not_found_value]])	返回文本（within_text）中指定字符或子字符串（find_text）首次出现的位置（从 1 开始计数），start_num（可选）表示开始查找的位置。如果未找到字符或子字符串，则返回参数（not_found_value），没有该参数则返回错误。文本中字母区分大小写	在产品描述信息中查找关键字的位置；在姓名中查找指定的姓或名	关键字位置 = FIND("关键字", '产品信息'[描述], 1, -1)
CONCATENATE(text1, text2)	连接两个字符串	串联不同数据类型的列（将数值隐式转换为文本）	产品号 = CONCATENATE('产品'[产品缩写], '产品'[产品编号])

（续表）

函　数	说　明	可能的应用场景	示　例
TRIM(text)	删除字符串（text）前后及中间多余的空格，只保留中间的单个空格	数据整理	整理后的姓名 = TRIM('客户数据'[姓名])
FORMAT(value, format_string)	根据指定格式（format_string）将数值（value）转换为文本	将数值格式化为货币类型；将日期格式化为自定义日期类型；将数值格式化为百分比类型	格式化金额 = FORMAT('销售数据'[金额], "Currency") 格式化日期 = FORMAT('订单数据'[订单日期], "YYYY-MM-DD")
LEFT(text, num_chars)	返回文本（text）中从第一个字符开始的指定数量（num_chars）的字符	查看产品编号前缀	产品编号前缀 = LEFT('产品数据'[产品代码], 3)
RIGHT(text, num_chars)	返回文本（text）中从最后一个字符开始的指定数量（num_chars）的字符	查看订单号后缀	订单号后缀 = RIGHT('订单数据'[订单号], 4)
MID(text, start_num, num_chars)	返回文本（text）中从指定位置（start_num）开始的指定数量（num_chars）的字符	查看部分编号	员工编号中间部分 = MID('员工数据'[员工编号], 3, 4)

5.4.12　时间智能函数

在 DAX 中，时间智能函数主要用于提取需要的时间区间，包括日、月、季度和年等。常用的时间智能函数有 DATESYTD、DATEADD、SAMEPERIODLASTYEAR 和 TOTALYTD 等，如表 5-15 所示。

表 5-15　常用时间智能函数

函　数	说　明	可能的应用场景	示　例
DATESYTD(dates, [year_end_date])	返回包含从指定日期（year_end_date）到日期列（dates）中最大日期的一个单列日期表，year_end_date（可选）默认为 1 月 1 日，若大于日期列中的最大日期，则为上一年的日期	计算从年初到当前日期的销售总额	当年销售总额 = CALCULATE(SUM('销售数据'[销售额]), DATESYTD('销售数据'[日期]))

（续表）

函　数	说　明	可能的应用场景	示　例
DATEADD(dates, number_of_intervals, interval)	返回一个单列日期表，将当前筛选上下文中的日期（dates）按指定间隔（number_of_intervals，正数表示未来，负数表示过去）向未来或过去平移，单位为 DAY、MONTH、QUARTER、YEAR（由 interval 指定）	生成和当前表中数据相关的日期表	上一年日期 = DATEADD('日期表'[日期], -1, year) 后三月日期 = ATEADD('销售数据'[日期], 3, "month")
SAMEPERIODLASTYEAR(dates)	返回与指定日期列（dates）具有相同日期的上一年日期列，与 DATEADD(dates, -1, YEAR)等效	根据当年日期计算上一年销售额	经销商上一年的销售额 = CALCULATE(SUM('经销商销售表'[销售额]), SAMEPERIODLASTYEAR('日期表'[日期]))
TOTALYTD(expression, dates [, filter] [, year_end_date])	计算从指定日期（year_end_date）到日期列（dates）中最大日期范围内表达式（expression）的累计值，filter（可选）表示用于筛选数据的条件	计算年累计销售额	半年累计销售额 = TOTALYTD(SUM('销售数据'[金额]), '日期表'[日期], ALL('日期表'), "6/30")

5.4.13 其他函数

DAX 中存在一些无法被定义为上述类别但又比较常用的函数，如 BLANK、ERROR 等，如表 5-16 所示。

表 5-16　其他函数

函　数	说　明	可能的应用场景	示　例
BLANK()	返回空白，DAX 对数据库中的 NULL 值和 Excel 中的空白单元格都使用空白	结合 IF 语句使用	处理销售额 = IF('销售数据'[销售额] = 0, BLANK(), '销售数据'[销售额])
ERROR(text)	引发错误并返回自定义错误提示信息(text)	用于调试和测试计算逻辑时提示错误信息	检查销售额 = IF('销售数据'[销售额] < 0, ERROR("销售额不能为负"), '销售数据'[销售额])

5.4.14 【示例】电脑公司数据建模

本示例使用 DAX 公式为电脑公司数据建模。

步骤 1 打开本书配套素材“素材与实例\项目 5\电脑公司数据.pbix”文件，切换到模型视图，参照图 5-22 创建数据模型的关系。

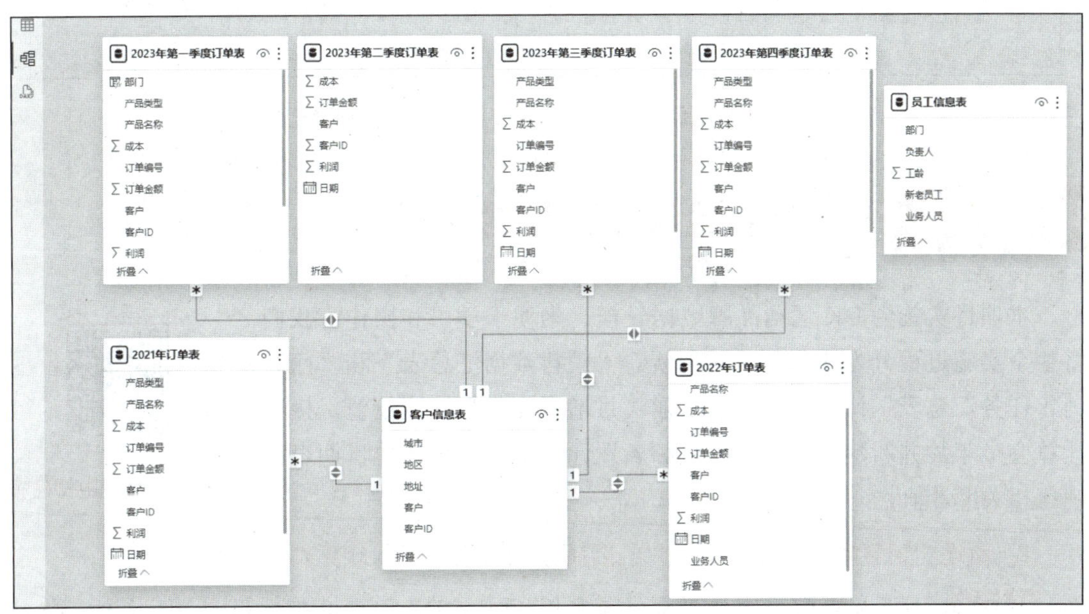

图 5-22 创建的关系

提 示

若使用自动检测创建关系，客户信息表与各订单表自动创建以“客户 ID”为匹配列的一对一关系，不符合分析需求，可以通过双击每个关系线，在打开的“编辑关系”对话框的“基数”选项下拉列表中选择“多对一”选项，然后删除不需要的关系，将其修改为图 5-22 所示的关系。

步骤 2 切换到表格视图，选中“数据”窗格中的“2023 年第一季度订单表”数据表，在“表工具”选项卡“计算”命令组中单击“新建列”命令按钮，在公式栏中输入“部门 =LOOKUPVALUE('员工信息表'[部门],'员工信息表'[业务人员],'2023 年第一季度订单表'[业务人员])”，单击 ✓ 按钮，新建“部门”列。

步骤 3 使用同样的方法，在“2023 年第一季度订单表”数据表中新建“工龄”列，DAX 公式为“工龄 =LOOKUPVALUE('员工信息表'[工龄],'员工信息表'[业务人员],'2023 年第一季度订单表'[业务人员])”。此时，新增“部门”列和“工龄”列的数据表如图 5-23 所示。

订单编号	产品名称	产品类型	日期	业务人员	客户ID	客户	订单金额	成本	利润	月份	部门	工龄
EP-10012	笔记本	电脑整机	2023年1月17日	李某洁	251	胡先生	962	948	14	1	销售1部	3
EP-10018	游戏本	电脑整机	2023年2月11日	赵某艳	213	周先生	754	741	13	2	销售3部	2
EP-10050	机箱	电脑配件	2023年3月9日	刘某露	543	刘先生	774	756	18	3	销售3部	1
EP-10054	台式机	电脑整机	2023年3月3日	边某双	177	成先生	614	594	20	3	销售3部	4
EP-10080	SSD硬盘	电脑配件	2023年2月3日	王某江	702	黄小姐	236	221	15	2	销售3部	5
EP-10096	显示器	电脑配件	2023年2月17日	陈某通	727	王先生	799	784	15	2	销售1部	2
EP-10111	笔记本	电脑整机	2023年1月6日	钱某卓	495	钟小姐	988	974	14	1	销售2部	3
EP-10155	台式机	电脑整机	2023年3月9日	赵某艳	221	黎先生	689	670	19	3	销售3部	2
EP-10158	游戏本	电脑整机	2023年2月20日	王某宇	122	刘先生	784	774	10	2	销售2部	3
EP-10167	笔记本	电脑整机	2023年3月3日	王某皓	164	林小姐	645	626	19	3	销售1部	2
EP-10175	游戏本	电脑整机	2023年2月22日	李某梅	377	刘先生	490	475	15	2	销售3部	5
EP-10191	显示器	电脑配件	2023年1月4日	边某双	272	周先生	193	179	14	1	销售3部	4

3年第一季度订单表 (78 行)

数据

搜索

2021年订单表
2022年订单表
2023年第二季度订单表
2023年第三季度订单表
2023年第四季度订单表
2023年第一季度订单表
客户信息表
员工信息表

有可用更新(单击下载)

图 5-23　新增“部门”列和“工龄”列的数据表

项目实施——DK 运动品牌数据建模

本项目实施为 DK 运动品牌数据建模。为便于学习和操作，我们将整个实施过程分为 4 部分，首先新建“销售数据汇总表”和“门店销售任务汇总表”计算表，然后新建“月增率变化”快度量值，接着计算会员年龄并新建“会员销售金额表”计算表，最后新建日期表与销售相关度量值。

DK 运动品牌数据建模

1. 新建“销售数据汇总表”和“门店销售任务汇总表”计算表

步骤 1 打开本书配套素材“素材与实例\项目 5\DK 运动品牌数据.pbix”文件，切换到表格视图，在“主页”选项卡“计算”命令组中单击“新建表”命令按钮。

步骤 2 在公式栏中输入“销售数据汇总表 = UNION('销售数据表\202301-03', '销售数据表\202304-06', '销售数据表\202307-09', '销售数据表\202310-12', '销售数据表\202401-03', '销售数据表\202404-06', '销售数据表\202407-08')”，单击 ✓ 按钮，将销售数据进行汇总，如图 5-24 所示。

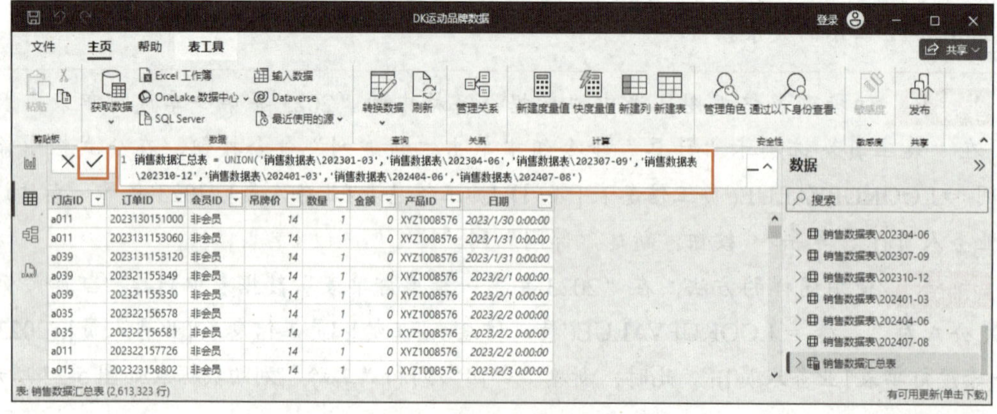

门店ID	订单ID	会员ID	吊牌价	数量	金额	产品ID	日期
a011	2023130151000	非会员	14	1	0	XYZ1008576	2023/1/30 0:00:00
a011	2023131153060	非会员	14	1	0	XYZ1008576	2023/1/31 0:00:00
a039	2023131153120	非会员	14	1	0	XYZ1008576	2023/1/31 0:00:00
a039	202321155349	非会员	14	1	0	XYZ1008576	2023/2/1 0:00:00
a039	202321155350	非会员	14	1	0	XYZ1008576	2023/2/1 0:00:00
a035	202322156578	非会员	14	1	0	XYZ1008576	2023/2/2 0:00:00
a035	202322156581	非会员	14	1	0	XYZ1008576	2023/2/2 0:00:00
a011	202322157726	非会员	14	1	0	XYZ1008576	2023/2/2 0:00:00
a015	202323158802	非会员	14	1	0	XYZ1008576	2023/2/3 0:00:00

图 5-24　汇总销售数据

步骤 3 选中“日期”列，在“列工具”选项卡“结构”命令组中单击“数据类型”下拉按钮，在其下拉列表中选择“日期”选项，修改“日期”列的数据类型，如图 5-25 所示。

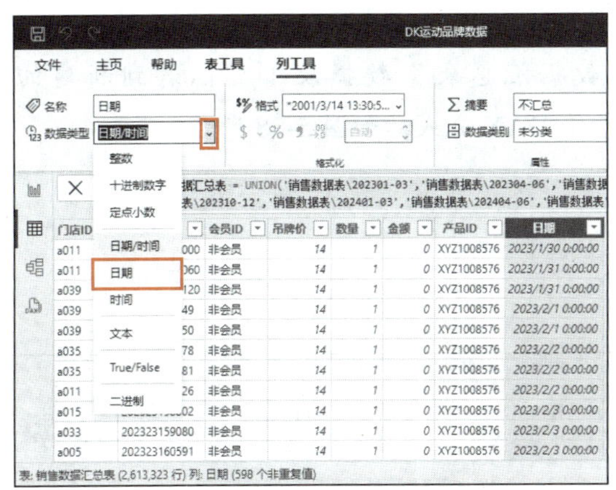

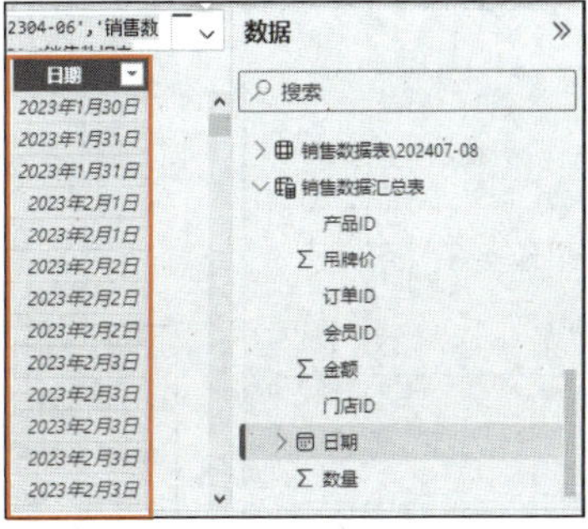

图 5-25　修改“日期”列的数据类型

步骤 4 使用同样的方法新建表，DAX 公式为“门店销售任务汇总表 = UNION('门店销售任务表\202401-03', '门店销售任务表\202404-06', '门店销售任务表\202407-09', '门店销售任务表\202410-12')”，将门店销售任务数据进行汇总，并将“日期”列修改为“日期”类型，如图 5-26 所示。

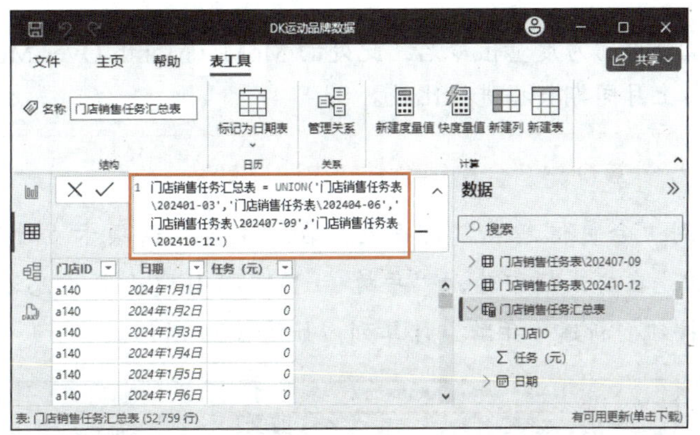

图 5-26　新建“门店销售任务汇总表”计算表

2. 新建“月增率变化”快度量值

步骤 1 在“数据”窗格中选中“销售数据汇总表”数据表，在“表工具”选项卡“计算”命令组中单击“快度量值”命令按钮，打开“快度量值”窗格，在“计算”选项卡中单击“选择计算”下拉按钮，在其下拉列表中选择“时间智能”类别下的“月增率变化”选项。

步骤 2 单击“基值”设置区的“添加数据”按钮，在打开的“数据”窗格中勾选“销售数据汇总表”中的“金额”复选框；单击“日期”设置区的“添加数据”按钮，在打开的“数据”窗格中勾选“销售数据汇总表”中的“日期”复选框；期间数表示计算的时间间隔，此处保持默认为1，即按每个月计算增率变化，最后单击“添加”按钮，如图5-27所示。

此时，在“数据”窗格中“销售数据汇总表”数据表中可以看到新建的“金额MoM%”度量值，公式栏中自动生成度量值DAX公式，如图5-28所示。

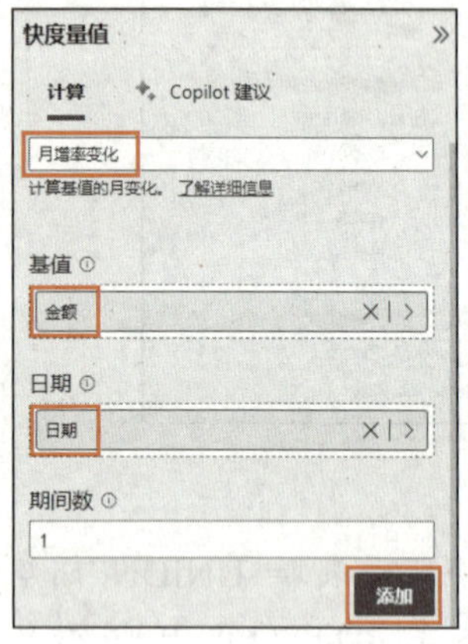

图5-27 设置快度量值

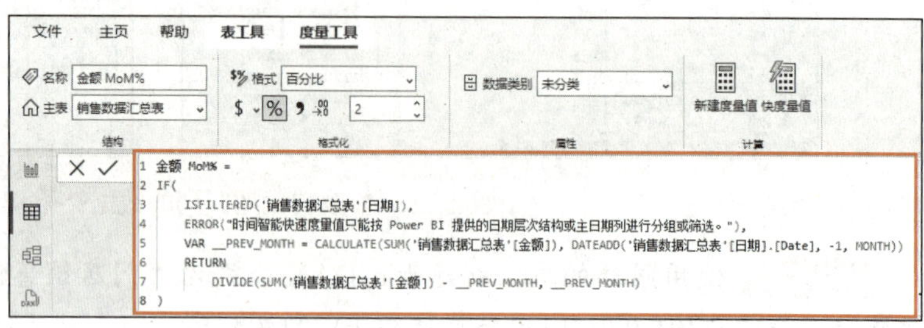

图5-28 “金额 MoM%”度量值DAX公式

提 示

新建快度量值会自动为度量值命名，此处的MoM（Month-Over-Month）表示月环比增长，是将本期与上月同期数据进行比较。

3. 新建“年龄”计算列与“会员销售金额表”计算表

步骤1 切换到“会员信息表”数据表，在“主页”选项卡“计算”命令组中单击“新建列”命令按钮，在公式栏中输入“年龄 = DATEDIFF('会员信息表'[生日], TODAY(), YEAR)”，单击✓按钮，新建“年龄”计算列，如图5-29所示。

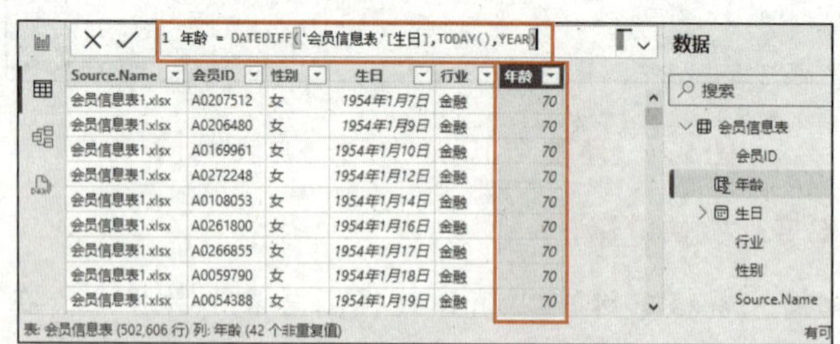

图5-29 新建“年龄”计算列

步骤2 将“销售数据汇总表”与“会员信息表”数据表以“会员ID”为匹配列创建多对一关系，“创建关系”对话框的设置如图5-30所示。

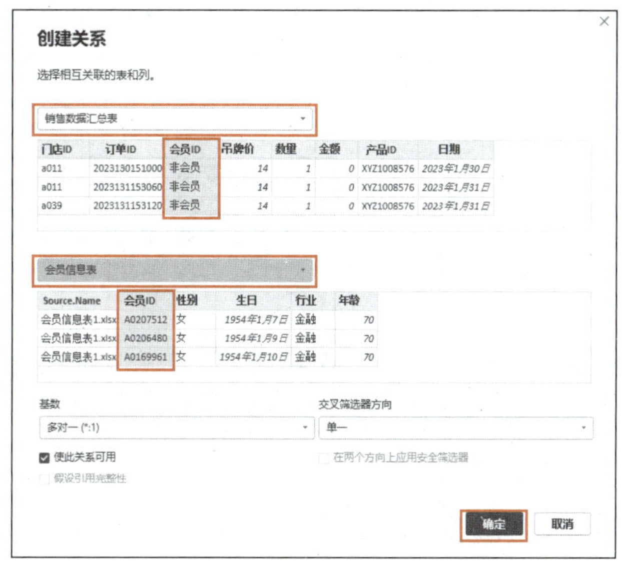

图 5-30 “创建关系”对话框的设置

提 示

新建计算表若没有自动与其他数据表建立关系，可以手动创建关系。若不建立关系，则无法使用 SUMMARIZE 函数跨表调用数据。

步骤 3 在“表工具”选项卡的“计算”命令组中单击“新建表”命令按钮，在公式栏中输入“会员销售金额表 = SUMMARIZE('会员信息表', '会员信息表'[会员 ID], "2023 年销售额", CALCULATE(SUM('销售数据汇总表'[金额]), YEAR('销售数据汇总表'[日期])=2023), "2024 年销售额", CALCULATE(SUM('销售数据汇总表'[金额]), YEAR('销售数据汇总表'[日期])=2024))”，单击 ✓ 按钮，新建“会员销售金额表”计算表，按照会员 ID 汇总 2023 年和 2024 年销售额，如图 5-31 所示。

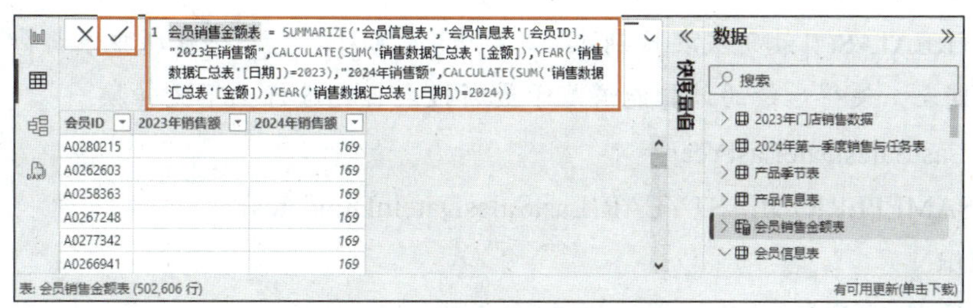

图 5-31 新建“会员销售金额表”计算表

4. 新建日期表与销售相关度量值

步骤 1 参照 5.4.10 中的日期表 DAX 公式新建日期表，只需将第二行与第三行的引用修改为“'销售数据汇总表'[日期]”，然后将“日期”列的数据类型修改为“日期”。

步骤 2 在“表工具”选项卡“日历”命令组中单击“标记为日期表”下拉按钮，在其下拉列表中选择“标记为日期表”选项，打开“标记为日期表”对话框，在其中打开“标记为日期表”开关按钮，在“选择日期列”下拉列表中选择“日期”选项，单击“保存”按钮，如图 5-32 所示。

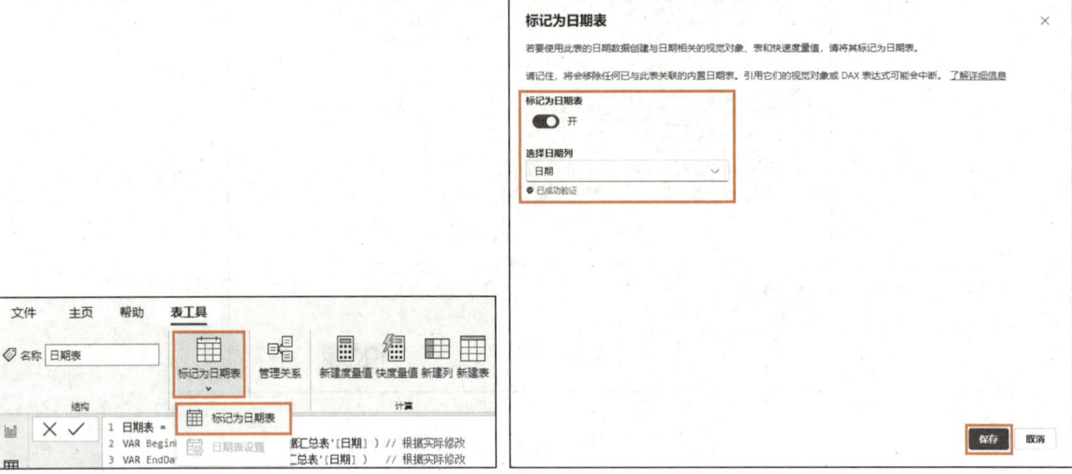

图 5-32　标记为日期表

提　示

要使用时间智能函数，数据模型中的日期表必须包含一个数据类型为日期（或日期/时间）的列，且该列中的数据必须唯一且不能为空值，日期表必须打开“标记为日期表”开关按钮。

步骤 3 在“日期表”数据表中新建度量值，DAX 公式为“最新报表日期 =MAXX(ALL('销售数据汇总表'[日期]), '销售数据汇总表'[日期])”。在“日期表”数据表中新建“可比日期”计算列，DAX 公式为“可比日期 =

VAR LastSalcsDateinDimdates =

TREATAS({[最新报表日期]}, '日期表'[日期])　　// 将最新报表日期作为筛选条件应用到日期表，使得后续的计算能够基于最新报表日期进行上下文转换

VAR LastSalesDateLastYear =

SAMEPERIODLASTYEAR(LastSalesDateinDimdates)

RETURN

'日期表'[日期] <= LastSalesDateLastYear

|| AND(

'日期表'[日期] <= [最新报表日期],

'日期表'[年] = YEAR([最新报表日期])

)”，如图 5-33 所示。

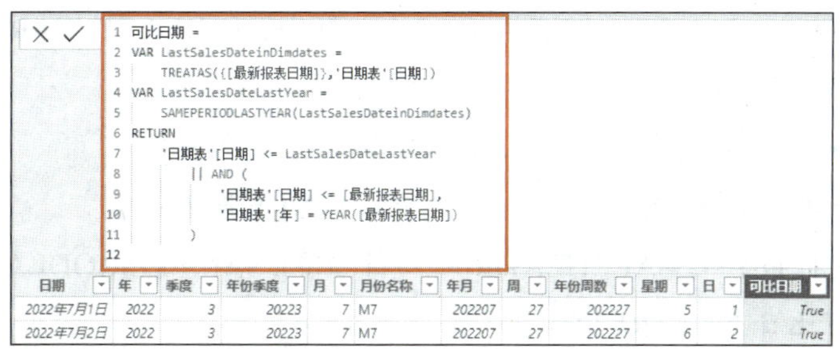

图 5-33　新建“可比日期”计算列

知识库 

MAXX 函数的作用是返回对表中每一行进行计算的表达式计算结果的最大值，其语法格式为 MAXX(table, expression)，table 为使用表达式逐行计算的表，expression 为用于计算每一行的表达式。

步骤 4 在“主页”选项卡“计算”命令组中单击“新建度量值”命令按钮，在公式栏中输入“销售额 =SUM('销售数据汇总表'[金额])”，单击 ✓ 按钮，如图 5-34 所示。

步骤 5 将数据表中的度量值移到文件夹中。切换到模型视图，在“数据”窗格中选择“日期表”数据表中的“销售额”度量值，在打开的“属性”窗格的“主表”下拉列表中选择“销售数据汇总表”选项，在“显示文件夹”输入框中输入新文件夹的名称“核心”，按【Enter】键，在“销售数据汇总表”数据表下新建“核心”文件夹并将所选度量值移到该文件夹中，如图 5-35 所示。

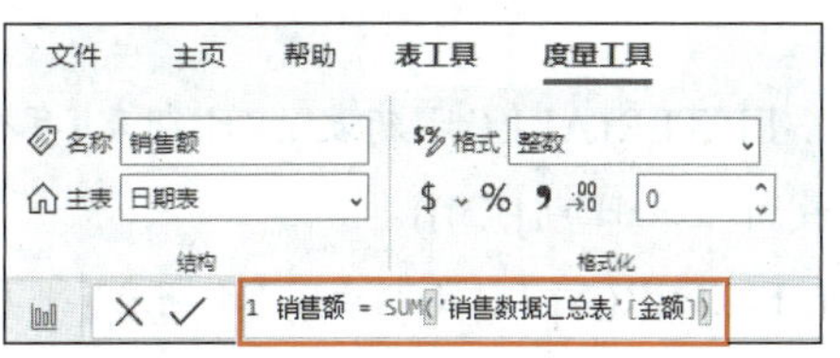

图 5-34　新建“销售额”度量值

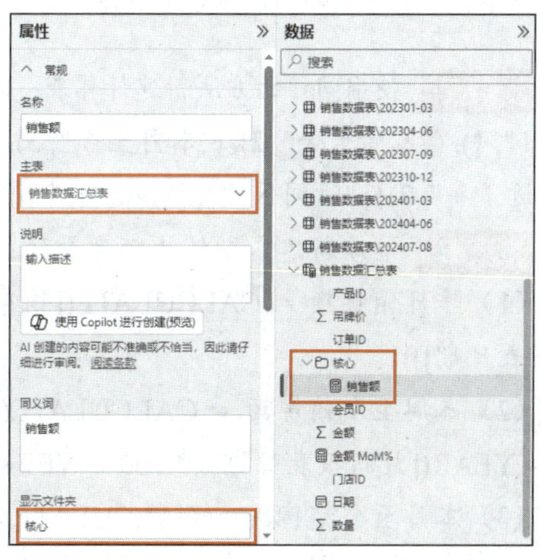

图 5-35　将度量值移到文件夹中

步骤 6 使用同样的方法新建度量值，DAX 公式如下。

（1）销售目标 = CALCULATE(SUM('门店销售任务汇总表'[任务（元）]), FILTER('日期表','日期表'[日期] <= [最新报表日期]))。

（2）销售额完成率 = DIVIDE([销售额], [销售目标])。

（3）同期销售额 =CALCULATE([销售额], SAMEPERIODLASTYEAR('日期表'[日期]), '日期表'[可比日期]=TRUE())。

（4）吊牌金额 =SUMX('销售数据汇总表', [吊牌价] * [数量])。

（5）平均折扣率 =DIVIDE([吊牌金额] - [销售额], [吊牌金额])。

（6）同期平均折扣率 =CALCULATE([平均折扣率], SAMEPERIODLASTYEAR('日期表'[日期]), '日期表'[可比日期]=TRUE())。

（7）门店数 = CALCULATE(DISTINCTCOUNT('门店区域表'[门店 ID]), '门店区域表'[开业日期] <= MAX('日期表'[日期]), OR('门店区域表'[撤店日期] > MAX('日期表'[日期]), '门店区域表'[撤店日期]=BLANK()))。

（8）同期门店数 =CALCULATE([门店数], SAMEPERIODLASTYEAR('日期表'[日期]), '日期表'[可比日期]=TRUE())。

（9）活跃会员数 = CALCULATE(DISTINCTCOUNTNOBLANK('销售数据汇总表'[会员 ID]), '销售数据汇总表'[会员 ID] <> "非会员")。

（10）同期活跃会员数 = CALCULATE([活跃会员数], SAMEPERIODLASTYEAR('日期表'[日期]), '日期表'[可比日期]=TRUE())。

将新建的度量值移到“销售数据汇总表”数据表下的“核心”文件夹中，如图 5-36 所示。

提 示

DISTINCTCOUNTNOBLANK 函数统计列中非重复值的个数。与 DISTINCTCOUNT 函数不同，DISTINCTCOUNTNOBLANK 函数不包含 BLANK 值。

步骤 7 使用同样的方法新建计算表，DAX 公式为“日期期间表 =SELECTCOLUMNS({("昨日", 1), ("本周至今", 2), ("本月至今", 3), ("本年至今", 4), ("最近 7 日", 5), ("最近 30 日", 6), ("最近 1 年", 7)}, "时间区间", [Value1], "序号", [Value2])”，构造包含时间区间的数据表。

步骤 8 继续新建本期销售额度量值，DAX 公式如下。

（1）昨日销售额 = CALCULATE([销售额], FILTER(ALL('日期表'), '日期表'[日期] = [最新报表日期]))。

（2）本周至今销售额 = CALCULATE([销售额], FILTER(ALL('日期表'), '日期表'[年份周数]=YEAR([最新报表日期]) * 100+WEEKNUM([最新报表日期], 2)))。

（3）本月至今销售额 = CALCULATE([销售额], FILTER(ALL('日期表'), '日期表'[年月] = YEAR([最新报表日期]) * 100+MONTH([最新报表日期])))。

（4）本年至今销售额 = CALCULATE([销售额], FILTER(ALL('日期表'), '日期表'[年] = YEAR([最新报表日期])))。

（5）最近 7 日销售额 = CALCULATE([销售额], DATESINPERIOD('日期表'[日期], [最新报表日期], -7, DAY))。

（6）最近 30 日销售额 = CALCULATE([销售额], DATESINPERIOD('日期表'[日期], [最新报表日期], -30, DAY))。

（7）最近 1 年销售额 = CALCULATE([销售额], DATESINPERIOD('日期表'[日期], [最新报表日期], -1, YEAR))。

（8）动态销售额 =

SWITCH(TRUE(),

SELECTEDVALUE('日期期间表'[时间区间]) = "昨日", [昨日销售额],

SELECTEDVALUE('日期期间表'[时间区间]) = "本周至今", [本周至今销售额],

SELECTEDVALUE('日期期间表'[时间区间]) = "本月至今", [本月至今销售额],

SELECTEDVALUE('日期期间表'[时间区间]) = "本年至今", [本年至今销售额],

SELECTEDVALUE('日期期间表'[时间区间]) = "最近 7 日", [最近 7 日销售额],

SELECTEDVALUE('日期期间表'[时间区间]) = "最近 30 日", [最近 30 日销售额],

SELECTEDVALUE('日期期间表'[时间区间]) = "最近 1 年", [最近 1 年销售额], [昨日销售额])。

在"销售数据汇总表"数据表下新建"本期销售额"文件夹，并将新建的度量值移到该文件夹中，如图 5-37 所示。

提 示 

"动态销售额"度量值通过 SWITCH 函数，根据外部上下文环境对"日期期间表"计算表的"时间区间"列进行不同的筛选，返回不同时间区间的销售额。

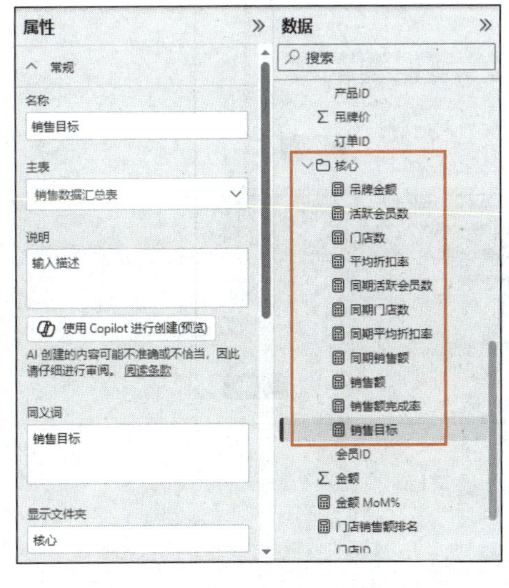

图 5-36 "核心"文件夹中的度量值

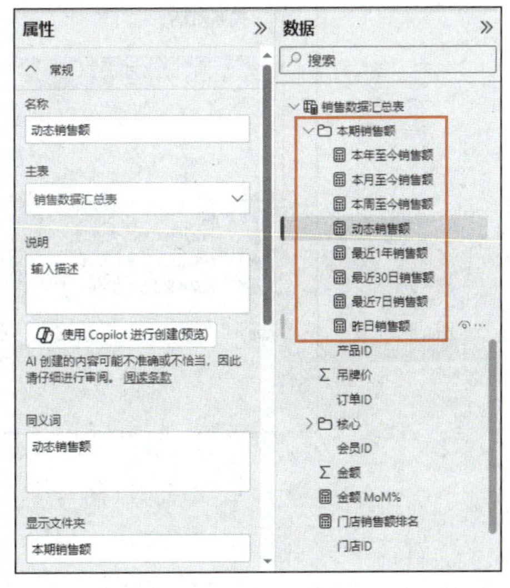

图 5-37 "本期销售额"文件夹中的度量值

步骤 9 在"销售数据汇总表"数据表中新建度量值，DAX 公式为"门店销售额排名 = IF(HASONEVALUE('门店信息表'[门店名称]), RANKX(ALLSELECTED('门店信息表'), [动态销售额]))”。

提 示

HASONEVALUE 函数通过判断当前行是否只有一个门店名称的值，使总计行不参与门店排名，ALLSELECTED 函数返回外部筛选条件下所有门店的子集。

步骤 10 首先将“销售数据汇总表”与“门店信息表”数据表以“门店 ID”为匹配列创建多对一关系，然后将“日期表”数据表分别与“销售数据汇总表”和“门店销售任务汇总表”数据表以“日期”为匹配列创建一对多关系，接着将“销售数据汇总表”与“产品信息表”数据表以“产品 ID”为匹配列创建多对一关系。

步骤 11 此时，在“管理关系”对话框中，“销售数据汇总表”与“产品信息表”数据表的关系复选框未勾选，处于不可用状态，勾选此复选框后弹出“关系激活”提示框，如图 5-38 所示。单击“关闭”按钮，先取消勾选“产品信息表”与“产品季节表”数据表的关系复选框，然后再勾选“销售数据汇总表”与“产品信息表”数据表的关系复选框。

步骤 12 在“销售数据汇总表”数据表中新建计算列，DAX 公式为“省份 =RELATED('区域信息表'[省份])”；在“产品信息表”数据表中新建计算列，DAX 公式为“新老品 = LOOKUPVALUE('产品季节表'[新老品],'产品季节表'[产品季节],'产品信息表'[产品季节])”。

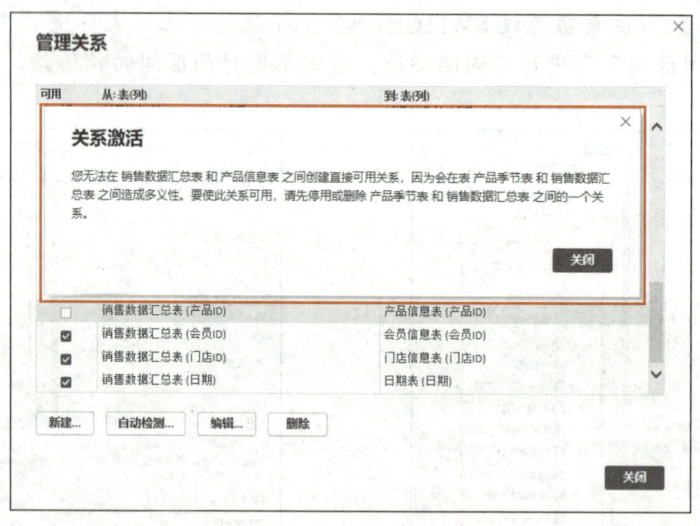

图 5-38 “关系激活”提示框

项目实训

1．实训目标

练习使用 Power BI Desktop 新建计算表操作。

2．实训内容

新建计算表统计年销售额，并查看每年销售额前 5 的订单，具体操作如下。

（1）打开本书配套素材“素材与实例\项目 5\X 电商企业数据.pbix”文件，新建计算表，DAX 公式为“年销售额表 = SUMMARIZE('销售订单表', '销售订单表'[年份], "年销售额", SUM('销售订单表'[销售额]))”，得到的年销售额表如图 5-39 所示。

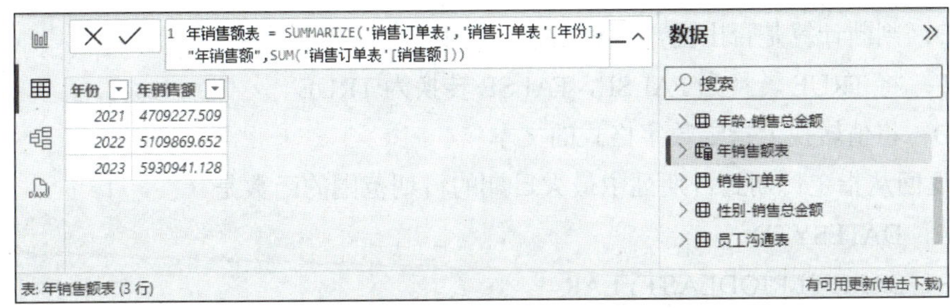

图 5-39 年销售额表

（2）新建计算表，DAX 公式为“每年销售额前 5 的订单表 = UNION(TOPN(5, CALCULATETABLE('销售订单表', '销售订单表'[年份]=2021), '销售订单表'[销售额], DESC), TOPN(5, CALCULATETABLE('销售订单表', '销售订单表'[年份] = 2022), '销售订单表'[销售额], DESC), TOPN(5, CALCULATETABLE('销售订单表', '销售订单表'[年份]=2023), '销售订单表'[销售额], DESC))”，得到的每年销售额前 5 的订单表如图 5-40 所示。

```
1 每年销售额前5的订单表 = UNION(TOPN(5,CALCULATETABLE('销售订单表','销售订单表'[年份]=2021),'销售订单表'[销售额],DESC),TOPN
(5,CALCULATETABLE('销售订单表','销售订单表'[年份]=2022),'销售订单表'[销售额],DESC),TOPN(5,CALCULATETABLE('销售订单表','销
售订单表'[年份]=2023),'销售订单表'[销售额],DESC))
```

订单id	订单日期	门店名称	支付方式	发货日期	实际发货天数	计划发货天数	客户id	客户姓名	客户类型
CN-2021-100816	2021/5/24 0:00:00	众兴店	信用卡	2021/5/25 0:00:00	1	1	Cust-15955	涂某	个人
CN-2021-101699	2021/8/29 0:00:00	众兴店	信用卡	2021/9/3 0:00:00	5	6	Cust-14290	陈某英	小型企业
CN-2021-102004	2021/9/28 0:00:00	燎原店	其它	2021/10/1 0:00:00	3	1	Cust-16990	谷某	中型企业
CN-2021-101178	2021/6/26 0:00:00	人民路店	支付宝	2021/6/28 0:00:00	2	3	Cust-16225	毛某美	中型企业
CN-2021-100706	2021/5/13 0:00:00	杨店店	信用卡	2021/5/18 0:00:00	5	6	Cust-18010	唐某楚	中型企业
CN-2022-101159	2022/6/24 0:00:00	众兴店	支付宝	2022/6/28 0:00:00	4	6	Cust-21115	龙某	中型企业
CN-2022-102179	2022/10/9 0:00:00	海恒店	支付宝	2022/10/13 0:00:00	4	6	Cust-11830	韦某侠	中型企业
CN-2022-101605	2022/8/20 0:00:00	人民路店	其它	2022/8/22 0:00:00	2	3	Cust-19900	谭某	个人
CN-2022-101187	2022/6/26 0:00:00	庐江路	微信	2022/6/28 0:00:00	2	3	Cust-16000	董某	个人
CN-2022-103016	2022/12/16 0:00:00	庐江路	其它	2022/12/22 0:00:00	6	6	Cust-18550	彭某	个人
CN-2023-103134	2023/11/25 0:00:00	杨店店	其它	2023/11/30 0:00:00	5	6	Cust-18025	丁某楚	个人
CN-2023-102120	2023/9/5 0:00:00	杨店店	支付宝	2023/9/10 0:00:00	5	3	Cust-10030	贾某	中型企业
CN-2023-102758	2023/10/24 0:00:00	众兴店	支付宝	2023/10/29 0:00:00	5	3	Cust-18385	武某媚	个人
CN-2023-101641	2023/7/22 0:00:00	金寨店	其它	2023/7/23 0:00:00	1	0	Cust-16120	田某	小型企业
CN-2023-102708	2023/10/20 0:00:00	众兴店	微信	2023/10/24 0:00:00	4	6	Cust-16390	牛某明	中型企业

表: 每年销售额前5的订单表 (15 行)

数据：发货信息表、股价表、客户订单表、客户信息表、每年销售额前5的订单表、年龄-销售总金额、年销售额、销售订单表、性别-销售总金额、员工沟通表、职业-销售总金额

有可用更新(单击下载)

图 5-40 每年销售额前 5 的订单表

项目考核

1. 选择题

（1）以下 DAX 函数中，可以实现先筛选后计算的函数是（　　）。

A. ROUND 函数

B. CALCULATE 函数

C. FILTER 函数

D. ALL 函数

（2）以下关于 SWITCH 函数功能的说法，正确的是（　　）。

A. 多条件逻辑判断

B. 判断计算是否出错，并返回指定的值

C. 将 TRUE 转换为 FALSE，FALSE 转换为 TRUE

D. 将值转换为指定数字格式的文本

（3）返回从指定日期到日期列中最大日期的日期范围的函数是（　　）。

A. DATESYTD

B. SAMEPERIODLASTYEAR

C. DATEADD

D. TOTALYTD

2. 简答题

（1）简述度量值及其作用。

（2）简述 SUMMARIZE 函数和 UNION 函数的区别。

3. 操作题

打开本书配套素材“素材与实例\项目 5\销售明细.pbix”文件，在“销售明细”数据表中，使用 RELATED 函数新增“采购价”计算列，并根据销量、单价和采购价计算利润。

项目评价

请同学们结合本项目的学习情况，按小组对学习成果进行自评和互评，然后请指导教师进行师评和综合评价，并将评价结果填入表 5-17 中。

表 5-17 学习成果评价表

<table>
<tr><th rowspan="2">评价项目</th><th rowspan="2">评价内容</th><th rowspan="2">分值</th><th colspan="3">评价分数</th></tr>
<tr><th>自评</th><th>互评</th><th>师评</th></tr>
<tr><td rowspan="4">项目完成度
（20%）</td><td>项目准备阶段，回答问题清晰准确，能够紧扣主题，没有明显错误</td><td>5 分</td><td></td><td></td><td></td></tr>
<tr><td>项目实施阶段，根据操作步骤完成项目实施内容</td><td>5 分</td><td></td><td></td><td></td></tr>
<tr><td>项目实训阶段，出色地完成实训内容</td><td>5 分</td><td></td><td></td><td></td></tr>
<tr><td>项目考核阶段，完成考核题目</td><td>5 分</td><td></td><td></td><td></td></tr>
<tr><td rowspan="4">知识
（30%）</td><td>建立数据表之间关系的基本方法</td><td>6 分</td><td></td><td></td><td></td></tr>
<tr><td>新建度量值、计算列和计算表的方法</td><td>8 分</td><td></td><td></td><td></td></tr>
<tr><td>DAX 语言基础</td><td>8 分</td><td></td><td></td><td></td></tr>
<tr><td>常用 DAX 函数的使用方法</td><td>8 分</td><td></td><td></td><td></td></tr>
<tr><td rowspan="2">能力
（30%）</td><td>管理数据关系</td><td>10 分</td><td></td><td></td><td></td></tr>
<tr><td>运用 DAX 函数新建度量值、计算列和计算表</td><td>20 分</td><td></td><td></td><td></td></tr>
<tr><td rowspan="4">素养
（20%）</td><td>互帮互助，具有团队精神</td><td>5 分</td><td></td><td></td><td></td></tr>
<tr><td>认真负责，按时完成学习、实践任务</td><td>5 分</td><td></td><td></td><td></td></tr>
<tr><td>提高灵活处理问题的能力，以更好地适应不断变化的环境</td><td>5 分</td><td></td><td></td><td></td></tr>
<tr><td>养成未雨绸缪的习惯，增强忧患意识</td><td>5 分</td><td></td><td></td><td></td></tr>
<tr><td colspan="2">合计</td><td>100 分</td><td></td><td></td><td></td></tr>
<tr><td>综合分数</td><td>自评（25%）+互评（25%）+师评（50%）=________</td><td colspan="4">等级：</td></tr>
<tr><td rowspan="3">综合评价</td><td colspan="5">最突出的表现（创新或进步）：</td></tr>
<tr><td colspan="5">还需改进的地方（不足或缺点）：</td></tr>
<tr><td colspan="5">指导教师签字：</td></tr>
</table>

注：等级可以“优”（90 分≤综合分数≤100 分）、“良”（80 分≤综合分数<90 分）、“中”（60 分≤综合分数<80 分）、“差”（综合分数<60 分）为标准进行评价。

项目 6

视觉对象

项目导读

Power BI 中的数据可视化就是通过视觉对象与报表从多角度、多维度展示数据的关系，挖掘数据隐藏的信息，使用户能够洞察蕴含在数据中的现象和规律。视觉对象能够更加直观、形象地展示数据的趋势和关系，使数据易于查看和分析，是 Power BI 中实现数据可视化的重要工具，本项目重点讲解视觉对象，报表的相关知识将在项目 7 介绍。

项目目标

知识目标

- 掌握视觉对象的基本操作。
- 掌握软件自带视觉对象的使用方法。
- 掌握自定义视觉对象的使用方法。

能力目标

- 能够熟练运用柱形图、饼图等自带视觉对象实现数据可视化。
- 能够运用常用自定义视觉对象实现数据可视化。

素质目标

- 在遇到问题时，能够积极寻求解决方案，并勇于实践。
- 具备强烈的责任感和使命感，树立担当意识，勇于承担责任。

项目描述

本项目首先介绍视觉对象的基本操作，然后介绍软件自带视觉对象和自定义视觉对象的使用方法，最后通过对 DK 运动品牌数据进行可视化巩固所学知识。

项目准备

全班学生以 3～5 人为一组，各组选出组长。组长组织组员扫码观看“数据可视化的起源和发展”视频，讨论并回答下列问题。

问题 1：数据可视化的发展经历了哪几个阶段？

数据可视化的起源和发展

问题 2：说一说数据可视化未来的发展趋势。

6.1 视觉对象基本操作

使用 Power BI 提供的各类视觉对象，可以将复杂的、抽象的、不易理解的数据转换为图形、图表等，使用户更容易理解数据的含义，提高数据分析的效率和效果。

6.1.1 添加视觉对象

Power BI 不仅内置了类型丰富的视觉对象（见图 6-1），还支持导入自定义视觉对象。每种视觉对象都有各自的特点和功能，实际应用时可以根据数据的类型和可视化分析的目的选择合适的视觉对象。

在 Power BI Desktop 中添加视觉对象的方法有以下两种。

- 在“可视化”窗格中单击要添加的视觉对象按钮，将视觉对象占位符添加到报表视图区，然后在“数据”窗格中勾选要在视觉对象中显示的字段复选框（见图 6-2），或者将字段拖到“可视化”窗格“生成视觉对象”选项卡的相应编辑框中。
- 在报表视图的“数据”窗格中勾选数据表中的字段复选框或将字段拖到报表视图区，自动添加相应的视觉对象，汇总字段与度量值默认添加“簇状柱形图”视觉对象，其他字段默认添加“表”视觉对象。选中已添加的视觉对象后，在“可视化”窗格中单击其他视觉对象按钮可更改当前视觉对象的类型。

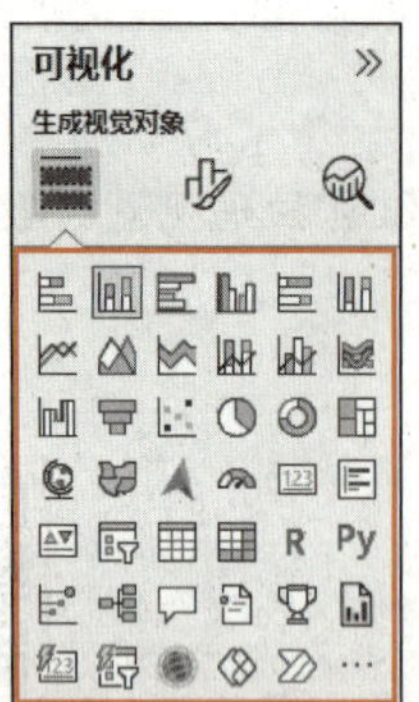

图 6-1 内置视觉对象

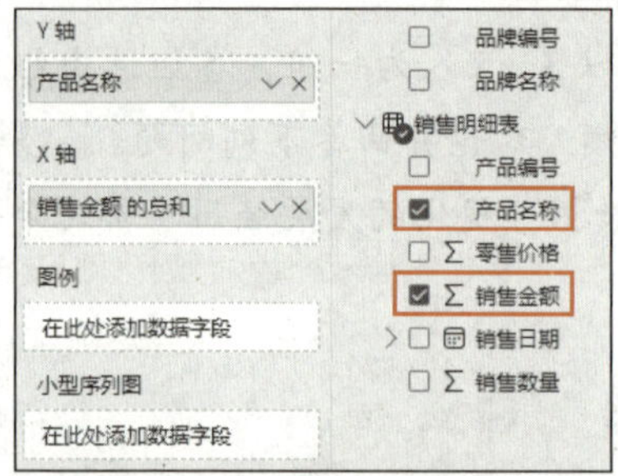

图 6-2 勾选字段复选框

知识库 

Power BI 提供了 200 多种视觉对象，每种视觉对象都有其自身特点和适用场景，按照数据分析的目的和应用场景，可以将视觉对象归纳为对比分析类、结构分析类、描述性分析类、KPI 分析类、地图应用类及相关分析类，如图 6-3 所示。

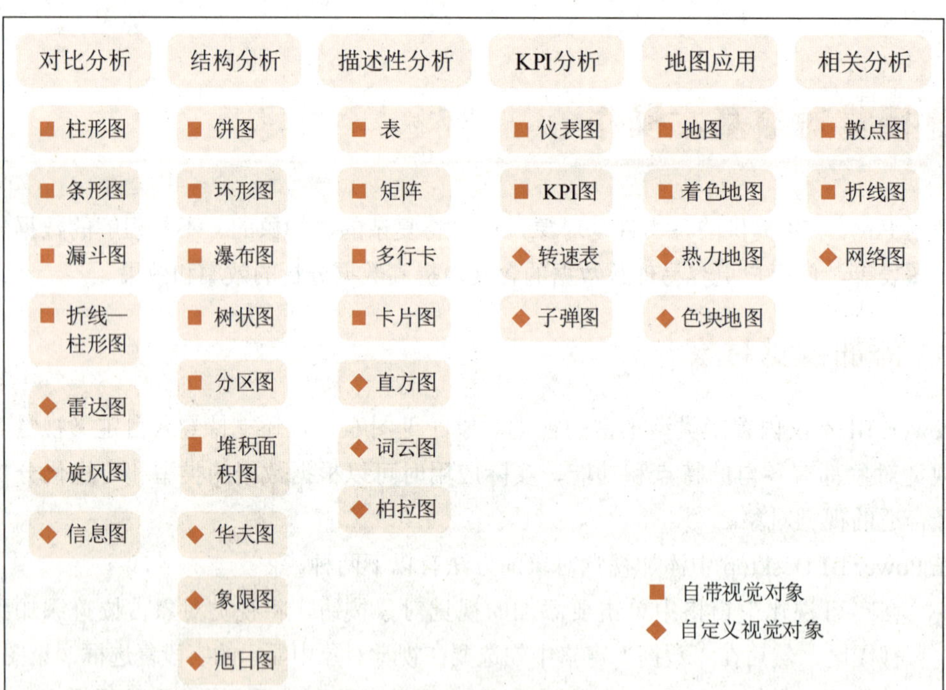

图 6-3 Power BI 视觉对象分类

6.1.2 设置视觉对象的属性

1. 设置字段

在报表中添加视觉对象后，可以在“可视化”窗格“生成视觉对象”选项卡下方区域的编辑框中设置视觉对象的字段，如图 6-4 所示。

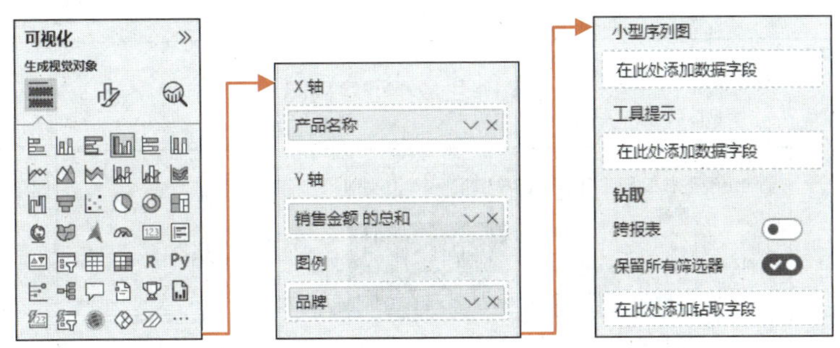

图 6-4 簇状柱形图的“生成视觉对象”选项卡

（1）坐标轴：表示数据的不同维度，通常包括 X 轴和 Y 轴。X 轴通常表示类别、时间或连续变量，Y 轴表示数值。

（2）图例：表示类别，不同类别用不同颜色显示。以品牌为图例的簇状柱形图如图 6-5 所示。

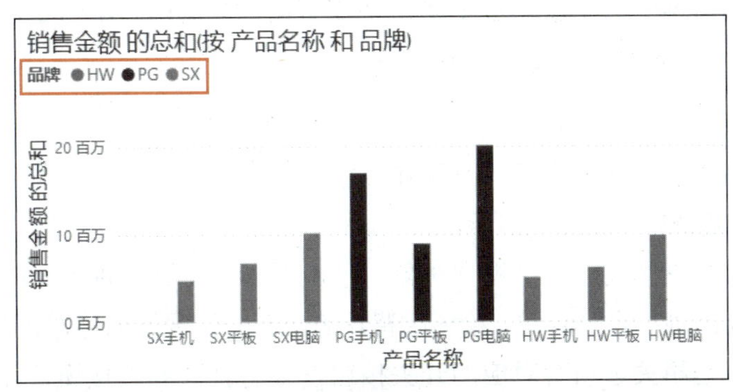

图 6-5 以品牌为图例的簇状柱形图

（3）小型序列图：按指定字段将视觉对象分组，拆分为多个并排显示的小图。例如，在不同品牌销售额簇状柱形图中，将“类别”字段拖到“可视化”窗格“生成视觉对象”选项卡的“小型序列图”编辑框中，原视觉对象会按照类别拆分为 3 个小型序列图，每个小型序列图具有相同的坐标轴，如图 6-6 所示。

（4）工具提示：将鼠标指针移至视觉对象中的图形元素时显示。例如，将“销售数量”字段拖到“可视化”窗格“生成视觉对象”选项卡的“工具提示”编辑框中，当鼠标指针移至平板销售额柱形图的 SX 柱形上时，工具提示如图 6-7 所示。

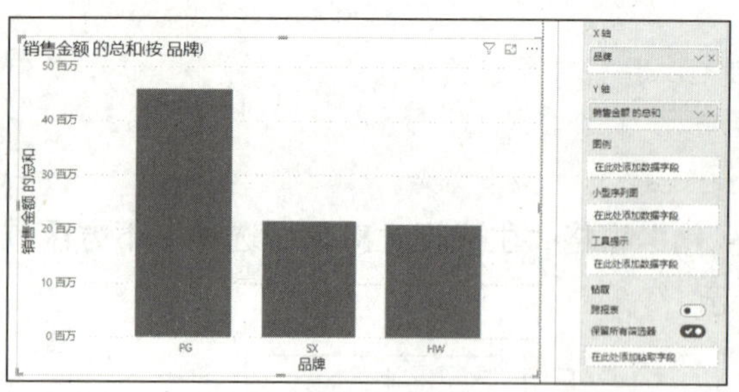

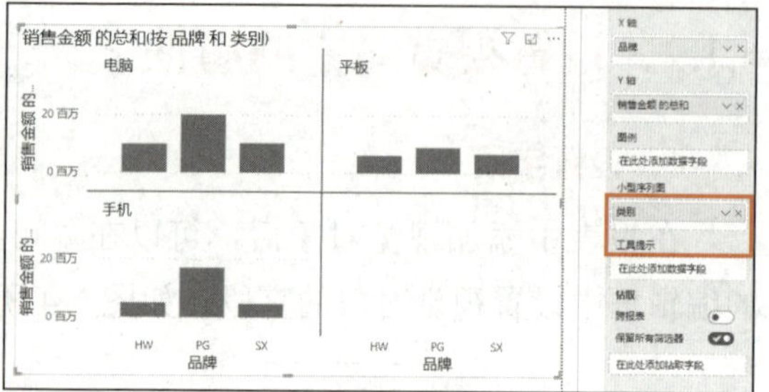

图 6-6　生成小型序列图

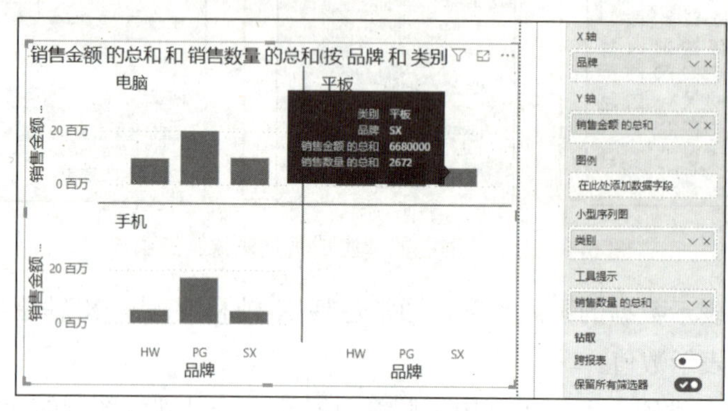

图 6-7　工具提示

如果要删除编辑框中的字段，可以单击字段右侧的×按钮。单击字段右侧的∨按钮，可对字段执行删除、移动、重命名等操作。

2．设置格式

在视觉对象中添加数据字段后，可以在“可视化”窗格“设置视觉对象格式”选项卡中设置视觉对象的格式，如图 6-8 所示。

（1）设置视觉对象格式。在“视觉对象”子选项卡中可以设置 X 轴、Y 轴、图例、小型序列图、网格线、列、数据标签、绘图区背景等。单击设置区名称左侧的展开按钮 >，可以看到有些设置区的相关选项有对应的开关按钮，只有打开开关按钮，才可以对相关选项进行设置。

（2）设置常规格式。在“常规”子选项卡中可以设置属性、标题、效果、标头图标、工具提示、可选文字等。在“属性”设置区的“大小”选项中可以设置高度和宽度，锁定纵横比；在“效果”设置区的“视觉对象边框”选项中可以设置是否显示边框、边框颜色等。

3．添加辅助线

如果要为视觉对象添加辅助分析参考线，如恒定线、最小值线、最大值线、平均值线、中值线、百分位数线和误差线等，可在“可视化”窗格“分析”选项卡中设置，如图 6-9 所示。

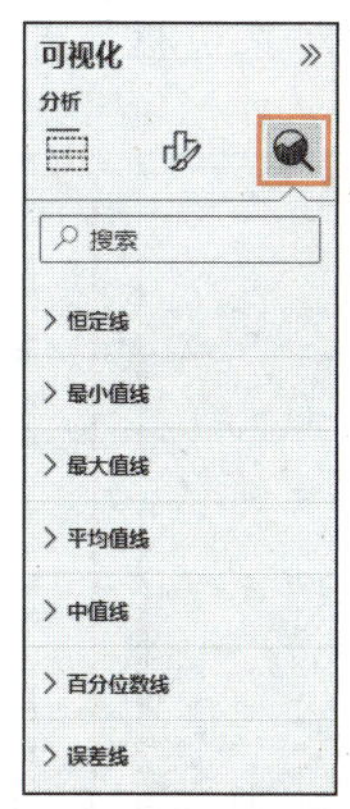

图 6-8 “设置视觉对象格式”选项卡　　　　图 6-9 “分析”选项卡

6.1.3 【示例】GT 公司数据可视化

本示例使用视觉对象实现 GT 公司销售与产品信息数据可视化。

步骤 1 打开本书配套素材“素材与实例\项目 6\GT 公司销售与产品信息数据.pbix”文件，在报表视图的“可视化”窗格中单击“簇状条形图”按钮，在“数据”窗格中展开“产品订单与销量”数据表，勾选“产品名称”和“总销量”复选框，得到产品销量簇状条形图，如图 6-10 所示。

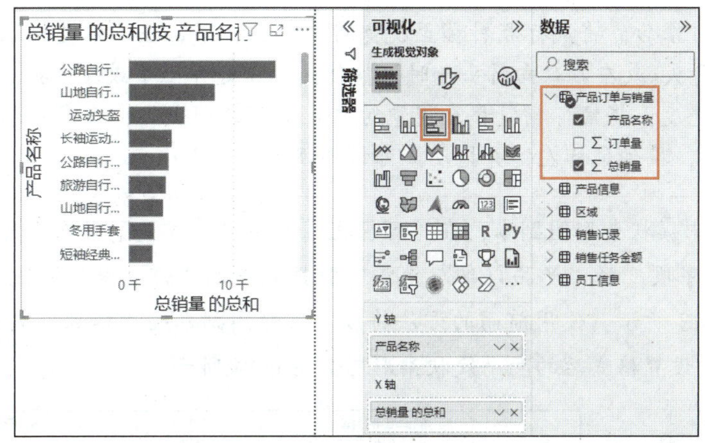

图 6-10 创建产品销量簇状条形图

步骤 2 选中簇状条形图，在“可视化”窗格“设置视觉对象格式”选项卡的“视觉对象”子选项卡中展开“Y 轴”，关闭“标题”开关按钮，设置“布局”的最小类别高度（像素）为“30”；展开“X 轴”，关闭“标题”开关按钮；打开“数据标签”开关按钮，如图 6-11 所示。

步骤 3 在“可视化”窗格“设置视觉对象格式”选项卡的“常规”子选项卡中展开“标题”，设置“标题”文本为“产品销量条形图”，水平对齐方式为居中；展开“效果”，打开“视觉对象边框”开关按钮，如图 6-12 所示。

图 6-11 设置视觉对象格式

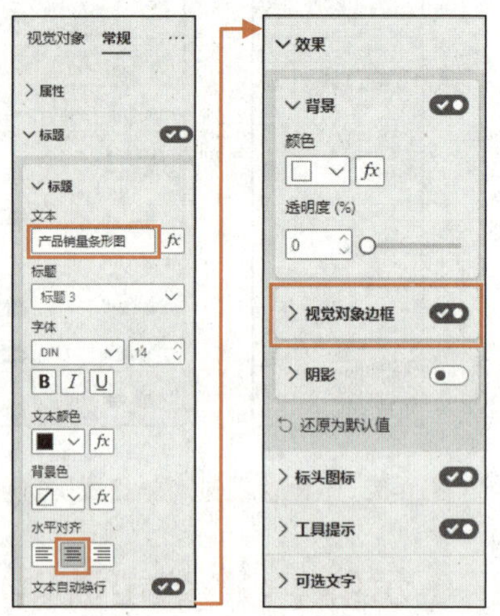

图 6-12 设置常规格式

步骤 4 拖动簇状条形图右下角的顶点，调整其大小，然后使用【Ctrl+C】快捷键复制视觉对象，使用【Ctrl+V】快捷键粘贴视觉对象，得到的副本与原簇状条形图重叠，选中副本后将其拖到空白位置。

知识库

选中视觉对象后，将鼠标指针移至视觉对象的上、下、左、右边框上，当鼠标指针变成上下双向箭头⇕或左右双向箭头⇔时，按住鼠标左键并上下或左右拖动，可调整视觉对象的高度或宽度；将鼠标指针移至视觉对象 4 个角的顶点上，当鼠标指针变成斜式双向箭头⤢或⤡时，按住鼠标左键并拖动，可调整视觉对象大小。

步骤 5 选中簇状条形图副本，在“可视化”窗格“生成视觉对象”选项卡中删除“X 轴”编辑框中的字段，将“产品订单与销量”数据表中的“订单量”字段拖到“X 轴”编辑框中，如图 6-13 所示。使用前面的方法将簇状条形图副本的“标题”文本修改为“产品订单量条形图”。设置格式后的两个簇状条形图如图 6-14 所示。

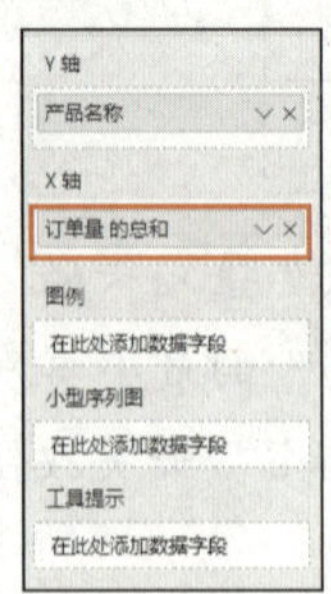

图 6-13 在编辑框中添加字段

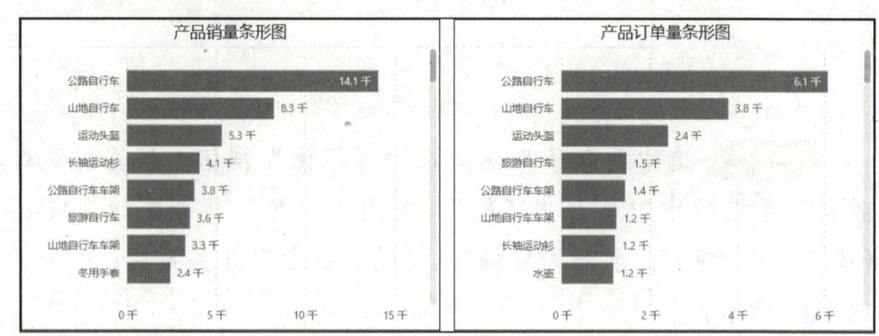

图 6-14 设置格式后的两个簇状条形图

提 示

若要删除某个视觉对象，只需要选中此视觉对象，然后按【Delete】键。

6.2 自带视觉对象

Power BI Desktop 默认自带的视觉对象除柱形图、条形图、饼图、散点图、折线图等基本图表外，还有仪表图、KPI 图、切片器等复杂图表。

6.2.1 柱形图和条形图

柱形图和条形图用于比较同类别或不同类别数据之间的差异，前者纵向排列，后者横向排列。Power BI Desktop 自带的柱形图和条形图分别有 3 类：簇状柱形图和簇状条形图、堆积柱形图和堆积条形图、百分比堆积柱形图和百分比堆积条形图。

其中，簇状柱形图和簇状条形图将同类别或不同类别的数据并排显示，适合比较同类别不同组别或不同时间点，或比较不同类别数据值的差异；堆积柱形图和堆积条形图将数据按类别堆积在一起，适合展示不同类别数据及其与整体的关系；百分比堆积柱形图和百分比堆积条形图将数据按类别占总值百分比堆积在一起，适合展示各部分在整体中的占比。

下面通过使用堆积柱形图和百分比堆积柱形图展示各品牌不同类别产品的销售额对比情况，学习柱形图的应用。

【实例 6-1】 创建各品牌不同类别产品的销售额堆积柱形图和百分比堆积柱形图。

【素材文件】 素材与实例\项目 6\销售统计表.pbix。

【具体步骤】

（1）打开素材文件，在报表视图的“可视化”窗格中单击“堆积柱形图”按钮，在“数据”窗格中，将“产品明细表”数据表中的“品牌”字段拖到“可视化”窗格“生成视觉对象”选项卡下方的“X 轴”编辑框中，将“类别”字段拖到“图例”编辑框中；将“销售明细表”数据表中的“销售金额”字段拖到“Y 轴”编辑框中，调整堆积柱形图的大小，得到的堆积柱形图如图 6-15 所示。

（2）在“可视化”窗格“设置视觉对象格式”选项卡的“视觉对象”子选项卡中，关闭“Y 轴”设置区的“标题”开关按钮，打开“数据标签”开关按钮；在“常规”子选项卡中设置“标题”文本为“各品牌不同类别产品的销售额”，水平对齐方式为居中，打开“效果”设置区的“视觉对象边框”开关按钮，此时的堆积柱形图如图 6-16 所示。

（3）使用【Ctrl+C】和【Ctrl+V】快捷键复制堆积柱形图，将副本移到空白位置。在“可视化”窗格中单击“百分比堆积柱形图”按钮，得到百分比堆积柱形图，如图 6-17 所示。

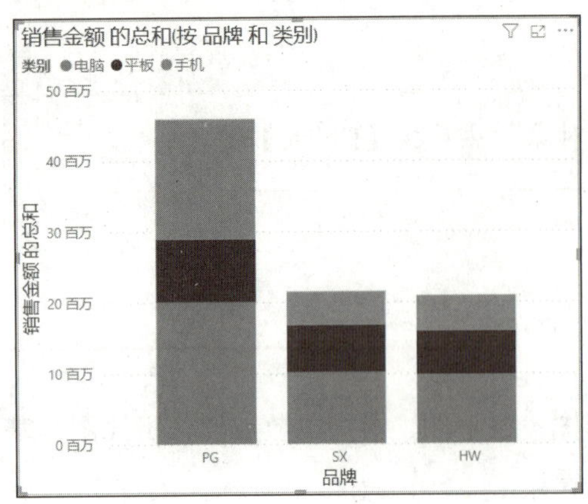

图 6-15　堆积柱形图

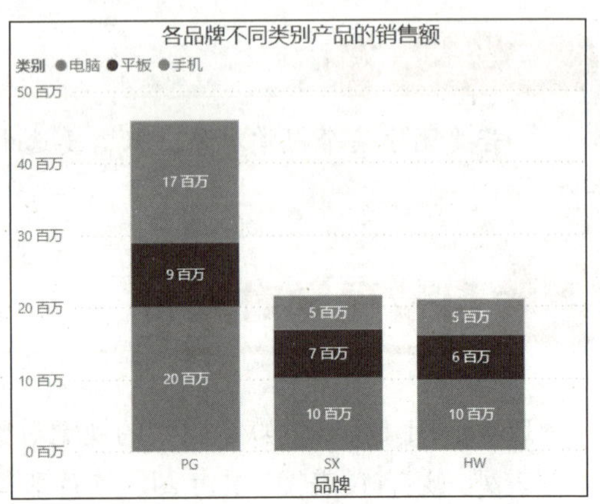

图 6-16　设置格式后的堆积柱形图

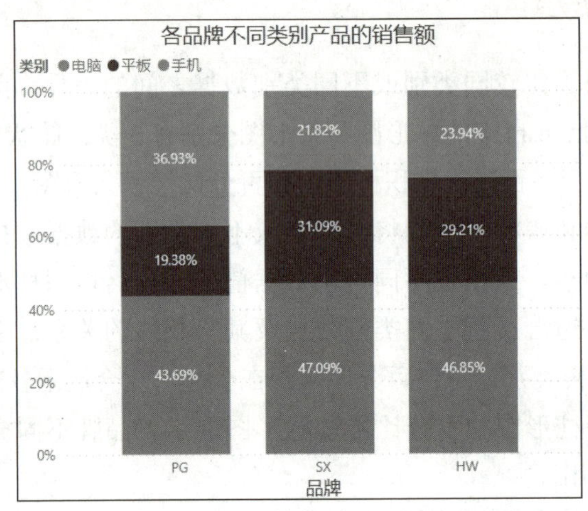

图 6-17　百分比堆积柱形图

由图 6-16 和图 6-17 可以看出，堆积柱形图对比展示了不同品牌不同类别产品的销售额，百分比堆积柱形图展示了同一品牌不同类别产品的销售额占比。

6.2.2　饼图和环形图

饼图是一种用于展示部分数据与整体数据之间比例关系的图表，它将圆形划分为若干扇形，每个扇形代表一个类别，扇形的弧度体现类别在总体中的占比。需要注意的是，当类别过多时，饼图可能会变得难以解读。

环形图是饼图的一种变体，与饼图不同的是，环形图的中心是空的。

下面通过使用饼图和环形图展示 2023 年四个直辖市地区生产总值占比，学习这两类图表的应用。

【实例 6-2】　创建 2023 年四个直辖市地区生产总值占比饼图和环形图。

【素材文件】　素材与实例\项目 6\地区生产总值.pbix。

【具体步骤】

（1）打开素材文件，在报表视图的“可视化”窗格中单击“饼图”按钮，在“数据”窗格中，将“地区”字段拖到“可视化”窗格“生成视觉对象”选项卡的“图例”编辑框中，将“2023 年地区生产总值”字段拖到“值”编辑框中，调整饼图的大小和位置。

（2）在“可视化”窗格“设置视觉对象格式”选项卡的“常规”子选项卡中，设置“标题”文本为“2023 年四个直辖市地区生产总值占比”，水平对齐方式为居中，打开“效果”设置区的“视觉对象边框”开关按钮，得到的饼图如图 6-18 所示。

（3）复制饼图，将副本移到空白位置，在“可视化”窗格中单击“环形图”按钮，得到环形图，如图 6-19 所示。

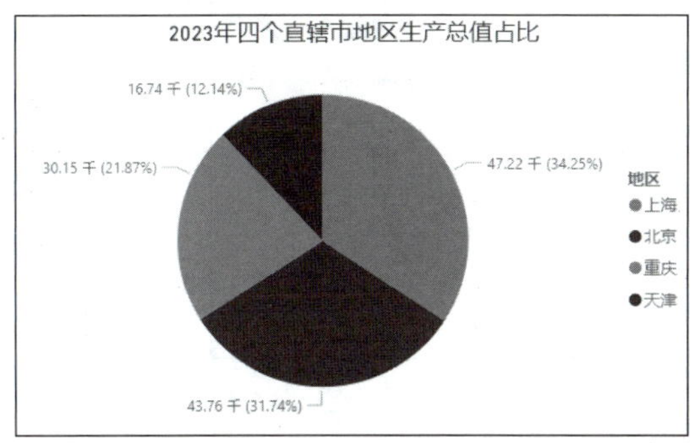

图 6-18 饼 图

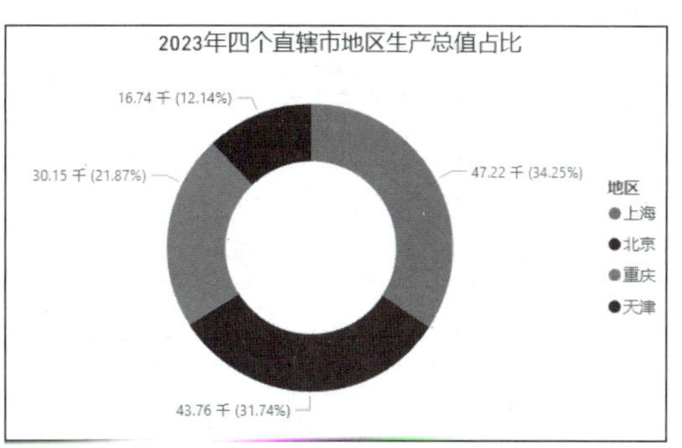

图 6-19 环形图

拓展阅读 

据国家统计局 2024 年 1 月 17 日公布的数据，2023 年全年我国国内生产总值（GDP）为 1 260 582 亿元，按不变价格计算，比上年增长 5.2%，高于全球 3%左右的预计增速，在世界主要经济体中名列前茅，对世界经济增长贡献率有望超 30%，是世界经济增长的最大引擎。

6.2.3 散点图

散点图常用于展示两个变量之间的趋势、关系或模式，如正相关、负相关等。在散点图中，用 X 轴表示自变量，用 Y 轴表示因变量，X 轴和 Y 轴对应的坐标点表示两个变量对应的数据点。数据集中其他非数值类型数据可用数据点的颜色或文字标识进行区分。

此外，在 Power BI 中，还可以通过设置散点图中气泡的大小和颜色，扩展数据展示的维度，更全面地分析数据。

下面通过使用散点图展示某店铺商品价格与成交量、利润的相关性，学习散点图的应用。

【实例 6-3】 创建某店铺商品价格与成交量、利润的相关性散点图。

【素材文件】 素材与实例\项目 6\某店铺销售数据.pbix。

【具体步骤】

（1）打开素材文件，在报表视图的“可视化”窗格中单击“散点图”按钮，在“数据”窗格中将“销售数据”数据表的“商品价格（元）”字段拖到“可视化”窗格“生成视觉对象”选项卡的“X 轴”编辑框中，单击该编辑框右侧的下拉按钮，在其下拉列表中选择“不汇总”选项，将“成交量（件）”字段拖到“Y 轴”编辑框中，调整散点图的大小和位置，如图 6-20 所示。

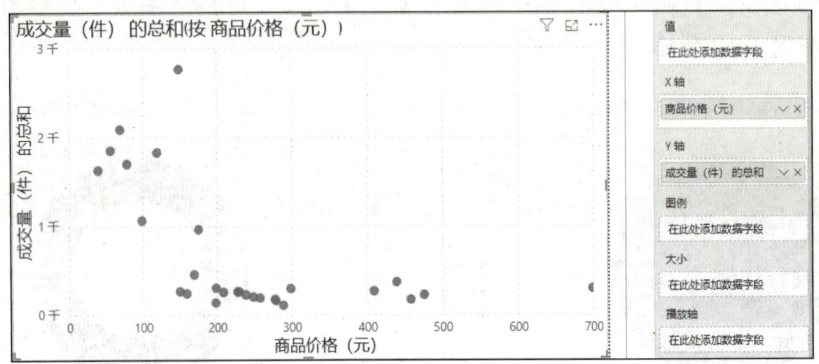

图 6-20 创建散点图

提 示

默认情况下散点图显示的数据点形状为圆点，在“可视化”窗格“设置视觉对象格式”选项卡“视觉对象”子选项卡的“标记”设置区可以修改数据点的形状和颜色。

（2）在“可视化”窗格“生成视觉对象”选项卡中，将“Y 轴”编辑框中的字段名称修改为“成交量（件）”。

（3）在“可视化”窗格“设置视觉对象格式”选项卡的“常规”子选项卡中，设置“标题”文本为“某店铺商品价格与成交量、利润的相关性散点图”，水平对齐方式为居中，得到的散点图如图 6-21 所示。

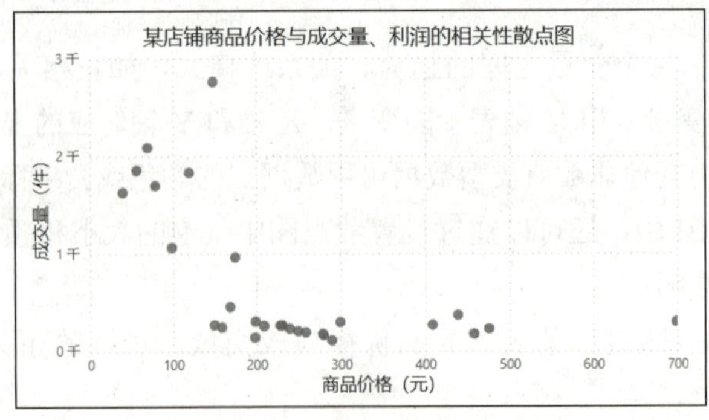

图 6-21 设置格式后的散点图

（4）将“数据”窗格中的“利润（元）”字段拖到“可视化”窗格“生成视觉对象”选项卡的“大小”编辑框中，通过气泡的大小展示商品价格与利润的相关性，如图 6-22 所示。

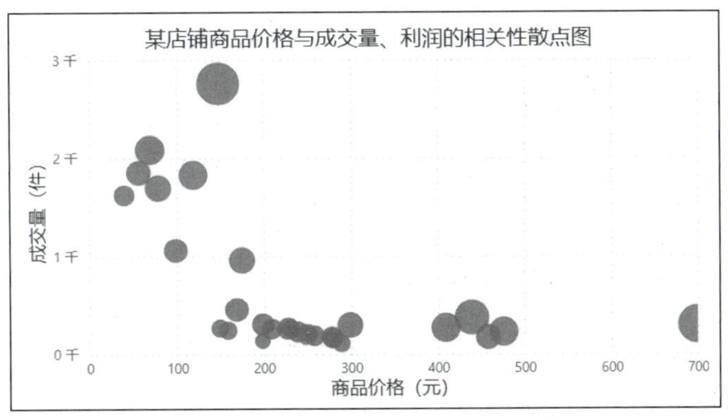

图 6-22　设置气泡大小后的散点图

6.2.4　折线图

折线图常用于展示数据随时间变化的趋势，能够清晰地展示数据的上升、下降和波动情况。

下面通过使用折线图展示不同类别产品每月销售额的变化趋势，学习折线图的应用。

【实例 6-4】　创建不同类别产品每月销售额的变化趋势折线图。

【素材文件】　素材与实例\项目 6\销售统计表.pbix。

【具体步骤】

（1）打开素材文件，在报表视图的“可视化”窗格中单击“折线图”按钮，在“数据”窗格中将“销售明细表”数据表中的“销售日期”字段拖到“X 轴”编辑框中，将“销售金额”字段拖到“Y 轴”编辑框中，将“产品明细表”数据表中的“类别”字段拖到“图例”编辑框中，调整折线图的大小。

提　示

日期类型字段默认显示为日期层级结构，通常包括“年”“季度”“月份”“日”，可以根据需要对层级结构进行修改，保留需要的层级结构（单击“年”“季度”“月份”“日”字段右侧的删除按钮×）或者将日期层级结构改为对应的日期（单击日期字段右侧的∨按钮，在展开的下拉列表中选择）。

（2）删除“销售日期”层级结构中的“年”“季度”“日”字段，在“可视化”窗格“设置视觉对象格式”选项卡的“视觉对象”子选项卡中关闭“X 轴”和“Y 轴”设置区的“标题”开关按钮；在“常规”子选项卡中设置“标题”文本为“不同类别产品每月销售额的变化趋势”，水平对齐方式为居中，得到的折线图如图 6-23 所示。

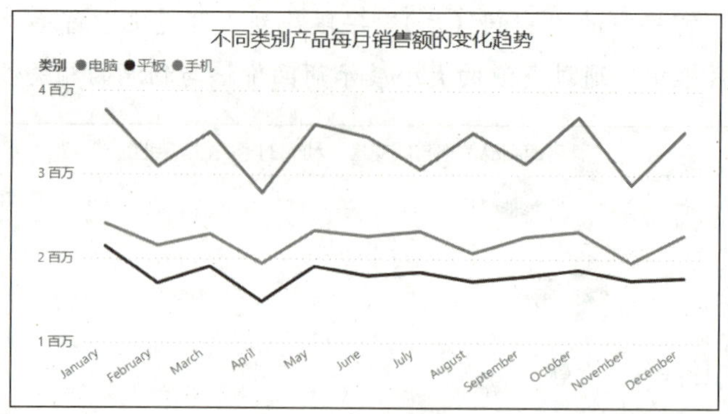

图 6-23　折线图

6.2.5　折线和簇状柱形图

折线和簇状柱形图属于组合图，可以同时展示数据的变化趋势（折线图）和同一类别不同组别或不同时间点数据值的差异（簇状柱形图）。该组合图通过添加次坐标轴（行 y 轴），可以让一个数据字段在主坐标轴（列 y 轴）上显示，而另一个数据字段在次坐标轴（行 y 轴）上显示。

下面通过使用折线和簇状柱形图展示每月销售金额的变化趋势及与任务金额的对比情况，学习折线和簇状柱形图的应用。

【实例 6-5】　创建每月销售金额与任务金额折线和簇状柱形图。

【素材文件】　素材与实例\项目 6\GT 公司销售与产品信息数据.pbix。

【具体步骤】

（1）打开素材文件，在报表视图的“可视化”窗格中单击“折线和簇状柱形图”按钮。在“数据”窗格中，将“销售金额汇总”数据表中的“年月”字段拖到“可视化”窗格“生成视觉对象”选项卡的“X 轴”编辑框中，将“总销售金额”字段拖到“列 y 轴”编辑框中，将“销售任务汇总”数据表的“总任务金额”字段拖到“行 y 轴”编辑框中，调整折线和簇状柱形图的大小，如图 6-24 所示。

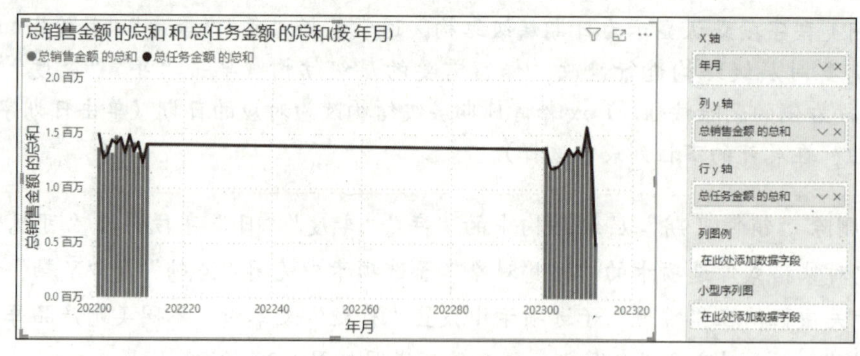

图 6-24　创建折线和簇状柱形图

（2）由于“年月”字段的数据类型为“整数”，生成的图表中 2022 年与 2023 年的年月数据之间间距较大，此时需要将“年月”字段的数据类型修改为“文本”，平均分配 X 轴数据。为此，在“数据”窗格中选中“销售金额汇总”数据表中的“年月”字段，在“列工具”选项卡“结构”命令组中单击“数据类型”下拉按钮，在其下拉列表中选择“文本”选项，此时的折线和簇状柱形图如图 6-25 所示。

（3）在“可视化”窗格“生成视觉对象”选项卡中，将“列 y 轴”编辑框中的字段名称修改为“销售金额”，将“行 y 轴”编辑框中的字段名称修改为“任务金额”。

（4）在“设置视觉对象格式”选项卡的“视觉对象”子选项卡中，打开“辅助 Y 轴”设置区的“值”开关按钮；在“常规”子选项卡中设置“标题”文本为“每月销售金额与任务金额”，水平对齐方式为居中，打开“效果”设置区的“视觉对象边框”开关按钮，此时的折线和簇状柱形图如图 6-26 所示。

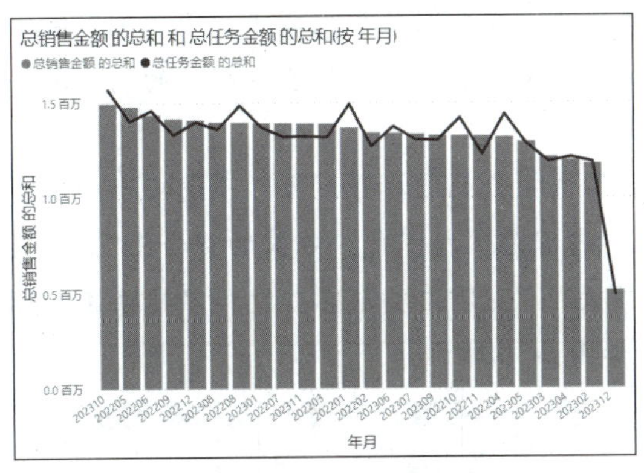

图 6-25　设置 X 轴后的折线和簇状柱形图

图 6-26　设置格式后的折线和簇状柱形图

（5）柱形图默认按照“列 y 轴”的值降序排列，单击视觉对象右上角的…按钮，在展开的列表中首先选择“排列轴”/“年月”选项，然后选择“排列轴”/“以升序排序”选项，使柱形图按照年月升序排序（见图 6-27），此时的折线和簇状柱形图如图 6-28 所示。

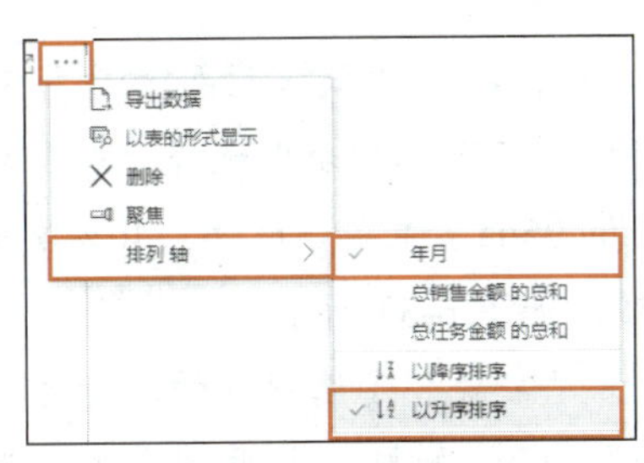

图 6-27　选择“年月”和“以升序排序”选项

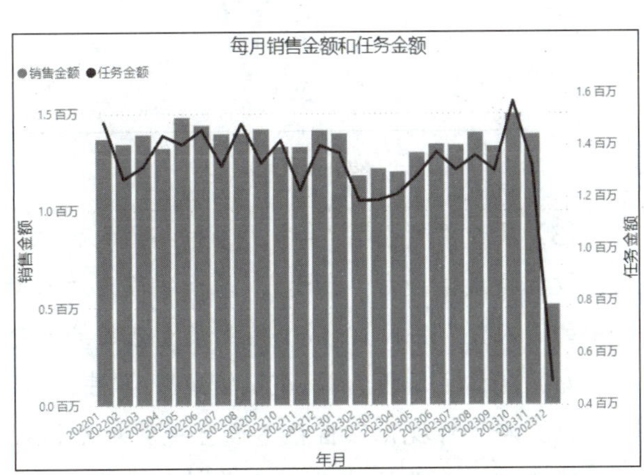

图 6-28　排序后的折线和簇状柱形图

6.2.6 漏斗图

漏斗图是一种专门用于展示业务流程各个阶段数据转化情况的条形图，形状类似于漏斗，从上到下逐渐变窄，能直观地展示每个阶段的数据比例和转化率。漏斗图在销售流程分析、网站转化分析和招聘流程分析中具有广泛应用，可以帮助用户识别流程中的瓶颈，进行有针对性的优化。

下面通过使用漏斗图展示下单转化率，学习漏斗图的应用。

【实例 6-6】 创建下单转化率漏斗图。

【素材文件】 素材与实例\项目 6\下单转化率.pbix。

【具体步骤】

（1）打开素材文件，在报表视图的“可视化”窗格中单击“漏斗图”按钮，在“数据”窗格中将“环节”字段拖到“可视化”窗格“生成视觉对象”选项卡的“类别”编辑框中，将“人数”字段拖到“值”编辑框中，调整漏斗图的大小和位置，得到的漏斗图如图 6-29 所示。

（2）在“可视化”窗格“设置视觉对象格式”选项卡的“视觉对象”子选项卡中展开“数据标签”，设置“选项”位置为“端外”，标签内容为“数据值，以前的百分比”，设置“值”的字号为“12”，字体加粗，显示单位为“无”；展开“类别标签”和“转换速率标签”，设置“值”的字号均为“12”，字体加粗，如图 6-30 所示。

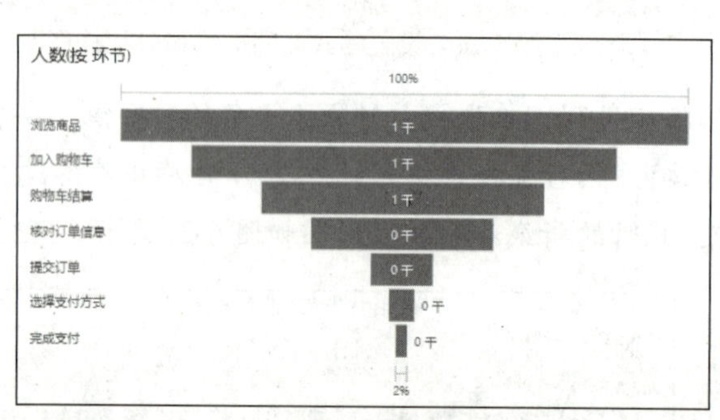

图 6-29　漏斗图

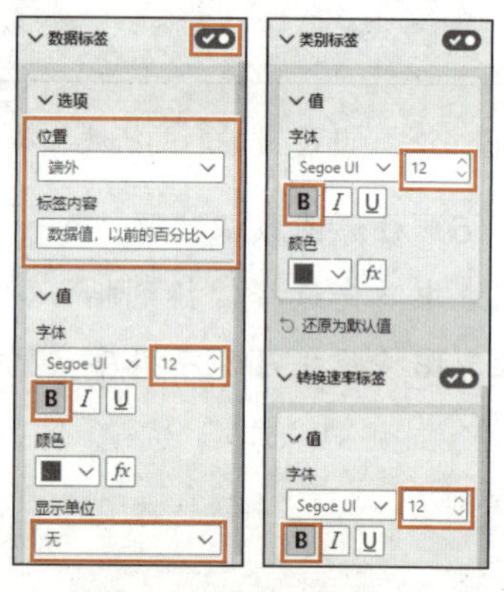

图 6-30　设置格式

（3）展开“颜色”，单击“条件格式”按钮（见图 6-31），打开“默认颜色-颜色”对话框，设置格式样式为“渐变”，基于字段为“人数 的总和”（在下拉列表中选择“表”数据表中的“人数”字段），最小值和最大值的颜色分别为“#ac95da，主题颜色 6，40%较浅”和“#a0d1ff，主题颜色 1，60%较浅”，单击“确定”按钮，如图 6-32 所示。

（4）在“可视化”窗格“设置视觉对象格式”选项卡“常规”子选项卡的“标题”设置区设置“标题”文本为“下单转化率”，字号为“20”，字体加粗，水平对齐方式为居中；在“效果”设置区打开“视觉对象边框”开关按钮。

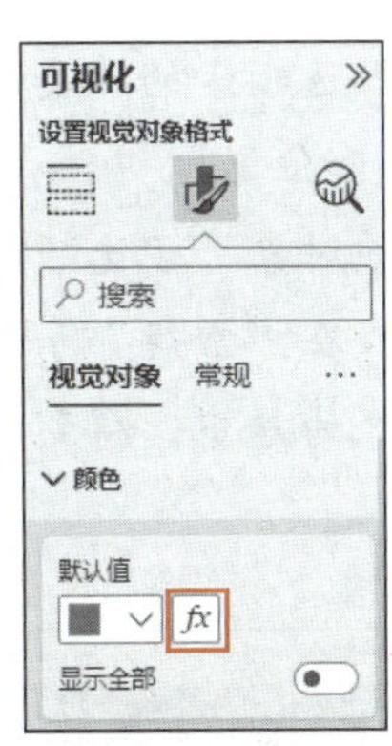

图 6-31 单击“条件格式”按钮

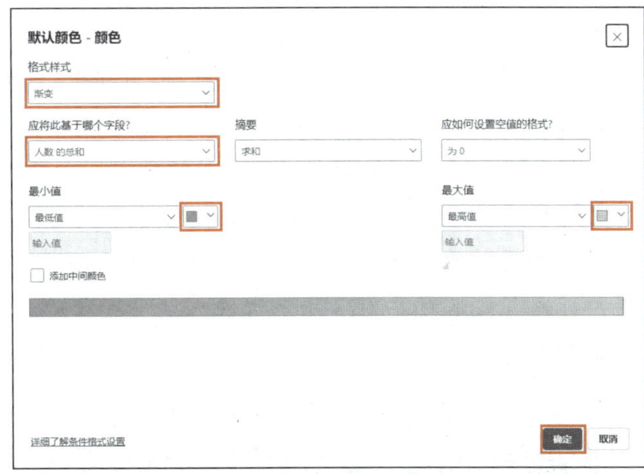

图 6-32 设置条件格式样式

（5）漏斗图设置完成，数据条展示了每个环节的具体人数和相较上一环节所占比例，将鼠标指针移至想要查看的环节，显示工具提示，其中包括该环节的名称、人数、相对第一个和上一个环节的百分比，如图 6-33 所示。

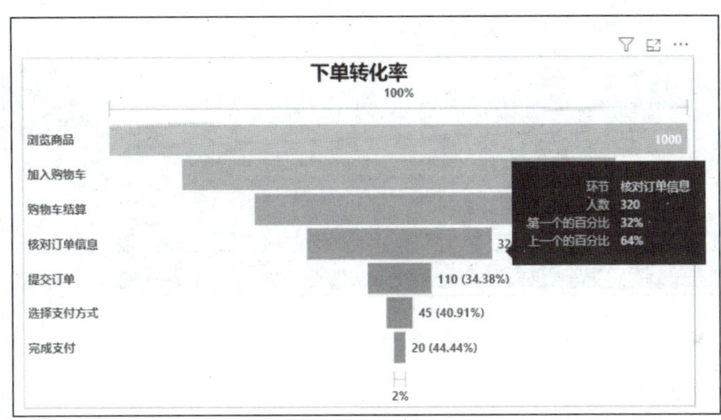

图 6-33 工具提示

6.2.7 树状图

树状图用于展示不同数据之间的权重关系和部分与整体的关系，它使用多个矩形的大小、位置和颜色表示不同数据之间的权重关系及单个数据占总体数据的比例，这些矩形自上向下，自左向右按面积降序排列在一个大矩形中，每个矩形的面积代表数据节点的值，颜色表示额外的维度或类别。树状图的优势在于能在有限空间内展示大量数据节点或层级结构。

下面通过使用树状图展示 2023 年各省年末常住人口情况，学习树状图的应用。

【实例 6-7】 创建 2023 年各省年末常住人口树状图。

【素材文件】 素材与实例\项目 6\年末常住人口.pbix。

【具体步骤】

（1）打开素材文件，在报表视图的“可视化”窗格中单击“树状图”按钮，在“数据”窗格中将“地区”字段拖到“可视化”窗格“生成视觉对象”选项卡的“类别”编辑框中，将“2023 年”字段拖到“值”编辑框中，调整树状图的大小和位置。

（2）在“可视化”窗格“设置视觉对象格式”选项卡的“视觉对象”子选项卡中，打开“数据标签”开关按钮，设置字号为“10”，显示单位为“无”；在“常规”子选项卡中设置“标题”文本为“2023 年末常住人口（万人）”，水平对齐方式为居中，得到的树状图如图 6-34 所示。

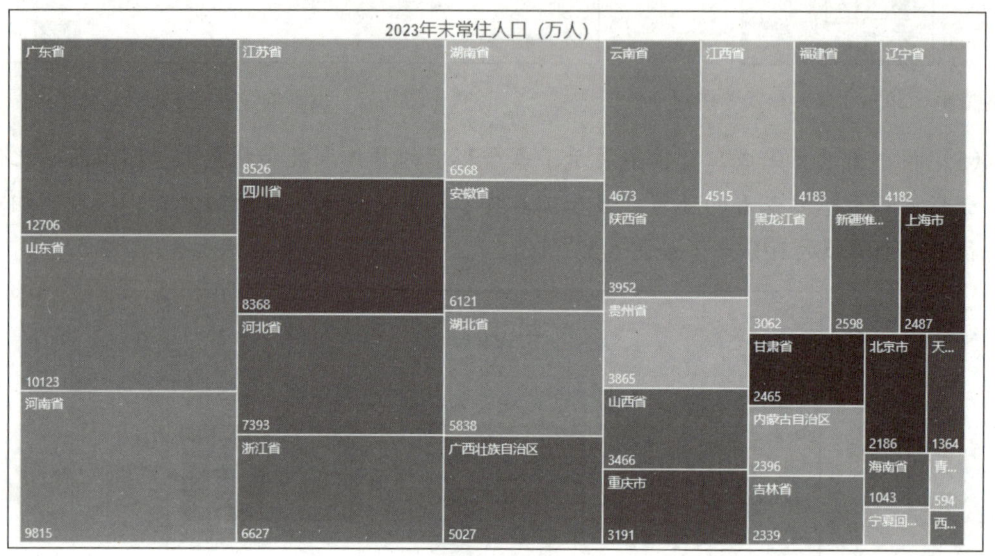

图 6-34　树状图

6.2.8　仪表图

仪表图使用半圆弧显示某关键指标数据的当前值、目标值和相对范围的最小值和最大值，仪表线（指针）指示目标或目标值，底纹展示目标进度，弧内的值表示当前值。

下面通过使用仪表图展示销售业绩完成情况，学习仪表图的应用。

【实例 6-8】　创建销售业绩完成情况仪表图。

【素材文件】　素材与实例\项目 6\GT 公司销售与产品信息数据.pbix。

【具体步骤】

（1）打开素材文件，在报表视图的“可视化”窗格中单击“仪表”按钮，在“数据”窗格中将“销售任务金额”数据表中的“任务金额”字段拖到“可视化”窗格“生成视觉对象”选项卡的“目标值”编辑框中，将“销售记录”数据表中的“金额”字段拖到“值”编辑框中，调整仪表图的大小和位置，得到的仪表图如图 6-35 所示。

（2）在“可视化”窗格“设置视觉对象格式”选项卡的“视觉对象”子选项卡中展开“测量轴”，设置最小值和最大值分别为“20000000”和“40000000”；在“常规”子选项卡中，设置“标题”文本为“销售业绩完成情况”，水平对齐方式为居中，此时的仪表图如图 6-36 所示。

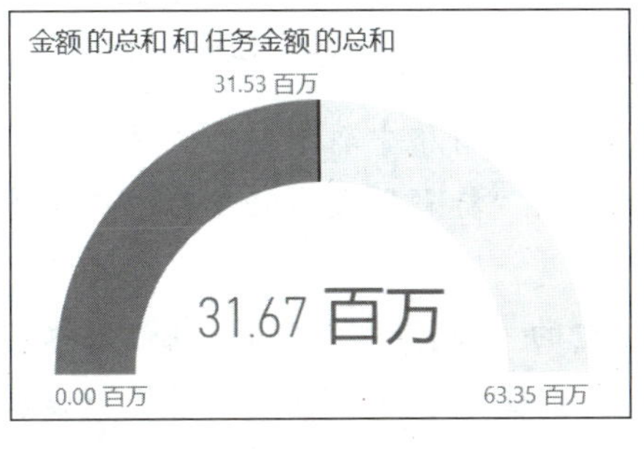

图 6-35　仪表图

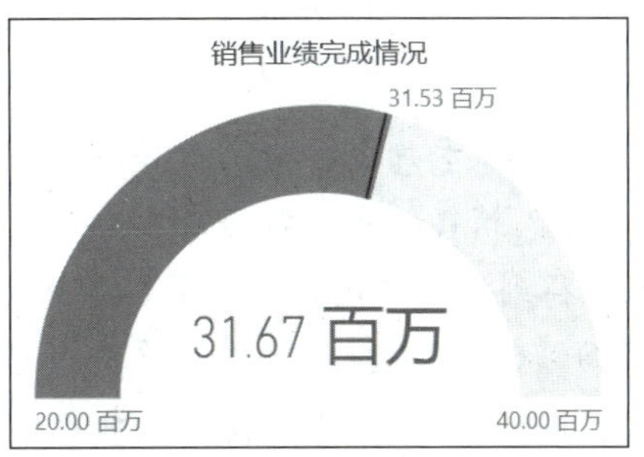

图 6-36　设置格式后的仪表图

默认情况下，仪表图的最小值为 0，最大值为当前值的两倍。在图 6-36 中，仪表线显示总销售任务金额为 31.53 百万元，目标进度以蓝色底纹显示，总销售金额为 31.67 百万元。

6.2.9　卡片图和多行卡

卡片图和多行卡主要用于展示重要数据和摘要信息。卡片图用于展示单个数据或关键指标，如总销售额、月度利润或用户数量。多行卡图用于以列表形式展示多个相关数据，如不同产品的销售额、利润率和库存量。

下面通过使用卡片图展示产品总销量和总销售金额，使用多行卡展示各类产品销售信息，学习这两类图表的应用。

【实例 6-9】　创建产品总销量、总销售金额卡片图和产品销售信息多行卡。

【素材文件】　素材与实例\项目 6\GT 公司销售与产品信息数据.pbix。

【具体步骤】

（1）打开素材文件，在报表视图的“可视化”窗格中单击“卡片图”按钮，在“数据”窗格中勾选“产品订单与销量”数据表中的“总销量”复选框，并调整卡片图的大小和位置，得到的卡片图如图 6-37 所示。

（2）在“可视化”窗格“设置视觉对象格式”选项卡的“视觉对象”子选项卡中，关闭“类别标签”开关按钮。在“常规”子选项卡中，打开“标题”开关按钮，设置“标题”文本为“产品总销量”，字号为“20”，文本颜色为“白色”，背景颜色为“#0d6abf，主题颜色 1，25%较深”，水平对齐方式为居中；展开“效果”，打开“视觉对象边框”开关按钮，此时的卡片图如图 6-38 所示。

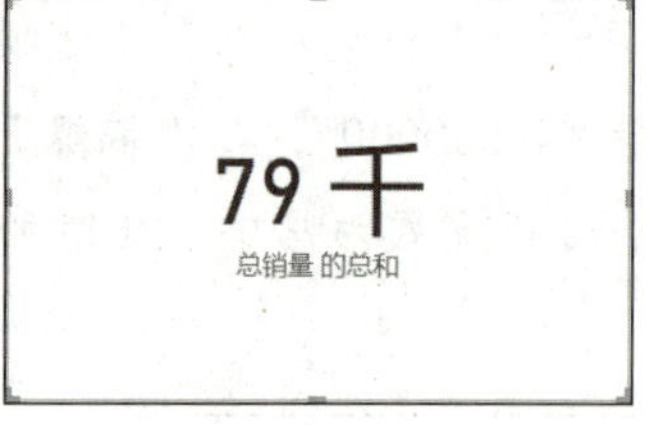

图 6-37 卡片图

图 6-38 设置格式后的卡片图

（3）复制卡片图，将副本移到空白位置，在“数据”窗格中取消勾选“总销量”复选框，勾选“销售记录”数据表中的“金额”复选框，将“标题”文本修改为“产品总销售金额”，得到的卡片图副本如图 6-39 所示。

（4）取消选中视觉对象，单击“可视化”窗格中的“多行卡”按钮，在“数据”窗格中依次勾选“产品信息”数据表中的“产品名称”复选框，“产品订单与销量”数据表中的“订单量”和“总销量”复选框，以及“销售记录”数据表中的“金额”复选框。

（5）在“可视化”窗格“生成视觉对象”选项卡的“字段”编辑框中，分别双击后 3 个字段名称，将它们修改为“总订单量”“总销量”“总销售金额”（见图 6-40），并调整多行卡的大小和位置，得到的多行卡如图 6-41 所示。

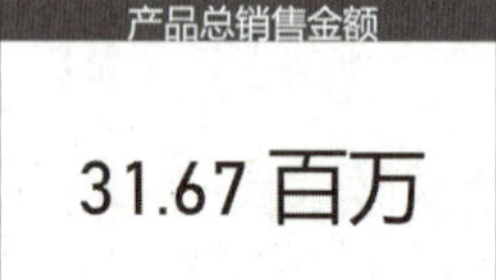

图 6-39 卡片图副本

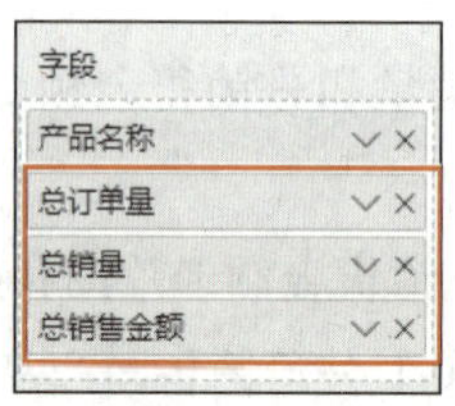

图 6-40 修改后的字段名称

竞速袜
303 总订单量　980 总销量　5,732.65 总销售金额
补胎套件
893 总订单量　1009 总销量　2,164.05 总销售金额
车顶固定架
210 总订单量　811 总销量　61,638.00 总销售金额
大齿盘
105 总订单量　258 总销量　47,213.35 总销售金额
底托架
80 总订单量　198 总销量　11,274.01 总销售金额
冬用手套
366 总订单量　2427 总销量　52,688.33 总销售金额

图 6-41 多行卡

（6）在“可视化”窗格“设置视觉对象格式”选项卡的“视觉对象”子选项卡中，设置“标注值”的字号为“13”，“类别标签”颜色为“#0d6abf，主题颜色 1，25%较深”，如图 6-42 所示。

展开“卡”，设置“标题”的字号为“14”，颜色为“黑色”；设置“样式”边框位置为“下”，轮廓线颜色为“黑色，60%较浅”，轮廓线粗细为“1”，填充（像素）为“10”（指卡片内各组数据之间的间距）；设置“强调栏”颜色为“#0e1a77，主题颜色 2，25%较深”，宽度为“4”，如图 6-43 所示。

（7）在“可视化”窗格“设置视觉对象格式”选项卡的“常规”子选项卡中展开“效果”，打开“视觉对象边框”开关按钮，此时的多行卡如图 6-44 所示。

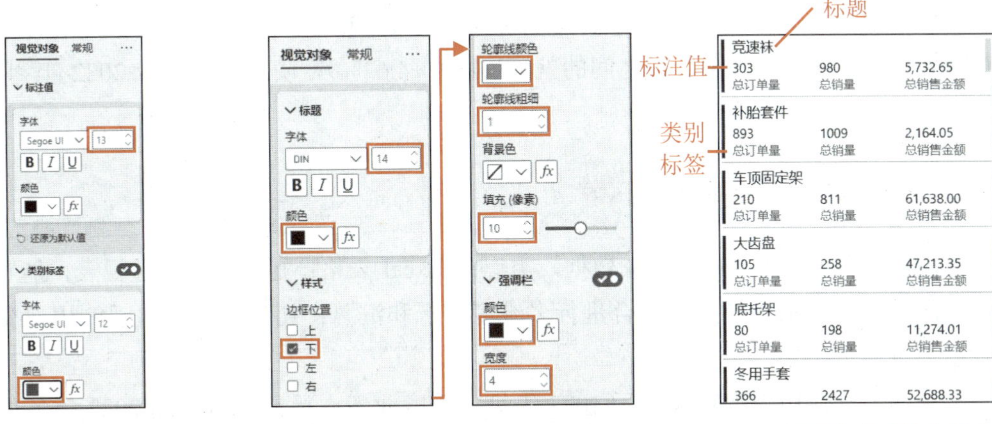

图 6-42　设置标注值和类别标签　　图 6-43　设置标题、样式和强调栏　　图 6-44　设置格式后的多行卡

6.2.10　KPI 图

KPI 是衡量企业、部门或个人业绩的重要指标。KPI 图可以展示 KPI 的完成情况，通常包括目标值、实际完成值及实际完成值与目标值之间的差异程度等。

下面通过使用 KPI 图展示 GT 公司 2022 年到 2023 年每月销售数据，以及 2023 年 12 月的实际销售金额与任务金额之间的差异程度，学习 KPI 图的应用。

【实例 6-10】　创建每月销售任务 KPI 图。

【素材文件】　素材与实例\项目 6\GT 公司销售与产品信息数据.pbix。

【具体步骤】

(1) 打开素材文件，在报表视图的“可视化”窗格中单击“KPI”按钮，在“数据”窗格中将“销售金额汇总”数据表中的“总销售金额”字段拖到“可视化”窗格“生成视觉对象”选项卡的“值”编辑框中，将“年月”字段拖到“走向轴”编辑框中，将“销售任务汇总”数据表中的“总任务金额”字段拖到“目标”编辑框中，调整 KPI 图的大小和位置。

(2) 在“可视化”窗格“设置视觉对象格式”选项卡的“常规”子选项卡中展开“标题”，设置“标题”文本为“每月销售任务 KPI”，字号为“20”，水平对齐方式为居中；展开“效果”，打开“视觉对象边框”开关按钮，此时的 KPI 图如图 6-45 所示。

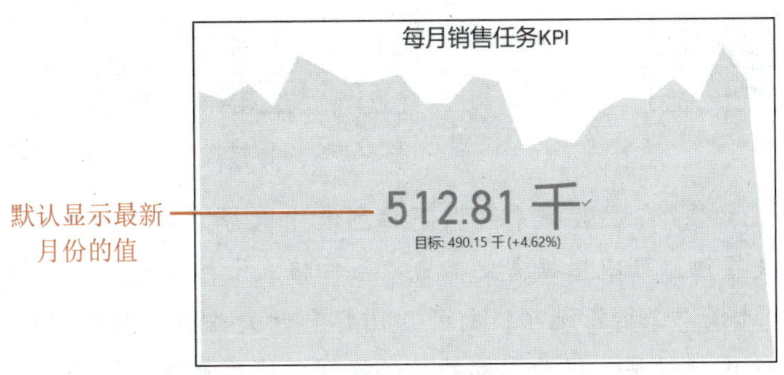

图 6-45　设置格式后的 KPI 图

图 6-45 展示了 2023 年 12 月的实际销售金额（512.81 千元）、任务金额（490.15 千元），以及实际销售金额与任务金额之间的差异程度（+4.62%），阴影区域表示 2022 年到 2023 年每月实际销售额的变化趋势。

6.2.11 表、矩阵和切片器

表以行和列的形式展示详细数据，类似于 Excel 表格；矩阵类似于透视表，能够展示数据的层次结构和汇总结果，适合进行多维度分析和汇总；切片器通过直观的用户界面实现数据筛选和交互。

下面通过使用表和矩阵展示 2023 年第一季度业务人员销售数据和 2022 年各季度业务人员销售数据，并使用切片器筛选业务人员数据，学习这 3 类视觉对象的应用。

【实例 6-11】 创建 2023 年第一季度业务人员销售数据表、2022 年各季度业务人员销售数据矩阵和业务人员切片器。

【素材文件】 素材与实例\项目 6\电脑公司数据.pbix。

【具体步骤】

（1）打开素材文件，在报表视图的“可视化”窗格中单击“表”按钮，在“数据”窗格中依次勾选“2023 年第一季度订单表”数据表中的“部门”“业务人员”“订单金额”“工龄”复选框，单击“工龄 的总和”编辑框右侧的下拉按钮，在其下拉列表中选择“不汇总”选项，最后调整表的大小和位置，得到的表如图 6-46 所示。

（2）在“可视化”窗格“设置视觉对象格式”选项卡的“视觉对象”子选项卡中展开“样式预设”，在下拉列表中选择“交替行”选项；分别展开“值”和“列标题”，将字号均设置为“12”，如图 6-47 所示。

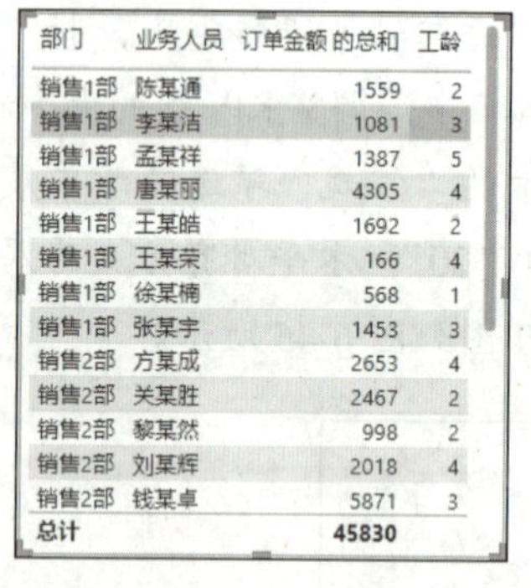

部门	业务人员	订单金额 的总和	工龄
销售1部	陈某通	1559	2
销售1部	李某洁	1081	3
销售1部	孟某祥	1387	5
销售1部	唐某丽	4305	4
销售1部	王某皓	1692	2
销售1部	王某荣	166	4
销售1部	徐某楠	568	1
销售1部	张某宇	1453	3
销售2部	方某成	2653	4
销售2部	关某胜	2467	2
销售2部	黎某然	998	2
销售2部	刘某辉	2018	4
销售2部	钱某卓	5871	3
总计		45830	

图 6-46 表

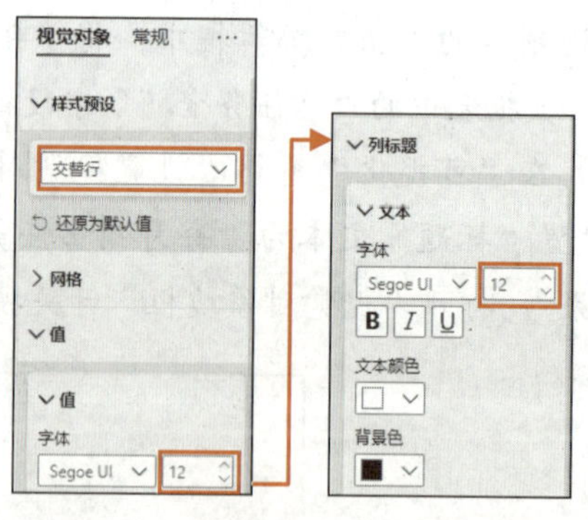

图 6-47 设置样式预设、值和列标题

（3）展开“单元格元素”，在“数据系列”下拉列表中选择“订单金额 的总和”选项，打开“数据条”开关按钮，可以根据需要单击“条件格式”按钮进行颜色等设置；在“数据系列”下拉列表中选择“工龄”选项，打开“图标”开关按钮，在打开的“图标-图标”对话框中参照图 6-48 进行设置，修改图标的显示规则，然后单击“确定”按钮关闭对话框，此时的表如图 6-49 所示。

（4）在“可视化”窗格“设置视觉对象格式”选项卡的“常规”子选项卡中打开“标题”开关按钮，设置“标题”文本为“2023 年第一季度业务人员销售数据”，字号为“12”。

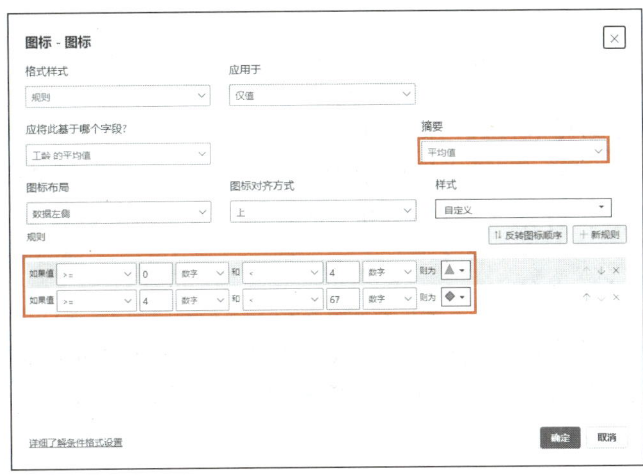

图 6-48　“图标-图标”对话框的设置

部门	业务人员	订单金额 的总和	工龄
销售1部	陈某通	1559	2
销售1部	李某洁	1081	3
销售1部	孟某祥	1387	5
销售1部	唐某丽	4305	4
销售1部	王某皓	1692	2
销售1部	王某荣	166	4
销售1部	徐某楠	568	1
销售1部	张某宇	1453	3
销售2部	方某成	2653	4
销售2部	关某胜	2467	2
销售2部	黎某然	998	2
销售2部	刘某辉	2018	4
总计		**45830**	

图 6-49　设置格式后的表

（5）取消选中视觉对象，单击“可视化”窗格中的“矩阵”按钮，在“数据”窗格中，将“2022 年订单表”数据表中的“业务人员”字段拖到“可视化”窗格“生成视觉对象”选项卡的“行”编辑框中，将“日期”字段拖到“列”编辑框中，将“订单金额”字段拖到“值”编辑框中，然后删除“日期”层级结构中的“年”“月份”“日”字段，调整矩阵的大小和位置，得到的矩阵如图 6-50 所示。

（6）参照表的格式设置方法，在“设置视觉对象格式”选项卡的“视觉对象”子选项卡中设置“样式预设”为“交替行”，“值”“列标题”“行标题”的字号均为“12”；在“常规”子选项卡中，打开“标题”开关按钮，设置“标题”文本为“2022 年各季度业务人员销售数据”，字号为“12”，此时的矩阵如图 6-51 所示。

业务人员	季度 1	季度 2	季度 3	季度 4	总计
边某双	1200	3256	1670	2863	**8989**
陈某通	3932	4874	1048	2477	**12331**
方某成	3270	1949	3536	3299	**12054**
方某康		938	105	938	**1981**
关某胜	3939	1770	1117	1610	**8436**
黎某然	1053	1416	1052		**3521**
李某洁	1778	679	632	180	**3269**
李某梅	2184	3311	3170	332	**8997**
刘某辉	706	967	100	2806	**4579**
刘某露	5064	2129	4379	2763	**14335**
孟某祥	1578	2318	1177	1914	**6987**
钱某卓	5839	3482	2181	5706	**17208**
唐某丽	3037	5589	1604	1641	**11871**
王某德	1550	189	1269	3840	**6848**
王某皓	1805	2213	2921	1244	**8183**
王某江	2686	2236	4758	3271	**12951**
总计	**57427**	**57298**	**61583**	**52180**	**228488**

图 6-50　矩　阵

2022年各季度业务人员销售数据

业务人员	季度 1	季度 2	季度 3	季度 4	总计
边某双	1200	3256	1670	2863	**8989**
陈某通	3932	4874	1048	2477	**12331**
方某成	3270	1949	3536	3299	**12054**
方某康		938	105	938	**1981**
关某胜	3939	1770	1117	1610	**8436**
黎某然	1053	1416	1052		**3521**
李某洁	1778	679	632	180	**3269**
李某梅	2184	3311	3170	332	**8997**
刘某辉	706	967	100	2806	**4579**
刘某露	5064	2129	4379	2763	**14335**
孟某祥	1578	2318	1177	1914	**6987**
钱某卓	5839	3482	2181	5706	**17208**
总计	**57427**	**57298**	**61583**	**52180**	**228488**

图 6-51　设置格式后的矩阵

（7）取消选中视觉对象，单击“可视化”窗格中的“切片器”按钮，在“数据”窗格中勾选“员工信息表”数据表中的“业务人员”复选框，得到的切片器如图 6-52 所示。

提 示

切片器的字段应与当前报表页中其他视觉对象的数据源字段相关联。

（8）在“可视化”窗格“设置视觉对象格式”选项卡中展开“切片器设置”，在“选择”区域打开“显示‘全选’选项”开关按钮；展开“切片器标头”，设置文本字号为“16”，边框位置为“下”；展开“效果”，打开“视觉对象边框”开关按钮，如图 6-53 所示。

提 示

文本类型字段的切片器默认为“垂直列表”样式，数值和日期类型字段的切片器默认为“介于”样式，在“切片器设置”设置区“选项”选项中的“样式”下拉列表中，可以将样式修改为“磁贴”“下拉”等。

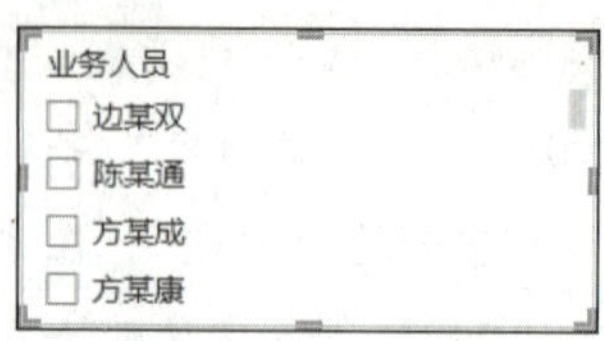

图 6-52 切片器

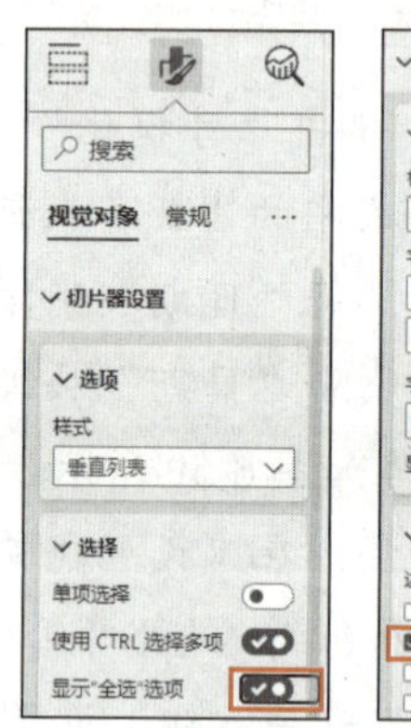

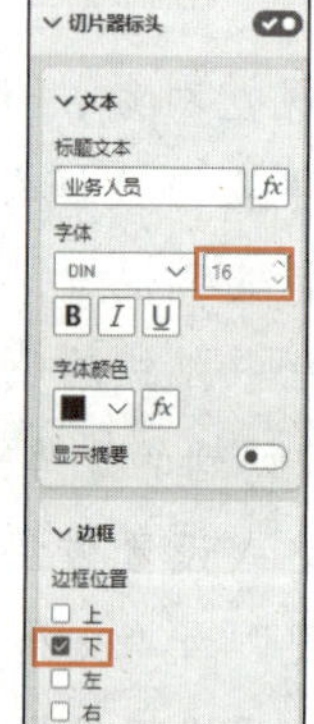

图 6-53 设置切片器的格式

（9）按住【Ctrl】键，勾选切片器中的“边某双”和“陈某通”复选框，报表页中其他视觉对象随之发生变化，筛选结果如图 6-54 所示。

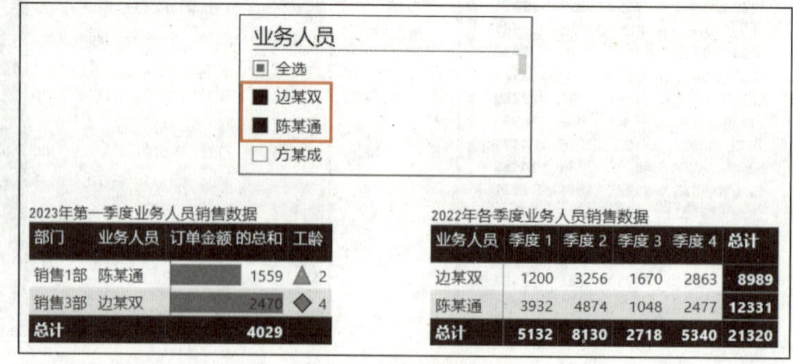

部门	业务人员	订单金额 的总和	工龄
销售1部	陈某通	1559	2
销售3部	边某双	2470	4
总计		4029	

业务人员	季度 1	季度 2	季度 3	季度 4	总计
边某双	1200	3256	1670	2863	8989
陈某通	3932	4874	1048	2477	12331
总计	5132	8130	2718	5340	21320

图 6-54 筛选结果

提 示

如果需要在切片器中同时筛选多项，可以按住【Ctrl】键后勾选需要的多个复选框。单击切片器右上角的“清除选择”按钮或者双击“全选”复选框可以取消筛选。

6.2.12 其他自带视觉对象

1. 瀑布图

瀑布图常用于展示数据从初始值到最终值逐步的变化情况。数据的增减变化使用不同颜色的柱形表示（红色表示减少，绿色表示增加），清晰地展示各项数据对总数（蓝色表示总计）的影响，图 6-55 所示的瀑布图展示了公司的收支明细。

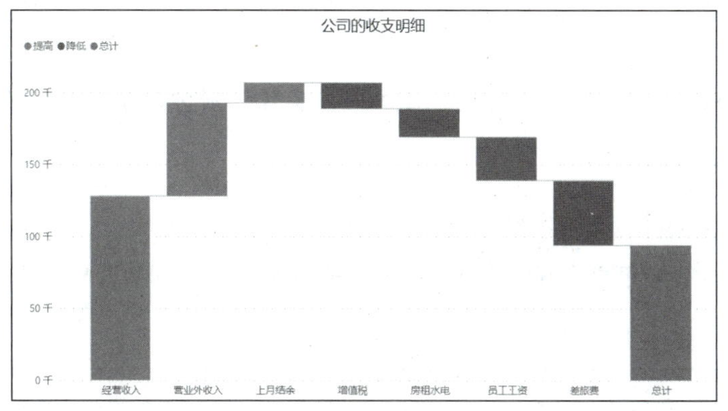

图 6-55 的彩色图像

图 6-55 瀑布图

2. 分区图和堆积面积图

分区图与折线图类似，区别在于分区图将折线和 X 轴之间的区域用颜色填充，常用于展示多个数据之间的相对大小和变化趋势，如图 6-56 所示。堆积面积图在分区图的基础上进行扩展，每个数据集的起点基于前一个数据集的终点，常用于展示各数据的变化趋势及占比情况，同时能够突出数据的整体趋势，如图 6-57 所示。

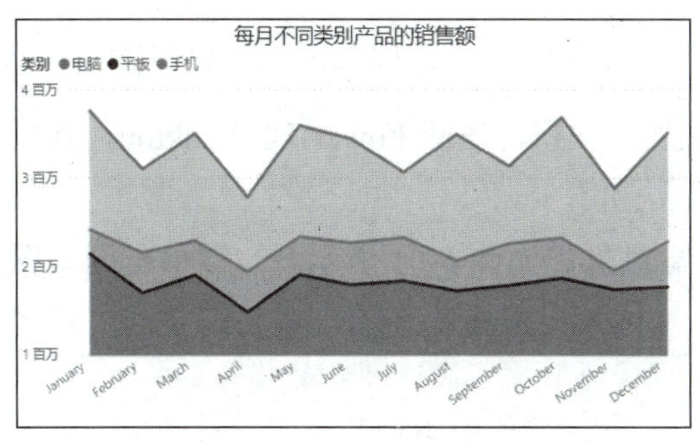

图 6-56 分区图

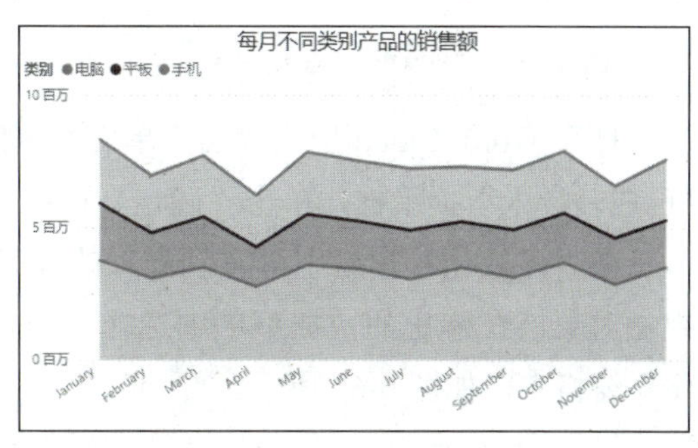

图 6-57 堆积面积图

6.3 自定义视觉对象

除默认自带的视觉对象外，Power BI 还允许用户在 Microsoft AppSource 中下载第三方开发的视觉对象，用户也可以根据特定需求或行业标准自定义视觉对象。

6.3.1 下载和导入自定义视觉对象

在 Power BI Desktop 的“主页”选项卡“插入”命令组中单击“更多视觉对象”下拉按钮，在其下拉列表中选择“从 AppSource”选项。首次打开 AppSource 需要登录 Power BI 账号，登录后打开“Power BI 视觉对象”对话框，如图 6-58 所示。

提 示

此处需注意，注册 Power BI 账号需使用企业邮箱，具体注册方法见项目 8 的 8.1.1 小节。

此处以词云图（Word Cloud）为例讲解下载和导入自定义视觉对象的方法。在右上角的搜索框中输入“Word”并按【Enter】键确认，在搜索结果中选择“Word Cloud”视觉对象，如图 6-59 所示。

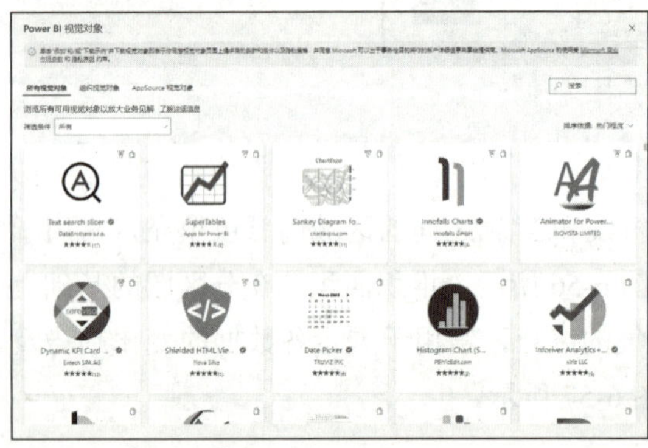

图 6-58 “Power BI 视觉对象”对话框

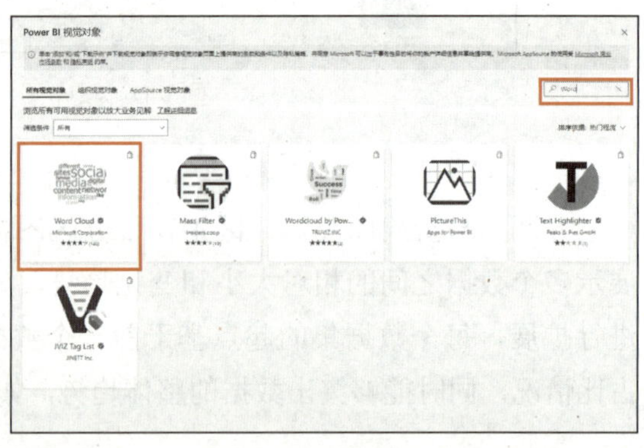

图 6-59 选择“Word Cloud”视觉对象

打开 Word Cloud 应用界面，单击左侧的“添加”按钮，返回 Power BI Desktop，弹出“已成功导入”提示框，单击“确定”按钮，如图 6-60 所示。

在“可视化”窗格中可看到导入的词云图视觉对象，如图 6-61 所示。右键单击词云图视觉对象，在弹出的快捷菜单中选择“固定到可视化效果窗格”选项，将其固定到“可视化”窗格中，如图 6-62 所示。

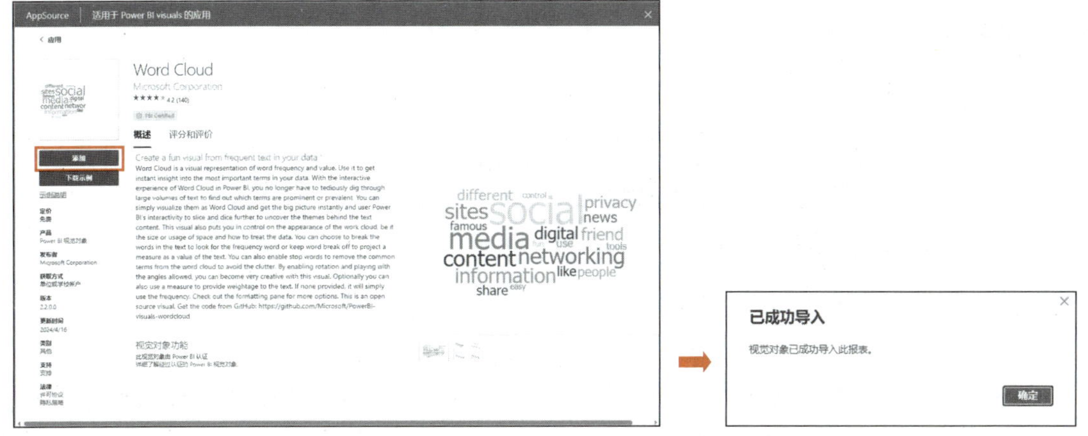

图 6-60 导入视觉对象

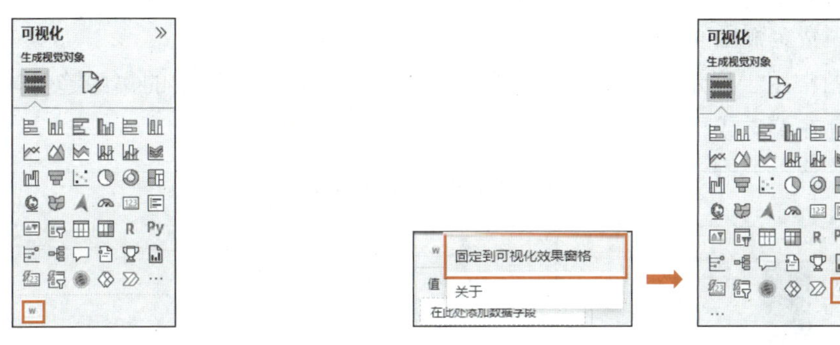

图 6-61 导入的视觉对象

图 6-62 固定视觉对象

6.3.2 常用自定义视觉对象及其作用

常用自定义视觉对象有词云图、雷达图、直方图、旋风图和旭日图等，下面详细介绍。

（1）词云图又称文字云，它通过不同大小、颜色的词汇来展示文本中词语出现的频率，词语出现的频率越高，其在图中所占的空间就越大，某电商平台某款连衣裙商品评价词云图如图 6-63 所示。

词云图可以帮助用户迅速捕捉大规模文本数据中的重要信息和热点话题，常用于文本分析、社交媒体分析、新闻报道、市场调研、学术研究等多个领域。当数据的区分度不大时使用词云图起不到突出热点的效果，数据量较少时也不适合用词云图展示。

（2）雷达图（Radar Chart）又称蛛网图、星形图或极坐标图，它以一个中心点为起点向外延伸出多条射线，每条射线代表一个特定的变量或指标，每条射线上的点或线段表示变量的取值，某公司 2024 年不同地区利润情况雷达图如图 6-64 所示。

雷达图常用于比较多个变量在不同维度上的表现，以及展示各个变量之间的相对关系。每个变量在雷达图上的表现可以通过相应线段的长度、线段组成图形的面积等进行表示。通过观察雷达图的形状和变化，可以直观地了解各个变量的相对重要性、差异程度和趋势。

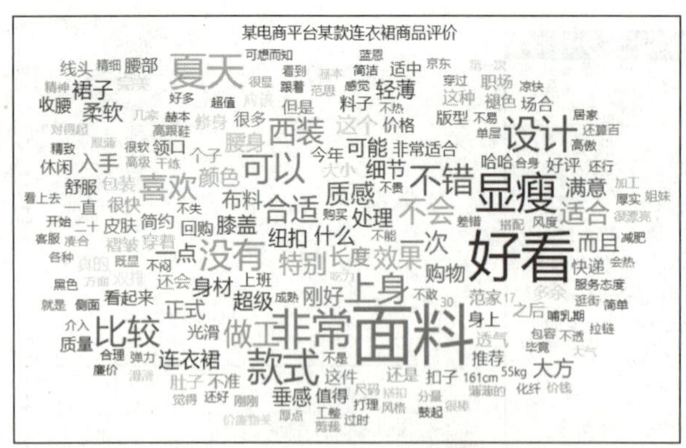

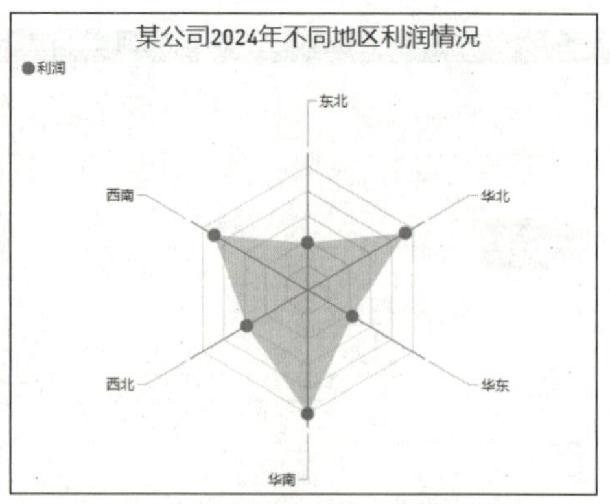

图 6-63　某电商平台某款连衣裙商品评价词云图　　图 6-64　某公司 2024 年不同地区利润情况雷达图

（3）直方图（Histogram Chart）是一种柱形图，用于展示数据的数量或出现的频率。它将数据分成若干个连续的区间（X 轴），并以每个区间内数据点的数量（频率）为柱高，某餐厅不同消费金额区间消费次数直方图如图 6-65 所示。

直方图常用于展示数据的分布情况，可以帮助用户识别数据的集中趋势、离散程度，以及是否存在偏态或异常值等。

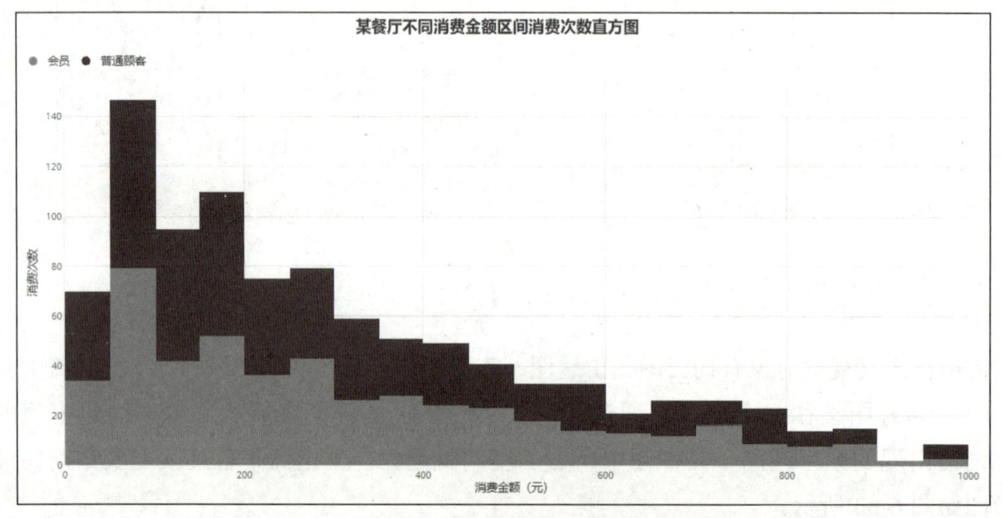

图 6-65　某餐厅不同消费金额区间消费次数直方图

（4）旋风图（Tornado Chart）又称人口金字塔图或漏斗金字塔图，是一种用于比较两个类别数据分布情况的特殊条形图，其对称布局有助于清晰对比数据分布，使用户快速识别数据的集中趋势和变化规律，按年龄区间和性别划分的 2022 年人口数旋风图如图 6-66 所示。

旋风图广泛应用于人口统计、市场研究、社会学研究和企业人力资源管理等领域，能够快速分析人口结构、客户群体分布等。

（5）旭日图（Sunburst）又称多层圆环图或径向树图，它通过同心圆环表示不同层级的数据，其中每个环代表一个层级，环上的扇区代表该层级中的各个数据项，扇区的大小通常表示数值的大小，不同地区产品的利润情况旭日图如图 6-67 所示。

旭日图的直观布局能够帮助用户快速了解数据的层级关系和比例分布，常用于展示组织结构、文件系统、分类信息和其他具有层级关系的数据。

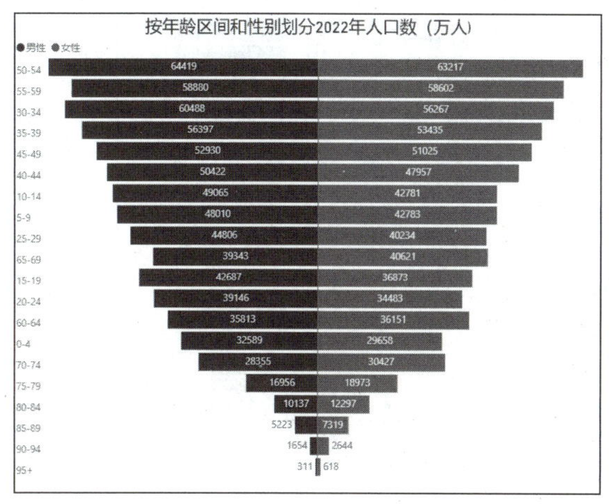

图 6-66 按年龄区间和性别划分的 2022 年人口数旋风图

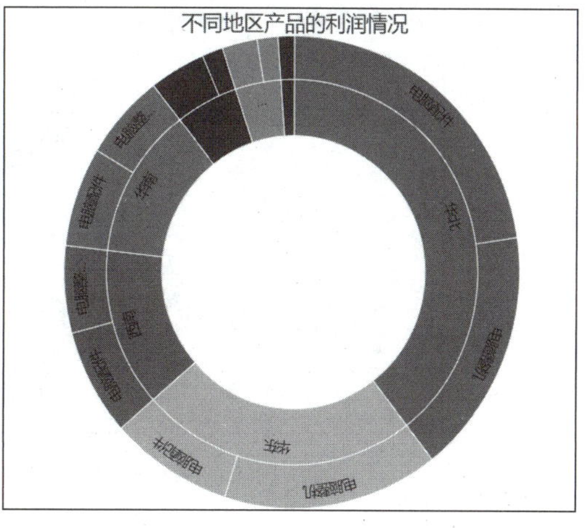

图 6-67 不同地区产品的利润情况旭日图

项目实施——DK 运动品牌数据可视化

本项目实施使用视觉对象实现 DK 运动品牌数据可视化。为便于学习和操作，我们将整个实施过程分为两部分，第 1 部分针对企业经营概况创建视觉对象，如切片器、KPI 图、卡片图、树状图、折线和簇状柱形图等，可视化效果如图 6-68 所示；第 2 部分针对门店销售情况创建视觉对象，如切片器、表、圆环图、簇状条形图等，可视化效果如图 6-69 所示。

DK 运动品牌数据可视化

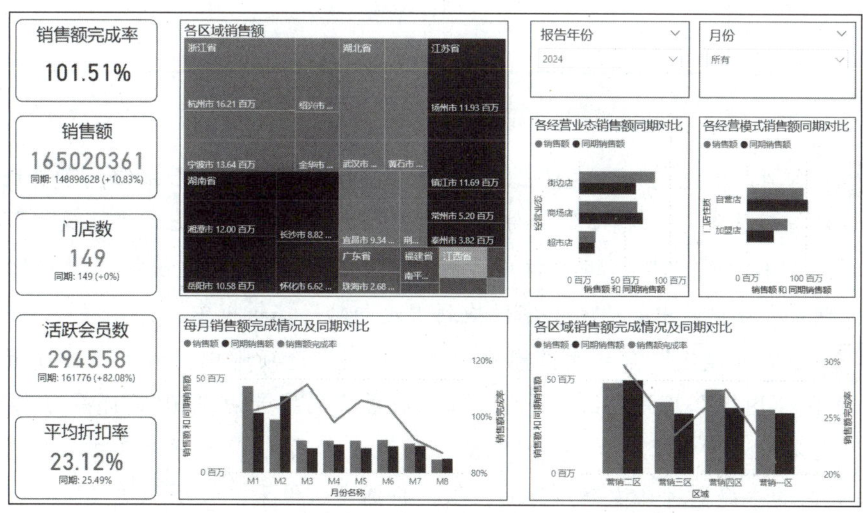

图 6-68 企业经营概况可视化效果

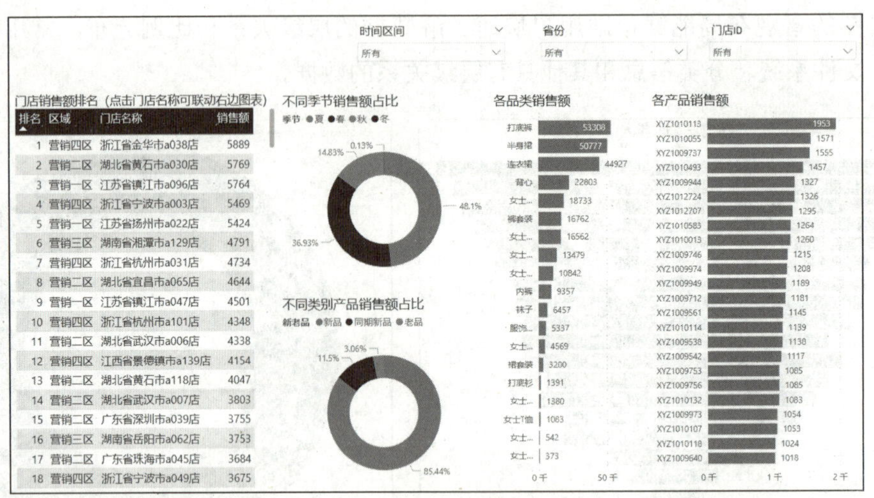

图 6-69 门店销售情况可视化效果

1. 企业经营概况可视化

步骤 1 打开本书配套素材“素材与实例\项目 6\DK 运动品牌数据.pbix”文件，在报表视图的“可视化”窗格中单击“切片器”按钮，在“数据”窗格中勾选“日期表”数据表中的“年”复选框。在“可视化”窗格“设置视觉对象格式”选项卡中，设置“切片器设置”的样式为“下拉”，“切片器标头”的标题文本为“报告年份”，字号为“14”；打开“效果”设置区的“视觉对象边框”开关按钮。

调整切片器的大小，复制切片器并将副本移到空白位置，将数据字段修改为“月份名称”，“切片器标头”的标题文本修改为“月份”。在“报告年份”切片器下拉列表中勾选“2024”复选框，得到的切片器如图 6-70 所示。

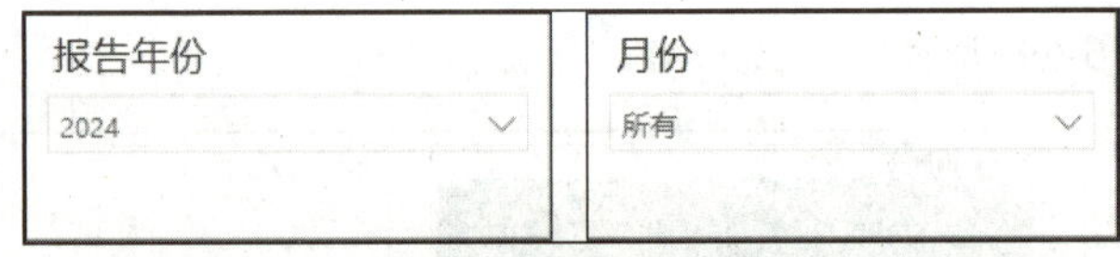

图 6-70 切片器

步骤 2 取消选中视觉对象，单击“可视化”窗格中的“KPI”按钮，在“数据”窗格中将“销售数据汇总表”/“核心”文件夹中的“销售额”度量值拖到“可视化”窗格“生成视觉对象”选项卡的“值”编辑框中，将“同期销售额”度量值拖到“目标”编辑框中，将“日期表”数据表中的“年”字段拖到“走向轴”编辑框中。

步骤 3 在“可视化”窗格“设置视觉对象格式”选项卡中，设置“标注值”的字号为“28”；关闭“图标”开关按钮；设置“目标标签”的字号为“10”，标签为“同期”；设置“标题”文本为“销售额”，字号为“18”，颜色为“黑色”，水平对齐方式为居中；打开“效果”设置区的“视觉对象边框”开关按钮，将圆角（像素）设置为“10”，调整 KPI 图的大小和位置。

步骤 4 复制 4 个 KPI 图，并调整它们的位置。

选中第 1 个副本，将“值”编辑框中的度量值修改为“门店数”度量值，“目标”编辑框中的度量值修改为“同期门店数”度量值，“标题”文本修改为“门店数”。

选中第 2 个副本，将“值”编辑框中的度量值修改为“活跃会员数”度量值，“目标”编辑框中的度量值修改为“同期活跃会员数”度量值，“标题”文本修改为“活跃会员数”。

选中第 3 个副本，将“值”编辑框中的度量值修改为“平均折扣率”度量值，“目标”编辑框中的度量值修改为“同期平均折扣率”度量值。在“数据”窗格中分别选中“平均折扣率”和“同期平均折扣率”度量值，在“度量工具”选项卡“格式化”命令组中单击“百分号”按钮%；在“可视化”窗格“设置视觉对象格式”选项卡中，关闭“到目标的距离”开关按钮，“标题”文本修改为“平均折扣率”。

选中第 4 个副本，单击“可视化”窗格中的“卡片图”按钮，将“字段”编辑框中的度量值修改为“销售额完成率”度量值。在“数据”窗格中选中该度量值，在“度量工具”选项卡“格式化”命令组中单击“百分号”按钮%；在“可视化”窗格“设置视觉对象格式”选项卡中，设置“标注值”的字号为“28”；关闭“类别标签”开关按钮；打开“标题”开关按钮，修改“标题”文本为“销售额完成率”。

得到的 KPI 图与卡片图如图 6-71 所示。

销售额	门店数	活跃会员数	平均折扣率	销售额完成率
165020361	149	294558	23.12%	101.51%
同期: 148898628 (+10.83%)	同期: 149 (+0%)	同期: 161776 (+82.08%)	同期: 25.49%	

图 6-71　KPI 图与卡片图

步骤 5 取消选中视觉对象，单击“可视化”窗格中的“树状图”按钮，在“数据”窗格中，将“区域信息表”数据表中的“省份”字段拖到“可视化”窗格“生成视觉对象”选项卡的“类别”编辑框中，将“城市”字段拖到“详细信息”编辑框中，将“销售数据汇总表”/“核心”中的“销售额”度量值拖到“值”编辑框中，将“门店数”和“销售额完成率”度量值拖到“工具提示”编辑框中。

步骤 6 在“可视化”窗格“设置视觉对象格式”选项卡中，打开“数据标签”开关按钮，设置“标题”文本为“各区域销售额”，打开“效果”设置区的“视觉对象边框”开关按钮，调整树状图的大小和位置，得到的树状图如图 6-72 所示。

步骤 7 取消选中视觉对象，单击“可视化”窗格中的“折线和簇状柱形图”按钮，参照图 6-73 将“数据”窗格中“日期表”数据表中的字段和“销售数据汇总表”/“核心”文件夹中的度量值拖到“可视化”窗格的“生成视觉对象”选项卡的相应编辑框中。

设置折线和簇状柱形图的“标题”文本为“每月销售额完成情况及同期对比”，打开“效果”设置区的“视觉对象边框”开关按钮，单击视觉对象右上角的…按钮，在展开的列表中首先选择“排列轴”/“月份名称”选项，然后选择“排列轴”/“以升序排序”选项，使其数据按照月份名称升序排序，调整折线和簇状柱形图的大小和位置，得到的折线和簇状柱形图如图 6-74 所示。

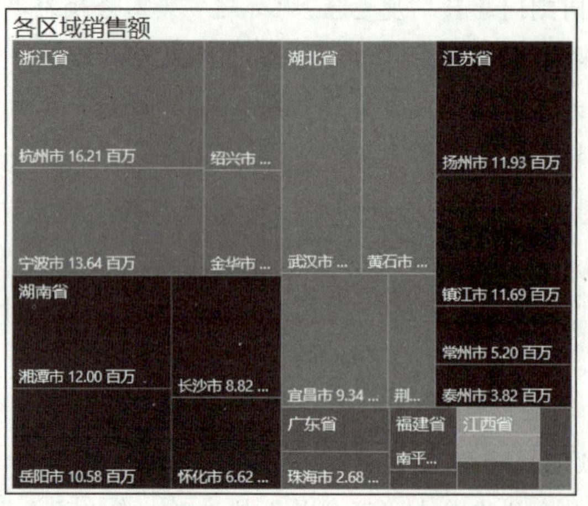

图 6-72　树状图

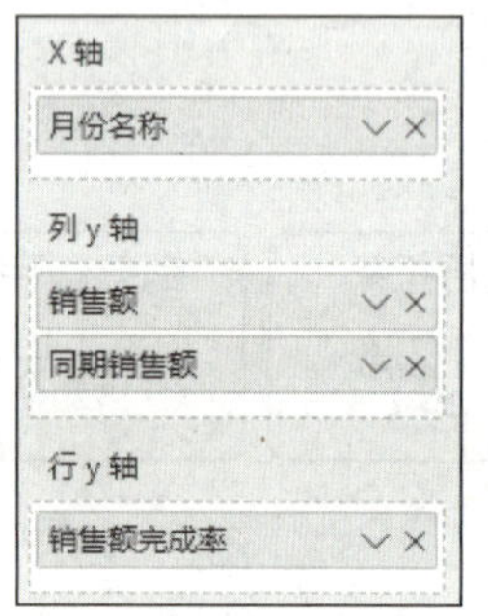

图 6-73　“生成视觉对象”选项卡的设置

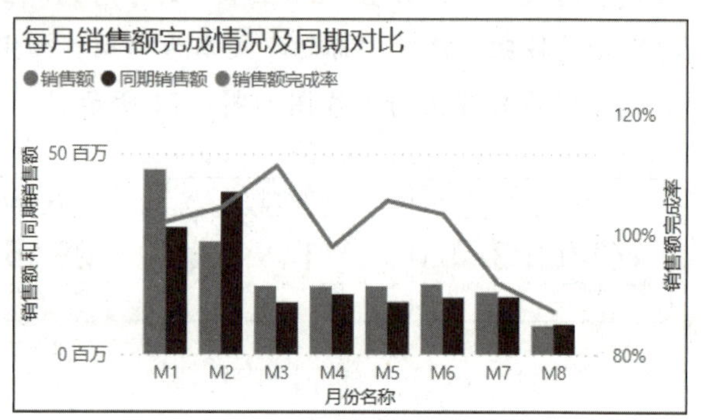

图 6-74　折线和簇状柱形图

步骤 8 复制折线和簇状柱形图并调整副本位置，将“可视化”窗格“生成视觉对象”选项卡“X 轴”编辑框中的字段修改为“区域信息表”数据表中的“区域”字段（见图 6-75），并按区域升序排序数据，将“标题”文本修改为“各区域销售额完成情况及同期对比”，得到的折线和簇状柱形图副本如图 6-76 所示。

图 6-75　修改的字段

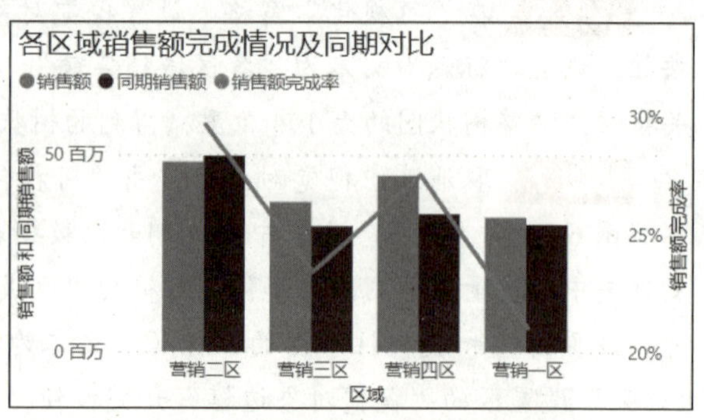

图 6-76　折线和簇状柱形图副本

步骤 9 取消选中视觉对象，单击“可视化”窗格中的“簇状条形图”按钮，参照图 6-77 将“数据”窗格中“门店信息表”数据表中的字段和“销售数据汇总表”/“核心”文件夹中的度量值拖到“可视化”窗格“生成视觉对象”选项卡的相应编辑框中，设置簇状条形图的“标题”文本为“各经营业态销售额同期对比”，字号为“13”。

步骤 10 复制簇状条形图并调整副本位置，将“可视化”窗格“生成视觉对象”选项卡“Y 轴”编辑框中的字段修改为“门店信息表”数据表中的“门店性质”字段，设置“标题”文本为“各经营模式销售额同期对比”，字号为“13”；设置“X 轴”值的显示单位为“百万”，得到的条形图如图 6-78 所示。调整报表页中视觉对象的位置，报表页可视化效果如图 6-68 所示。

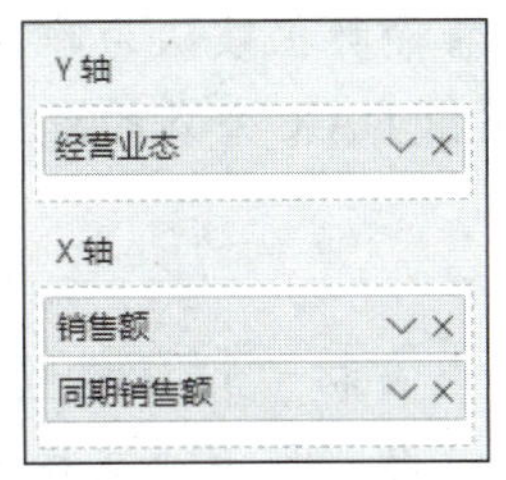

图 6-77 “生成视觉对象”选项卡的设置

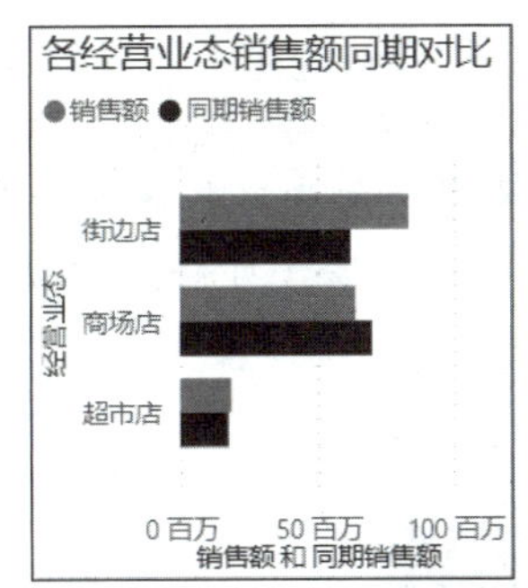

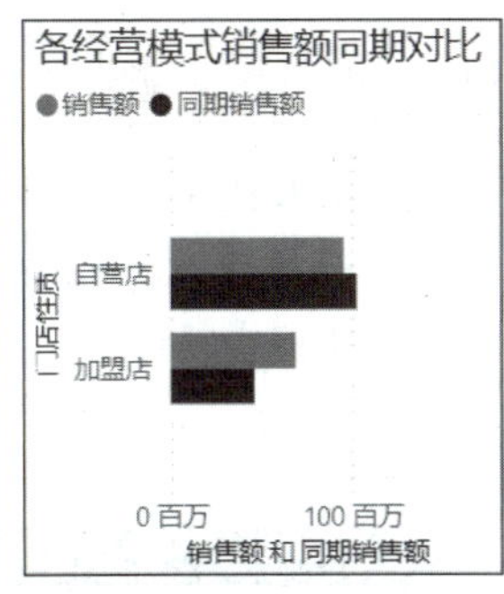

图 6-78 条形图

2. 门店销售情况可视化

步骤 1 在报表视图下方导航栏中单击“新建页”按钮+，添加报表页。单击“可视化”窗格中的“切片器”按钮，在“数据”窗格中勾选“日期期间表”数据表中的“时间区间”复选框；在“可视化”窗格“设置视觉对象格式”选项卡中，设置“切片器设置”的样式为“下拉”，调整切片器的大小。

复制两个切片器，调整它们的位置，将副本的字段分别修改为“销售数据汇总表”数据表中的“省份”和“门店 ID”字段，得到的切片器如图 6-79 所示。

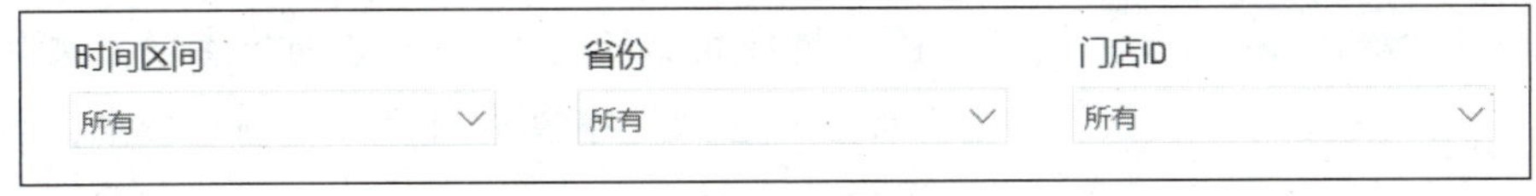

图 6-79 切片器

步骤 2 取消选中视觉对象，单击“可视化”窗格中的“表”按钮，在“数据”窗格中依次勾选“销售数据汇总表”数据表中的“门店销售额排名”复选框，“门店区域表”数据表中的“区域”复选框和“门店名称”复选框，“销售数据汇总表”/“本期销售额”文件夹中的“动态销售额”复选框；在“可视化”窗格“生成视觉对象”选项卡的“列”编辑框中，参照图 6-80 修改字段和度量值名称，并按排名升序排序表，得到的表如图 6-81 所示。

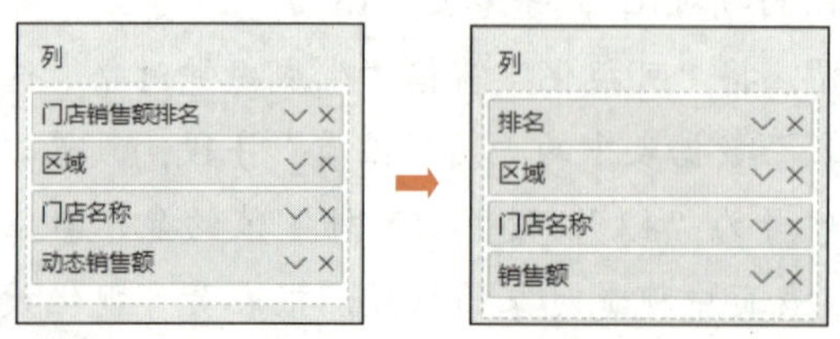

图 6-80　修改字段和度量值名称

排名	区域	门店名称	销售额
1	营销四区	浙江省金华市a038店	5889
2	营销二区	湖北省黄石市a030店	5769
3	营销一区	江苏省镇江市a096店	5764
4	营销四区	浙江省宁波市a003店	5469
5	营销一区	江苏省扬州市a022店	5424
6	营销三区	湖南省湘潭市a129店	4791
7	营销四区	浙江省杭州市a031店	4734
8	营销二区	湖北省宜昌市a065店	4644
9	营销一区	江苏省镇江市a047店	4501
10	营销四区	浙江省杭州市a101店	4348
11	营销二区	湖北省武汉市a006店	4338
12	营销四区	江西省景德镇市a139店	4154
			281882

图 6-81　按排名升序排序的表

提　示 

在未使用“时间区间”切片器筛选的状态下，表中的销售额数据默认为昨日销售额，若想修改默认销售额数据，可修改“动态销售额”度量值 DAX 公式的最后一行“[昨日销售额]”。

门店销售额排名（点击门店名称可联动右边图表）

排名	区域	门店名称	销售额
1	营销四区	浙江省金华市a038店	5889
2	营销二区	湖北省黄石市a030店	5769
3	营销一区	江苏省镇江市a096店	5764
4	营销四区	浙江省宁波市a003店	5469
5	营销一区	江苏省扬州市a022店	5424
6	营销三区	湖南省湘潭市a129店	4791
7	营销四区	浙江省杭州市a031店	4734
8	营销二区	湖北省宜昌市a065店	4644
9	营销一区	江苏省镇江市a047店	4501
10	营销四区	浙江省杭州市a101店	4348
11	营销二区	湖北省武汉市a006店	4338
12	营销四区	江西省景德镇市a139店	4154
13	营销二区	湖北省黄石市a118店	4047
14	营销二区	湖北省武汉市a007店	3803
15	营销二区	广东省深圳市a039店	3755
16	营销三区	湖南省岳阳市a062店	3753
17	营销二区	广东省珠海市a045店	3684
18	营销四区	浙江省宁波市a049店	3675

图 6-82　设置格式后的表

步骤 3 在“可视化”窗格“设置视觉对象格式”选项卡中，设置“样式预设”为“交替行”；设置“值”和“列标题”的字号均为“12”；关闭“总计”设置区的“值”开关按钮；打开“标题”开关按钮，设置“标题”文本为“门店销售额排名（点击门店名称可联动右边图表）”，字号为“13”，此时的表如图 6-82 所示。

步骤 4 取消选中视觉对象，单击“可视化”窗格中的“环形图”按钮，在“数据”窗格中，将“产品信息表”数据表中的“季节”字段拖到“可视化”窗格“生成视觉对象”选项卡的“图例”编辑框中，将“销售数据汇总表”/“本期销售额”文件夹中的“动态销售额”字段拖到“值”编辑框中，调整环形图的大小和位置。

步骤 5 在“可视化”窗格“设置视觉对象格式”选项卡中，设置“图例”位置为“靠上左对齐”，“详细信息标签”的标签内容为“总百分比”，“标题”文本为“不同季节销售额占比”，得到的环形图如图 6-83 所示。

步骤 6 复制环形图并调整副本位置，将“可视化”窗格“生成视觉对象”选项卡“图例”编辑框中的字段修改为“产品信息表”数据表中的“新老品”字段，将“标题”文本修改为“不同类别产品销售额占比”，得到的环形图副本如图 6-84 所示。

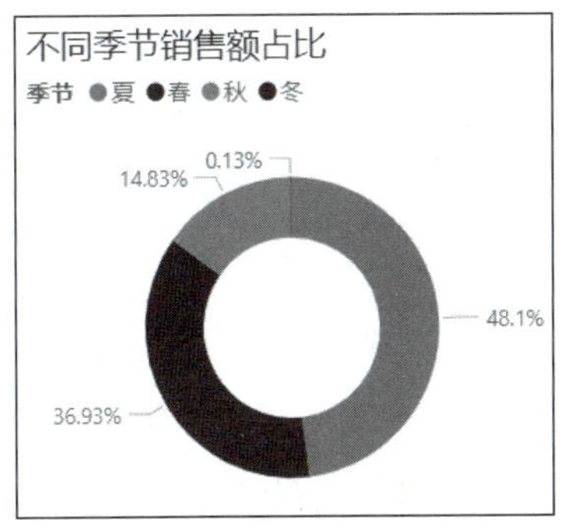

图 6-83 环形图

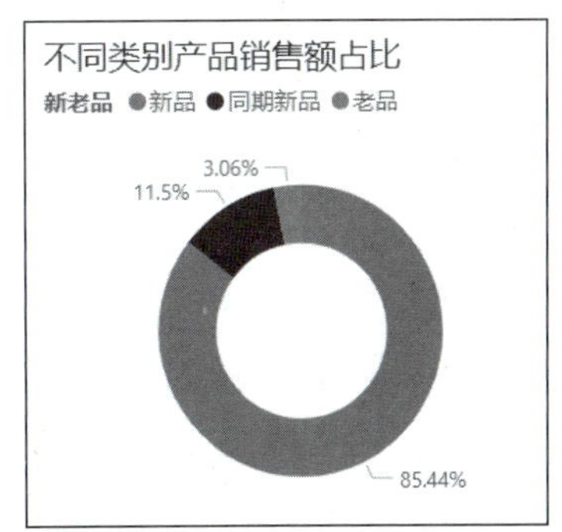

图 6-84 环形图副本

步骤 7 取消选中视觉对象，单击“可视化”窗格中的“簇状条形图”按钮，在“数据”窗格中，将“产品信息表”数据表中的“品类”字段拖到“可视化”窗格“生成视觉对象”选项卡的“Y 轴”编辑框中，将“销售数据汇总表”/“本期销售额”文件夹中的“动态销售额”度量值拖到“X 轴”编辑框中，调整簇状条形图的大小和位置。

步骤 8 在“可视化”窗格“设置视觉对象格式”选项卡中，关闭“X 轴”和“Y 轴”设置区的“标题”开关按钮；打开“数据标签”开关按钮，并设置“值”的显示单位为“无”；设置“标题”文本为“各品类销售额”，得到的簇状条形图如图 6-85 所示。

步骤 9 复制簇状条形图并调整副本位置，将“可视化”窗格“生成视觉对象”选项卡“Y 轴”编辑框中的字段修改为“产品信息表”数据表中的“产品 ID”字段，将“标题”文本修改为“各产品销售额”，得到的簇状条形图副本如图 6-86 所示。

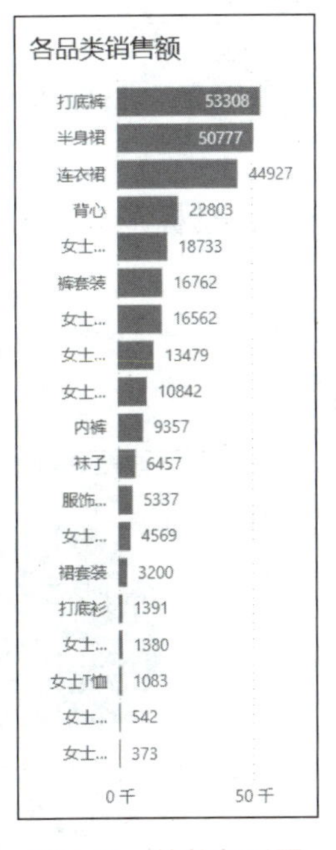

图 6-85 簇状条形图

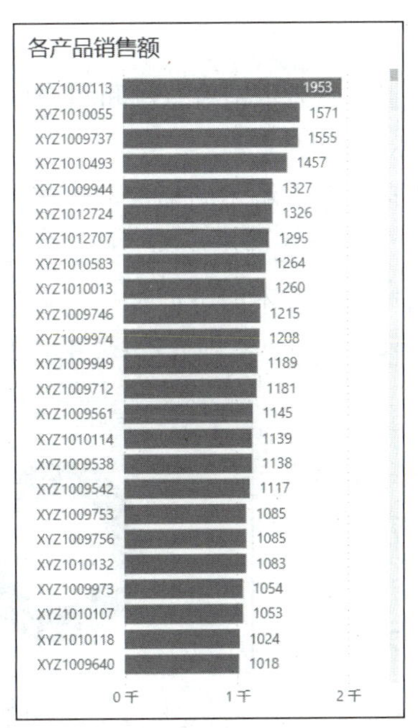

图 6-86 簇状条形图副本

步骤 10 调整报表页中视觉对象的位置，报表页可视化效果如图 6-69 所示。

项目实训

1. 实训目标

练习使用 Power BI Desktop 添加并优化视觉对象。

2. 实训内容

通过可视化图表分析电商商品销售数据，具体操作如下。

（1）打开本书配套素材“素材与实例\项目 6\X 电商企业数据.pbix”文件，使用切片器按年份筛选数据，并设置样式为“垂直列表”，显示视觉对象边框，可视化效果如图 6-87 所示。

（2）使用树状图分析不同省份的利润情况，可视化效果如图 6-88 所示。

年份
☐ 2021
☐ 2022
☐ 2023

图 6-87　切片器效果

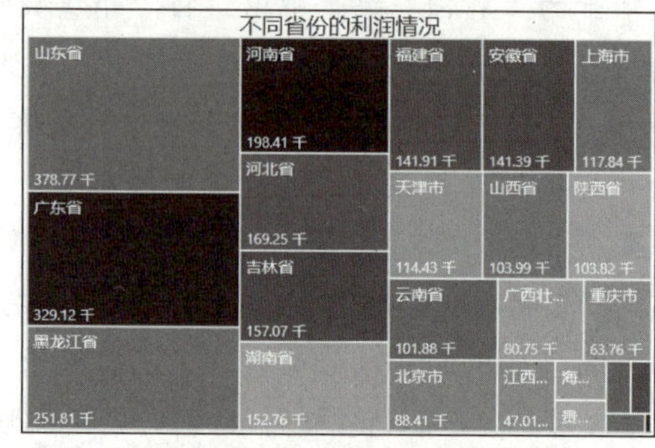

图 6-88　树状图效果

（3）使用卡片图显示销售总额和利润总额，设置视觉对象边框的圆角为 10 像素，可视化效果如图 6-89 所示。

（4）使用环形图分析不同地区销售额占比，设置“详细信息标签”的标签内容为“类别，总百分比”，可视化效果如图 6-90 所示。

（5）使用饼图分析不同类型客户消费额占比，关闭“图例”开关按钮，设置“详细信息标签”的标签内容为“类别”，可视化效果如图 6-91 所示。

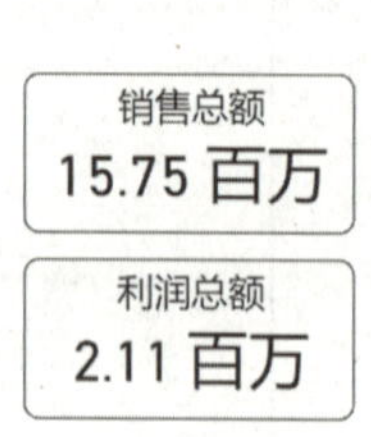

图 6-89　片卡图效果

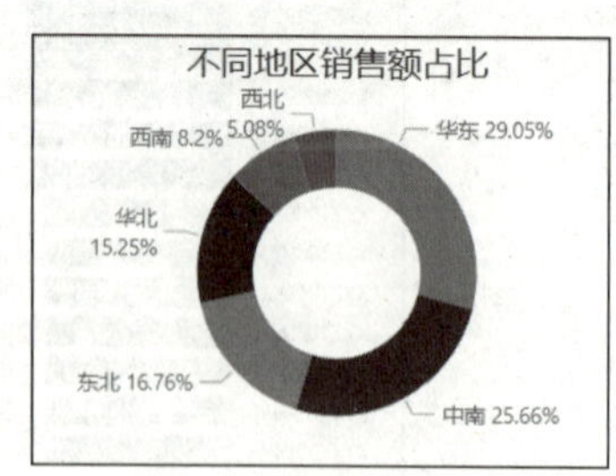

图 6-90　环形图效果

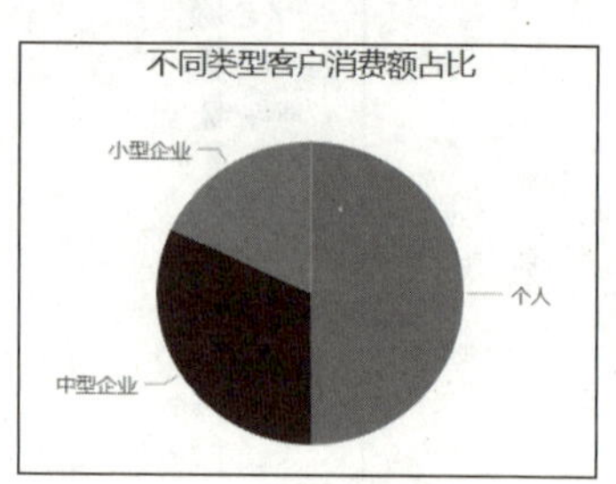

图 6-91　饼图效果

（6）使用簇状柱形图分析不同类别产品的销售数量，可视化效果如图 6-92 所示。

（7）调整视觉对象的大小和位置，报表可视化效果如图 6-93 所示。

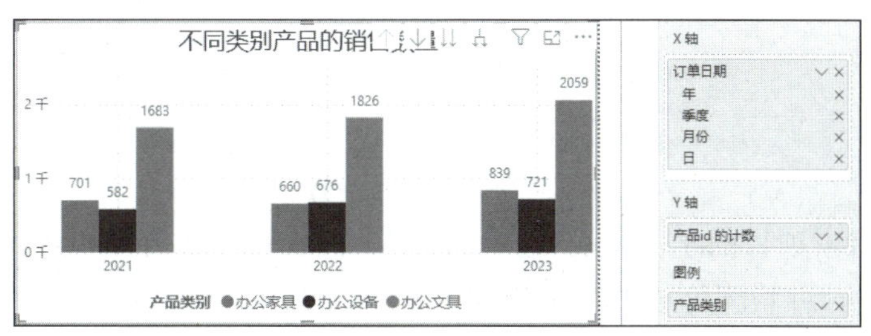

图 6-92　簇状柱形图效果

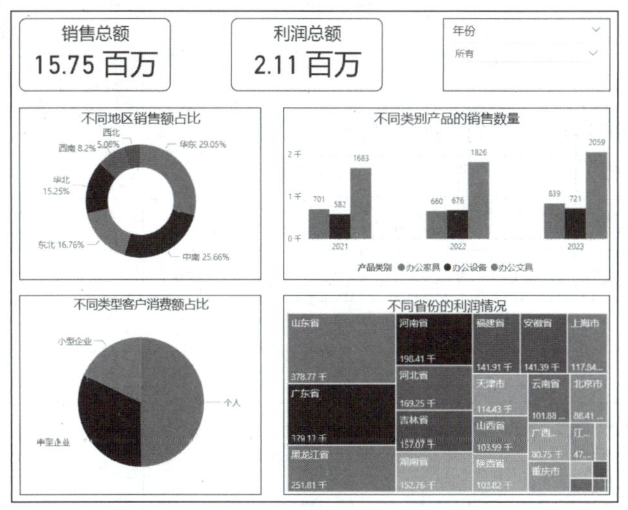

图 6-93　报表可视化效果

图 6-93 的彩色图像

项目考核

1．选择题

（1）以下选项中，可以按指定字段将视觉对象分组，并拆分为多个并排显示的小图的是（　　）。

A．图例　　B．切片器　　C．小型序列图　　D．工具提示

（2）以下属于 Power BI 自定义视觉对象的是（　　）。

A．树状图　　B．饼图　　C．词云图　　D．卡片图

2．简答题

简述视觉对象的作用及其分类。

3．操作题

打开本书配套素材“素材与实例\项目 6\销售明细.pbix”文件，使用切片器筛选采购价，使用卡片图显示销售总额，使用折线和簇状柱形图分析不同货号产品的销售额和销量，使用矩阵展示不同货号产品的单价、销量和利润。

项目评价

请同学们结合本项目的学习情况，按小组对学习成果进行自评和互评，然后请老师进行师评和综合评价，并将评价结果填入表 6-1 中。

表 6-1　学习成果评价表

评价项目	评价内容	分值	评价分数		
			自评	互评	师评
项目完成度（20%）	项目准备阶段，回答问题清晰准确，能够紧扣主题，没有明显错误	5 分			
	项目实施阶段，根据操作步骤完成项目实施内容	5 分			
	项目实训阶段，出色地完成实训内容	5 分			
	项目考核阶段，完成考核题目	5 分			
知识（30%）	视觉对象的基本操作	8 分			
	软件自带视觉对象的使用方法	15 分			
	自定义视觉对象的使用方法	7 分			
能力（30%）	熟练运用柱形图、饼图等自带视觉对象实现数据可视化	20 分			
	运用常用自定义视觉对象实现数据可视化	10 分			
素养（20%）	互帮互助，具有团队精神	5 分			
	认真负责，按时完成学习、实践任务	5 分			
	在遇到问题时，能够积极寻求解决方案，并勇于实践	5 分			
	具备强烈的责任感和使命感，树立担当意识，勇于承担责任	5 分			
合计		100 分			
综合分数	自评（25%）+互评（25%）+师评（50%）=______	等级：			
综合评价	最突出的表现（创新或进步）：				
	还需改进的地方（不足或缺点）：				
	指导教师签字：				

注：等级可以“优”（90 分≤综合分数≤100 分）、“良”（80 分≤综合分数<90 分）、“中”（60 分≤综合分数<80 分）、“差”（综合分数<60 分）为标准进行评价。

项目 7
报　表

项目导读

项目 6 介绍了视觉对象的应用，虽然使用各种视觉对象可以从不同角度展示数据，但要将这些视觉对象组织起来从各个角度整体展示数据，还必须用到报表，本项目将重点讲解使用报表实现数据可视化的方法。

项目目标

知识目标

- 掌握报表的基本操作。
- 掌握使用筛选器、钻取、书签等实现报表交互的方法。
- 掌握文本框、按钮、形状、图像和数据分组的使用方法。
- 掌握美化报表的方法。

能力目标

- 能够熟练运用报表的交互式操作分析数据。
- 能够熟练运用文本框、按钮、形状、图像和数据分组完善报表。
- 能够熟练设置报表主题、页面、画布背景和壁纸。

素质目标

- 提高分析和解决问题的能力和自信心。
- 增强积极思考、寻求解决方法的意识。

项目描述

本项目首先介绍报表的基本操作，然后介绍使用筛选器、钻取和书签等实现报表交互的方法，接着介绍使用文本框、按钮、形状、图像和数据分组等完善报表的方法，之后介绍美化报表的方法，最后通过完善和美化 DK 运动品牌数据报表巩固所学知识。

项目准备

全班学生以 3～5 人为一组，各组选出组长。组长组织组员扫码观看“可视化报表”视频，讨论并回答下列问题。

问题 1：可视化报表有什么作用？

可视化报表

问题 2：如何提高可视化报表的互动性和可理解性？

7.1 报表基本操作

7.1.1 添加和移动报表页

在 Power BI Desktop 中默认创建的 pbix 文件就是报表文件，它包含了报表和数据模型的相关信息。默认情况下，新建的报表文件只包含一个报表页，如果报表中视觉对象较多且视觉对象包含多个分析维度，为清晰展示不同分析维度的视觉对象，可以添加多个报表页，按分析维度将视觉对象放置在不同报表页。

在报表视图下方导航栏中单击“新建页”按钮+，可添加一个报表页，新建的报表页会按序号自动命名为“第 n 页”，如图 7-1 所示。导航栏中标签下方显示绿色线的报表页为当前页。

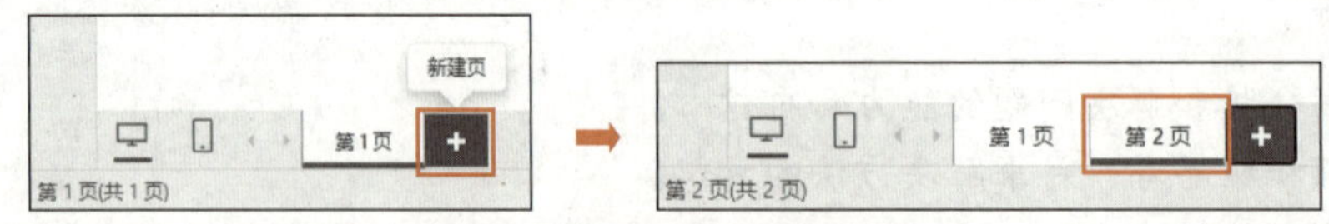

图 7-1 单击按钮添加报表页

如果要在新报表页上放置与原报表页布局相同或相似的视觉对象，可以通过复制原报表页的方式添加报表页。右键单击报表页标签，在弹出的快捷菜单中选择“复制”选项，可复制一个报表页，复制的报表页自动命名为“第 n 页的副本”，如图 7-2 所示。

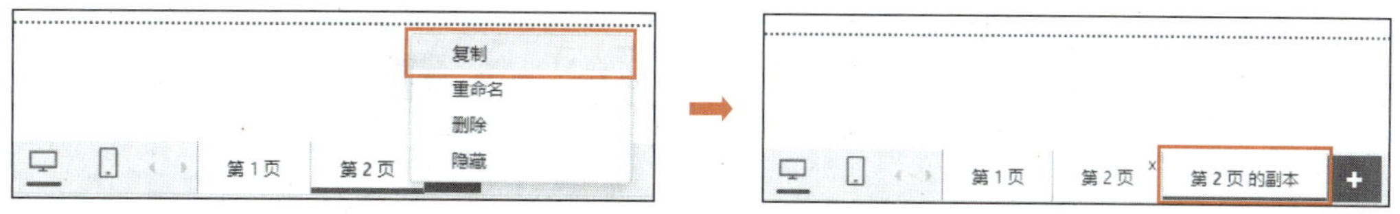

图 7-2　通过复制添加报表页

在“插入”选项卡“页”命令组中单击“新建页”下拉按钮，在其下拉列表中选择相应选项，也可以添加报表页，选择“空白页”选项，则在当前报表页右侧添加空白报表页；选择“重复项”选项，则复制当前报表页，生成副本。

合理排列报表页可以帮助用户更快找到所需信息，提高工作效率。使用鼠标左键按住需要移动的报表页标签，向左或向右拖动至目标位置，释放鼠标可以快速移动报表页。此处将“第 3 页”报表页移至“第 2 页”报表页左侧，如图 7-3 所示。

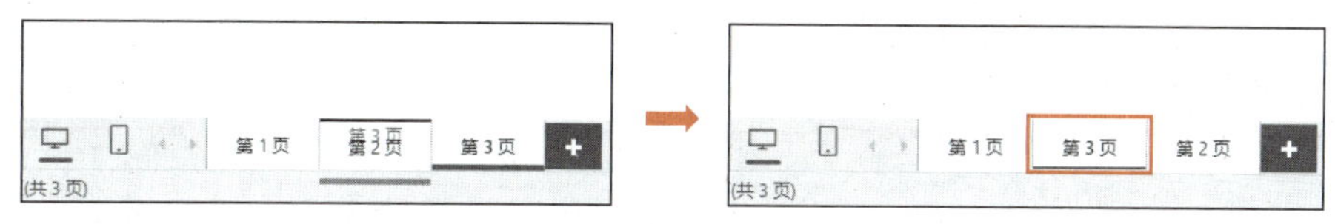

图 7-3　移动报表页

7.1.2　重命名、删除和隐藏报表页

为提高可读性，方便导航和管理，给每个报表页指定一个有意义的名称是很有必要的。重命名报表页的方法为，右键单击报表页标签，在弹出的快捷菜单中选择“重命名”选项，此时报表页名称处于可编辑状态，输入新的报表页名称并按【Enter】键可重命名报表页。此外，双击报表页标签也可重新编辑报表页名称。

对于不需要的报表页，可以将其删除。将鼠标指针移至报表页标签上，标签右上角会出现“删除页”按钮，如图 7-4 所示。单击“删除页”按钮，弹出提示框，提示是否永久删除此报表页，如图 7-5 所示。单击“删除”按钮确认删除，单击“取消”按钮取消删除操作。

图 7-4　显示“删除页”按钮

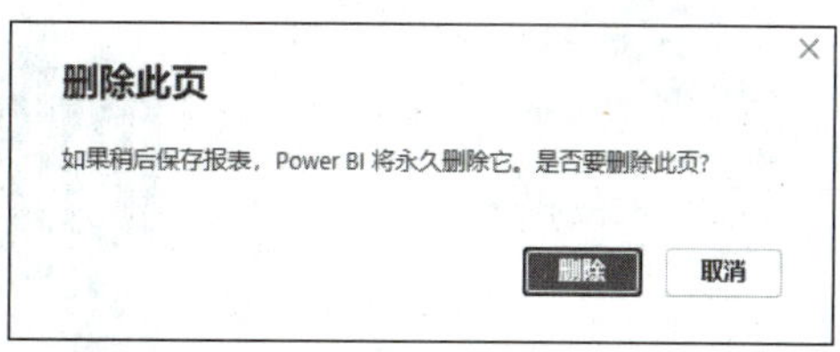

图 7-5　“删除此页”提示框

对于不希望其他人看到的报表页，可以将其隐藏。右键单击要隐藏的报表页标签，在弹出的快捷菜单中选择“隐藏”选项，标签名左侧显示隐藏图标，如图 7-6 所示。

图 7-6　隐藏报表页

提　示

在 Power BI Desktop 中，即使报表页显示隐藏图标，仍然可以看见该报表页，且可以使用钻取和其他方法访问报表页内容。

将报表发布到 Power BI 服务后，在阅读视图中看不到隐藏的报表页，在编辑视图中可以查看。

7.2 报表的交互式分析

使用筛选器、钻取和书签等功能，可以实现报表的多角度动态展示和更深入的数据洞察。

7.2.1 筛选器

筛选器主要通过选择特定条件来过滤数据，保留要重点关注的特定子集的数据。筛选器位于报表右侧的“筛选器”窗格中（见图 7-7），按照筛选器作用的范围，可以将其分为视觉级筛选器、页面级筛选器和报告级筛选器。

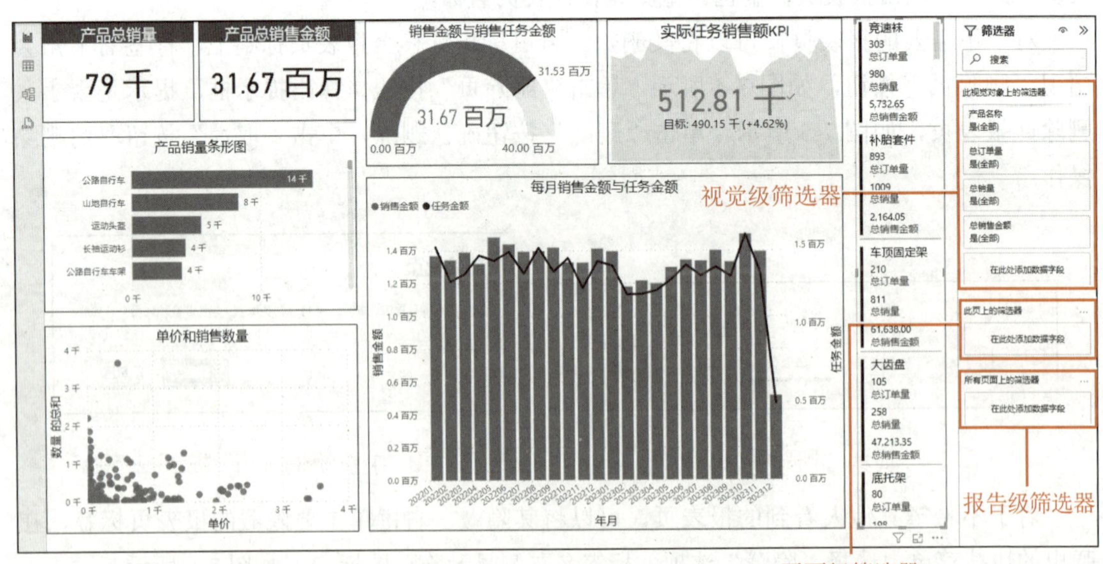

图 7-7　“筛选器”窗格

1. 视觉级筛选器

视觉级筛选器是指应用在某个视觉对象上的筛选器。选中任一视觉对象，在“筛选器”窗格上方的视觉级筛选器设置区显示生成该视觉对象的字段。将鼠标指针移至字段上，字段名称右侧显示“展开或折叠筛选器卡”“锁定筛选器”“隐藏筛选器”3 个按钮。

单击文本类型字段右侧的“展开或折叠筛选器卡”按钮，可以看到“筛选类型”下拉列表框和当前字段所有值的复选框，如图 7-8（a）所示。筛选类型主要包括基本筛选、高级筛选和前 N 个筛选 3 类。基本筛选通过选择具体的数据值进行筛选，适用于需要过滤特定数据值的场景，如选择特定的产品或地区；高级筛选通过设置特定条件对数据进行筛选，如设置显示包含或不包含某个值，或以特定值开头的数据，如图 7-8（b）所示；前 N 个筛选用于显示数据集中前 N 个数据，在“显示项”区域设置方向和数量，“按值”编辑框中设置排序依据的字段（将字段拖到编辑框中），如图 7-8（c）所示。

单击数值类型字段右侧的“展开或折叠筛选器卡”按钮，可以看到适用于数值字段的筛选选项，如图 7-9 所示。

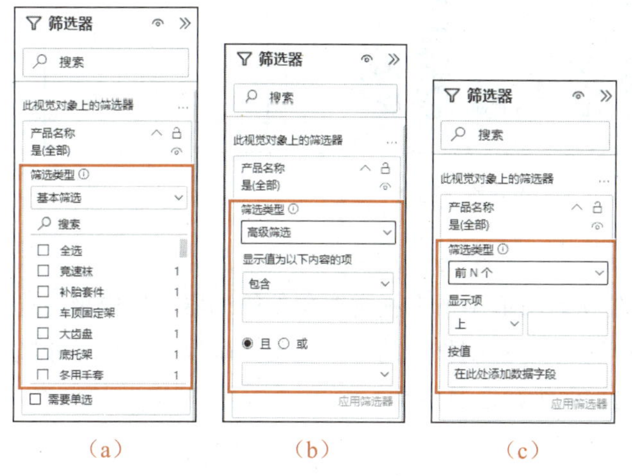

图 7-8 文本类型字段筛选选项

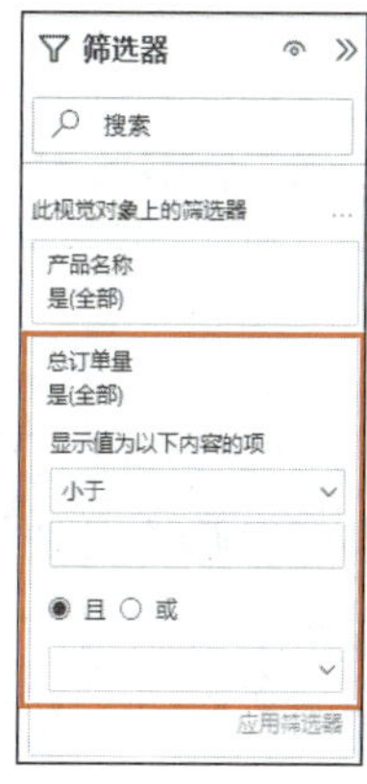

图 7-9 数值类型字段筛选选项

设置完筛选条件后，基本筛选可直接应用筛选器，其他筛选需通过单击“应用筛选器”按钮应用筛选器。单击筛选器右侧的“清除筛选器”按钮，可删除数据筛选。

2. 页面级筛选器

页面级筛选器是指应用于当前报表页中所有视觉对象的筛选器。使用时，不需要单击任何视觉对象，直接将需要筛选的字段拖到页面级筛选器中，然后根据需要选择筛选类型和设置筛选器即可。

下面通过使用页面级筛选器筛选上半年销售信息，学习筛选器的应用。

【实例 7-1】 为报表页添加页面级筛选器。

【素材文件】 素材与实例\项目 7\GT 公司数据可视化.pbix。

【具体步骤】

（1）打开素材文件，在不选中任何视觉对象的前提下，将“数据”窗格中“销售金额汇总”数据表中的“年月”字段拖到“此页上的筛选器”编辑框中。

（2）在“筛选器”窗格的页面级筛选器设置区，分别勾选“202301”“202302”“202303”“202304”“202305”“202306”复选框，此时报表页中与“年月”字段相关的视觉对象均应用此筛选器，筛选结果如图 7-10 所示（未筛选报表页见图 7-7）。

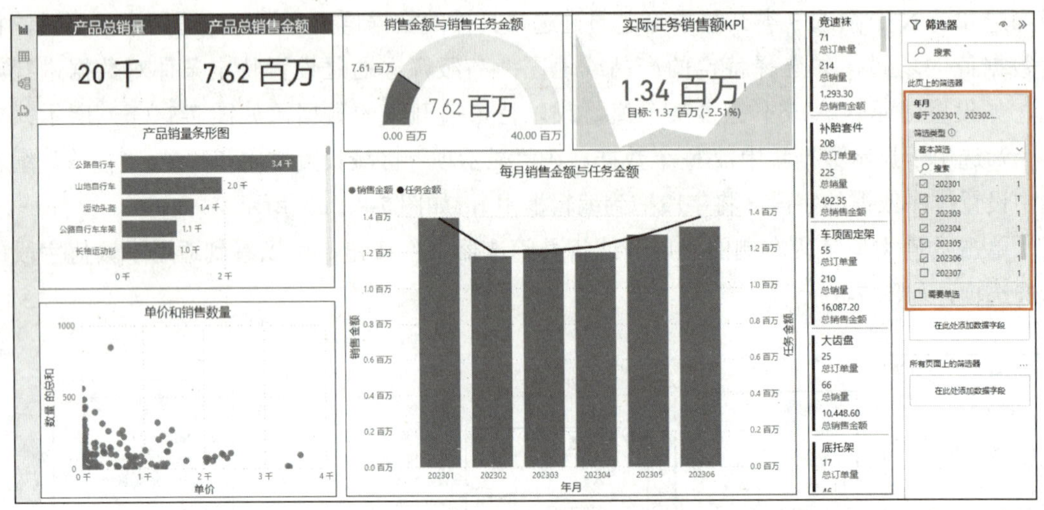

图 7-10　页面级筛选器筛选结果

3．报告级筛选器

报告级筛选器是指应用于整个报表的所有页面中所有视觉对象的筛选器。报告级筛选器适用于需要全局性过滤数据的情况，可以统一控制报表的显示范围，确保不同页面和图表展示的数据的一致性，具体应用方法与页面级筛选器相同。

7.2.2　钻取

钻取通常用于从一个报表页跳转到数据项相关的其他报表页，也可用于从具有层级结构的视觉对象的当前层级跳转到其他层级。

1．钻取页面

要钻取页面，报表中至少要有两个报表页，在第 2 个报表页中创建需要的视觉对象及“钻取”字段，然后在第 1 个报表页的视觉对象中右键单击钻取字段的数据点，在弹出的快捷菜单中选择“钻取”选项，即可从第 1 个报表页钻取到第 2 个报表页，其中显示与单击数据点相关的数据信息。

需要注意的是，实现钻取的两个报表页中的钻取字段必须包含在同一个数据表中。

【实例 7-2】　钻取页面。

【素材文件】　素材与实例\项目 7\钻取.pbix。

【具体步骤】

（1）打开素材文件，在报表视图下方导航栏中单击“新建页”按钮，添加一个报表页并将其重命名为“第 2 页”。在“数据”窗格中勾选“2023 年第一季度订单表”数据表中的“业务人员”“产品名称”“利润”“日期”字段，自动创建“表”视觉对象。

在“可视化”窗格“设置视觉对象格式”选项卡的“视觉对象”子选项卡中设置“值”和“列标题”的字号均为“12”，在“常规”子选项卡的“效果”设置区打开“视觉对象边框”开关按钮，调整表的大小和位置，得到的表如图 7-11 所示。

（2）将“数据”窗格中“2023 年第一季度订单表”数据表中的“产品名称”字段拖到“可视化”窗格“生成视觉对象”选项卡的“钻取”编辑框中，如图 7-12 所示。此时，报表页左上角出现“返回”按钮，按住【Ctrl】键的同时单击“返回”按钮，返回上一个查看过的报表页“钻取页面”。

业务人员	产品名称	利润 的总和	年	季度	月份	日
边某双	SSD硬盘	18	2023	季度 1	March	8
边某双	台式机	20	2023	季度 1	January	13
边某双	台式机	20	2023	季度 1	March	3
边某双	显示器	14	2023	季度 1	January	4
边某双	游戏本	20	2023	季度 1	January	1
陈某通	台式机	10	2023	季度 1	January	16
陈某通	显示器	15	2023	季度 1	February	17
陈某通	一体机	19	2023	季度 1	February	6
方某成	CPU	20	2023	季度 1	March	1
方某成	台式机	10	2023	季度 1	January	26
方某成	显示器	19	2023	季度 1	February	5
方某成	一体机	16	2023	季度 1	January	21
方某成	游戏本	13	2023	季度 1	January	20
关某胜	台式机	19	2023	季度 1	February	16
总计		**1205**				

图 7-11　在新建报表页中创建的表

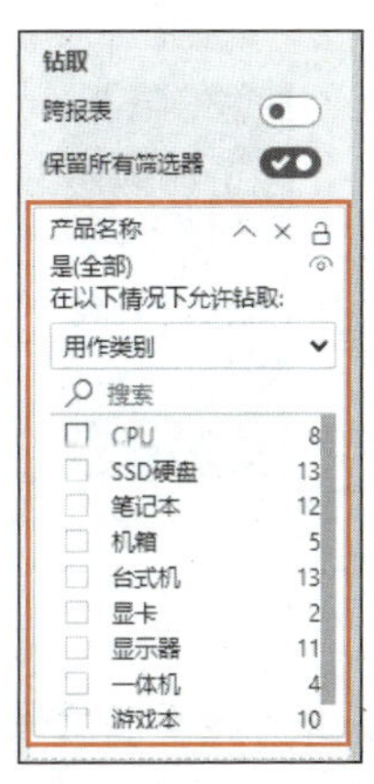

图 7-12　设置钻取字段

（3）选中柱形图，右键单击“笔记本”数据点，在弹出的快捷菜单中选择“钻取”/“第 2 页”选项（“钻取”下的选项为要钻取的报表页），如图 7-13 所示。跳转到“第 2 页”报表页，得到“笔记本”相关的数据信息，如图 7-14 所示。

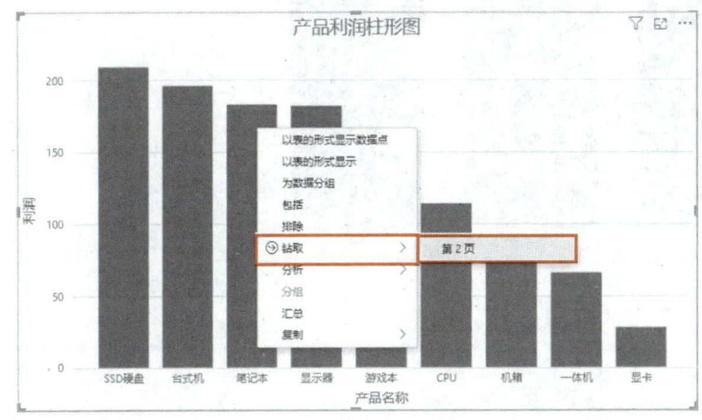

图 7-13　选择“钻取”/“第 2 页”选项

业务人员	产品名称	利润 的总和	年	季度	月份	日
李某洁	笔记本	14	2023	季度 1	January	17
刘某辉	笔记本	19	2023	季度 1	March	4
刘某露	笔记本	18	2023	季度 1	February	3
刘某露	笔记本	10	2023	季度 1	March	7
孟某祥	笔记本	11	2023	季度 1	February	8
钱某卓	笔记本	14	2023	季度 1	January	6
钱某卓	笔记本	11	2023	季度 1	January	21
王某皓	笔记本	19	2023	季度 1	March	3
王某林	笔记本	19	2023	季度 1	March	2
王某林	笔记本	18	2023	季度 1	March	8
徐某楠	笔记本	13	2023	季度 1	January	13
赵某艳	笔记本	17	2023	季度 1	February	3
总计		**183**				

图 7-14　“笔记本”相关的数据信息

2. 钻取层级结构

当视觉对象具有层级结构时，可以使用钻取操作查看层级结构中的数据。例如，从总体销售数据钻取具体产品的销售数据，再进一步钻取单个业务人员具体产品的销售数据；从年度数据钻取季度数据，再进一步钻取月份数据。

【实例 7-3】 钻取层级结构。

【素材文件】 素材与实例\项目 7\钻取.pbix。

【具体步骤】

（1）打开素材文件，切换到“钻取层级结构”报表页，选中柱形图，在其右上角可以看到 4 个层级结构功能按钮，如图 7-15 所示。

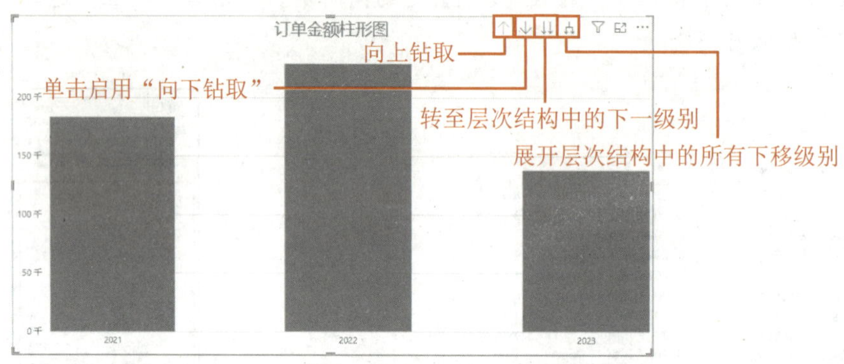

图 7-15　层级结构功能按钮

（2）单击“转至层次结构中的下一级别”按钮⇊，得到按季度显示的订单金额柱形图，如图 7-16 所示。单击“向上钻取”按钮↑，返回按年份显示的订单金额柱形图。

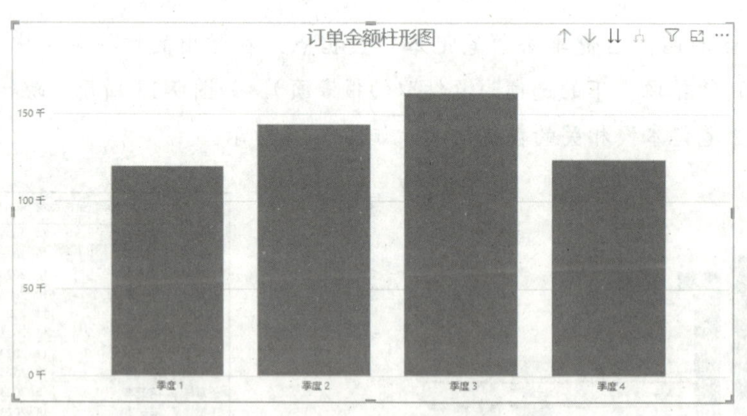

图 7-16　按季度显示的订单金额柱形图

提 示

若单击“展开层次结构中的所有下移级别”按钮，则显示所有最低级数据。

（3）单击“单击启用‘向下钻取’”按钮↓，启用“向下钻取”功能，此时按钮变为，将鼠标指针移至该按钮上，提示“‘深化模式’已启用：单击数据点进行深化”。

（4）单击“2022 年”数据点，得到 2022 年各季度的订单金额柱形图，此时“筛选器”窗格中自动添加向下钻取筛选器（以斜体显示），如图 7-17 所示。

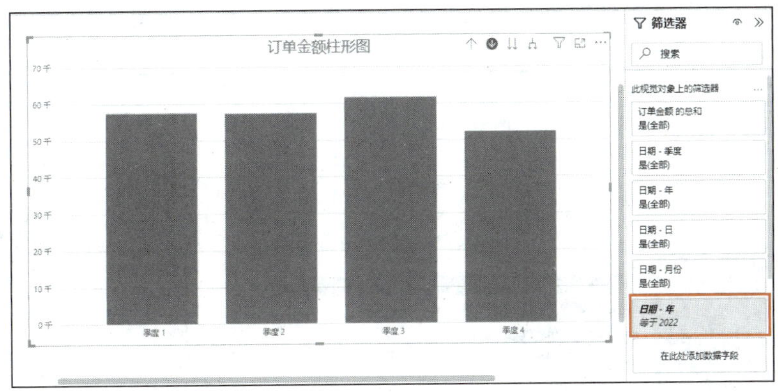

图 7-17　向下钻取 2022 年各季度的订单金额数据

若想删除向下钻取筛选器，可以单击“向上钻取”按钮；若想取消深化钻取模式，可以单击按钮。

7.2.3　书签

在 Power BI 报表中，可以通过添加书签捕获报表页中所有视觉对象的当前状态，单击书签时，Power BI 会快速定位到书签捕获的报表页状态。通过应用不同的书签，用户可以演示报表的多种状态，增强数据的表达效果。

在报表视图的“视图”选项卡“显示窗格”命令组中单击“书签”命令按钮，打开“书签”窗格（见图 7-18），单击其中的“添加”按钮，即可为当前报表页添加书签，添加的书签会自动按序号命名，如“书签 1”“书签 2”。单击书签名称右侧的“更多选项”按钮，在展开的列表中选择相应选项，可以更新、重命名、删除或分组书签，如图 7-19 所示。在“书签”窗格拖放书签可以更改其顺序，书签之间的绿色线即为书签的拖放目标位置。

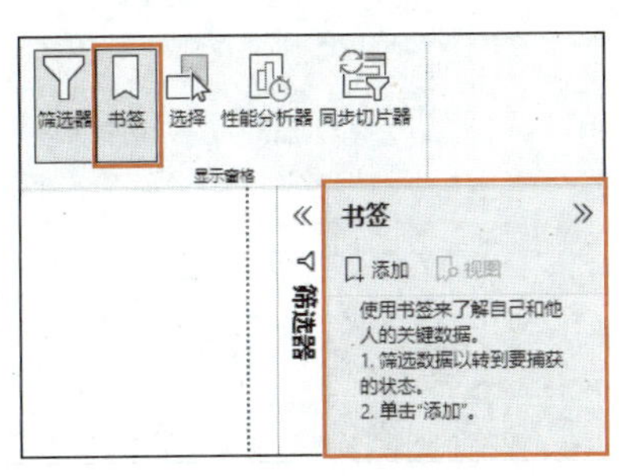

图 7-18　打开“书签”窗格

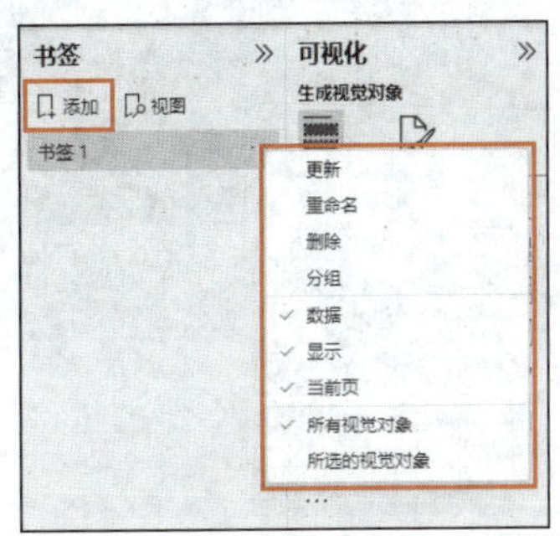

图 7-19　书签相应选项

【实例 7-4】 为报表页添加书签切换不同的报表状态。

【素材文件】 素材与实例\项目 7\电脑公司数据.pbix。

【具体步骤】

（1）打开素材文件，在报表视图的“书签”报表页中选中条形图，在“格式”选项卡“排列”命令组中单击“选择”命令按钮，打开“选择”窗格，如图 7-20 所示。

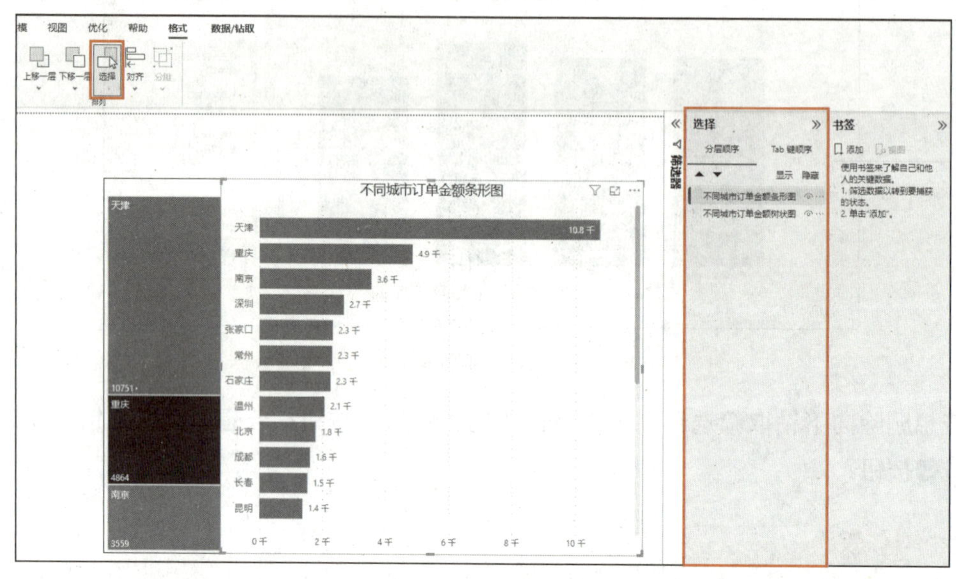

图 7-20 打开“选择”窗格

（2）在“选择”窗格中单击“不同城市订单金额条形图”右侧的“隐藏此视觉对象”按钮，此时报表页中只显示树状图，按钮变为“显示此视觉对象”按钮，在“书签”窗格中单击“添加”按钮，添加书签并重命名为“显示树状图”，如图 7-21 所示。

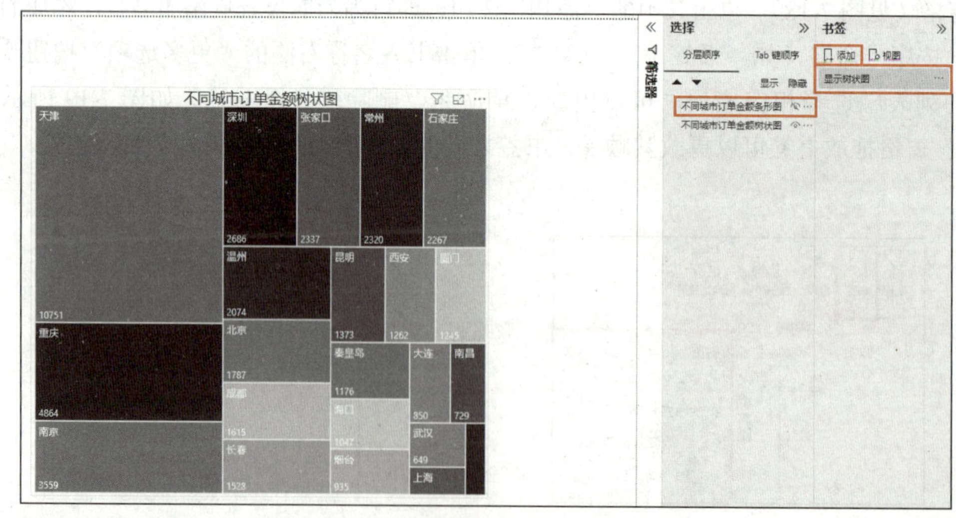

图 7-21 隐藏条形图并添加书签

（3）在“选择”窗格中单击“不同城市订单金额条形图”右侧的“显示此视觉对象”按钮，回到最初的状态，单击“不同城市订单金额树状图”右侧的“隐藏此视觉对象”按钮，只显示条形图，在此状态下添加书签并重命名为“显示条形图”，如图 7-22 所示。此时，单击不同的书签，可切换到报表页的不同状态。

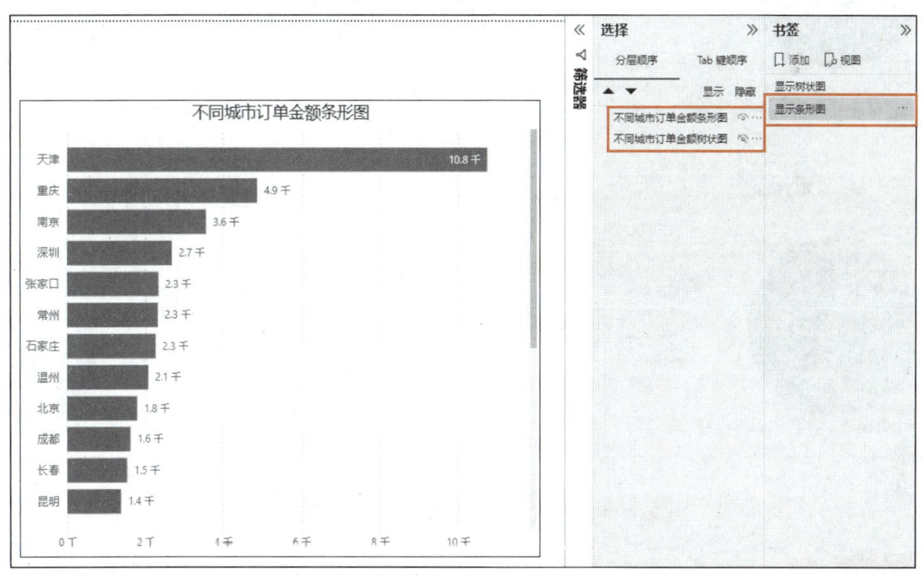

图 7-22　隐藏树状图并添加书签

知识库

同时选中多个视觉对象后，单击“格式”选项卡“排列”命令组中的“分组”下拉按钮，在其下拉列表中选择“分组”选项，可在“选择”窗格显示视觉对象的分组，以便按组移动视觉对象、设置分层顺序等。

7.2.4　编辑交互

默认情况下，选择报表页中视觉对象上的数据点，报表页中包含该数据的其他所有视觉对象将交叉筛选或交叉突出显示所选数据。编辑交互是指用户可以自定义不同视觉对象之间的交互方式，如交叉筛选、交叉突出显示和禁用特定视觉对象之间的交互，控制数据的筛选和显示等。

【实例 7-5】　自定义视觉对象的交互方式。

【素材文件】　素材与实例\项目 7\编辑交互.pbix。

【具体步骤】

（1）打开素材文件，单击饼图的“January”数据点，可看到饼图和柱形图突出显示一月份数据，其他月份数据半透明显示；折线图筛选出一月份数据，如图 7-23 所示。

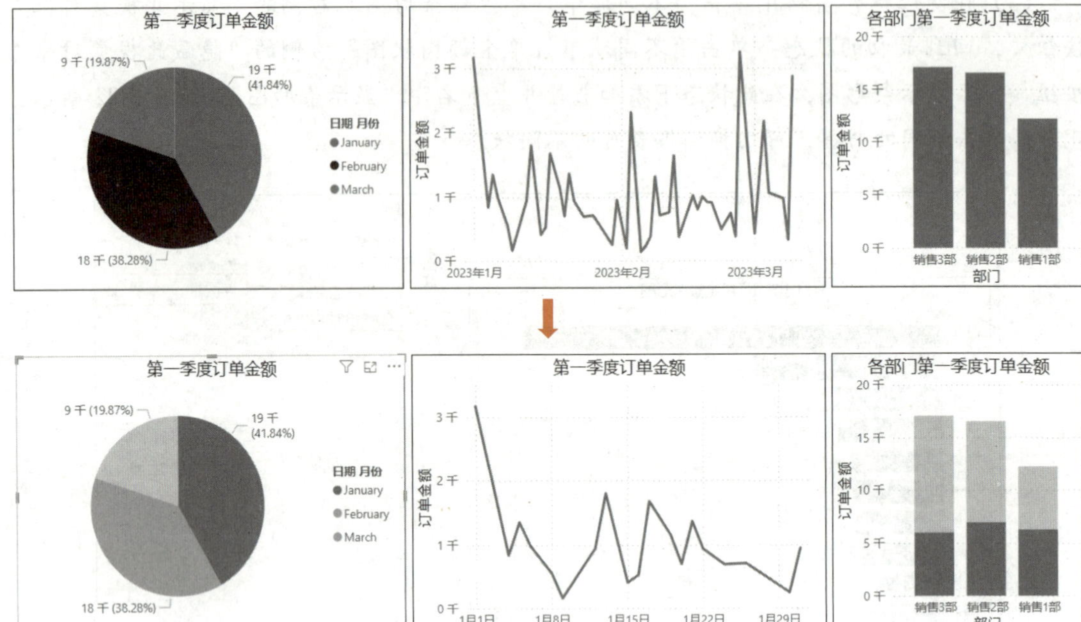

图 7-23　交叉突出显示和交叉筛选数据

提　示

再次单击编辑交互选中的数据点或当前视觉对象的任意空白位置，可取消交叉突出显示和交叉筛选。

（2）在“格式”选项卡“交互”命令组中单击“编辑交互”命令按钮，除当前视觉对象外，其他视觉对象右上角出现“筛选器”按钮、“突出显示”按钮、“无”按钮等，如图 7-24 所示。

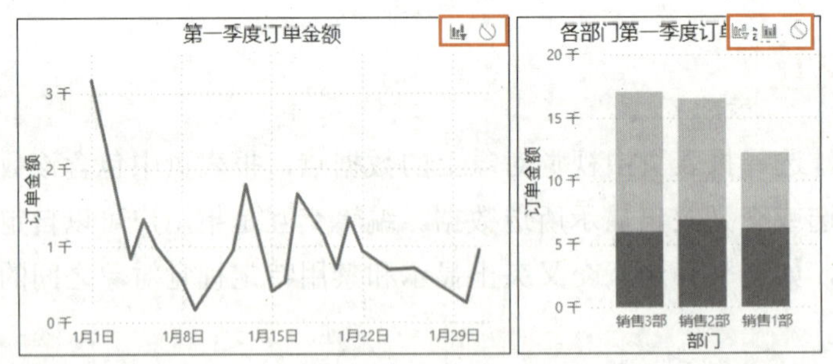

图 7-24　“编辑交互”按钮

（3）单击折线图右上角的“无”按钮，设置折线图不与选中的视觉对象交互；单击柱形图右上角的“筛选器”按钮，设置柱形图与选中的视觉对象交叉筛选，如图 7-25 所示。此时，单击饼图的任一数据点，折线图效果不变，柱形图会对数据进行交叉筛选，仅显示当前月份的订单金额。

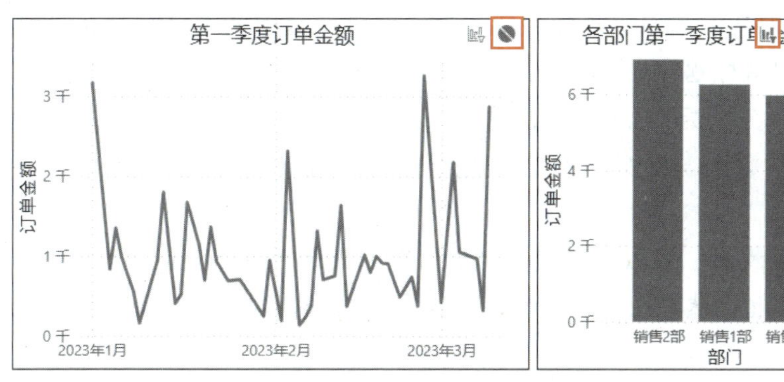

图 7-25　设置编辑交互方式

7.3 完善报表

在报表中添加视觉对象只是完成了报表的初步创建，为使报表具备可读性、可理解性和实用性，可以进一步完善报表，为报表添加文本框、按钮、形状、图像，以及对数据进行分组等。

7.3.1　添加文本框

在 Power BI 报表中，文本框可用于说明背景信息和数据来源，使用户了解数据的背景和生成过程；也可以详细解释关键的分析结果，帮助用户更好地理解数据所展示的信息和结论；还可以解释报表中使用的专业术语或缩写，帮助用户理解报表内容。

在报表视图的“插入”选项卡“元素”命令组中单击“文本框”命令按钮，在当前报表页中添加空白文本框，文本框右侧显示浮动工具栏，视图区右侧显示“设置文本框格式”窗格，如图 7-26 所示。

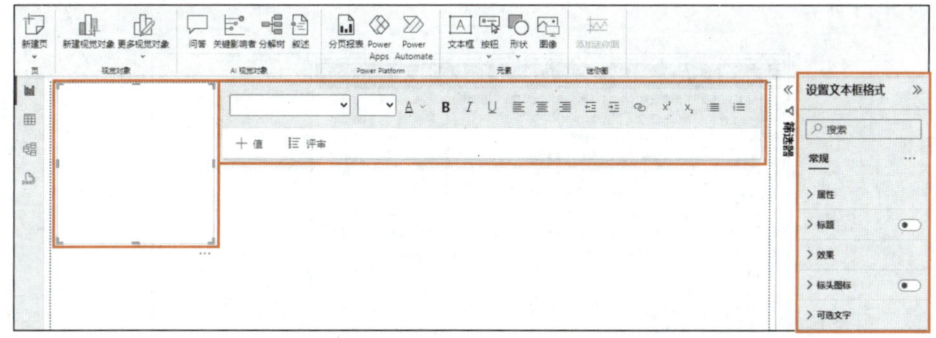

图 7-26　插入文本框

在文本框中输入文本，在浮动工具栏中可设置文本的字体、字号、颜色、字形及对齐方式等，还可以为文本添加超链接跳转到指定网页。选中文本框时，在“设置文本框格式”窗格中可以设置标题、背景、是否显示边框、阴影等。

【实例 7-6】 在报表中插入文本框并为文本添加超链接。

【素材文件】 素材与实例\项目 7\大数据图书详情.pbix。

【具体步骤】

（1）打开素材文件，在报表视图的“插入”选项卡“元素”命令组中单击“文本框”命令按钮插入文本框，然后在文本框中参照图 7-27 所示输入文本，并设置字号为“16”，显示视觉对象边框。

（2）选中要添加链接的文本，此处选择“图书详情>>”文本，在浮动工具栏中单击“插入链接”按钮，如图 7-28 所示。

（3）在弹出的链接编辑框中输入链接地址，此处输入“https://www.wenjingketang.com/bookList?cat_id=4703”，单击“完成”按钮，链接编辑框右侧出现“编辑”和“删除”按钮，如图 7-29 所示。

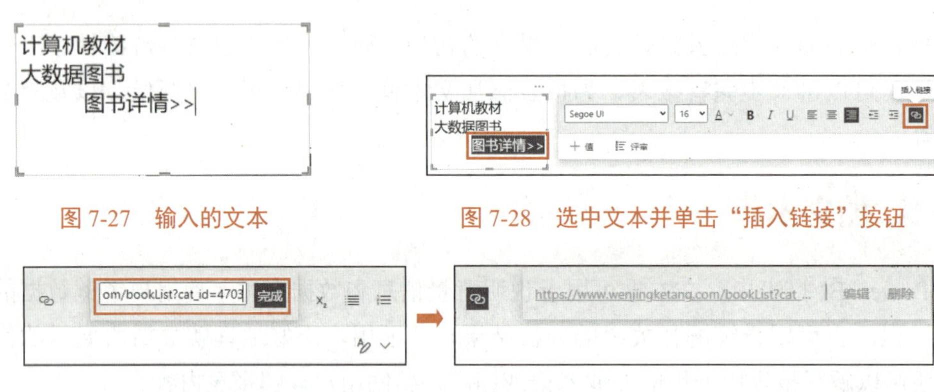

图 7-27 输入的文本

图 7-28 选中文本并单击“插入链接”按钮

图 7-29 设置链接

（4）此时，链接文本变为蓝色且下方显示下画线，调整文本框的大小和位置，得到的文本框如图 7-30 所示。单击链接文本，浮动工具栏会显示链接地址，单击链接地址可在浏览器中打开网页。

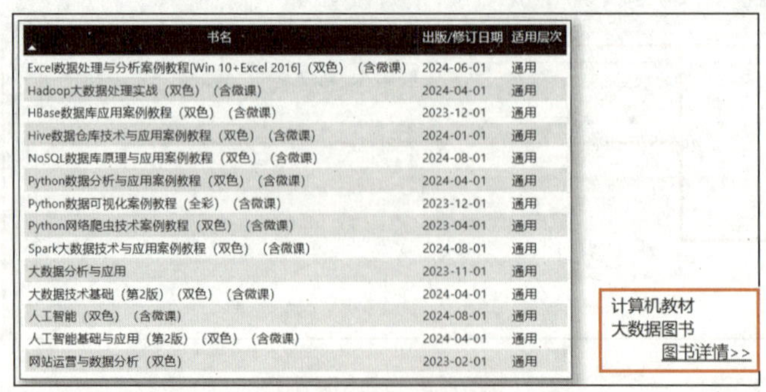

书名	出版/修订日期	适用层次
Excel数据处理与分析案例教程[Win 10+Excel 2016]（双色）（含微课）	2024-06-01	通用
Hadoop大数据处理实战（双色）（含微课）	2024-04-01	通用
HBase数据库应用案例教程（双色）（含微课）	2023-12-01	通用
Hive数据仓库技术与应用案例教程（双色）（含微课）	2024-01-01	通用
NoSQL数据库原理与应用案例教程（双色）（含微课）	2024-08-01	通用
Python数据分析与应用案例教程（双色）（含微课）	2024-04-01	通用
Python数据可视化案例教程（全彩）（含微课）	2023-12-01	通用
Python网络爬虫技术案例教程（双色）（含微课）	2023-04-01	通用
Spark大数据技术与应用案例教程（双色）（含微课）	2024-08-01	通用
大数据分析与应用	2023-11-01	通用
大数据技术基础（第2版）（双色）（含微课）	2024-04-01	通用
人工智能（双色）（含微课）	2024-08-01	通用
人工智能基础与应用（第2版）（双色）（含微课）	2024-04-01	通用
网站运营与数据分析（双色）	2023-02-01	通用

图 7-30 文本框效果

提 示

将报表发布到Power BI服务后单击链接文本即可在浏览器中打开网页。

7.3.2 添加按钮

在Power BI报表中添加按钮可实现导航、钻取、筛选等操作，以增强报表的交互性。按钮通常有默认、悬停、按下和已禁用4种状态，可以按照按钮的状态分别设置按钮格式和操作。

在报表视图的“插入”选项卡“元素”命令组中单击“按钮”下拉按钮，在其下拉列表中显示可插入的按钮类别，如图7-31所示。选择一种按钮类别后，在报表页的左上角添加此按钮，视图区右侧显示“‘格式’按钮”窗格，可在其中设置按钮的格式、状态和操作等。

在“‘格式’按钮”窗格“按钮”选项卡中展开“样式”，在“状态”下拉列表（见图7-32）中选择按钮的状态，可分别设置不同状态下按钮的文本、图标、填充和边框等。打开“操作”开关按钮，可在“类型”下拉列表中选择按钮的操作类型，如图7-33所示。每种操作类型的含义如下。

- 上一步：返回到报表的上一页，此项适合钻取页。
- 书签：显示当前报表定义的书签捕获的报表页状态。
- 钻取：导航到已按照所选内容筛选的钻取页。
- 页导航：导航到报表中的其他页面。
- 问答：打开一个“问答资源管理器”窗口。
- Web URL：在浏览器中打开网页。
- 应用所有切片器和清除所有切片器：一键将所有切片器应用于当前报表页中的所有视觉对象或清除当前报表页中的所有切片器。

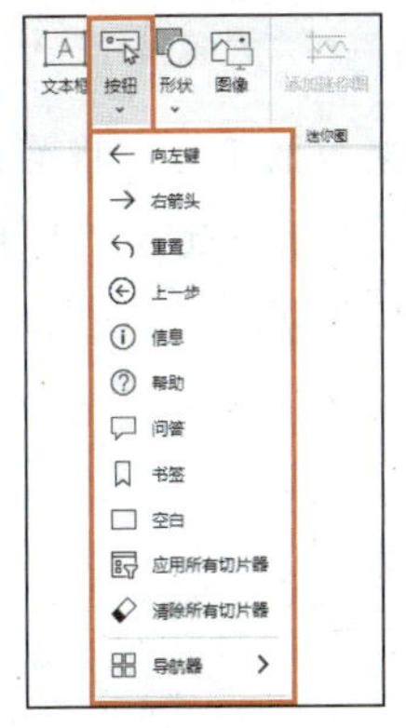

图7-31 “按钮”下拉列表

图7-32 “状态”下拉列表

图7-33 “类型”下拉列表

7.3.3 【示例】GT 公司数据报表页导航和钻取

本示例通过添加按钮和文本框实现 GT 公司数据报表页导航和钻取。

1. 添加页面导航按钮

步骤 1 打开本书配套素材“素材与实例\项目 7\GT 公司数据.pbix”文件，在报表视图中切换到“产品分析”报表页，在“插入”选项卡“元素”命令组中单击“按钮”下拉按钮，在其下拉列表中选择“空白”选项。

步骤 2 在“‘格式’按钮”窗格“按钮”选项卡中，打开“样式”设置区的“文本”开关按钮，在“文本”编辑框中输入“产品分析”，设置字号为“14”，如图 7-34 所示。

步骤 3 打开“填充”开关按钮，在“默认值”状态下，设置“填充”颜色为“白色，10%较深”；在“悬停时”状态下，设置“填充”颜色为“#a0a7d8，主题颜色 2，60%较浅”；在“按下时”状态下，设置“填充”颜色为“#efb5b9，主题颜色 8，60%较浅”，如图 7-35 所示。

步骤 4 打开“操作”开关按钮，展开“操作”，在“类型”下拉列表中选择“页导航”选项，“目标”默认为无（因为当前报表页即为“产品分析”页面，所以默认在“目标”下拉列表中选择“无”选项），如图 7-36 所示。

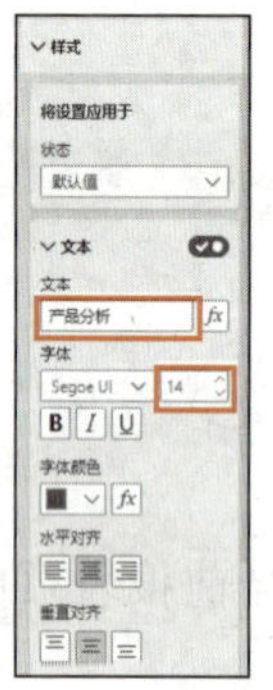

图 7-34 设置按钮文本

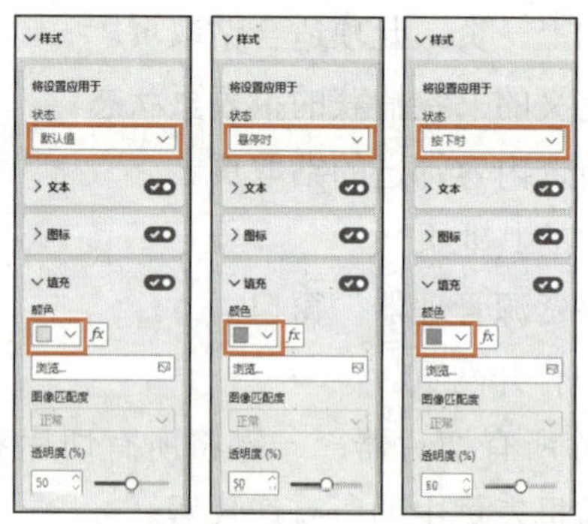

图 7-35 设置 3 种状态下的填充颜色

图 7-36 设置按钮操作

步骤 5 调整按钮的大小，复制两个按钮，并调整 3 个按钮到视觉对象的上方。将第 2 个“产品分析”按钮 3 种状态下的文本均修改为“区域分析”，“操作”目标修改为“区域分析”；将第 3 个“产品分析”按钮 3 种状态下的文本均修改为“销售人员分析”，“操作”目标为“销售人员分析”，效果如图 7-37 所示。

图 7-37 设置其他导航按钮

步骤 6 同时选中 3 个按钮，将它们复制到“区域分析”和“销售人员分析”报表页

中。使用同样方法，修改按钮的“操作”目标，使其与按钮文本一致，当前报表页为“无”。此时，在 3 个报表页中按住【Ctrl】键的同时单击任一按钮，即可跳转至对应报表页。

2．添加钻取按钮和提示文本框

步骤 1 切换到“产品分析”报表页，在“插入”选项卡“元素”命令组中单击“按钮”下拉按钮，在其下拉列表中选择“右箭头”选项。在“‘格式’按钮”窗格“按钮”选项卡中，打开“操作”开关按钮，在“类型”下拉列表中选择“钻取”选项，“目标”下拉列表中选择“钻取页面”选项，如图 7-38 所示。

步骤 2 在“插入”选项卡“元素”命令组中单击“文本框”命令按钮，在文本框中输入按钮的提示信息“若要钻取到‘钻取页面’，请选择某一产品名称或姓名”，在“设置文本框格式”窗格“常规”选项卡的“效果”设置区打开“视觉对象边框”开关按钮，显示文本框的边框，最后调整按钮和文本框的大小和位置，得到的按钮和文本框如图 7-39 所示。

图 7-38 设置钻取按钮

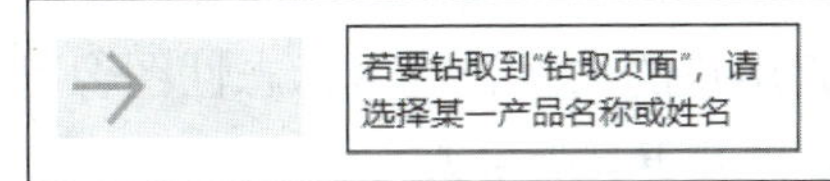

图 7-39 按钮和文本框

步骤 3 在“不同产品销量”条形图中单击“公路自行车”数据点，此时钻取按钮变为无背景的右箭头，按住【Ctrl】键的同时单击该按钮，跳转至钻取页面，如图 7-40 所示。此时，钻取页面以“公路自行车”为筛选条件筛选表。

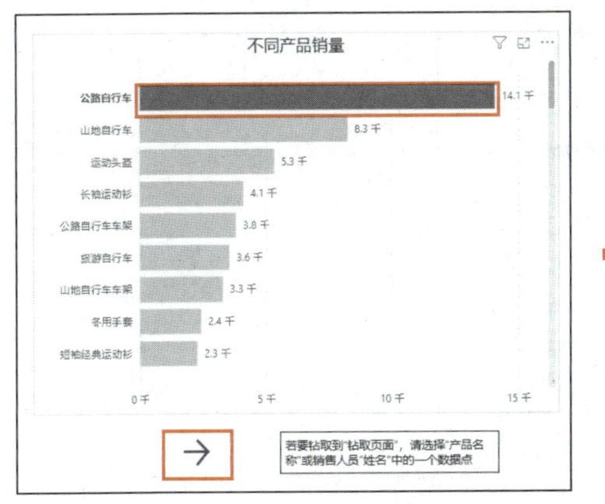

姓名	产品名称	数量 的总和	金额 的总和
王某皓	公路自行车	6456	4,929,731.79
王某虎	公路自行车	4347	3,146,294.48
赵某恒	公路自行车	391	777,117.62
张某宇	公路自行车	952	748,565.55
谢某秋	公路自行车	372	610,468.68
王某德	公路自行车	326	505,588.41
吕某涛	公路自行车	266	492,061.05
李某白	公路自行车	186	452,428.51
王某江	公路自行车	215	359,360.10
关某胜	公路自行车	184	315,661.34
刘某哥	公路自行车	124	303,417.94
吕某菲	公路自行车	190	286,437.60
郑某多	公路自行车	72	196,682.17
总计		14081	13,123,815.23

图 7-40 选择“产品名称”数据点钻取页面

步骤 4 将按钮和文本框复制到“销售人员分析”报表页并调整位置，在“不同员工的销售金额和销售数量”柱形图中单击“王某皓”数据点，在按住【Ctrl】键的同时单击钻取按钮，跳转至钻取页面，如图 7-41 所示。此时，钻取页面以“王某皓”为筛选条件筛选表。

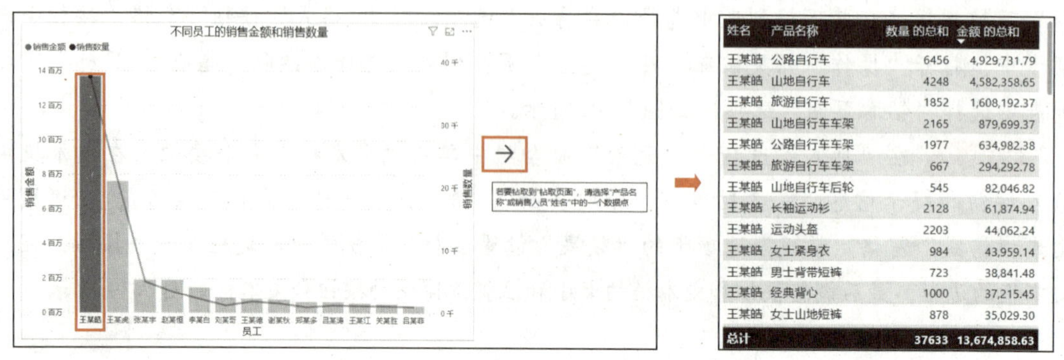

姓名	产品名称	数量 的总和	金额 的总和
王某皓	公路自行车	6456	4,929,731.79
王某皓	山地自行车	4248	4,582,358.65
王某皓	旅游自行车	1852	1,608,192.37
王某皓	山地自行车车架	2165	879,699.37
王某皓	公路自行车车架	1977	634,982.38
王某皓	旅游自行车车架	667	294,292.78
王某皓	山地自行车后轮	545	82,046.82
王某皓	长袖运动衫	2128	61,874.94
王某皓	运动头盔	2203	44,062.24
王某皓	女士紧身衣	984	43,959.14
王某皓	男士背带短裤	723	38,841.48
王某皓	经典背心	1000	37,215.45
王某皓	女士山地短裤	878	35,029.30
总计		37633	13,674,858.63

图 7-41　选择“姓名”数据点钻取页面

7.3.4　添加形状和图像

在 Power BI 报表中添加形状和图像可以增强报表的视觉效果和信息传达能力。使用形状可以将相关信息归类，使其更加清晰有序；也可以强调报表中的重要信息和数据点，使其更容易引起用户的注意。使用标志性图像可以增强报表的品牌识别度和专业性，提升报表的美观度，使其更具吸引力。

在报表视图的“插入”选项卡“元素”命令组中单击“形状”下拉按钮，在其下拉列表中显示可插入的形状类别，如图 7-42 所示。选择一个形状后，在报表页的左上角添加一个指定形状，视图区右侧显示“设置形状格式”窗格，形状的功能和设置与按钮类似。

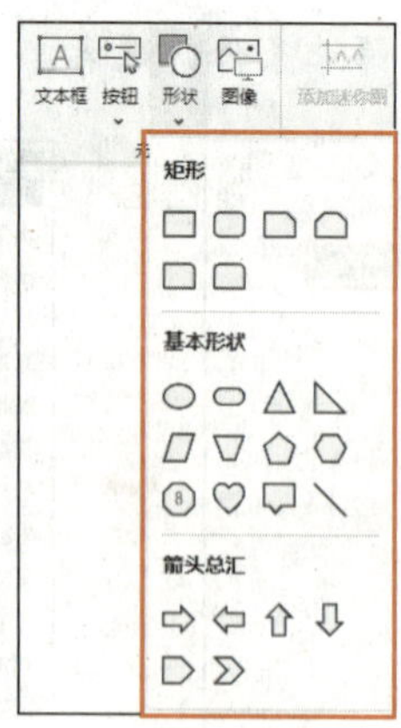

图 7-42　“形状”下拉列表

在报表视图的“插入”选项卡“元素”命令组中单击“图像”命令按钮，打开“打开”对话框，选择要插入报表的图像，然后单击“打开”按钮，即可插入图像，如图 7-43

所示。此时在视图区右侧的“格式图像”窗格中可以设置图像的大小、位置、背景、边框等属性，也可为图像添加操作，实现导航、书签等功能。

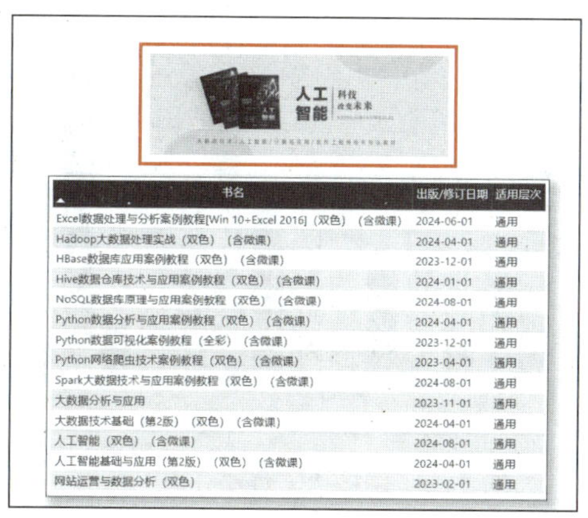

书名	出版/修订日期	适用层次
Excel数据处理与分析案例教程[Win 10+Excel 2016]（双色）（含微课）	2024-06-01	通用
Hadoop大数据处理实战（双色）（含微课）	2024-04-01	通用
HBase数据库应用案例教程（双色）（含微课）	2023-12-01	通用
Hive数据仓库技术与应用案例教程（双色）（含微课）	2024-01-01	通用
NoSQL数据库原理与应用案例教程（双色）（含微课）	2024-08-01	通用
Python数据分析与应用案例教程（双色）（含微课）	2024-04-01	通用
Python数据可视化案例教程（全彩）（含微课）	2023-12-01	通用
Python网络爬虫技术案例教程（双色）（含微课）	2023-04-01	通用
Spark大数据技术与应用案例教程（双色）（含微课）	2024-08-01	通用
大数据分析与应用	2023-11-01	通用
大数据技术基础（第2版）（双色）（含微课）	2024-04-01	通用
人工智能（双色）（含微课）	2024-08-01	通用
人工智能基础与应用（第2版）（双色）（含微课）	2024-04-01	通用
网站运营与数据分析（双色）	2023-02-01	通用

图 7-43　插入的图像

7.3.5　数据分组

在报表中创建视觉对象后，可以进一步对视觉对象中的数据点进行分组，这样可以更清楚地查看和分析视觉对象中的数据。数据分组分为列表分组和装箱分组两种方式，列表分组根据特定字段的值对数据分组，常用于文本类型数据；装箱分组根据字段的范围对数据分组，常用于数字和日期类型数据。

1. 列表分组

在按住【Ctrl】键的同时选择视觉对象上的两个或多个数据点，然后右键单击所选的任一数据点，在弹出的快捷菜单中选择“为数据分组”选项，即可将所选数据点分为一组，在视觉对象中自动创建以组命名的图例。在“数据”窗格中可以查看组，若想取消分组，在“数据”窗格中取消勾选组字段即可。

【实例 7-7】　将业务人员数据按销售部门进行分组。

【素材文件】　素材与实例\项目 7\电脑公司数据.pbix。

【具体步骤】

（1）打开素材文件，在报表视图的“列表分组”报表页中，参照“部门与业务人员”表，按住【Ctrl】键的同时在柱形图中依次单击销售 1 部的业务人员数据点，放开【Ctrl】键后右键单击所选的任一数据点，在弹出的快捷菜单中选择“为数据分组”选项，如图 7-44 所示。

此时，“数据”窗格中自动添加以字段名称加“(组)”命名的组（见图 7-45），柱形图以不同颜色显示不同组的数据，并自动创建以组内数据点命名的图例，如图 7-46 所示。

（2）在“数据”窗格中双击创建的组名称，将其重命名为“部门”。右键单击组名，在弹出的快捷菜单中选择“编辑组”选项，打开“组”对话框，如图 7-47 所示。

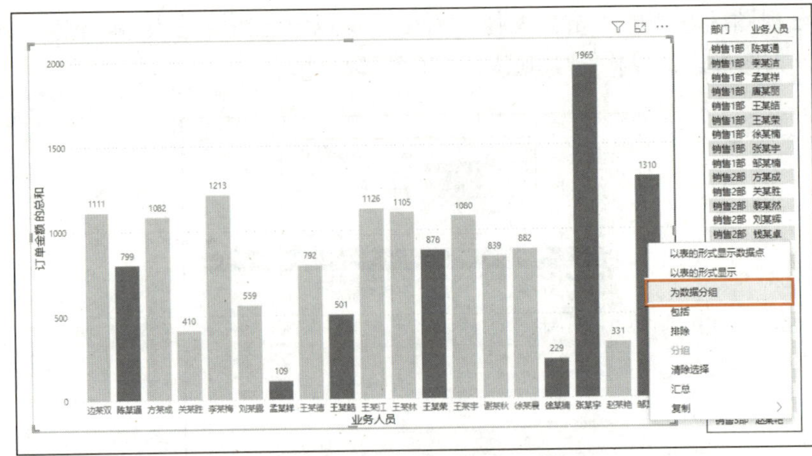

图 7-44 选择“为数据分组”选项

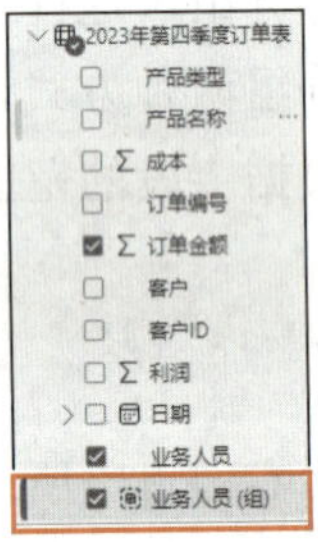

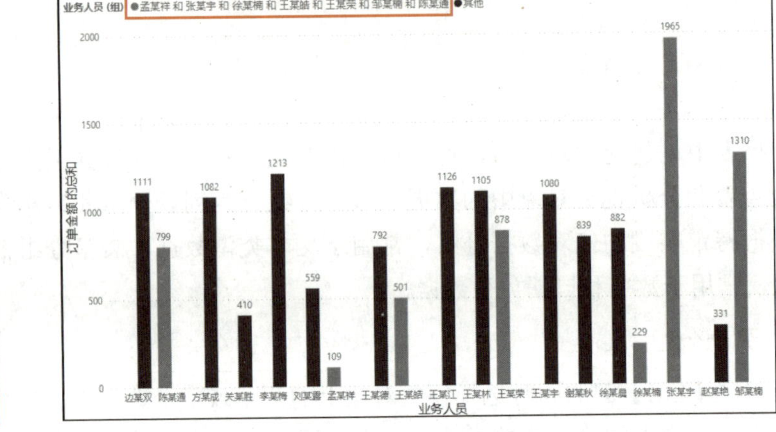

图 7-45 创建的组

图 7-46 分组后的柱形图

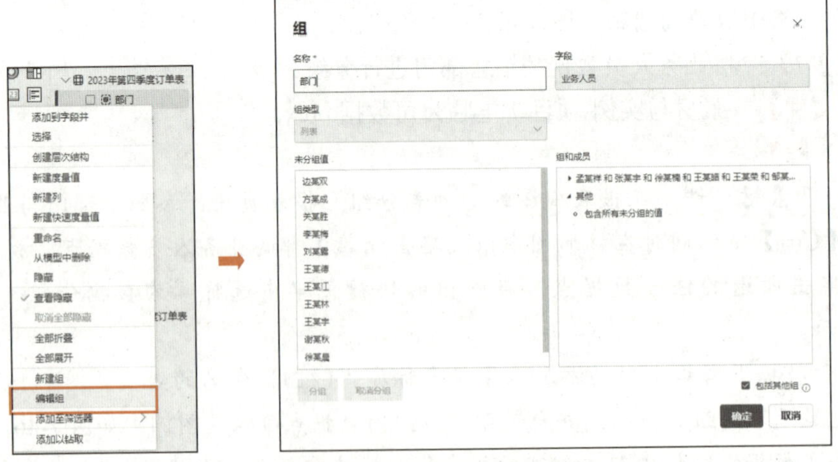

图 7-47 打开“组”对话框

（3）按住【Ctrl】键的同时在“未分组值”列表框中选择要分为一组的值，此处选择销

售 2 部的业务人员，之后单击“分组”按钮，即可创建新的分组。使用同样方法对剩余的未分组值进行分组。

（4）双击“组和成员”列表框中的组名，将组名分别修改为“销售 3 部”“销售 2 部”“销售 1 部”（见图 7-48），单击“确定”按钮关闭对话框，分组效果如图 7-49 所示。

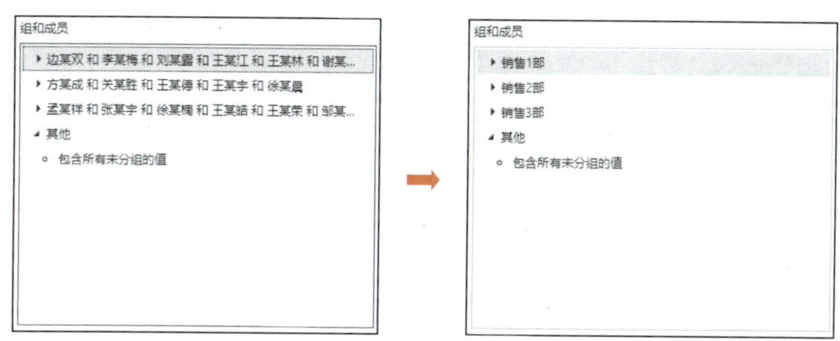

图 7-48　修改组名

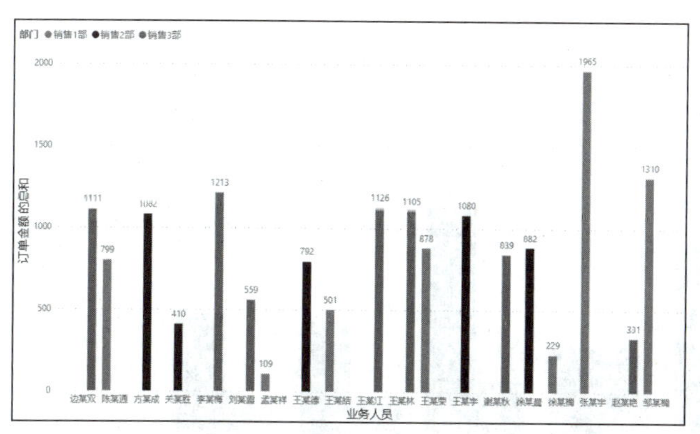

图 7-49　分组效果

图 7-49 的彩色图像

2. 装箱分组

装箱分组可以将数据分为大小相同的组，也可以按指定的组数量对数据分组。

若要进行装箱分组，可在“数据”窗格中右键单击分组依据的字段，在弹出的快捷菜单中选择“新建组”选项，然后在打开的“组”对话框中进行设置。对于日期类型数据可以按年、月、日、时、分、秒进行拆分装箱。

【实例 7-8】　将日期类型数据按日进行装箱分组。

【素材文件】　素材与实例\项目 7\电脑公司数据.pbix。

【具体步骤】

（1）打开素材文件，选中报表视图“装箱分组”报表页中的柱形图，在“数据”窗格中右键单击选中的“日期”字段，在弹出的快捷菜单中选择“新建组”选项，如图 7-50 所示。

（2）打开“组”对话框，设置装箱大小为 7 天，其他保持默认，如图 7-51 所示。

（3）单击“确定”按钮关闭对话框，在“数据”窗格中将创建的“日期（箱）”字段拖到“可视化”窗格“生成视觉对象”选项卡的“X 轴”编辑框中，删除“日期”字段，装箱效果如图 7-52 所示。

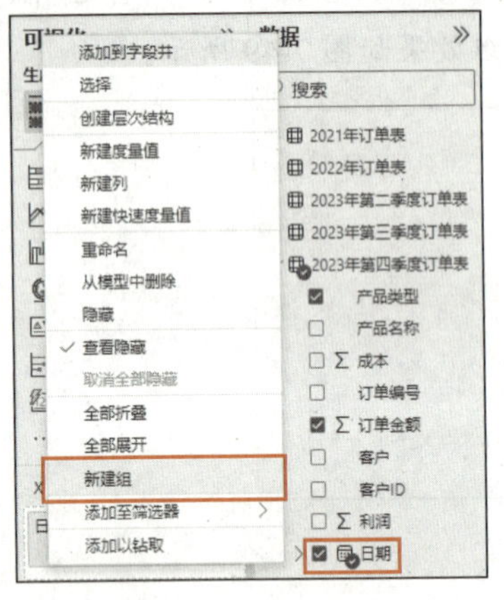

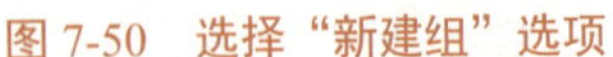
图 7-50　选择“新建组”选项

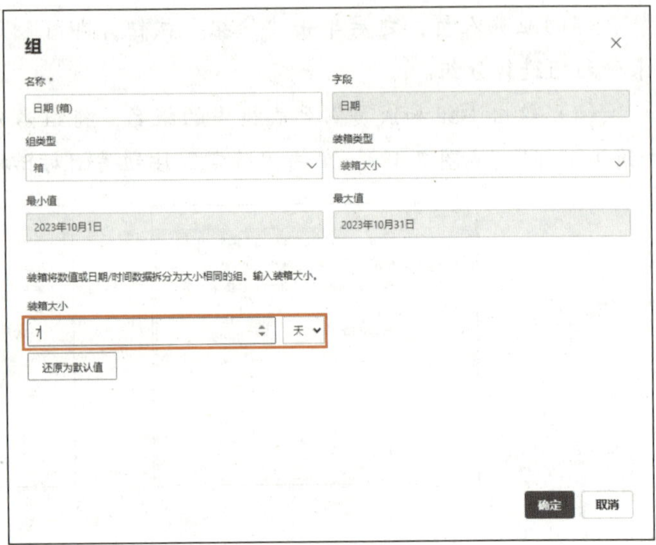

图 7-51　设置装箱大小

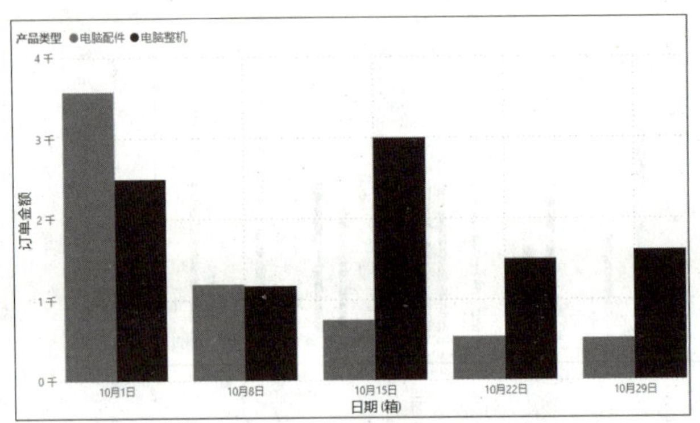

图 7-52　装箱效果

7.4 美化报表

为使报表更美观，更清晰地展示数据，可以对报表进行美化。

7.4.1　应用报表主题

在 Power BI 中，报表的全局颜色由主题控制，报表中的所有视觉对象默认使用选定主题中的颜色和格式。可视化分析时，可以根据数据特点为报表选择合适的主题。

1. 应用内置报表主题

Power BI Desktop 内置了多种风格的报表主题。在报表视图的“视图”选项卡“主题”命令组中单击“主题”下拉按钮，在其下拉列表（见图 7-53）中选择一种报表主题，即可

将主题应用到报表。

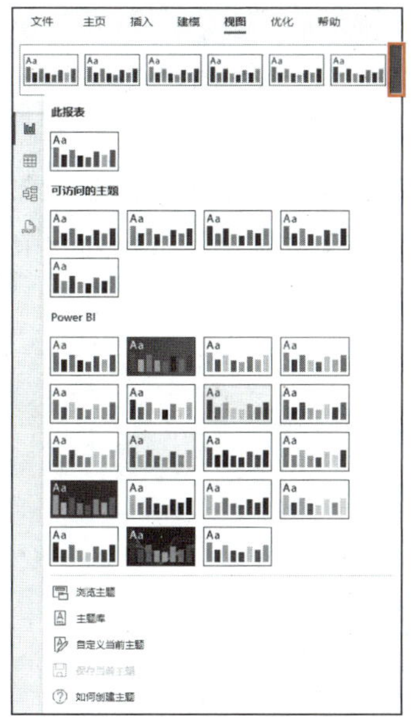

图 7-53 “主题”下拉列表

2. 应用主题库中的报表主题

除默认内置的报表主题外，Power BI 还允许用户根据需求下载和使用主题库中的主题。

在“主题”下拉列表中选择“主题库”选项，在打开的页面中选择合适的主题，然后在主题详情页下载对应的 JSON 文件。主题文件下载完成后，在“主题”下拉列表中选择“浏览主题”选项，在打开的“打开”对话框中选择下载的 JSON 文件，单击“打开”按钮，弹出“已成功添加文件”提示框，单击“知道了”按钮，即可将下载的主题应用到报表。

7.4.2 设置报表页面

在 Power BI 中，可以调整报表页面的大小以便更好地适应不同的显示需求和设备。

在“视图”选项卡“调整大小”命令组中单击“页面视图”下拉按钮，在其下拉列表（见图 7-54）中选择所需的选项，即可调整报表页面大小。各选项含义如下。

- 调整到页面大小：调整报表页中所有视觉对象的大小（自动缩放）以适应页面，为默认值。
- 适应宽度：调整报表页中所有视觉对象的宽度以适应页面的宽度。
- 实际大小：报表页中所有视觉对象按实际大小显示，不会根据页面缩放。

此外，也可以设置画布显示比例和大小。取消选中报表中的视觉对象，在“可视化”窗格“设置页面格式”选项卡中展开“画布设置”，在“类型”下拉列表中选择合适的显示比例，即完成画布显示比例的设置，若选择“自定义”选项，设置宽度和高度即完成画布大小的设置。

7.4.3 设置画布背景和壁纸

报表页的画布背景和壁纸默认为白色，用户可以为报表页设置背景和壁纸颜色，或者将图像设置为背景和壁纸。

设置背景颜色的方法为，取消选中报表中的视觉对象，在“可视化”窗格“设置页面格式”选项卡中展开“画布背景”，在“颜色”下拉列表中选择颜色，拖动透明度滑块调整颜色透明度，如图 7-55 所示。

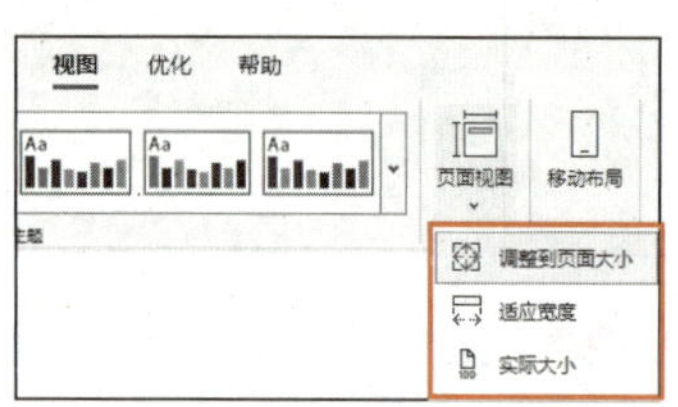

图 7-54 “页面视图”下拉列表

图 7-55 设置画布背景

设置背景图像的方法为，单击“画布背景”设置区图像选项下“浏览”编辑框右侧的“添加文件”按钮，在打开的“打开”对话框中选择需要的图像文件，之后可调整图像匹配度，使图像与页面匹配，还可根据需要设置图像透明度。

提 示

在创建视觉对象时，“背景”开关按钮默认为打开状态，且颜色为白色。在设置画布背景图像时，可将视觉对象的“背景”开关按钮关闭，统一报表风格（“背景”开关按钮在“可视化”窗格“设置视觉对象格式”选项卡“常规”子选项卡的“效果”设置区）。

如果要删除设置的背景图像，单击“画布背景”设置区图像选项下的“删除文件”按钮×即可。如果要恢复默认的报表画布背景，单击“还原为默认值”按钮即可。

壁纸的设置方法与画布背景相同，在“设置页面格式”选项卡的“壁纸”设置区进行设置。

项目实施——完善和美化 DK 运动品牌数据报表

本项目实施完善和美化 DK 运动品牌数据报表。为便于学习和操作，我们将整个实施过程分为两部分，第 1 部分完善和美化企业经营概况报表页，为其添加按钮、形状、图片等视觉对象，并设置画布背景，效果如图 7-56 所示；第 2 部分完善和美化门店销售情况报表

页，为其设置筛选器和画布背景等，效果如图 7-57 所示。

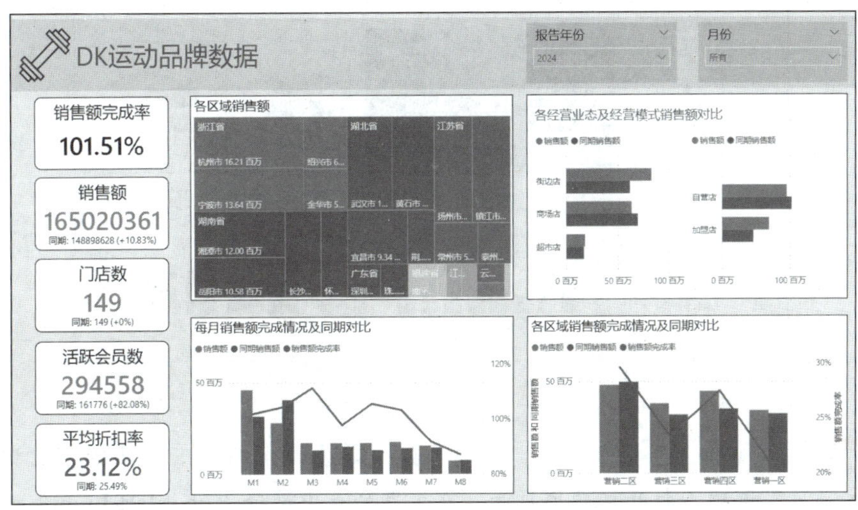

图 7-56 企业经营概况报表页效果

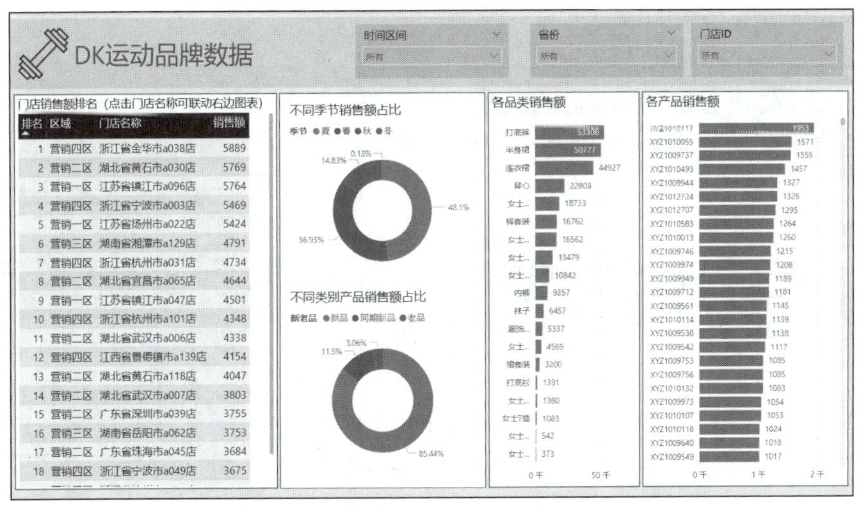

图 7-57 门店销售情况报表页效果

1．完善和美化企业经营概况报表页

步骤 1 打开本书配套素材“素材与实例\项目 7\DK 运动品牌数据.pbix”文件，将“第 1 页”报表页重命名为“企业经营概况”，“第 2 页”报表页重命名为“门店销售情况”。

完善和美化 DK 运动品牌数据报表

步骤 2 切换到“企业经营概况”报表页，在“可视化”窗格“设置视觉对象格式”选项卡中，关闭两个折线和簇状柱形图“X 轴”和“Y 轴”的“标题”开关按钮，关闭两个簇状条形图“X 轴”“Y 轴”和视觉对象的“标题”开关按钮，最后参照图 7-58 布局报表页。

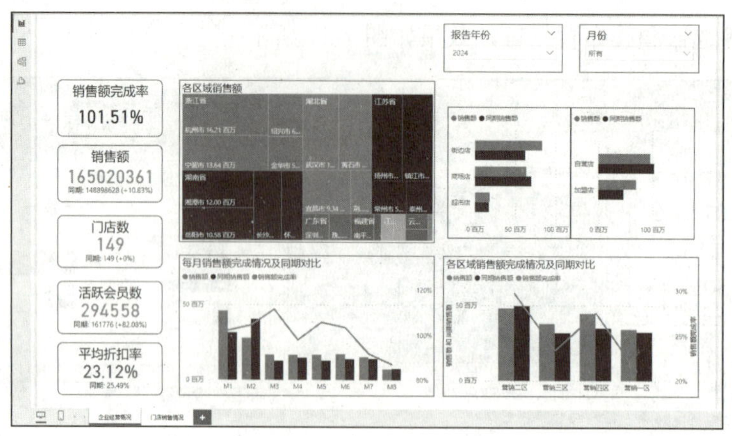

图 7-58　报表页布局

步骤 3 在“视图”选项卡“主题”命令组中单击“主题”下拉按钮，在其下拉列表中选择“主题库”选项，打开主题库页面，在主题列表中选择“EcoMart Light”选项，在打开的主题详情页单击“EcoMart Theme.json”文字右侧的下载按钮（见图 7-59），下载 JSON 文件。

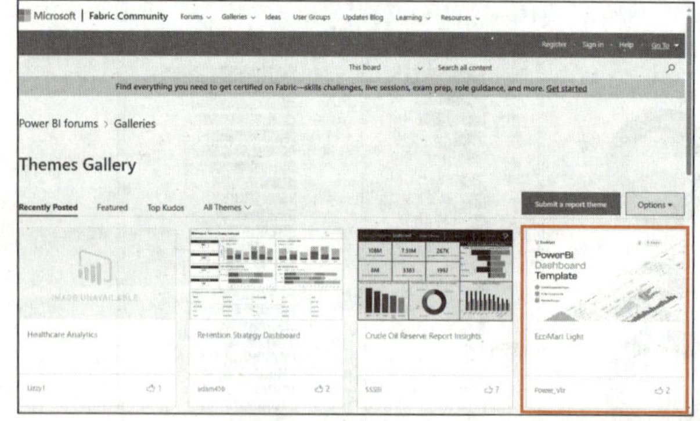

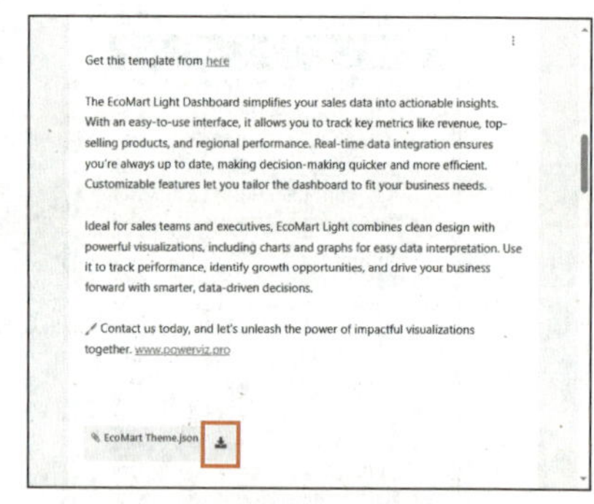

图 7-59　下载主题文件

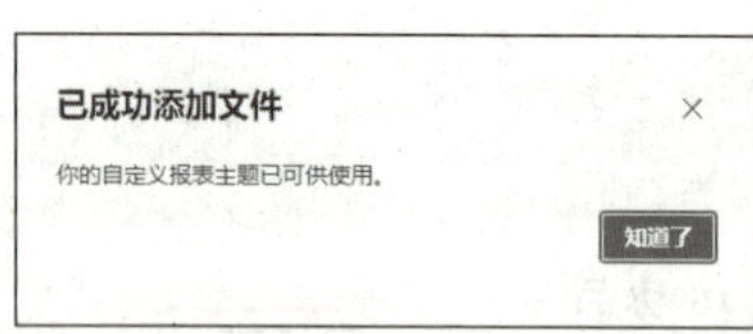

图 7-60　“已成功添加文件”提示框

步骤 4 返回 Power BI Desktop，再次单击“主题”下拉按钮，在其下拉列表中选择“浏览主题”选项，在打开的“打开”对话框中选择下载的“EcoMart Theme.json”文件，单击“打开”按钮，弹出“已成功添加文件”提示框（见图 7-60），单击“知道了”按钮，完成报表主题设置。

步骤 5 在“插入”选项卡“元素”命令组中单击“按钮”下拉按钮，在其下拉列表中选择“空白”选项，调整按钮的大小并将其移至两个簇状条形图的上方，在“‘格式’按钮”窗格“按钮”选项卡中，打开“样式”设置区的“文本”开关按钮，在“文本”编辑框中输入“各经营业态及经营模式销售额对比”，设置字号为“14”，水平对齐方式为左对齐，关闭“边框”开关按钮。

步骤 6 选中两个簇状条形图，在“可视化”窗格“设置视觉对象格式”选项卡“常规”子选项卡的“效果”设置区关闭“视觉对象边框”开关按钮。

步骤 7 在“插入”选项卡“元素”命令组中单击“形状”下拉按钮，在其下拉列表中选择“矩形”类别下的“(矩形）矩形”选项，调整矩形的大小并移动矩形使其包含按钮和两个簇状条形图，在“设置形状格式”窗格“形状”选项卡中，关闭“样式”设置区的“填充”开关按钮，设置“边框”颜色为“黑色”。在“格式”选项卡“排列”命令组中单击“下移一层”下拉按钮，在其下拉列表中选择“置于底层”选项（见图 7-61)，此时组合的视觉对象效果如图 7-62 所示。

步骤 8 使用同样方法插入空白按钮并输入标题文本，之后将其移至报表页上方并置于底层，调整宽度与页面相同。关闭“边框”开关按钮，打开“文本”开关按钮，设置文本为“DK 运动品牌数据”，字号为“28”，字体颜色为“#2c65a8，主题颜色 1，25%较深”，水平对齐方式为左对齐，左侧填充（像素）为“98”，如图 7-63 所示。

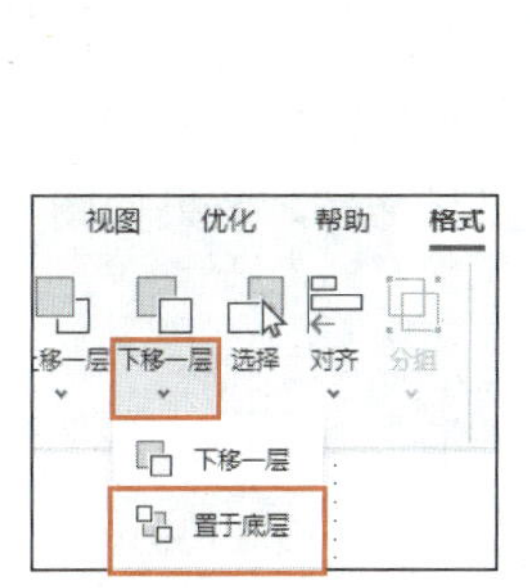

图 7-61 选择“置于底层”选项

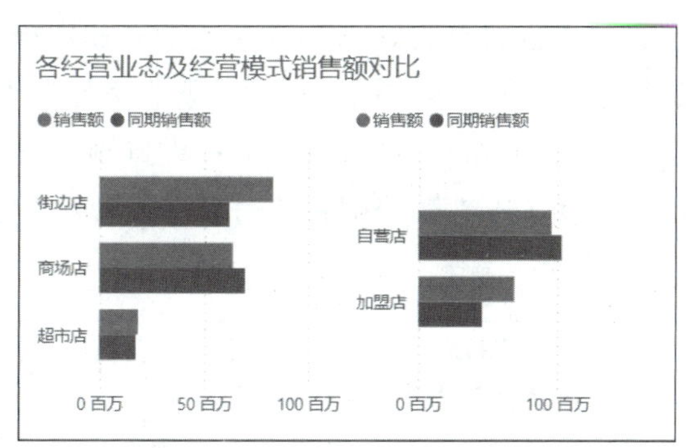

图 7-62 组合的视觉对象效果

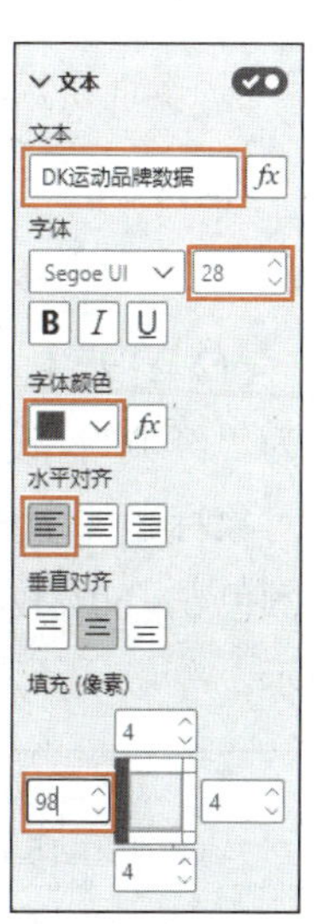

图 7-63 设置标题按钮

步骤 9 在“插入”选项卡“元素”命令组中单击“图像”命令按钮，插入“素材与实例\项目 7\图标.png”文件，将其缩放到合适大小并移至报表标题文本左侧。

步骤 10 关闭两个切片器的“视觉对象边框”开关按钮，设置背景颜色为“#619fe6，主题颜色 1，20%较浅”，透明度（%）为“55”；打开矩形和标题按钮的“背景”开关按钮，设置标题按钮的背景颜色为“#89b7ec，主题颜色 1，40%较浅”，透明度（%）为“55”；关闭两个簇状条形图的“背景”开关按钮。

步骤 11 取消选中视觉对象，在“可视化”窗格“设置页面格式”选项卡中展开“画布背景”，设置颜色为“#b0cff3，主题颜色 1，60%较浅”，透明度（%）为“55”。此时，“企业经营概况”报表页效果如图 7-56 所示。

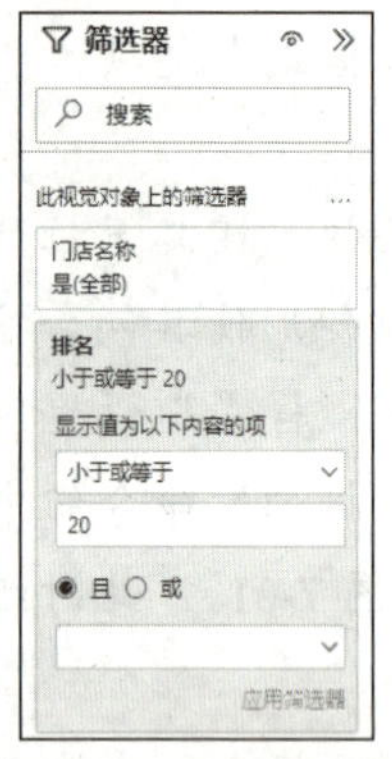

图 7-64　设置筛选器

2. 完善和美化门店销售情况报表页

步骤 1 切换到“门店销售情况”报表页，选中排名表，在“筛选器”窗格的视觉级筛选器中，设置“排名”小于或等于“20”，单击“应用筛选器”按钮，如图 7-64 所示。

步骤 2 将“企业经营概况”报表页的标题按钮和图片复制到“门店销售情况”报表页中。参照“企业经营概况”报表页设置切片器的背景颜色和画布背景颜色。此时，“门店销售情况”报表页效果如图 7-57 所示。

项目实训

1. 实训目标

练习使用 Power BI Desktop 美化报表并实现交互式分析。

2. 实训内容

（1）打开本书配套素材“素材与实例\项目 7\X 电商企业数据.pbix”文件，设置报表主题为“经典”；设置切片器标头和除卡片图外视觉对象的字号为“13”；设置除切片器外视觉对象标题的字体颜色为“#5F6B6D，主题颜色 5”；设置画布背景的颜色为“#bfc4c5，主题颜色 5，60%较浅”，透明度（%）为“80”；重命名报表页为“电商数据”，效果如图 7-65 所示。

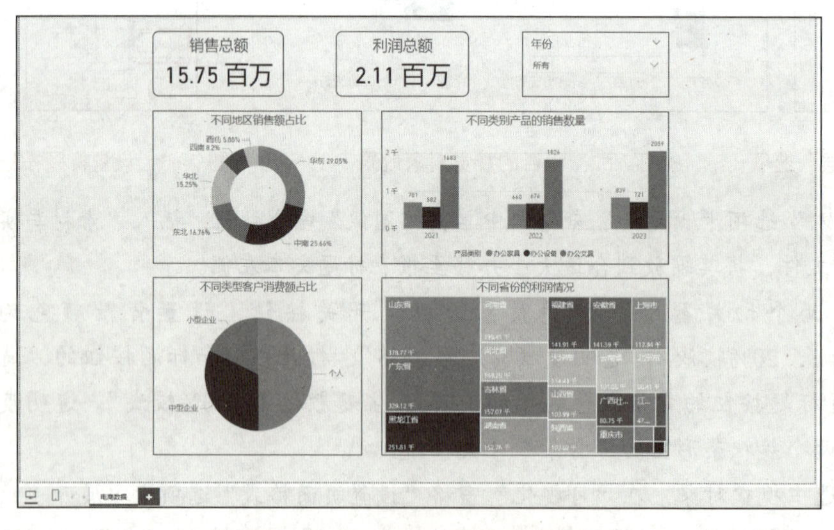

图 7-65　“电商数据”报表页效果

图 7-65 的彩色图像

（2）为报表页添加书签，并重命名为“电商数据”。

（3）在簇状柱形图中启用“向下钻取”功能，向下钻取 2023 年季度数据，然后为报表

页添加书签并重命名为“2023 年电商数据”，如图 7-66 所示。

（4）添加新的报表页并重命名为“服务满意度”，在报表页中创建堆积柱形图并设置钻取字段（所选字段包含在“销售订单表”数据表中），设置图例位置和标题文本，打开“数据标签”开关按钮，效果如图 7-67 所示。

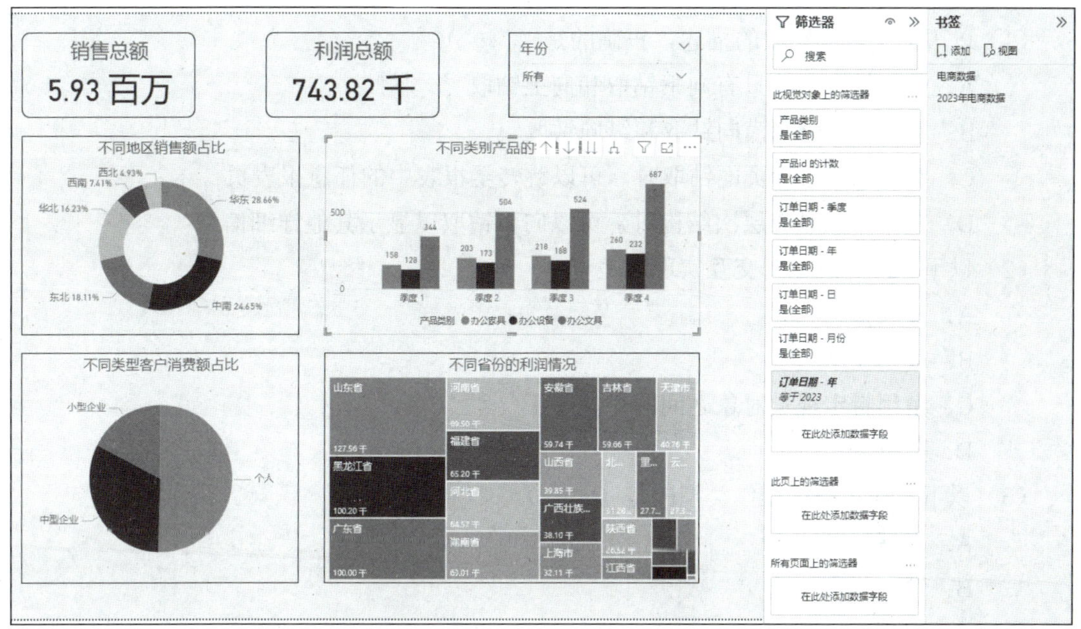

图 7-66　向下钻取并添加书签

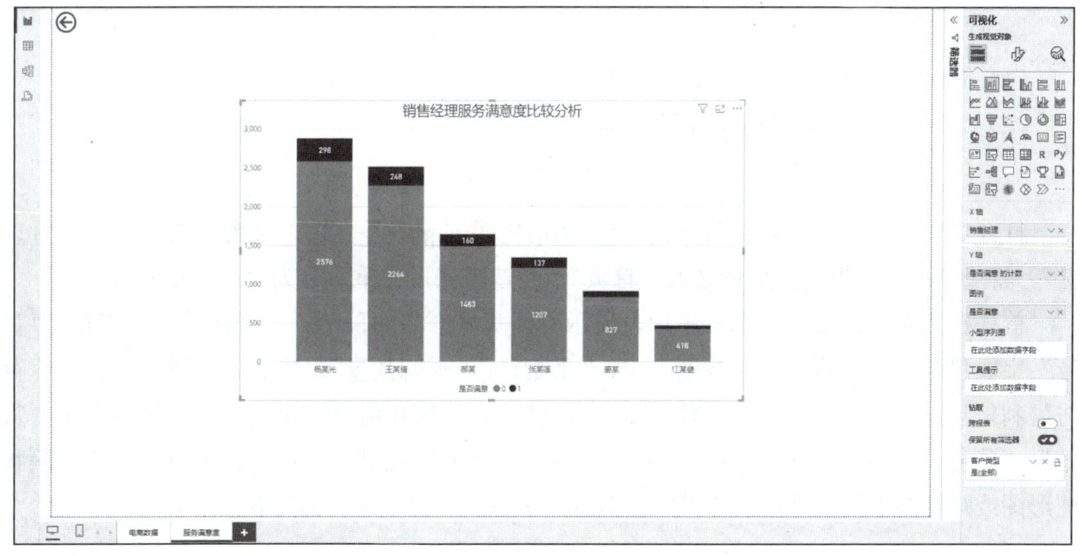

图 7-67　“服务满意度”报表页效果

（5）切换到“电商数据”报表页，从饼图的不同类型客户钻取到“服务满意度”报表页。

项目考核

1. 选择题

（1）以下关于数据钻取的描述，正确的是（　　）。

A. 数据钻取方式只有向下钻取和向上钻取

B. 数据钻取分为横向钻取和纵向钻取

C. 对数据点进行页面钻取时，可以跳转至报表中的任意报表页

D. 视觉对象具有层次结构时，可以向下钻取以显示其他详细信息

（2）以下不能通过编辑交互实现的是（　　）。

A. 交叉筛选

B. 突出显示

C. 禁用特定视觉对象之间的交互

D. 数据分组

（3）以下不属于按钮操作类型的是（　　）。

A. 书签

B. 钻取

C. 聚焦

D. 页导航

2. 简答题

（1）简述筛选器、钻取和书签的特点。

（2）简述列表分组和装箱分组的区别。

3. 操作题

打开本书配套素材“素材与实例\项目 7\销售明细.pbix”文件，设置报表主题为“管理者”。将“第 1 页”报表页重命名为“首页”，新建报表页并重命名为“库存信息”。

首先在“库存信息”报表页添加表显示不同货号产品的采购价、采购数量和库存（“货号”字段包含在“销售明细”数据表中，“采购价”“采购数量”“库存”字段包含在“库存与盈利信息”数据表中，设置字段不汇总），然后为“库存信息”报表页添加钻取字段“货号”（“货号”字段包含在“销售明细”数据表中），最后通过“首页”报表页的折线和簇状柱形图或矩阵的不同货号钻取到“库存信息”报表页，显示对应的库存信息。

项目评价

请同学们结合本项目的学习情况，按小组对学习成果进行自评和互评，然后请老师进行师评和综合评价，并将评价结果填入表 7-1 中。

表 7-1 学习成果评价表

评价项目	评价内容	分值	评价分数		
			自评	互评	师评
项目完成度（20%）	项目准备阶段，回答问题清晰准确，能够紧扣主题，没有明显错误	5 分			
	项目实施阶段，根据操作步骤完成项目实施内容	5 分			
	项目实训阶段，出色地完成实训内容	5 分			
	项目考核阶段，完成考核题目	5 分			
知识（30%）	报表的基本操作	6 分			
	使用筛选器、钻取、书签等实现报表交互的方法	8 分			
	文本框、按钮、形状、图像和数据分组的使用方法	8 分			
	美化报表的方法	8 分			
能力（30%）	运用报表的交互式操作分析数据	10 分			
	运用文本框、按钮、形状、图像和数据分组完善报表	10 分			
	设置报表主题、页面、画布背景和壁纸	10 分			
素养（20%）	互帮互助，具有团队精神	5 分			
	认真负责，按时完成学习、实践任务	5 分			
	提高分析和解决问题的能力和自信心	5 分			
	增强积极思考、寻求解决方法的意识	5 分			
合计		100 分			
综合分数	自评（25%）+互评（25%）+师评（50%）=_______	等级：			
综合评价	最突出的表现（创新或进步）：				
	还需改进的地方（不足或缺点）：				
	指导教师签字：				

注：等级可以“优”（90 分≤综合分数≤100 分）、“良”（80 分≤综合分数<90 分）、“中”（60 分≤综合分数<80 分）、“差”（综合分数<60 分）为标准进行评价。

项目 8

Power BI 服务

项目导读

Power BI 服务提供全面的在线解决方案，用户可以使用它发布、共享及协作处理 Power BI 报表和仪表板，还可以通过移动设备查看报表和仪表板，实现随时随地的数据驱动决策。

项目目标

知识目标

- 了解 Power BI 服务的基本功能。
- 掌握发布报表的方法。
- 了解 Power BI 仪表板的作用并掌握创建仪表板的方法。
- 掌握使用 Power BI 实现协作和共享的方法。
- 熟悉使用 Power BI 移动应用查看报表和仪表板的方法。

能力目标

- 能够发布和共享报表，并在移动端查看报表和仪表板。

素质目标

- 增强遵守规则的意识，养成按规矩行事的习惯。
- 提高归纳总结和将事物化繁为简的能力。

项目描述

本项目首先介绍 Power BI 服务的基本功能，然后讲解如何发布报表，并深入介绍仪表板的作用和创建方法，接着介绍 Power BI 的协作与共享功能及 Power BI 移动应用的使用，最后通过为 DK 运动品牌数据创建仪表板并在移动端查看报表和仪表板巩固所学知识。

项目准备

全班学生以 3～5 人为一组，各组选出组长。组长组织组员扫码观看“Power BI 服务及其应用”视频，讨论并回答下列问题。

问题 1：简述 Power BI 服务的功能。

Power BI 服务及其应用

问题 2：简述 Power BI 服务的应用场景。

8.1 初识 Power BI 服务

使用 Power BI 服务须先注册 Power BI 账号，注册成功后，Power BI 官网会提供 60 天的免费 Pro 许可。需要注意的是，注册 Power BI 账号需要使用企业邮箱。

8.1.1 注册 Power BI 账号并登录 Power BI 服务

1. 注册 Power BI 账号

Power BI 账号可直接在 Power BI 官方网站注册，具体步骤如下。

（1）访问 Power BI 官方网站（网址为“https://www.microsoft.com/zh-cn/power-platform/products/power-bi”），单击右上角的“开始免费使用”按钮，如图 8-1 所示。

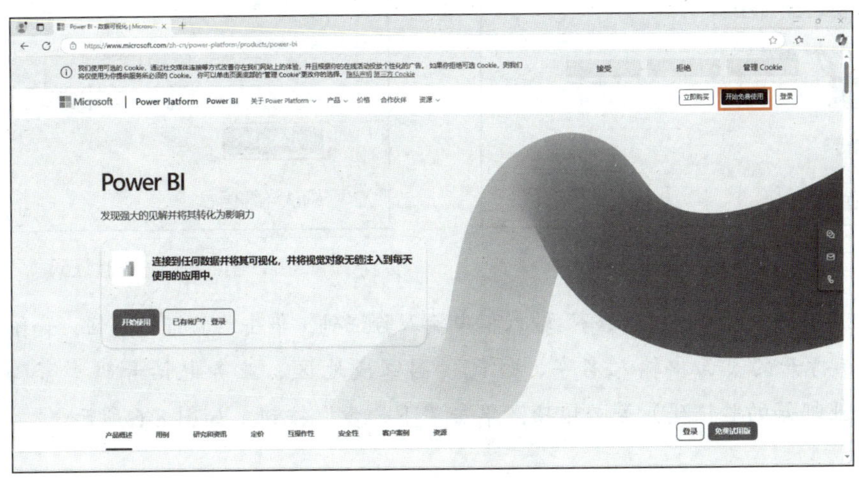

图 8-1 单击“开始免费使用”按钮

（2）打开 Power BI 账户检查页面，在“电子邮件”输入框中输入企业邮箱地址，单击“提交”按钮，如图 8-2 所示。

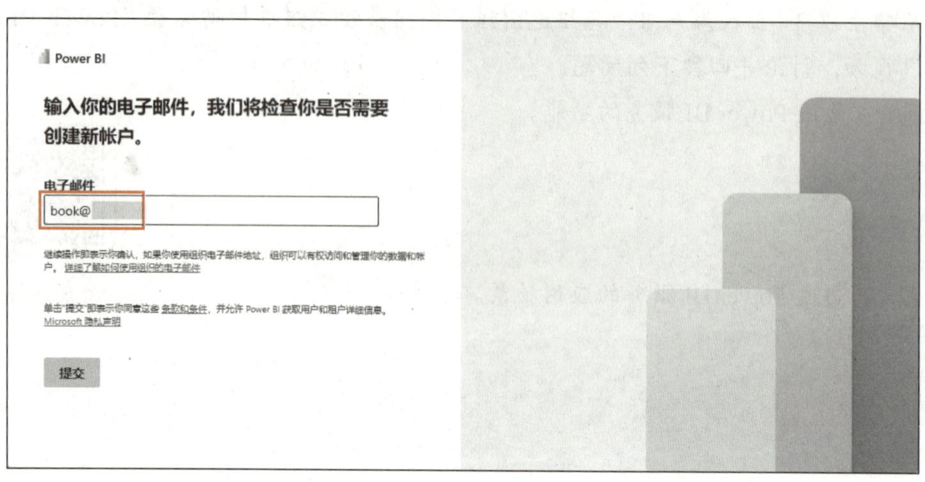

图 8-2　检查账户

（3）在打开的页面中选中“我从组织收到这封电子邮件”单选钮，单击“下一步”按钮，如图 8-3 所示。

（4）在打开的页面中选中“向我发送短信”单选钮，在“电话号码”输入框中输入手机号码，单击“发送验证码”按钮，如图 8-4 所示。

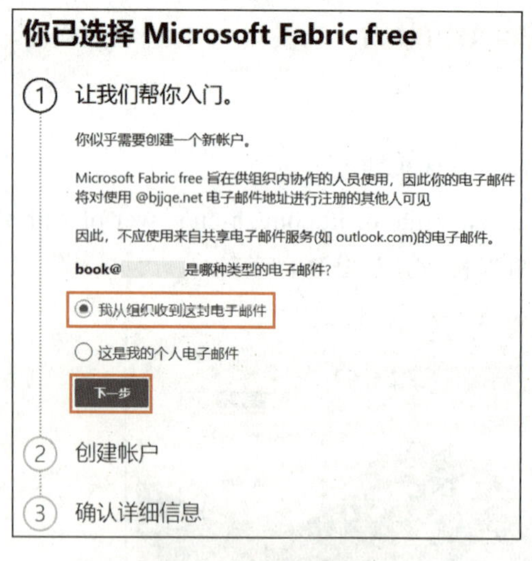

图 8-3　选择电子邮件类型

图 8-4　发送验证码

（5）在展开的“输入验证代码”输入框中输入验证码，单击“验证”按钮，如图 8-5 所示。

（6）在打开的页面中输入名字、姓氏、国家或地区、业务电话号码、密码和验证码（发送到企业邮箱的验证码）等必填项，单击“下一步”按钮，如图 8-6 所示。

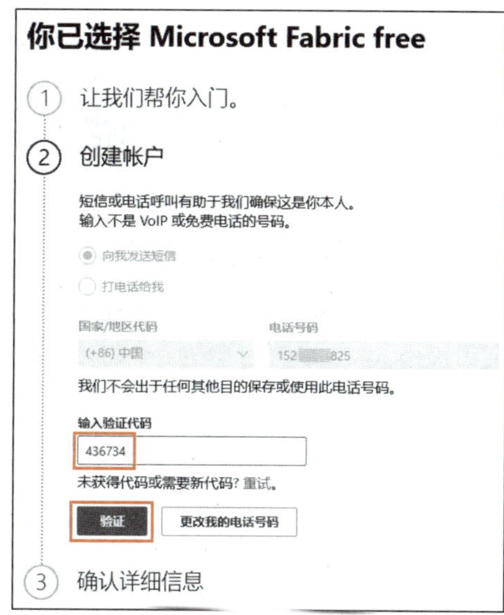

图 8-5 输入验证码并单击“验证”按钮

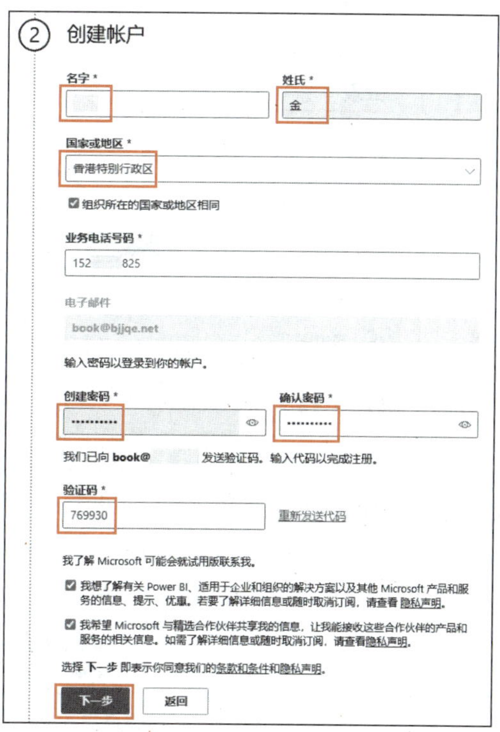

图 8-6 输入账户信息并单击“下一步”按钮

（7）在打开的页面中确认账户详细信息，如图 8-7 所示。

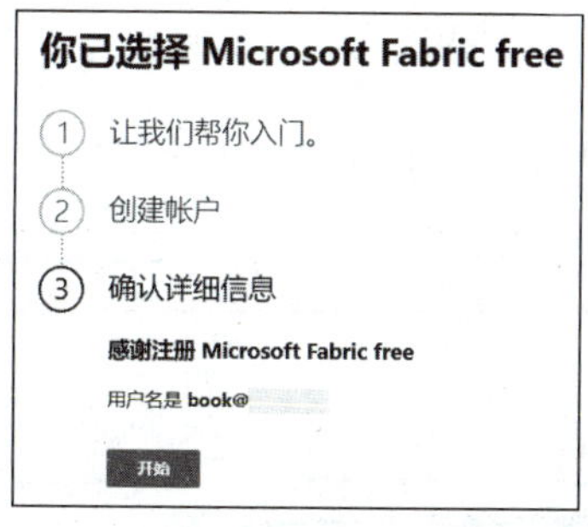

图 8-7 确认详细信息

2. 登录 Power BI 服务

在 Power BI 服务网站登录 Power BI 服务的具体步骤如下。

（1）访问 Power BI 服务网站（网址为“https://app.powerbi.com”），在打开的登录页面中输入电子邮件地址，单击“下一步”按钮，如图 8-8 所示。

（2）在打开的页面中输入密码，单击“登录”按钮，如图 8-9 所示。

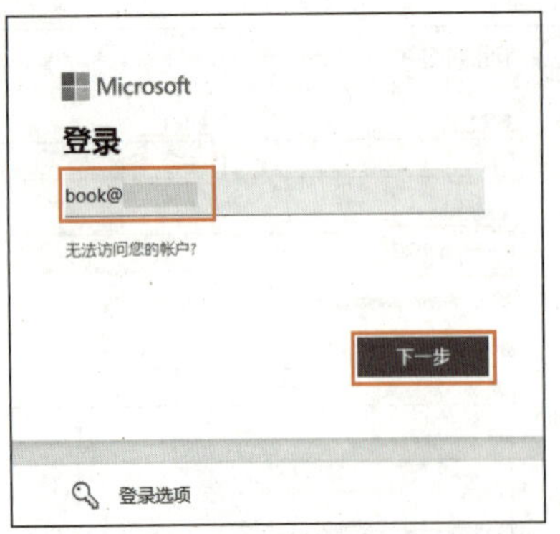

图 8-8　输入电子邮件地址并单击“下一步”按钮

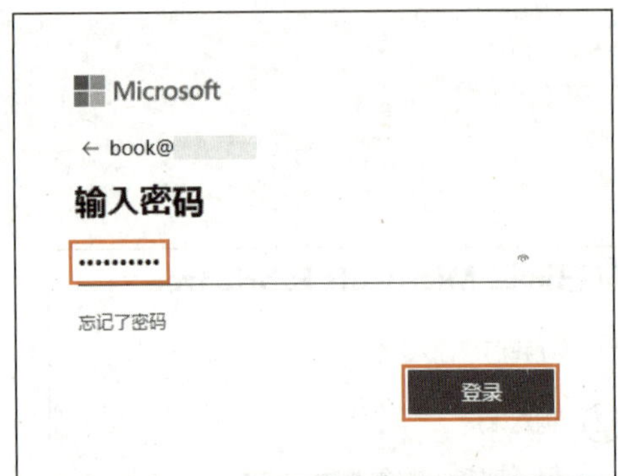

图 8-9　输入密码并单击“登录”按钮

（3）在打开的页面中勾选“不再显示此消息”复选框，单击“是”按钮（见图 8-10），进入 Power BI 服务。

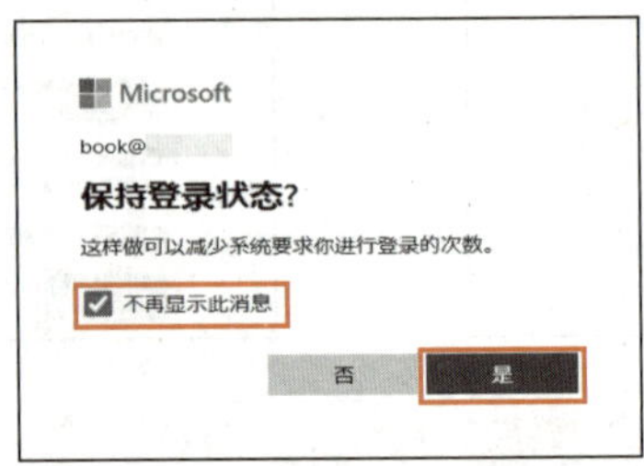

图 8-10　设置保持登录状态

8.1.2　熟悉 Power BI 服务界面

Power BI 服务界面主要由导航栏、工具栏和工作区域等组成，其主页如图 8-11 所示。

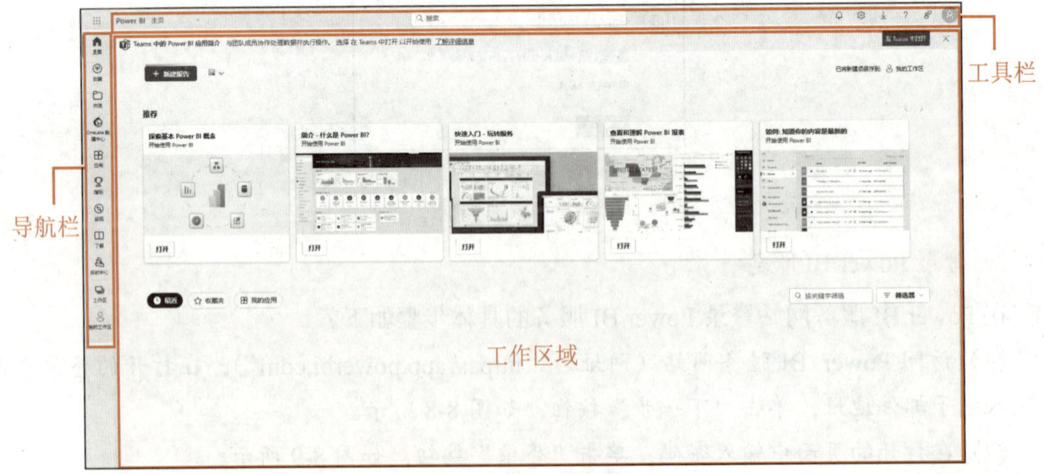

图 8-11　Power BI 服务主页

导航栏主要用于在不同页面之间切换，包括主页、创建报表页面、浏览页面、工作区页面等；工具栏中包括一个搜索框和多个功能按钮，在搜索框中可以通过输入名称查找报表和仪表板等，通过功能按钮可以查看通知、获取帮助，以及登录和注销账号等；工作区域主要用于显示和编辑报表和仪表板等。

8.2 发布报表

虽然使用 Power BI 服务也可以获取数据制作报表，但其功能没有 Power BI Desktop 强大，所以在实际工作中，通常使用 Power BI Desktop 制作报表，然后将报表发布到 Power BI 服务中，这样一方面可以实现文件备份，另一方面可以使团队共享报表。

在 Power BI Desktop 中创建报表后，只需单击“主页”选项卡“共享”命令组中的“发布”命令按钮，即可进入发布流程。

【实例 8-1】 发布报表到 Power BI 服务。

【素材文件】 素材与实例\项目 8\GT 公司数据可视化.pbix。

【具体步骤】

（1）打开素材文件，在“主页”选项卡“共享”命令组中单击“发布”命令按钮。

（2）若 Power BI Desktop 处于未登录状态，会打开“输入你的电子邮件地址”对话框，在其中输入已注册的电子邮件地址，单击“继续”按钮（见图 8-12），打开“选择账户”对话框，选择要登录的账户（首次登录需要输入密码，然后单击“登录”按钮），如图 8-13 所示。

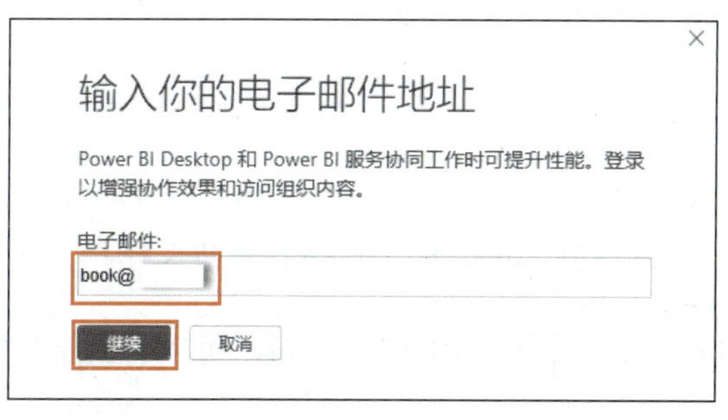

图 8-12 输入电子邮件地址并单击“继续”按钮

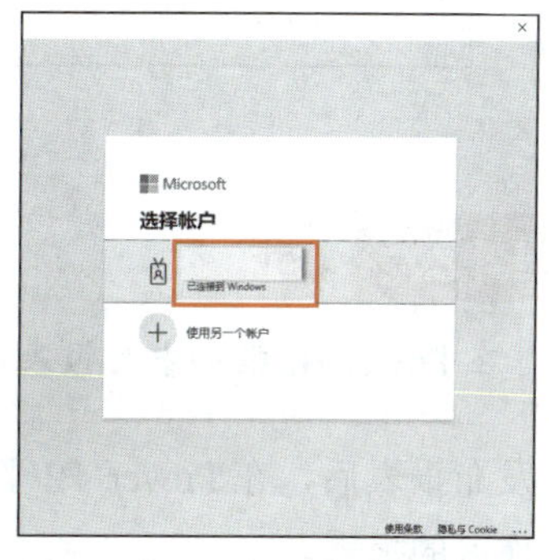

图 8-13 选择账户

（3）打开“发布到 Power BI”对话框，选择具体的发布位置，此处选择“我的工作区”选项，单击“选择”按钮，如图 8-14 所示。

（4）打开“发布到 Power BI”对话框，显示报表正在发布，等待一段时间后，报表发布完成，对话框中会显示报表发布到的 Power BI 服务链接，单击此链接进入 Power BI 服务，如图 8-15 所示。

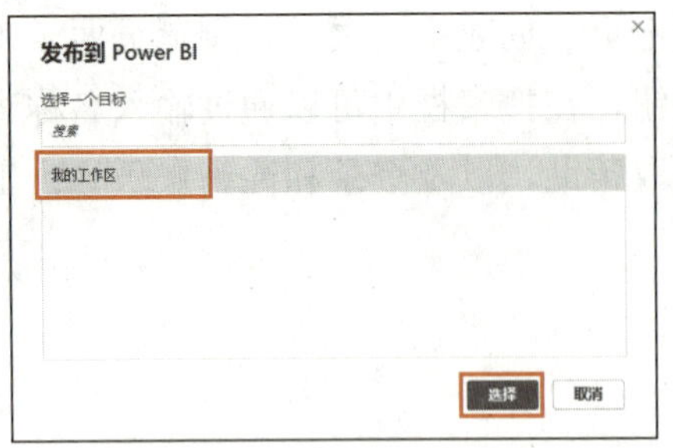

图 8-14 选择发布位置

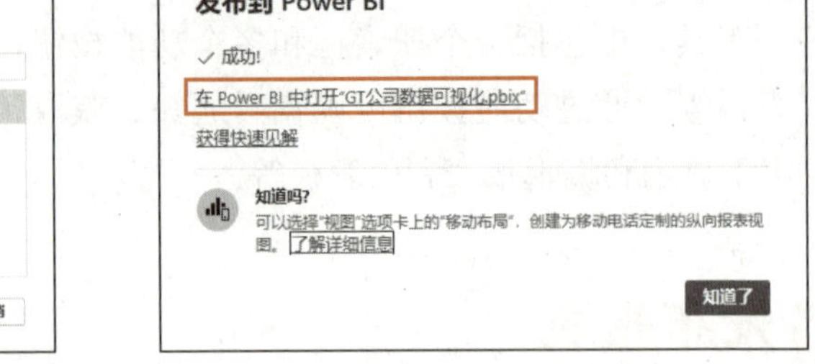

图 8-15 单击 Power BI 服务链接

(5) 首次进入 Power BI 服务也需要登录，登录成功后，在浏览器中可以看到发布的报表，如图 8-16 所示。

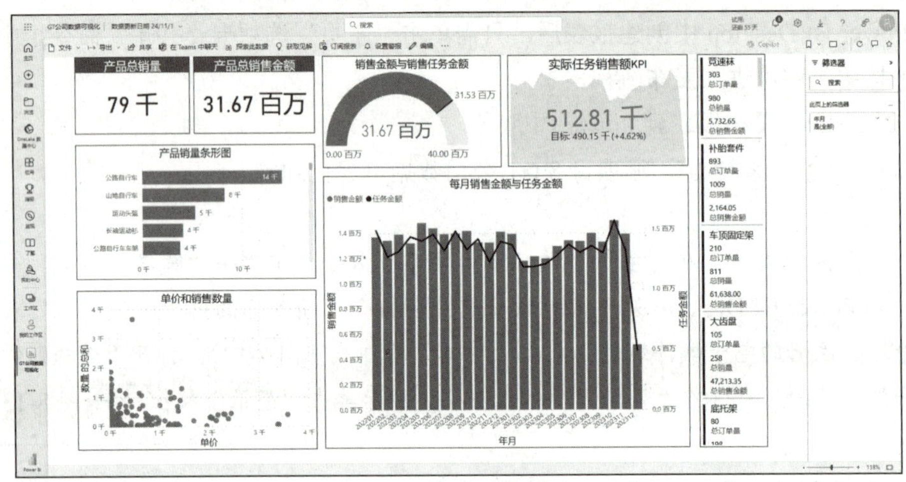

图 8-16 发布的报表

提 示

在 Power BI 服务中对报表进行更改，不会影响 Power BI Desktop 中的文件。

发布报表后，在 Power BI 服务中单击左侧导航栏中的工作区按钮，可以看到上传到相应工作区的报表。

8.3 仪表板

Power BI 仪表板是一个强大的工具，用户可以使用它快速了解业务状况，监控关键绩效指标，发现潜在趋势和问题，促进团队协作和沟通。由于被限制为一页，仪表板通常仅包含一个或多个报表的关键信息和指标。

仪表板中的对象称为“磁贴”，磁贴可以来自一个或多个基础报表。

8.3.1 创建仪表板

在 Power BI 中，用户可以创建空白仪表板，也可以通过固定报表中的视觉对象创建仪表板。

创建空白仪表板的方法为，在 Power BI 服务的导航栏中单击工作区按钮，再单击工作区页面左上角的“新建项”按钮，在打开的对话框中选择“仪表板”选项，打开“创建仪表板”对话框，在输入框中输入想要创建的仪表板名称，单击“创建”按钮即可，如图 8-17 所示。

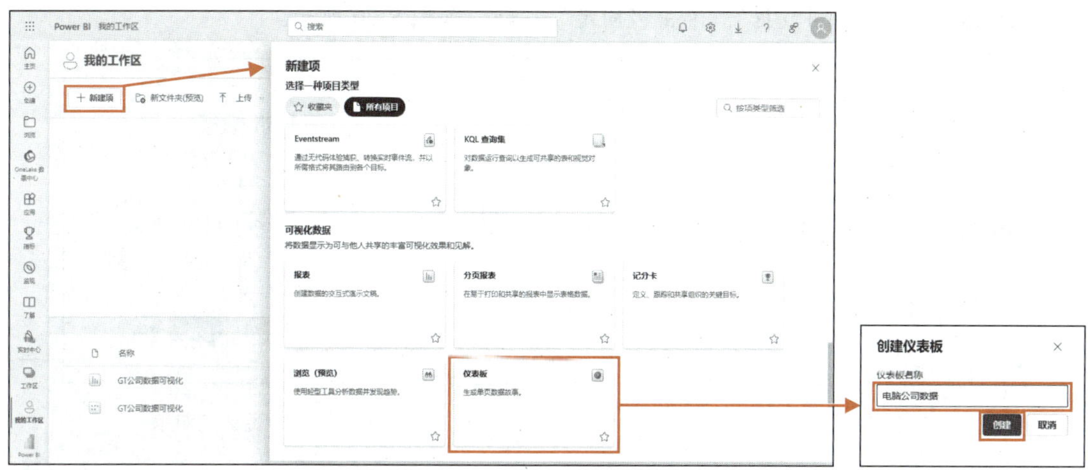

图 8-17 创建空白仪表板

通过固定报表中的视觉对象创建仪表板的方法分为两种，一种是通过将报表中的单个视觉对象固定到仪表板来创建；还有一种是通过将整个报表中的视觉对象固定到仪表板来创建。

1. 将报表中的单个视觉对象固定到仪表板

在 Power BI 服务的报表页面中，将鼠标指针移至视觉对象上，然后单击视觉对象右上角的“固定视觉对象”按钮，可新建仪表板并将此视觉对象固定到仪表板中。下面通过将“GT 公司数据可视化”报表中的视觉对象放入仪表板来学习创建仪表板。

【实例 8-2】 将报表中的单个视觉对象固定到仪表板。

【素材文件】 素材与实例\项目 8\GT 公司数据可视化.pbix。

【具体步骤】

（1）参考实例 8-1 在 Power BI Desktop 中发布“GT 公司数据可视化”报表。若报表已发布到 Power BI 服务，在“我的工作区”页面中单击“GT 公司数据可视化”报表（见图 8-18），打开报表的阅读视图。

图 8-18 单击“GT 公司数据可视化”报表

（2）将鼠标指针移至“产品总销量”卡片图上，单击其右上角的“固定视觉对象”按钮，如图 8-19 所示。

（3）打开“固定到仪表板”对话框，选中“新建仪表板”单选钮，在“仪表板名称”输入框中输入“GT 公司数据”，单击“固定”按钮，如图 8-20 所示。

图 8-19 固定视觉对象

图 8-20 新建仪表板并固定视觉对象

（4）使用同样的方法，将“产品总销售金额”卡片图、“产品销量条形图”条形图、“销售金额与销售任务金额”仪表图固定到“GT 公司数据”仪表板。

（5）每固定一个视觉对象，报表右上角就会弹出“已固定至仪表板”提示框，如图 8-21 所示。单击“创建移动布局”按钮可以从“Web 布局”切换到“移动布局”；单击“转至仪表板”按钮可以跳转到仪表板，此处单击“转至仪表板”按钮，跳转到“GT 公司数据”仪表板，如图 8-22 所示。在“我的工作区”页面中单击“GT 公司数据”仪表板，也可打开图 8-22 所示的仪表板。

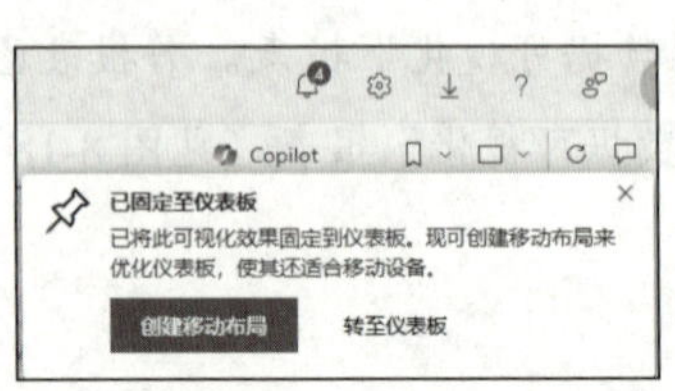

图 8-21 “已固定至仪表板”提示框

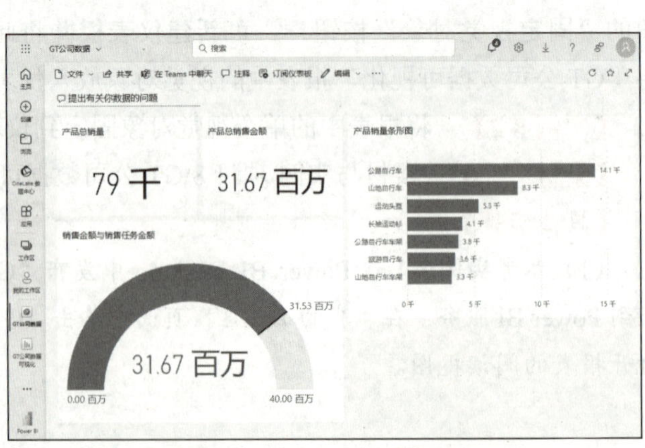

图 8-22 “GT 公司数据”仪表板

提 示

在移动端无法创建仪表板，但可以查看和共享仪表板。

2. 将整个报表中的视觉对象固定到仪表板

在 Power BI 服务的报表页面，单击菜单栏中的“更多选项”按钮…，在其下级菜单中选择“固定到仪表板”选项（见图 8-23），可打开“固定到仪表板”对话框，然后参照实例 8-2 进行后续的操作，即可新建仪表板并将整个报表中的视觉对象固定到仪表板中。

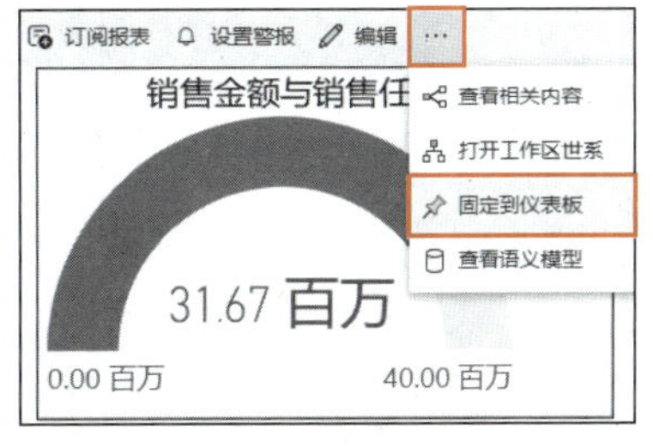

图 8-23 选择“固定到仪表板”选项

提 示

如果更改了用于创建磁贴的原始视觉对象，磁贴不会随之更改。例如，如果从报表固定一个折线图，然后将折线图更改为条形图，仪表板中的磁贴将继续显示为折线图。数据在仪表板中会刷新，但视觉对象类型不会。

8.3.2 添加和编辑磁贴

1. 添加磁贴

在仪表板中，除可以通过固定视觉对象添加磁贴外，还可以添加文本框、图像、视频、流数据和 Web 内容等独立磁贴。在仪表板菜单栏中单击“编辑”下拉按钮，在其下级菜单中选择“添加磁贴”选项，打开“添加磁贴”对话框，选择要添加的磁贴类型后单击“下一步”按钮，并根据提示操作即可，如图 8-24 所示。

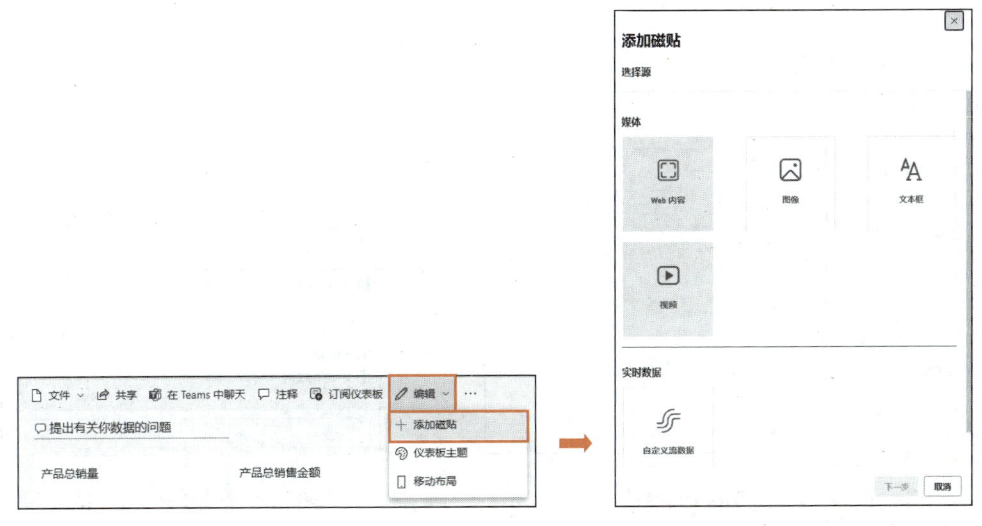

图 8-24 添加磁贴

如果要将报表中的文本框、图像、按钮和形状固定到仪表板，需要先在报表菜单栏中单击“编辑”按钮（见图 8-25），将报表切换到编辑视图模式，将鼠标指针移至文本框、图像、按钮和形状上会出现“固定视觉对象”按钮。

图 8-25　单击“编辑”按钮

2．编辑磁贴

（1）调整磁贴位置和大小。

如果仪表板中磁贴的位置和大小不符合实际需求，用户可以根据需要进行调整。拖动磁贴，可将其移到仪表板的其他位置。将鼠标指针移至磁贴右下角，当鼠标指针变为双向箭头时按住鼠标左键拖动，可调整磁贴大小。

（2）编辑磁贴详细信息。

如果想对磁贴进行重命名、添加超链接等操作，可以通过编辑磁贴的详细信息来实现。单击磁贴右上角的“更多选项”按钮，在展开的列表中选择“编辑详细信息”选项，打开“磁贴详细信息”对话框，如图 8-26 所示。在“标题”输入框中输入新的标题名称，单击“应用”按钮，即可重命名磁贴。

默认情况下，选择磁贴后通常会跳转到用于创建此磁贴的报表。在“磁贴详细信息”对话框中勾选“设置自定义链接”复选框，可以自定义链接跳转到网页、同一工作区中的另一个仪表板或报表等，如图 8-27 所示。

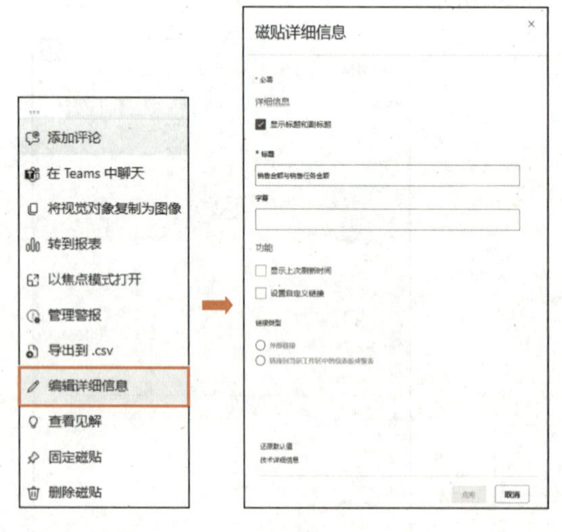

图 8-26　打开“磁贴详细信息”对话框

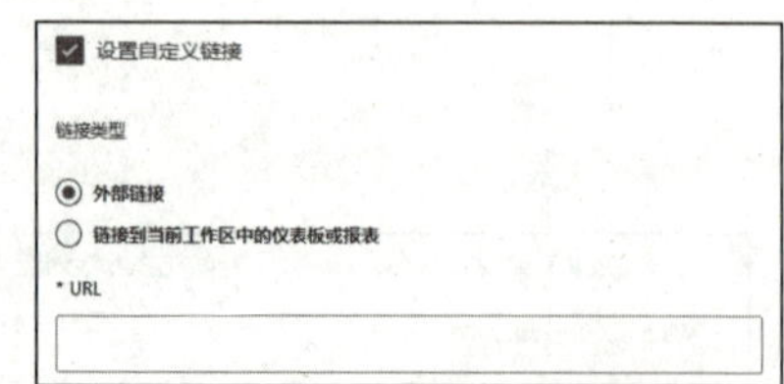

图 8-27　设置自定义链接

若想跳转到网页，在选中“外部链接”单选钮的状态下，在“URL”输入框中输入以

“http://”或“https://”开头的有效 URL；若想跳转到其他仪表板或报表，选中“链接到当前工作区中的仪表板或报表”单选钮后，在“要链接到的仪表板或报表”下拉列表中选择一个仪表板或报表，最后单击“应用”按钮，即可完成自定义链接的设置。

（3）将磁贴固定到其他仪表板。

单击磁贴右上角的“更多选项”按钮，在展开的列表中选择“固定磁贴”选项，可以将此磁贴固定到现有仪表板或新仪表板中。

提 示

“更多选项”列表中的可用选项因磁贴类型而异。

（4）删除磁贴。

单击磁贴右上角的“更多选项”按钮，在展开的列表中选择“删除磁贴”选项，即可删除磁贴。删除磁贴不会删除原报表中的视觉对象。

8.4 协作和共享

8.4.1 协同工作

在 Power BI 服务中，可以通过创建工作区实现团队协同工作，团队能够在 Power BI 服务的工作区共享仪表板和报表，并且工作区为不同用户授予不同的访问权限，分别为管理员、成员、参与者和查看者。创建好工作区后，将在 Power BI Desktop 中创建的报表发布到 Power BI 服务的工作区，有权限的用户就可以访问发布后的报表。需要注意的是，只有具有 Power BI Pro 许可的用户才能创建工作区。

图 8-28 “创建工作区”对话框

创建工作区的方法为，在 Power BI 服务的导航栏中单击“工作区”按钮，在打开的“工作区”对话框中单击下方的“新建工作区”按钮，打开“创建工作区”对话框（见图 8-28），在“名称”输入框中为工作区指定唯一的名称，展开“高级”选项可以设置联系人列表，默认情况下，联系人是工作区管理员，单击“应用”按钮，完成工作区的创建。

创建工作区后，Power BI 服务自动打开工作区页面，单击“新建项”按钮，可以为工作区添加报表和仪表板等。

8.4.2 共享报表和仪表板

设置共享报表和仪表板，可以让授权用户实时查看并访问 Power BI 服务中的报表和仪表板，并利用这些数据做出更明智的决策。需要注意的是，无论是接收还是发送共享内容，用户都需要具有 Power BI Pro 许可。

1. 共享报表

在 Power BI 服务中打开报表，单击菜单栏中的“共享”按钮，打开“发送链接”对话框，可以通过复制链接、邮件、Teams 或 PowerPoint 与组织中的人员共享，如图 8-29 所示。展开“组织中具有该链接的人员可以查看和共享”，可以设置授权访问的对象，以及他们可以对报表和关联数据执行的操作，如图 8-30 所示。单击“复制链接”按钮将自动生成一个可共享的链接，并复制到剪贴板，如图 8-31 所示。将此链接发送给组织中的其他人员，他们即可点开链接访问报表。

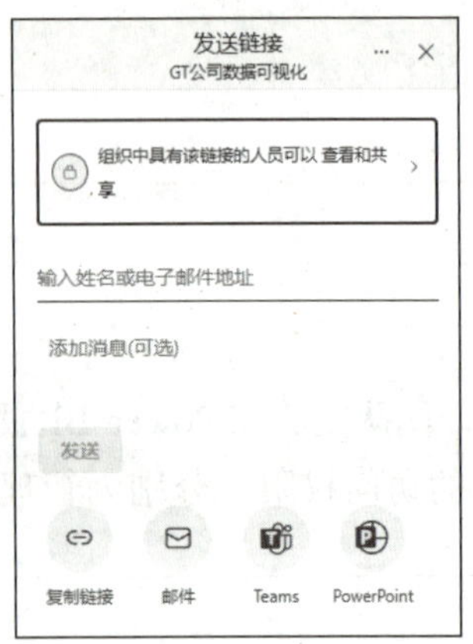

图 8-29 “发送链接”对话框

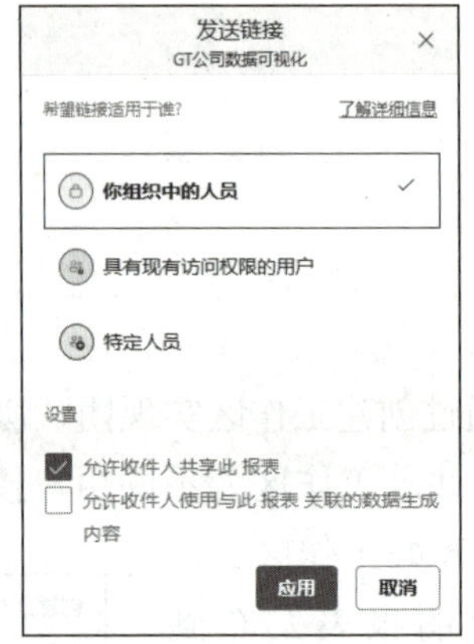

图 8-30 可设置的授权访问对象及其操作

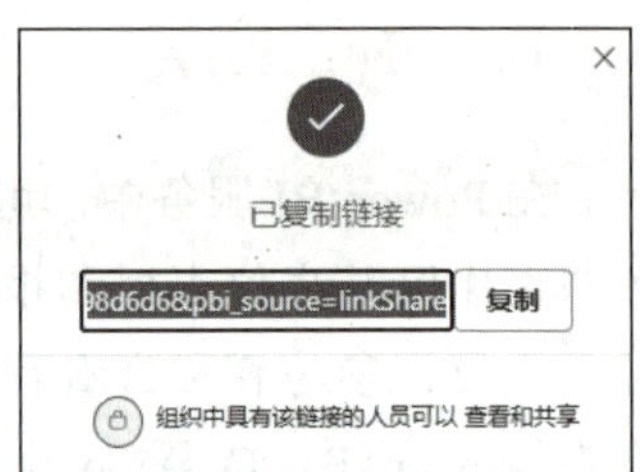

图 8-31 复制链接

对于有访问权限的用户，还可以通过生成 QR 码共享报表。单击菜单栏中的“文件”下拉按钮，在其下级菜单中选择“生成 QR 码”选项，即可生成 QR 码（见图 8-32），其他用户可通过扫描 QR 码访问报表。

图 8-32 生成 QR 码

2. 共享仪表板

在 Power BI 服务中打开仪表板，单击菜单栏中的“共享”按钮，打开“共享仪表板”对话框，如图 8-33 所示。在对话框中添加允许访问的成员姓名或电子邮件地址，然后单击“授予访问权限”按钮，即可完成共享仪表板的操作。

若要查看和管理报表或仪表板的访问权限，可以选择菜单栏“文件”下级菜单中的“管理权限”选项，打开管理权限界面，设置和管理用户权限。

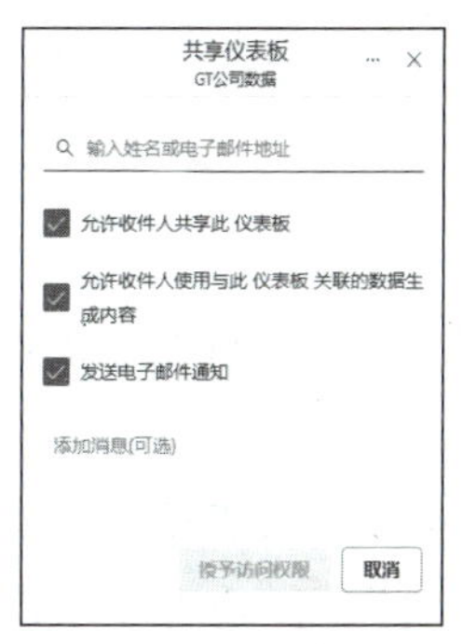

图 8-33　“共享仪表板”对话框

8.5 在移动端查看报表和仪表板

要在手机等移动设备中查看报表和仪表板，首先需要从应用市场中下载并安装 Power BI，然后运行 Power BI App 并登录 Power BI 账号，进入 Power BI App 主页（见图 8-34），可在“最常访问”与“最新动态”区域单击报表和仪表板，对其进行查看。

在下方导航栏中单击“工作区”按钮，可在打开的界面中看到工作区列表，此处选择“我的工作区”选项，可以看到“我的工作区”中的报表和仪表板，如图 8-35 所示。单击任一报表或仪表板即可在移动设备上查看，此处单击“GT 公司数据可视化”报表，如图 8-36 所示。

图 8-34　Power BI App 主页

图 8-35　我的工作区

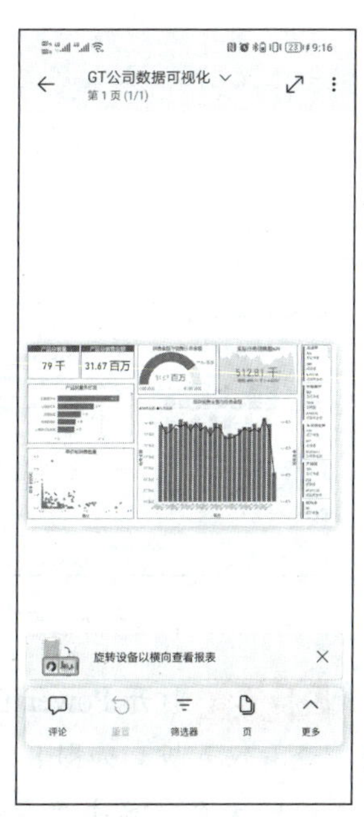

图 8-36　查看报表

项目实施——创建仪表板并在移动端查看报表和仪表板

本项目实施基于DK运动品牌数据创建仪表板并在移动端查看报表和仪表板，首先将报表发布到Power BI服务，然后通过固定视觉对象创建仪表板，最后在移动端查看报表和仪表板。

创建仪表板并在移动端查看报表和仪表板

步骤1 打开本书配套素材"素材与实例\项目8\DK运动品牌数据.pbix"文件，在报表视图的"主页"选项卡"共享"命令组中单击"发布"命令按钮，将报表发布到"我的工作区"，在"发布到Power BI"对话框中单击链接，进入Power BI服务并显示报表。

步骤2 在报表页面单击"每月销售额完成情况及同期对比"折线和簇状柱形图右上角的"固定视觉对象"按钮，打开"固定到仪表板"对话框，选中"新建仪表板"单选钮，在"仪表板名称"输入框中输入"DK运动品牌数据"，单击"固定"按钮，如图8-37所示。

步骤3 使用同样的方法，将"各区域销售额完成情况及同期对比"折线和簇状柱形图，以及"门店销售情况"报表页中的"不同季节销售额占比"环形图和"不同类别产品销售额占比"环形图固定到"DK运动品牌数据"仪表板。

步骤4 单击报表右上角的"已固定至仪表板"提示框中的"转至仪表板"按钮，打开仪表板，如图8-38所示。

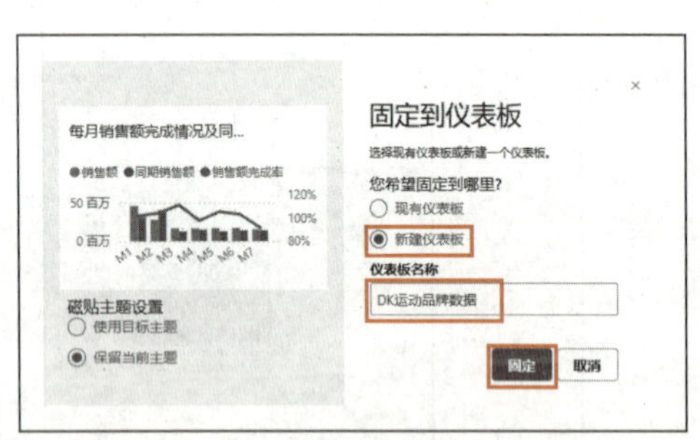

图8-37 将视觉对象固定到仪表板

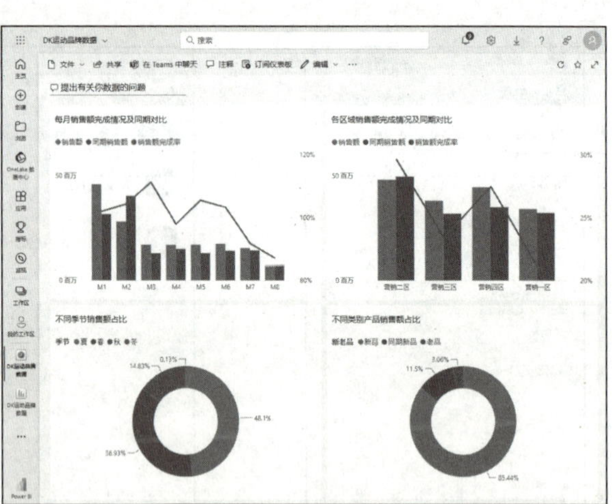

图8-38 仪表板

步骤5 打开Power BI App，在主页单击"最新动态"下的"DK运动品牌数据"仪表板，查看仪表板，如图8-39所示。

返回主页，单击"最新动态"下的"DK运动品牌数据"报表，在打开的界面中单击"DK运动品牌数据"下拉按钮，在其下拉列表中选择"门店销售情况"选项，切换到"门店销售情况"报表页，如图8-40所示。

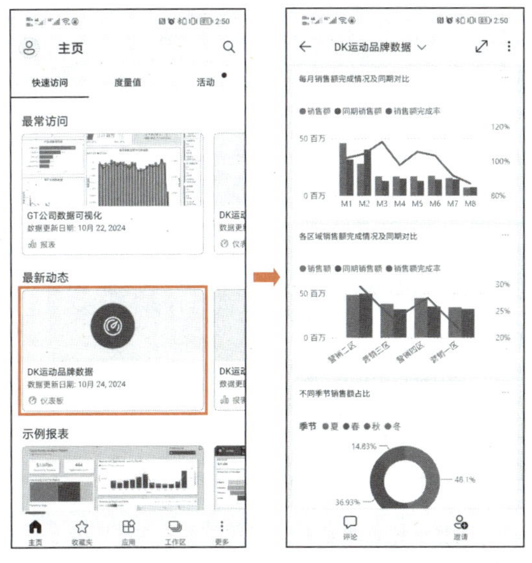

图 8-39　查看"DK 运动品牌数据"仪表板

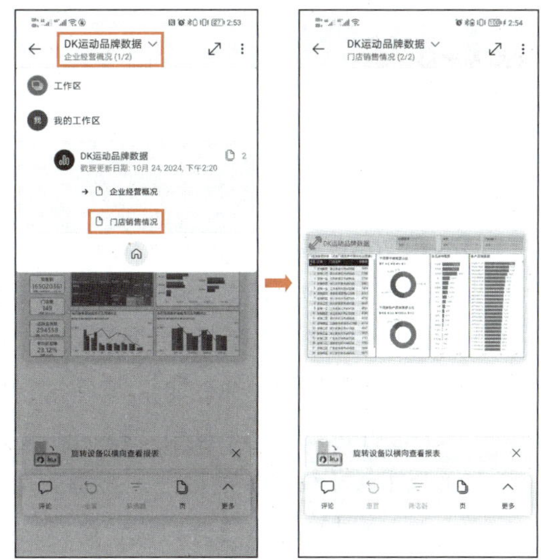

图 8-40　切换到"门店销售情况"报表页

项目实训

1. 实训目标

练习发布报表与创建仪表板，以及在移动端查看报表和仪表板的操作。

2. 实训内容

（1）打开本书配套素材"素材与实例\项目 8\X 电商企业数据.pbix"文件，发布报表到 Power BI 服务。

（2）进入 Power BI 服务，将报表中的"不同类型客户消费额占比"饼图、"不同类别产品的销售数量"簇状柱形图固定到新建的"X 电商企业数据"仪表板，如图 8-41 所示。

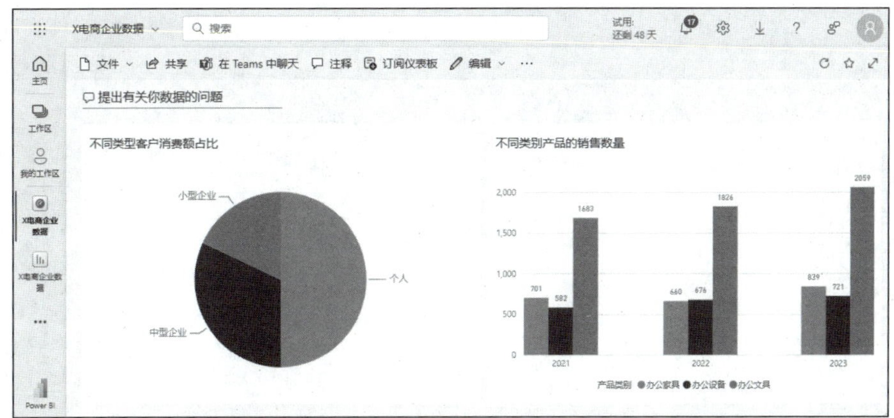

图 8-41　"X 电商企业数据"仪表板

（3）在移动端查看"X 电商企业数据"报表和"X 电商企业数据"仪表板。

项目考核

1. 选择题

（1）在 Power BI 中，报表发布是指（　　）。

A. 在 Power BI Desktop 中将报表发布到 Power BI 服务

B. 打包报表和数据，并将其保存为 PDF

C. 导出数据，并打印报表

D. 打包报表，不打包数据，将报表发送到 Power BI 服务

（2）以下关于仪表板的说法，正确的是（　　）。

A. 无法通过新建得到仪表板

B. 不能将多个报表中的视觉对象固定到仪表板

C. 不能将整个报表中的视觉对象固定到仪表板

D. 文本框、图像、按钮都可以固定到仪表板

2. 简答题

（1）简述报表和仪表板的区别。

（2）简述创建仪表板的方法。

3. 操作题

打开本书配套素材“素材与实例\项目 8\销售明细.pbix”文件，发布报表到 Power BI 服务，并将整个报表中的视觉对象固定到仪表板，最后在移动端查看报表和仪表板。

项目评价

请同学们结合本项目的学习情况，按小组对学习成果进行自评和互评，然后请老师进行师评和综合评价，并将评价结果填入表 8-1 中。

表 8-1　学习成果评价表

评价项目	评价内容	分值	评价分数		
			自评	互评	师评
项目完成度（20%）	项目准备阶段，回答问题清晰准确，能够紧扣主题，没有明显错误	5 分			
	项目实施阶段，根据操作步骤完成项目实施内容	5 分			
	项目实训阶段，出色地完成实训内容	5 分			
	项目考核阶段，完成考核题目	5 分			
知识（30%）	Power BI 服务的基本功能	6 分			
	发布报表的方法	6 分			
	Power BI 仪表板的作用和创建仪表板的方法	6 分			
	使用 Power BI 实现协作和共享的方法	6 分			
	Power BI 移动应用的使用	6 分			
能力（30%）	发布和共享报表，并在移动端查看报表和仪表板	30 分			
素养（20%）	互帮互助，具有团队精神	5 分			
	认真负责，按时完成学习、实践任务	5 分			
	增强遵守规则的意识，养成按规矩行事的习惯	5 分			
	提高归纳总结和将事物化繁为简的能力	5 分			
合计		100 分			
综合分数	自评（25%）+互评（25%）+师评（50%）=_______	等级：			
综合评价	最突出的表现（创新或进步）：				
	还需改进的地方（不足或缺点）：				
	指导教师签字：				

注：等级可以“优”（90 分≤综合分数≤100 分）、“良”（80 分≤综合分数<90 分）、“中”（60 分≤综合分数<80 分）、“差”（综合分数<60 分）为标准进行评价。

项目 9

实战演练——人力资源数据分析与可视化

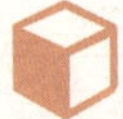

项目导读

人力资源数据作为企业数据中非常重要的一部分，对其进行有效地分析和可视化能够帮助企业优化招聘效率、提高员工满意度、降低离职率及提升整体绩效。本项目将从员工构成、员工离职率和新员工考核成绩 3 个方面对企业人力资源数据进行分析与可视化。

项目目标

知识目标

- 练习使用 Power BI Desktop 获取数据的操作。
- 练习使用 Power Query 编辑器处理数据的操作。
- 练习使用 DAX 函数新建度量值、计算列、计算表的操作。
- 练习创建、完善和美化报表的操作。
- 练习发布报表到 Power BI 服务并创建仪表板，以及在 Power BI 移动端查看报表和仪表板的操作。

能力目标

- 能根据需求对数据进行处理和分析，并使用合适的视觉对象进行可视化。

素质目标

- 提高自己的动手能力，做到学以致用。
- 提升分析和解决问题的能力，培养系统化思维。

项目描述

本项目首先从 Excel 工作簿中获取人力资源数据，然后使用 Power Query 编辑器处理数据，接着根据需要创建日期表、计算列和度量值，之后创建“员工构成分析”“员工离职率分析”“新员工考核成绩分析”报表页，直观地展示员工构成、员工离职率和新员工考核成绩，最后发布报表，创建仪表板，并在移动端查看报表和仪表板。

9.1 数据获取

员工构成分析与可视化主要对某个时间段内在职员工人数、新入职员工人数进行统计，并从员工的性别、学历、部门和年龄段等方面分析企业的员工构成，从而判断企业是否需要在人员结构上进行调整；员工离职率分析与可视化主要对某个部门某个时间段内离职员工人数、离职率进行统计，并从性别、学历和年龄段等方面分析离职员工人数占比，从而帮助企业分析员工离职原因、发现潜在问题，并为改善员工留存率提供数据支持；新员工考核成绩分析与可视化是对新员工在入职培训考试中所得的成绩进行分析，从而帮助企业快速决定是否录取员工，并评估新员工的表现，实现人力资源的最优配置。

要进行人力资源数据的分析与可视化，首先需要获取相关的数据。本项目的数据是从某企业人力资源系统中导出的，保存在“人力资源数据.xlsx”文件中。

人力资源数据获取、处理、分析与建模

步骤 1 启动 Power BI Desktop，新建一个报表，在“主页”选项卡“数据”命令组中单击“Excel 工作簿”命令按钮，在打开的“打开”对话框中选择本书配套素材“素材与实例\项目 9\人力资源数据.xlsx”文件，单击“打开”按钮。

步骤 2 打开“导航器”对话框，勾选“新员工培训记录表”和“员工信息表”复选框（见图 9-1），单击“加载”按钮。

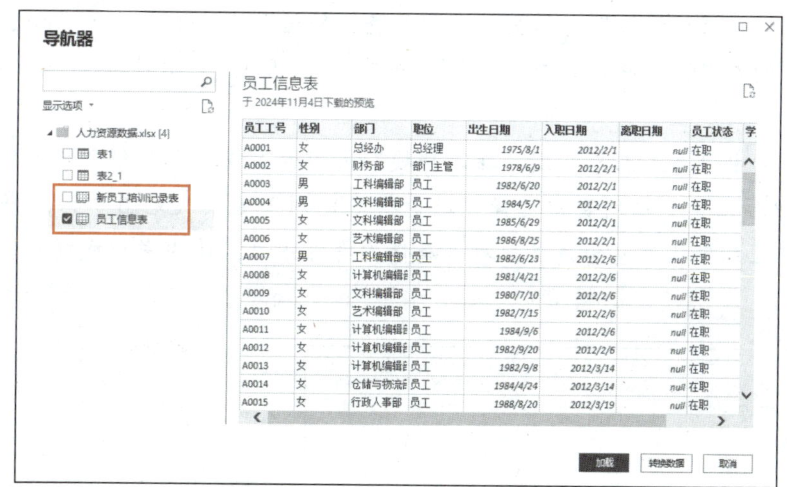

图 9-1　选择工作表

步骤 3 打开 Power BI Desktop 工作界面，将文件以“人力资源数据分析与可视化”为名保存。

9.2 数据处理

“新员工培训记录表”数据表中存在由于员工缺考产生的空值，须对其进行替换处理。为使新员工考核成绩适用于雷达图，须对考核项目列数据进行处理。因此，本节将空值替换为 0，将考核项目列进行逆透视处理。

步骤 1 在“主页”选项卡“查询”命令组中单击“转换数据”命令按钮，打开 Power Query 编辑器，在“查询”窗格中选中“新员工培训记录表”查询表。

步骤 2 首先选中“专业知识”列，然后在按住【Ctrl】键的同时依次选中“办公系统操作”“职业素养”“表达与沟通能力”“考勤”列，右键单击所选的任一列，在弹出的快捷菜单中选择“替换值”选项，如图 9-2 所示。

	员工工号	专业知识	办公系统操作	职业素养	表达与沟通能力	考勤
1	X0001		69	80	70	50
2	X0002		90	56	80	80
3	X0003		99	50	100	90
4	X0004		null	null	null	null
5	X0005		85	85	60	80
6	X0006		60	46	90	60
7	X0007		30	60	60	78
8	X0008		60	69	30	89
9	X0009		80	90	60	63

复制
删除列
删除其他列
从示例中添加列...
删除重复项
删除错误
替换值...
填充

图 9-2　选中列并选择“替换值”选项

步骤 3 打开“替换值”对话框，在“要查找的值”输入框中输入“null”，在“替换为”输入框中输入“0”，最后单击“确定”按钮（见图 9-3）关闭对话框，将所选列中的空值替换为 0。

步骤 4 选中“员工工号”列，在“转换”选项卡“任意列”命令组中单击“逆透视列”下拉按钮，在其下拉列表中选择“逆透视其他列”选项（见图 9-4），将除“员工工号”列外的其他列转换为包含属性值对（属性为考核项目，值为考核成绩）的两列，效果如图 9-5 所示。

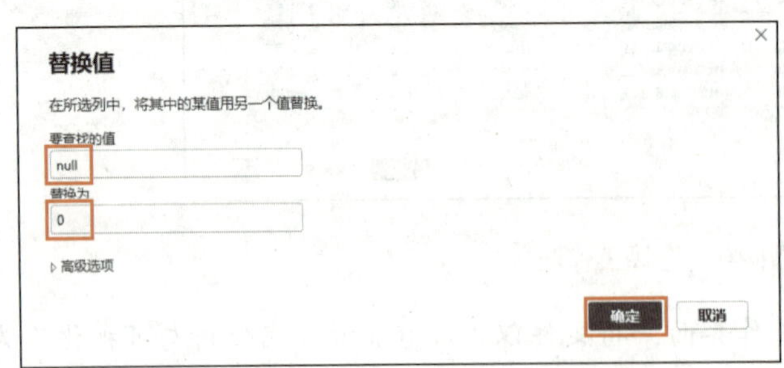

图 9-3　替换空值

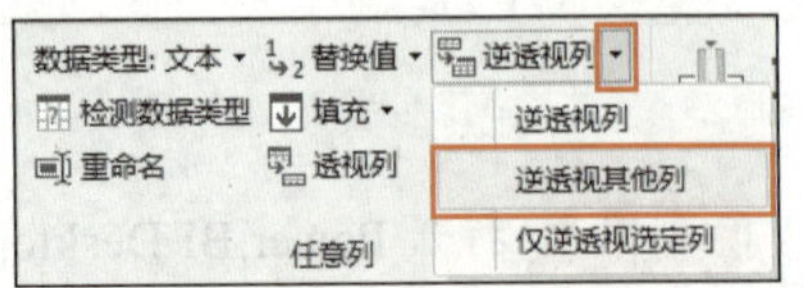

图 9-4　选择“逆透视其他列”选项

	员工工号	专业知识	办公系统操作	职业素养	表达与沟通能力	考勤
1	X0001	75	69	80	70	50
2	X0002	77	90	56	80	80
3	X0003	80	99	50	100	90
4	X0004	0	0	0	0	0
5	X0005	50	85	85	60	80
6	X0006	90	60	46	90	60
7	X0007	56	30	60	60	78
8	X0008	78	60	69	30	89
9	X0009	56	80	90	60	63
10	X0010	29	70	80	80	74

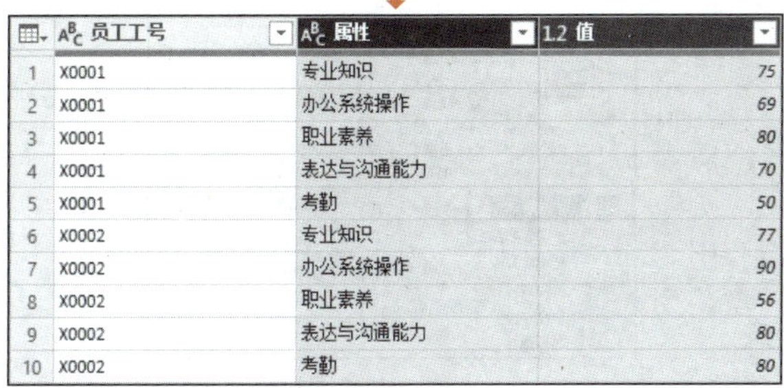

	员工工号	属性	值
1	X0001	专业知识	75
2	X0001	办公系统操作	69
3	X0001	职业素养	80
4	X0001	表达与沟通能力	70
5	X0001	考勤	50
6	X0002	专业知识	77
7	X0002	办公系统操作	90
8	X0002	职业素养	56
9	X0002	表达与沟通能力	80
10	X0002	考勤	80

图 9-5　逆透视列效果

提　示

“逆透视列”下拉列表中，“逆透视列”和“仅逆透视选定列”选项表示将选定列转换为属性值对，“逆透视其他列”选项表示将除选定列外的其他列转换为属性值对。

步骤 5 将“属性”和“值”列标题分别修改为“考核项目”和“考核成绩”。在“主页”选项卡“关闭”命令组中单击“关闭并应用”命令按钮，关闭 Power Query 编辑器并应用更改。

9.3 数据分析与建模

9.3.1 新建日期表

为便于后面的分析，本节根据“员工信息表”数据表中的入职日期新建日期表。

步骤 1 切换到表格视图，在“主页”选项卡“计算”命令组中单击“新建表”命令按钮，在公式栏中输入“日期表 = CALENDAR(DATE(YEAR(MIN('员工信息表'[入职日期])), 1, 1), DATE(YEAR(TODAY()), 12, 31))”，单击 ✓ 按钮，得到包含入职日期列最小年份初始日期和最大年份年末日期之间连续日期的日期表，如图 9-6 所示。

步骤 2 选中“Date”列，在“列工具”选项卡“结构”命令组中，将列标题修改为“日期”，数据类型修改为“日期”，如图 9-7 所示。

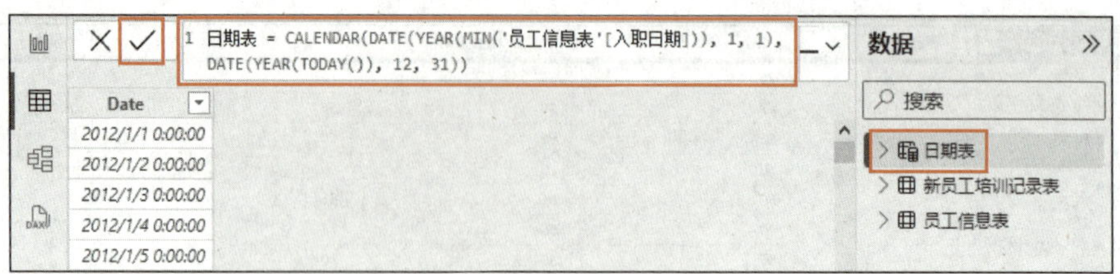

图 9-6　新建日期表

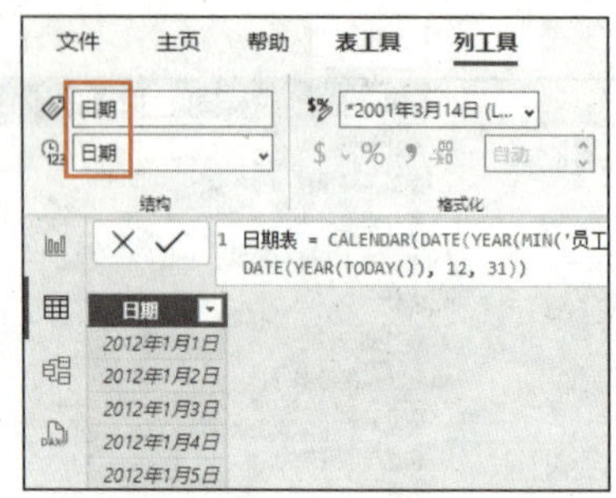

图 9-7　修改列标题和数据类型

9.3.2　新建计算列

在对员工构成和离职率进行分析和可视化时，需要根据年份和季度对数据进行筛选，且需要按年龄段进行分析；在对新员工考核成绩进行分析和可视化时，需要在雷达图中对每个考核项目的考核成绩和及格分数进行比较，且对考核结果进行分析。因此，本节在“日期表”数据表中新建“年份”列和“季度”列，在“新员工培训记录表”数据表中新建“及格分数”列和“考核结果”列，在“员工信息表”数据表中新建“年龄”列和“年龄段”列。

步骤 1 继续在“日期表”数据表中操作，在“主页”选项卡“计算”命令组中单击“新建列”命令按钮，在公式栏中输入“年份 = YEAR('日期表'[日期])”，单击 ✓ 按钮，新建“年份”列。

步骤 2 使用同样的方法新建“季度”列，DAX 公式为“季度 = "第" & FORMAT('日期表'[日期], "Q") & "季度"”。此时，日期表如图 9-8 所示。

FORMAT 函数中的“Q”参数表示将日期数据中的季度显示为数字 (1～4)。

步骤 3 选中“新员工培训记录表”数据表，新建“及格分数”列和“考核结果”列，DAX 公式分别为“及格分数 =60”和“考核结果 = IF ('新员工培训记录表'[考核成绩] >= 60, "及格", IF('新员工培训记录表'[考核成绩] > 0, "不及格", "未考核"))”。此时，“新员工培训记录表”数据表如图 9-9 所示。

日期	年份	季度
2012年1月1日	2012	第1季度
2012年1月2日	2012	第1季度
2012年1月3日	2012	第1季度
2012年1月4日	2012	第1季度
2012年1月5日	2012	第1季度
2012年1月6日	2012	第1季度
2012年1月7日	2012	第1季度
2012年1月8日	2012	第1季度
2012年1月9日	2012	第1季度
2012年1月10日	2012	第1季度

图 9-8 日期表

员工工号	考核项目	考核成绩	及格分数	考核结果
X0001	专业知识	75	60	及格
X0001	办公系统操作	69	60	及格
X0001	职业素养	80	60	及格
X0001	表达与沟通能力	70	60	及格
X0001	考勤	50	60	不及格
X0002	专业知识	77	60	及格
X0002	办公系统操作	90	60	及格
X0002	职业素养	56	60	不及格
X0002	表达与沟通能力	80	60	及格
X0002	考勤	80	60	及格

图 9-9 “新员工培训记录表”数据表

步骤 4 选中“员工信息表”数据表，新建“年龄”列和“年龄段”列，DAX 公式分别为“年龄 = DATEDIFF('员工信息表'[出生日期], TODAY(), YEAR)”和“年龄段 =

SWITCH(
    TRUE(),
    '员工信息表'[年龄] < 30, "30 岁以下",
    '员工信息表'[年龄] >= 30 && '员工信息表'[年龄] < 40, "30~40 岁",
    '员工信息表'[年龄] >= 40 && '员工信息表'[年龄] < 50, "40~50 岁",
    '员工信息表'[年龄] >= 50, "50 岁以上")”。此时，“员工信息表”数据表如图 9-10 所示。

员工工号	性别	部门	职位	出生日期	入职日期	离职日期	员工状态	学历	年龄	年龄段
A0003	男	工科编辑部	员工	1982年6月20日	2012年2月1日		在职	本科	42	40~50岁
A0004	男	文科编辑部	员工	1984年5月7日	2012年2月1日		在职	本科	40	40~50岁
A0006	女	艺术编辑部	员工	1986年8月25日	2012年2月1日		在职	本科	38	30~40岁
A0007	男	工科编辑部	员工	1982年6月23日	2012年2月6日		在职	本科	42	40~50岁
A0008	女	计算机编辑部	员工	1981年4月21日	2012年2月6日		在职	本科	43	40~50岁
A0009	女	文科编辑部	员工	1980年7月10日	2012年2月6日		在职	本科	44	40~50岁
A0011	女	计算机编辑部	员工	1984年9月6日	2012年2月6日		在职	本科	40	40~50岁
A0015	女	行政人事部	员工	1988年8月20日	2012年3月19日		在职	本科	36	30~40岁
A0016	男	发行部	员工	1985年7月11日	2012年3月28日		在职	本科	39	30~40岁
A0026	女	财务部	员工	1988年7月8日	2012年12月8日		在职	本科	36	30~40岁
A0029	男	发行部	员工	1985年6月17日	2013年1月17日		在职	本科	39	30~40岁

图 9-10 “员工信息表”数据表

9.3.3 新建度量值

本节根据分析与可视化需求，在“员工信息表”数据表中新建“期末在职员工人数”“当期新入职员工人数”“当期离职员工人数”“离职率”度量值，在“新员工培训记录表”数据表中新建“及格项目数量”和“最终考核结果”度量值。

步骤 1 继续在“员工信息表”数据表中操作，在“主页”选项卡“计算”命令组中单击“新建度量值”命令按钮，在公式栏中输入“期末在职员工人数 =

CALCULATE(
    DISTINCTCOUNT('员工信息表'[员工工号]),
    FILTER(
        FILTER('员工信息表', '员工信息表'[入职日期] <= MAX('日期表'[日期])),

'员工信息表'[离职日期] > MAX('日期表'[日期]) || '员工信息表'[离职日期] = BLANK()))”，单击✓按钮，新建“期末在职员工人数”度量值。

步骤 2 使用同样的方法，新建“当期新入职员工人数”“当期离职员工人数”“离职率”度量值，DAX 公式如下。

（1）当期新入职员工人数 = CALCULATE(

DISTINCTCOUNT('员工信息表'[员工工号]),

FILTER(

'员工信息表',

'员工信息表'[入职日期] <= MAX('日期表'[日期]) && '员工信息表'[入职日期] >= MIN('日期表'[日期])))。

（2）当期离职员工人数 = CALCULATE(

DISTINCTCOUNT('员工信息表'[员工工号]),

FILTER(

FILTER(

'员工信息表',

'员工信息表'[入职日期] <= MAX('日期表'[日期])),

'员工信息表'[离职日期] <= MAX('日期表'[日期]) && '员工信息表'[离职日期] >= MIN('日期表'[日期])))。

（3）离职率 = DIVIDE([当期离职员工人数], [期末在职员工人数] + [当期离职员工人数])。

步骤 3 选中“离职率”度量值，在“度量工具”选项卡“格式化”命令组中单击 % 按钮（见图 9-11），以百分比显示离职率。

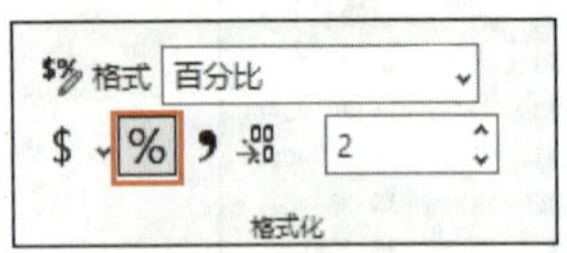

图 9-11 设置离职率格式

步骤 4 选中“新员工培训记录表”数据表，新建“及格项目数量”和“最终考核结果”度量值，DAX 公式如下。

（1）及格项目数量 = COUNTROWS(

FILTER(

RELATEDTABLE('新员工培训记录表'),

'新员工培训记录表'[考核结果] = "及格"))。

（2）最终考核结果 = SWITCH(

TRUE(),

'新员工培训记录表'[及格项目数量] = 5, "合格",

'新员工培训记录表'[及格项目数量] <5 && '新员工培训记录表'[及格项目数量] >0, "不合格",

"未考核")。

9.4 数据可视化

9.4.1 员工构成可视化

本节首先创建“员工构成分析”报表页，在该页中使用切片器根据年份和季度对数据进行筛选，使用卡片图展示期末在职员工人数和当期新入职员工人数，使用环形图展示不同性别和学历期末在职员工人数占比，使用条形图和柱形图展示各部门和各年龄段期末在职员工人数；然后创建“员工详细信息”报表页，在该页中使用表展示员工详细信息；接着完善和美化报表页；最后对报表进行可视化分析。

人力资源数据可视化

1. 创建报表页

步骤 1 重命名报表页。在报表视图下方导航栏中双击“第 1 页”报表页标签，将其修改为“员工构成分析”。

步骤 2 添加切片器。单击“可视化”窗格“生成视觉对象”选项卡中的“切片器”按钮，在“数据”窗格中勾选“日期表”数据表中的“年份”复选框。在“可视化”窗格“设置视觉对象格式”选项卡中，展开“切片器设置”，在“样式”下拉列表中选择“下拉”选项；在“选择”区域打开“显示‘全选’选项”开关按钮，如图 9-12 所示。

步骤 3 复制切片器并选中切片器副本，在“可视化”窗格“生成视觉对象”选项卡中将“字段”编辑框中的字段修改为“日期表”数据表中的“季度”字段。调整两个切片器的大小和位置，得到的切片器如图 9-13 所示。

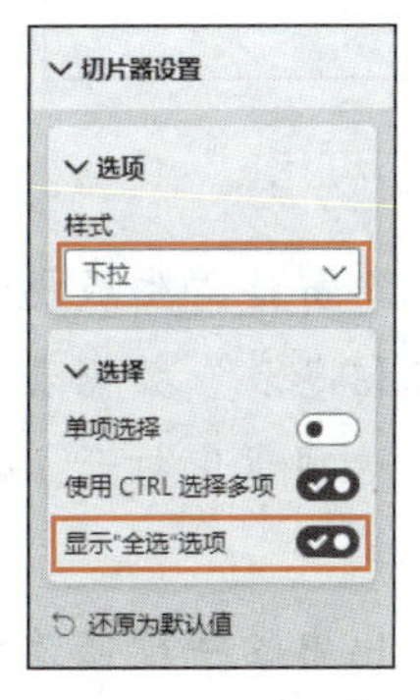

图 9-12 设置切片器

图 9-13 切片器

步骤 4 添加卡片图。取消选中视觉对象，单击“可视化”窗格“生成视觉对象”选项卡中的“卡片图”按钮，在“数据”窗格中勾选“员工信息表”数据表中的“期末在职员工人数”复选框。

步骤 5 复制卡片图，将卡片图副本“字段”编辑框中的字段修改为“员工信息表”

数据表中的“当期新入职员工人数”字段。调整两个卡片图的大小和位置，得到的卡片图如图 9-14 所示。

步骤 6 添加环形图。取消选中视觉对象，单击“可视化”窗格“生成视觉对象”选项卡中的“环形图”按钮，在“数据”窗格中勾选“员工信息表”数据表中的“性别”和“期末在职员工人数”复选框；在“可视化”窗格“设置视觉对象格式”选项卡的“常规”子选项卡中展开“标题”，设置文本为“不同性别期末在职员工人数占比”。

步骤 7 复制环形图，将环形图副本“图例”编辑框中的字段修改为“员工信息表”数据表中的“学历”字段，在“可视化”窗格“设置视觉对象格式”选项卡的“常规”子选项卡将“标题”文本修改为“不同学历期末在职员工人数占比”，在“视觉对象”子选项卡中展开“旋转”，设置旋转（°）为“10”，如图 9-15 所示。调整两个环形图的大小和位置，得到的环形图如图 9-16 所示。

图 9-14　卡片图

图 9-15　设置旋转角度

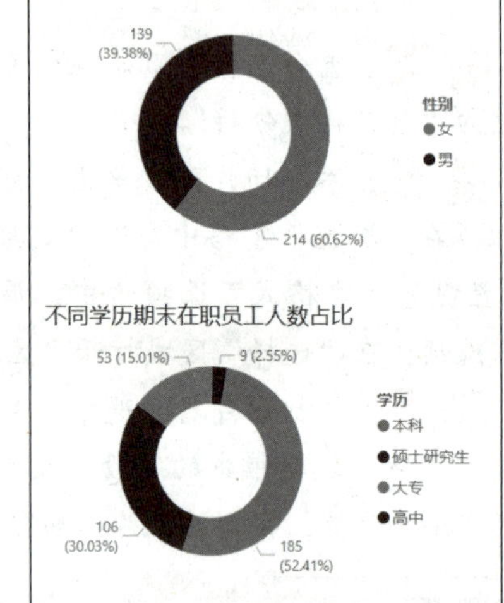

图 9-16　环形图

步骤 8 添加条形图和柱形图。取消选中视觉对象，单击“可视化”窗格“生成视觉对象”选项卡中的“簇状条形图”按钮，在“数据”窗格中勾选“员工信息表”数据表中的“部门”和“期末在职员工人数”复选框；在“设置视觉对象格式”选项卡中打开“数据标签”开关按钮，设置“标题”文本为“各部门期末在职员工人数”。

步骤 9 复制条形图，单击“簇状柱形图”按钮，将“X 轴”编辑框中的字段修改为“员工信息表”数据表中的“年龄段”字段，将“标题”文本修改为“各年龄段期末在职员工人数”。调整报表页中视觉对象的大小和位置，效果如图 9-17 所示。

步骤 10 创建钻取目标报表页。在报表视图下方导航栏中单击“新建页”按钮，新建报表页，并将其重命名为“员工详细信息”。

步骤 11 添加表。单击“可视化”窗格“生成视觉对象”选项卡中的“表”按钮，在“数据”窗格中依次勾选“员工信息表”数据表中的“员工工号”“性别”“部门”“职位”

“出生日期”“入职日期”“离职日期”“员工状态”“学历”“年龄段”复选框。

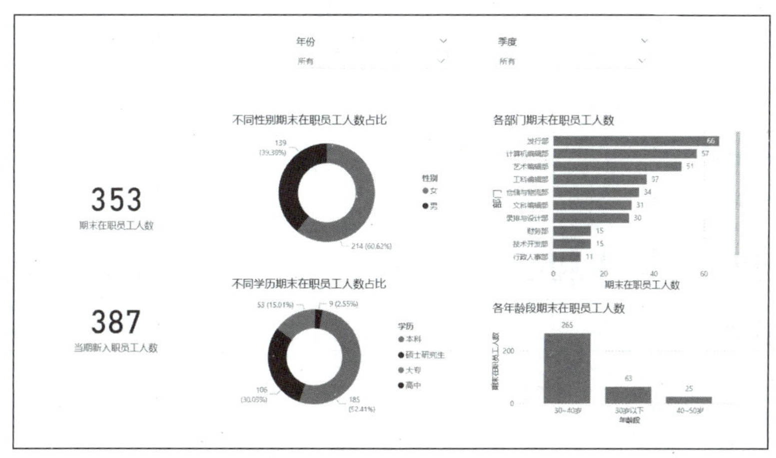

图 9-17　“员工构成分析”报表页效果

步骤 12 在“可视化”窗格“生成视觉对象”选项卡的“列”编辑框中，单击“出生日期”字段右侧的展开按钮，在展开的列表中选择“出生日期”选项（见图 9-18），将日期层级结构转换为对应的日期。使用同样的方法，将“入职日期”和“离职日期”层级结构转换为对应的日期。调整表的大小和位置，得到的表如图 9-19 所示。

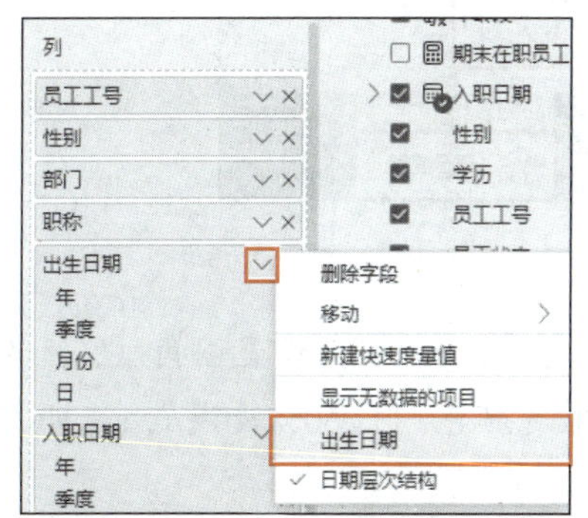

图 9-18　选择“出生日期”选项

员工工号	性别	部门	职位	出生日期	入职日期	离职日期	员工状态	学历	年龄段
A0001	女	总经办	总经理	1975年8月1日	2012年2月1日		在职	硕士研究生	40~50岁
A0002	女	财务部	部门主管	1978年6月9日	2012年2月1日		在职	硕士研究生	40~50岁
A0003	男	工科编辑部	员工	1982年6月20日	2012年2月1日		在职	本科	40~50岁
A0004	男	文科编辑部	员工	1984年5月7日	2012年2月1日		在职	本科	40~50岁
A0005	女	文科编辑部	员工	1985年6月29日	2012年2月1日		在职	硕士研究生	30~40岁
A0006	女	艺术编辑部	员工	1986年8月25日	2012年2月1日		在职	本科	30~40岁
A0007	男	工科编辑部	员工	1982年6月23日	2012年2月6日		在职	本科	40~50岁
A0008	女	计算机编辑部	员工	1981年4月21日	2012年2月6日		在职	本科	40~50岁
A0009	女	文科编辑部	员工	1980年7月10日	2012年2月6日		在职	本科	40~50岁
A0010	女	艺术编辑部	员工	1982年7月15日	2012年2月6日		在职	硕士研究生	40~50岁
A0011	女	计算机编辑部	员工	1984年9月6日	2012年2月6日		在职	本科	40~50岁
A0012	女	计算机编辑部	员工	1982年9月20日	2012年2月6日		在职	硕士研究生	40~50岁
A0013	女	计算机编辑部	员工	1982年9月8日	2012年3月14日		在职	硕士研究生	40~50岁
A0014	女	仓储与物流部	员工	1984年4月24日	2012年3月14日		在职	大专	40~50岁
A0015	女	行政人事部	员工	1988年8月20日	2012年3月19日		在职	本科	30~40岁
A0016	男	发行部	员工	1985年7月11日	2012年3月28日		在职	本科	30~40岁
A0017	女	仓储与物流部	部门主管	1980年9月20日	2012年4月1日		在职	本科	40~50岁
A0018	女	发行部	员工	1985年7月12日	2012年5月10日		在职	大专	30~40岁
A0019	女	文科编辑部	部门主管	1985年9月2日	2012年5月13日		在职	硕士研究生	30~40岁
A0020	男	工科编辑部	副主管	1980年6月17日	2012年6月6日		在职	硕士研究生	40~50岁

图 9-19　表

步骤 13 将“数据”窗格中“员工信息表”数据表中的“部门”“年龄段”“性别”“学历”字段拖到“可视化”窗格“生成视觉对象”选项卡的“钻取”编辑框中。

2. 完善和美化报表

步骤 1 设置主题。切换到“员工构成分析”报表页，在“视图”选项卡“主题”命令组中单击“主题”下拉按钮，在其下拉列表中选择“可访问的主题”类别下的“可访问的默认值”选项，如图 9-20 所示。

步骤 2 设置画布背景。在“可视化”窗格“设置页面格式”选项卡中展开“画布背景”，设置颜色为“白色，10%较深”，透明度（%）为“50”，如图 9-21 所示。

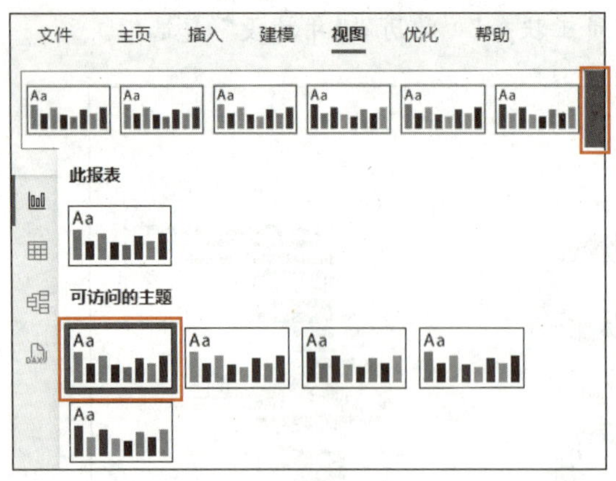

图 9-20 设置主题

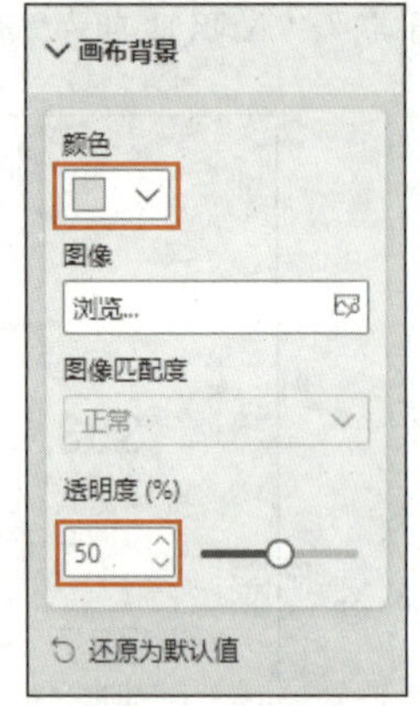

图 9-21 设置画布背景

步骤 3 设置报表页标题。在“插入”选项卡“元素”命令组中单击“形状”下拉按钮，在其下拉列表中选择“矩形”类别下的“圆角矩形”选项（见图 9-22），将圆角矩形移至报表页的上方，并调整大小使其宽度与报表页相同。

步骤 4 在“格式”选项卡“排列”命令组中单击“下移一层”下拉按钮，在其下拉列表中选择“置于底层”选项，如图 9-23 所示。

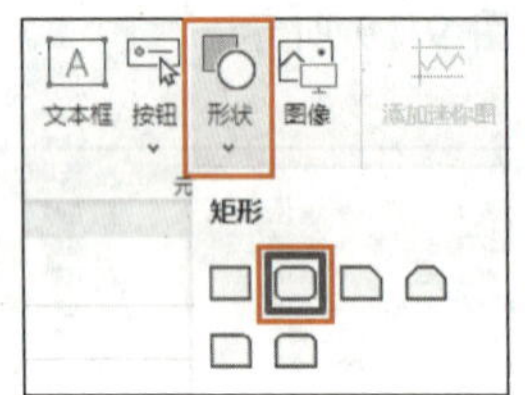

图 9-22 选择“圆角矩形”选项

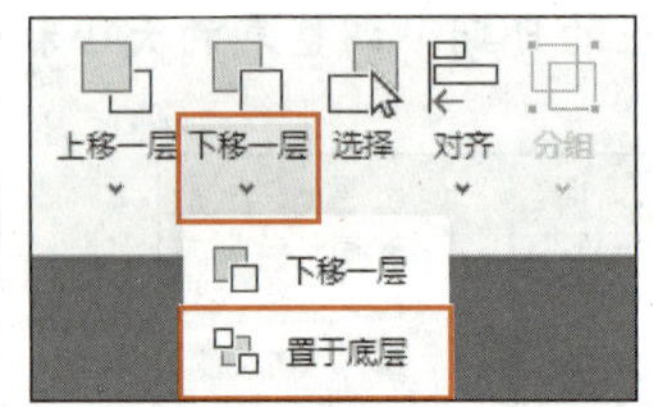

图 9-23 选择“置于底层”选项

步骤 5 在“设置形状格式”窗格“形状”选项卡中展开“形状”，设置圆角（%）为“10”；展开“样式”，设置“填充”颜色为“#a0d1ff，主题颜色 1，60%较浅”，透明度（%）为“50”；关闭“边框”开关按钮，如图 9-24 所示。

打开“文本”开关按钮，展开“文本”，设置文本为“员工构成分析”，字号为“34”，字体加粗，字体颜色为“黑色”，水平对齐方式为左对齐，左填充（像素）为“110”，如图 9-25 所示。

步骤 6 在“插入”选项卡“元素”命令组中单击“图像”命令按钮，在打开的“打开”对话框中选择“素材与实例\项目 9\公司图标.png”文件，单击“打开”按钮，插入图像。调整图像大小并将其移至“员工构成分析”文本左侧，得到的标题如图 9-26 所示。

步骤 7 完善和美化视觉对象。同时选中两个切片器，在“可视化”窗格“设置视觉对象格式”选项卡的“常规”子选项卡中展开“效果”，设置“背景”颜色为“#a0d1ff，主题颜色 1，60%较浅”，透明度（%）为“90”；打开“视觉对象边框”开关按钮，展开“视觉对象边框”，设置颜色为“#118DFF，主题颜色 1”，圆角（像素）为“15”，如图 9-27 所示。

步骤 8 插入圆角矩形并将其置于底层，在“设置形状格式”窗格“形状”选项卡的“形状”设置区设置圆角（%）为“5”，在“样式”设置区设置“填充”颜色为“白色”，“边框”颜色为“#118DFF，主题颜色 1”。调整矩形的大小和位置使其包含两个卡片图，效果如图 9-28 所示。

图 9-24　设置形状角度和填充颜色

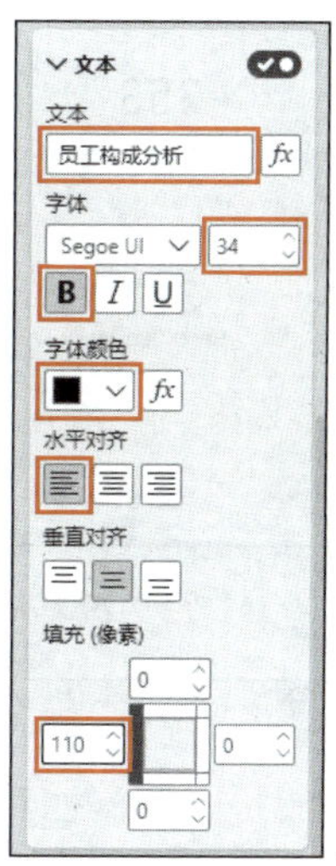

图 9-25　设置形状文本

图 9-26　标　题

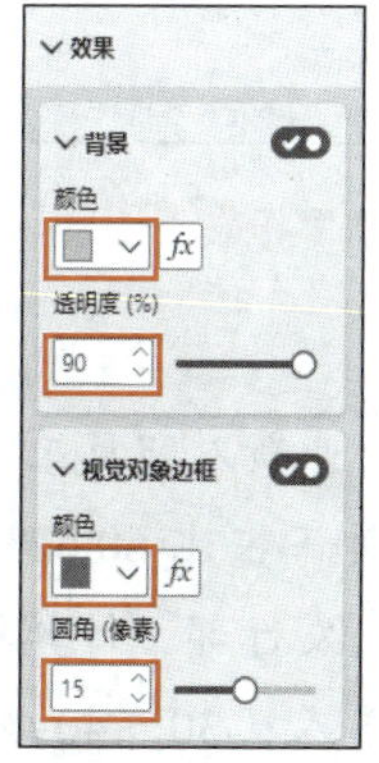

图 9-27　设置切片器的背景和边框颜色

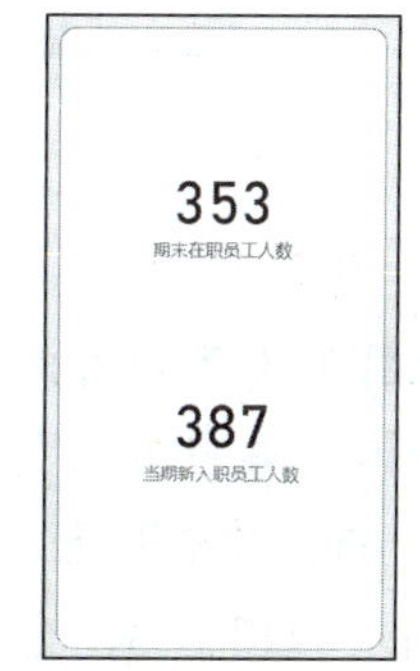

图 9-28　形状和卡片图效果

步骤 9 复制两个第二次插入的圆角矩形，将它们置于底层并调整它们的位置和大小，使一个矩形包含两个环形图，另一个矩形包含条形图和柱形图。

步骤 10 调整“员工构成分析”报表页中视觉对象的大小和位置，效果如图 9-29 所示。

步骤 11 切换到“员工详细信息”报表页，选中表，在“可视化”窗格“设置视觉对象格式”选项卡“常规”子选项卡的“效果”设置区打开“视觉对象边框”开关按钮，设置边框颜色为“#118DFF，主题颜色 1”，圆角（像素）为“10”，效果如图 9-30 所示。

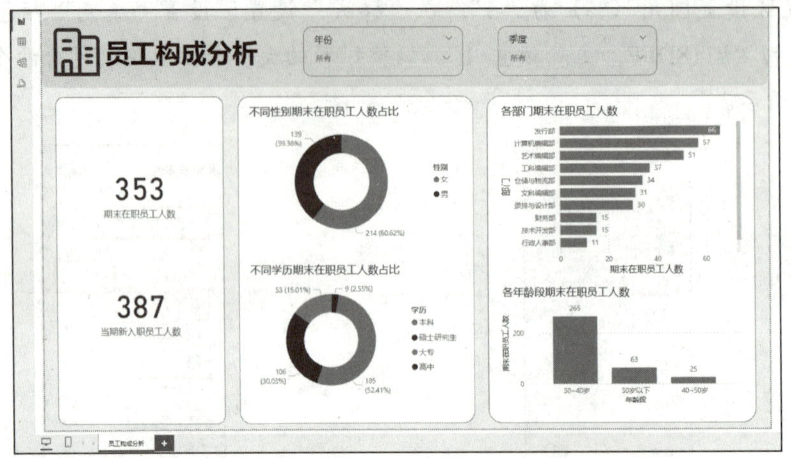

图 9-29　完善和美化后的“员工构成分析”报表页效果

员工工号	性别	部门	职位	出生日期	入职日期	离职日期	员工状态	学历	年龄段
A0001	女	总经办	总经理	1975年8月1日	2012年2月1日		在职	硕士研究生	40~50岁
A0002	女	财务部	部门主管	1978年6月9日	2012年2月1日		在职	硕士研究生	40~50岁
A0003	男	工科编辑部	员工	1982年6月20日	2012年2月1日		在职	本科	40~50岁
A0004	男	文科编辑部	员工	1984年5月7日	2012年2月1日		在职	本科	40~50岁
A0005	女	文科编辑部	员工	1985年6月29日	2012年2月1日		在职	硕士研究生	30~40岁
A0006	女	艺术编辑部	员工	1986年8月25日	2012年2月1日		在职	本科	30~40岁
A0007	男	工科编辑部	员工	1982年6月23日	2012年2月6日		在职	本科	40~50岁
A0008	女	计算机编辑部	员工	1981年4月21日	2012年2月6日		在职	本科	40~50岁
A0009	女	文科编辑部	员工	1980年7月10日	2012年2月6日		在职	本科	40~50岁
A0010	女	艺术编辑部	员工	1982年7月15日	2012年2月6日		在职	硕士研究生	40~50岁
A0011	女	计算机编辑部	员工	1984年9月6日	2012年2月6日		在职	本科	40~50岁
A0012	女	计算机编辑部	员工	1982年9月20日	2012年2月6日		在职	硕士研究生	40~50岁
A0013	女	计算机编辑部	员工	1982年9月8日	2012年3月14日		在职	硕士研究生	40~50岁
A0014	女	仓储与物流部	员工	1984年4月24日	2012年3月14日		在职	大专	40~50岁
A0015	女	行政人事部	员工	1988年8月20日	2012年3月19日		在职	本科	30~40岁
A0016	男	发行部	员工	1985年7月11日	2012年3月28日		在职	本科	30~40岁
A0017	女	仓储与物流部	部门主管	1980年9月20日	2012年4月1日		在职	本科	40~50岁
A0018	女	发行部	员工	1985年7月12日	2012年5月10日		在职	大专	30~40岁
A0019	女	文科编辑部	部门主管	1985年9月2日	2012年5月13日		在职	硕士研究生	30~40岁
A0020	男	工科编辑部	副主管	1980年6月17日	2012年6月6日		在职	硕士研究生	40~50岁

员工构成分析　员工详细信息

图 9-30　完善和美化后的“员工详细信息”报表页效果

3. 报表的可视化分析

步骤 1 由图 9-29 可以看出，截至 2024 年底，该企业新入职员工人数为 387 人，在职员工人数为 353 人，其中男性员工占比 39.38%，女性员工占比 60.62%；本科员工占比最大，为 52.41%，硕士研究生员工占比其次，为 30.03%；发行部、计算机编辑部和艺术编辑部员工人数为所有部门前 3，分别为 66 人、57 人和 51 人；30～40 岁年龄段员工人数为 265 人，占在职员工的大部分，30 岁以下和 40～50 岁年龄段员工人数分别为 63 人和 25 人。

从性别构成看，该企业的员工构成中，女性占比较高，这与企业的经营范围相关；从学历构成看，该企业具有较高的整体学历水平，尤其硕士研究生的占比接近三分之一；从部门构成看，计算机编辑部和艺术编辑部为该企业的业务重点部门；从年龄构成看，该企业的员工结构相对年轻化，集中在 30 到 40 岁之间，这为企业带来了活力和成长潜力，但同时 40 岁以上的员工较少，可能员工经验和累积相对不足。

步骤 2 在“员工构成分析”报表页中，在“年份”切片器中选择“2024 年”选项，在“季度”切片器中选择“第 1 季度”选项，可查看截至 2024 年第 1 季度在职员工人数、第 1 季度新入职员工人数，以及当期不同性别、学历、部门和年龄段员工构成，筛选结果如图 9-31 所示。

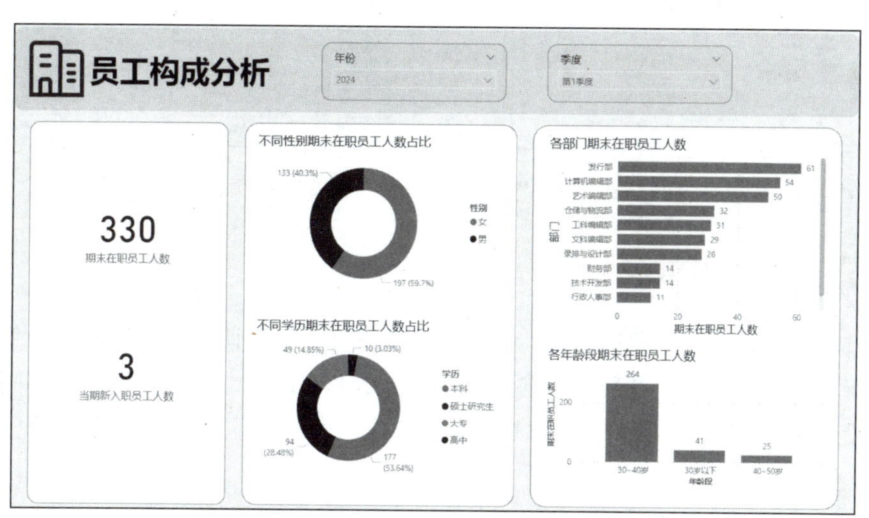

图 9-31 筛选 2024 年第 1 季度员工构成数据

步骤 3 在“年份”和“季度”切片器中选择“全选”选项，在“各部门期末在职员工人数”条形图中单击“计算机编辑部”数据点，只交叉突出显示计算机编辑部员工数据，如图 9-32 所示。

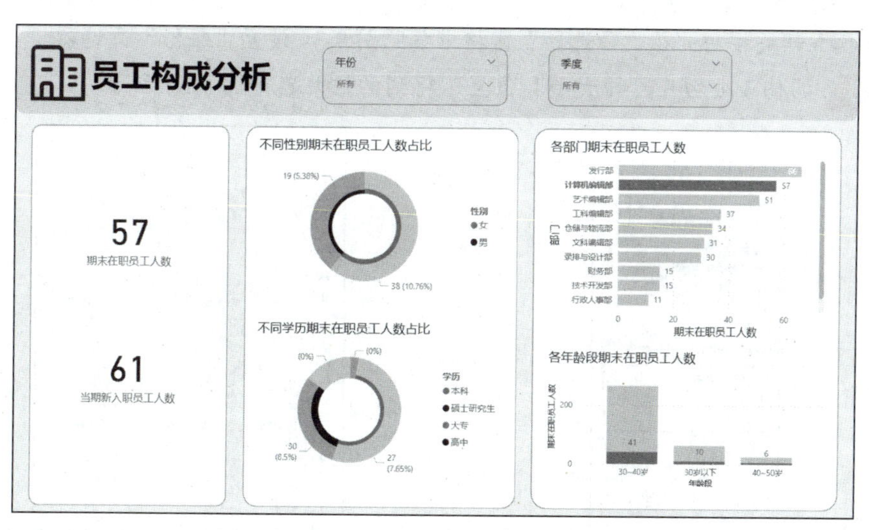

图 9-32 交叉突出显示计算机编辑部员工数据

步骤 4 在“各部门期末在职员工人数”条形图中右键单击“计算机编辑部”数据点，在弹出的快捷菜单中选择“钻取”/“员工详细信息”选项，跳转到“员工详细信息”报表页，得到与“计算机编辑部”相关的数据信息，如图 9-33 所示。

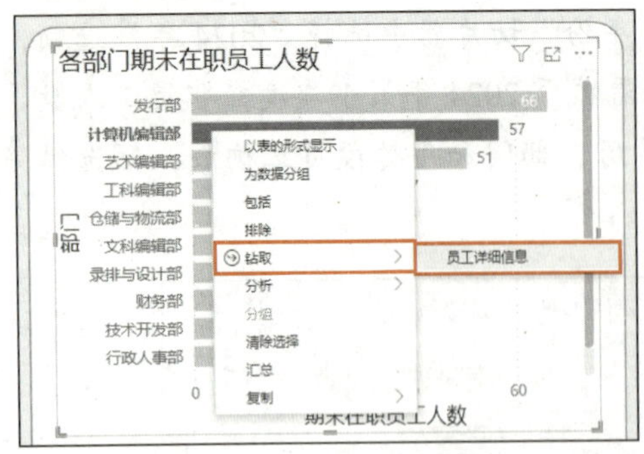

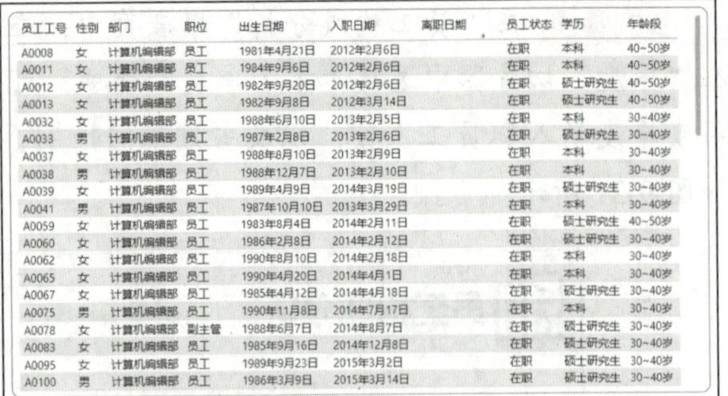

员工工号	性别	部门	职位	出生日期	入职日期	离职日期	员工状态	学历	年龄段
A0008	女	计算机编辑部	员工	1981年4月21日	2012年2月6日		在职	本科	40~50岁
A0011	女	计算机编辑部	员工	1984年9月6日	2012年2月6日		在职	本科	40~50岁
A0012	女	计算机编辑部	员工	1982年9月20日	2012年2月6日		在职	硕士研究生	40~50岁
A0013	女	计算机编辑部	员工	1982年9月8日	2012年3月14日		在职	硕士研究生	40~50岁
A0032	女	计算机编辑部	员工	1988年6月10日	2013年2月5日		在职	本科	30~40岁
A0033	男	计算机编辑部	员工	1987年2月8日	2013年2月6日		在职	硕士研究生	30~40岁
A0037	女	计算机编辑部	员工	1988年8月10日	2013年2月9日		在职	本科	30~40岁
A0038	男	计算机编辑部	员工	1988年12月7日	2013年2月10日		在职	本科	30~40岁
A0039	女	计算机编辑部	员工	1989年4月9日	2014年3月19日		在职	硕士研究生	30~40岁
A0041	男	计算机编辑部	员工	1987年10月10日	2013年3月29日		在职	本科	30~40岁
A0059	女	计算机编辑部	员工	1983年8月4日	2014年2月11日		在职	硕士研究生	40~50岁
A0060	女	计算机编辑部	员工	1986年2月8日	2014年2月12日		在职	硕士研究生	30~40岁
A0062	女	计算机编辑部	员工	1990年8月10日	2014年2月18日		在职	本科	30~40岁
A0065	女	计算机编辑部	员工	1990年4月20日	2014年4月1日		在职	本科	30~40岁
A0067	女	计算机编辑部	员工	1985年4月12日	2014年4月18日		在职	硕士研究生	30~40岁
A0075	男	计算机编辑部	员工	1990年11月8日	2014年7月17日		在职	本科	30~40岁
A0078	女	计算机编辑部	副主管	1988年6月7日	2014年8月7日		在职	硕士研究生	30~40岁
A0083	女	计算机编辑部	员工	1985年9月16日	2014年12月8日		在职	硕士研究生	30~40岁
A0095	女	计算机编辑部	员工	1989年9月23日	2015年3月2日		在职	硕士研究生	30~40岁
A0100	男	计算机编辑部	员工	1986年3月9日	2015年3月14日		在职	硕士研究生	30~40岁

图 9-33　钻取“计算机编辑部”相关的数据信息

9.4.2　员工离职率可视化

本节首先创建“员工离职率分析”报表页，在该页中使用切片器根据年份、季度和部门对数据进行筛选，使用卡片图展示当前离职员工人数和离职率，使用饼图展示不同性别、学历和年龄段当期离职员工人数占比；然后完善和美化报表页；最后对报表进行可视化分析。

1. 创建报表页

步骤 1 新建报表页，并将其重命名为“员工离职率分析”。

步骤 2 添加切片器。添加 3 个切片器，分别将“数据”窗格中“日期表”数据表中的“年份”和“季度”字段，以及“员工信息表”数据表中的“部门”字段拖到“可视化”窗格“生成视觉对象”选项卡的“字段”编辑框中，并在“可视化”窗格“设置视觉对象格式”选项卡的“视觉对象”子选项卡中设置它们的样式为“磁贴”，其中“年份”切片器打开“显示‘全选’选项”开关按钮；在“筛选器”窗格中参照图 9-34 设置“年份”筛选器。

步骤 3 调整 3 个切片器的大小和位置，得到的切片器如图 9-35 所示。

图 9-34　设置视觉对象筛选器

图 9-35　切片器

步骤 4 添加卡片图。添加两个卡片图，分别将“数据”窗格中“员工信息表”数据表中的“当期离职员工人数”和“离职率”度量值拖到“可视化”窗格“生成视觉对象”

选项卡的“字段”编辑框中。调整两个卡片图的大小和位置，得到的卡片图如图 9-36 所示。

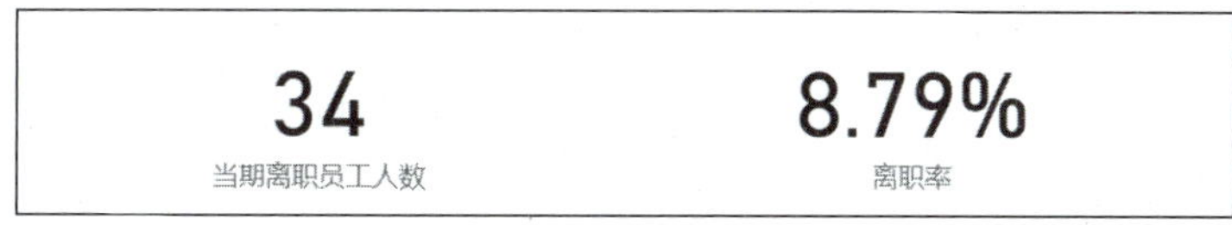

图 9-36　卡片图

步骤 5 添加饼图。添加一个饼图，在“数据”窗格中勾选“员工信息表”数据表中的“性别”和“当期离职员工人数”复选框，在“可视化”窗格“设置视觉对象格式”选项卡的“常规”子选项卡中设置“标题”文本为“不同性别当期离职员工人数占比”。

复制两个饼图，分别将饼图副本的“图例”字段修改为“员工信息表”数据表中的“学历”和“年龄段”字段，将“标题”文本修改为“不同学历当期离职员工人数占比”和“不同年龄段当期离职员工人数占比”，设置旋转角度为“10”。

步骤 6 调整 3 个饼图的大小和位置，此时的报表页效果如图 9-37 所示。

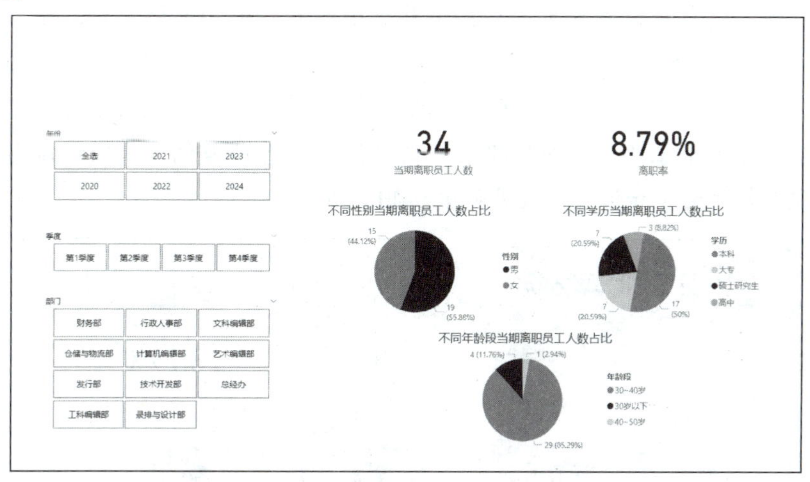

图 9-37　“员工离职率分析”报表页效果

2. 完善和美化报表

步骤 1 设置画布背景。在“可视化”窗格“设置页面格式”选项卡中展开“画布背景”，设置颜色为“白色，10%较深”，透明度（%）为“50”。

步骤 2 设置报表页标题。将“员工构成分析”报表页中的标题（包括图像和圆角矩形）复制到“员工离职率分析”报表页。选中标题中的圆角矩形，在“设置形状格式”窗格“形状”选项卡的“样式”设置区将文本修改为“员工离职率分析”。

步骤 3 完善和美化切片器。同时选中 3 个切片器，在“可视化”窗格“设置视觉对象格式”选项卡的“视觉对象”子选项卡中展开“切片器标头”，设置“文本”的字号为“9”（见图 9-38）；展开“值”，设置“值”字体颜色为“黑色”，“背景”颜色为“#a0d1ff，主题颜色 1，60%较浅”，如图 9-39 所示。

步骤 4 切换到“常规”子选项卡，关闭“效果”设置区的“背景”开关按钮。

图 9-38　设置切片器标头的字号

图 9-39　设置切片器值的字体和背景颜色

步骤 5 插入圆角矩形并置于底层，调整大小使其包含 3 个切片器，在“形状”设置区设置圆角（%）为“5”，在“样式”设置区设置“填充”颜色为“#a0d1ff，主题颜色 1，60%较浅”，透明度（%）为“50”，“边框”颜色为“#118DFF，主题颜色 1”。

步骤 6 参照“员工构成分析”报表页的效果，完善和美化卡片图和饼图，最后调整报表页中视觉对象的大小和位置，效果如图 9-40 所示。

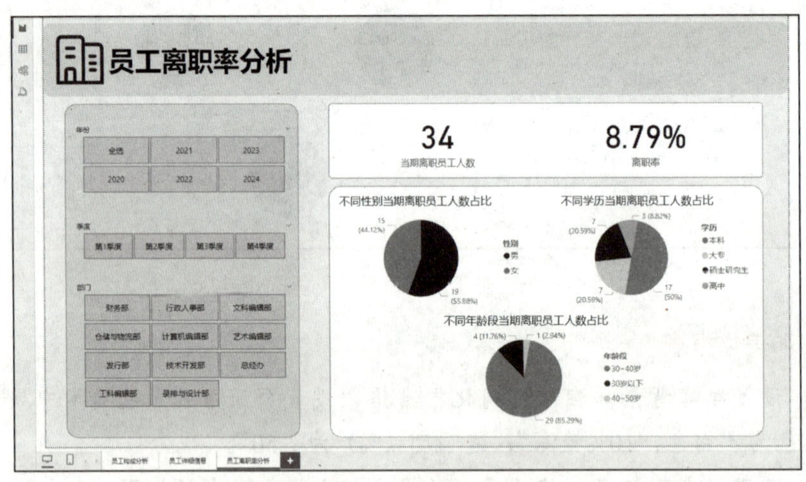

图 9-40　完善和美化后的“员工离职率分析”报表页效果

3．报表的可视化分析

步骤 1 由图 9-40 可以看出，截至 2024 年底，该企业离职员工人数为 34 人，离职率为 8.79%，其中男性离职员工占比 55.88%，女性离职员工占比 44.12%；本科离职员工占比最大，为 50%；30～40 岁年龄段离职员工占比最大，为 85.29%。

上述离职率数据反映该企业的员工流动性相对稳定。从性别构成看，男性员工和女性员工离职比例相差不大；从学历构成看，本科学历离职员工比例较高，这表明本科员工的流失

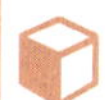

可能与职场环境、职业发展机会或其他因素有关；从年龄构成看，30～40 岁年龄段离职员工比例较高，该年龄段的员工通常处于职业发展的关键期，可能在寻找更好的职业机会，企业可以考虑改善员工的职业发展路径和福利待遇，尤其是 30～40 岁年龄段员工的成长和晋升机会。

步骤 2 在“员工离职率分析”报表页中，在“年份”切片器中选择“2024 年”选项，可查看 2024 年离职员工人数、离职率，以及不同性别、学历和年龄段离职员工人数占比，筛选结果如图 9-41 所示。

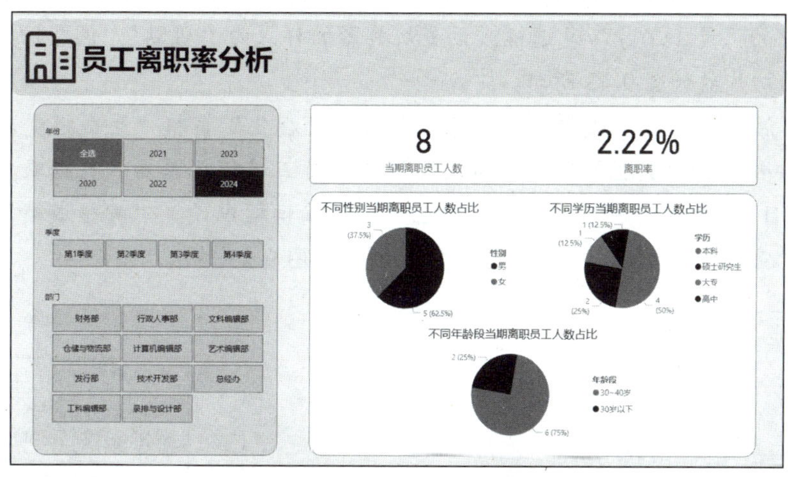

图 9-41　筛选 2024 年员工离职率数据

步骤 3 取消选中“年份”切片器“2024 年”选项，在“部门”切片器中选择“计算机编辑部”选项，可查看截至 2024 年底计算机编辑部离职员工人数、离职率，以及不同性别、学历和年龄段离职员工人数占比，筛选结果如图 9-42 所示。

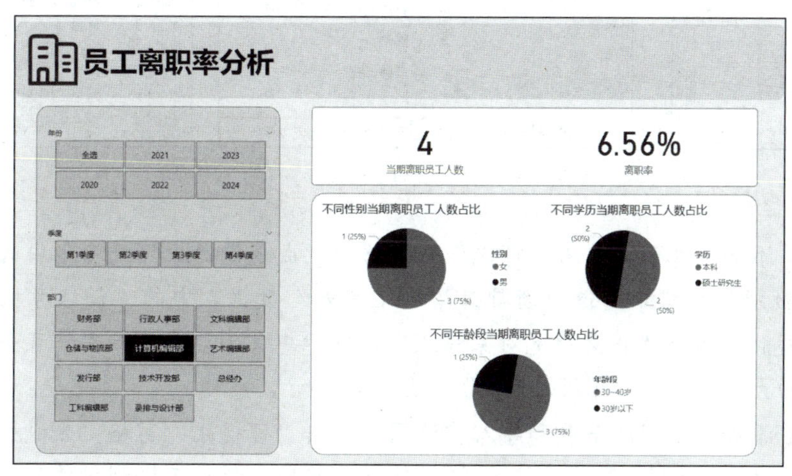

图 9-42　筛选计算机编辑部员工离职率数据

9.4.3　新员工考核成绩可视化

本节首先创建“新员工考核成绩分析”报表页，在该页中使用切片器根据员工工号对数据进行筛选，使用表展示员工工号、考核项目和考核成绩，使用卡片图展示新员工最终考核结果（是否合格），使用雷达图展示新员工不同考核项目的及格分数和考核成绩；然后完善和美化报表页；最后对报表进行可视化分析。

1. 创建报表页

步骤 1 新建报表页，并将其重命名为“新员工考核成绩分析”。

步骤 2 添加切片器。添加一个切片器，在“数据”窗格中勾选“新员工培训记录表”数据表中的“员工工号”复选框，设置切片器的样式为“磁贴”，调整切片器的大小和位置，得到的切片器如图 9-43 所示。

步骤 3 添加表。取消选中视觉对象，单击“可视化”窗格“生成视觉对象”选项卡中的“表”按钮，在“数据”窗格中依次勾选“新员工培训记录表”数据表中的“员工工号”“考核项目”“考核成绩”复选框，并在“列”编辑框中设置“考核成绩”字段不汇总（见图 9-44），最后调整表的大小和位置，得到的表如图 9-45 所示。

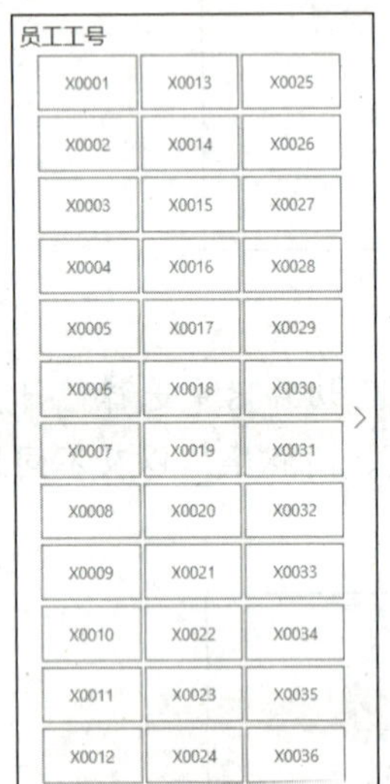

图 9-43 切片器

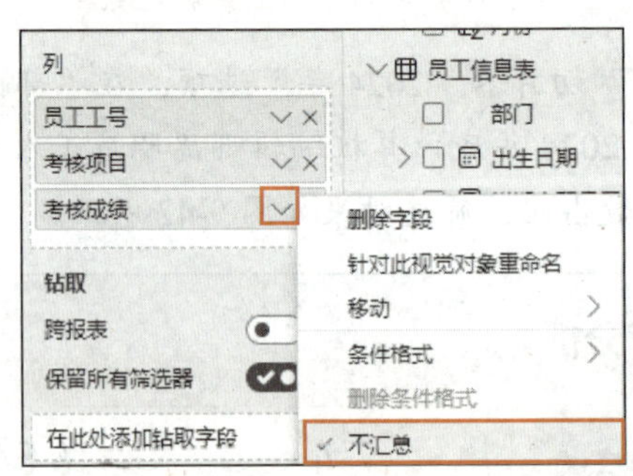

图 9-44 设置“考核成绩”字段

员工工号	考核项目	考核成绩
X0001	办公系统操作	69.00
X0001	表达与沟通能力	70.00
X0001	考勤	50.00
X0001	职业素养	80.00
X0001	专业知识	75.00
X0002	办公系统操作	90.00
X0002	表达与沟通能力	80.00
X0002	考勤	80.00
X0002	职业素养	56.00
X0002	专业知识	77.00
X0003	办公系统操作	99.00
X0003	表达与沟通能力	100.00
X0003	考勤	90.00
X0003	职业素养	50.00
X0003	专业知识	80.00
X0004	办公系统操作	0.00
X0004	表达与沟通能力	0.00

图 9-45 表

步骤 4 添加卡片图。单击“可视化”窗格“生成视觉对象”选项卡中的“卡片图”按钮，在“数据”窗格中勾选“新员工培训记录表”数据表中的“最终考核结果”复选框，在“可视化”窗格“设置视觉对象格式”选项卡中关闭“类别标签”开关按钮，最后调整卡片图的大小和位置，得到的卡片图如图 9-46 所示。

步骤 5 添加雷达图。下载和导入雷达图，单击“可视化”窗格“生成视觉对象”选项卡中的“Radar Chart3.1.3.0”按钮，将“数据”窗格“新员工培训记录表”数据表中的“考核项目”字段拖到“可视化”窗格“生成视觉对象”选项卡的“类别”编辑框中，将“及格分数”和“考核成绩”字段拖到“Y 轴”编辑框中，并分别将编辑框中的字段名称修改为“及格分数”和“考核成绩”，如图 9-47 所示。

设置雷达图的图例标题为空，图表标题为“新员工不同考核项目及格分数和考核成

绩”，调整雷达图的大小。

图 9-46 卡片图

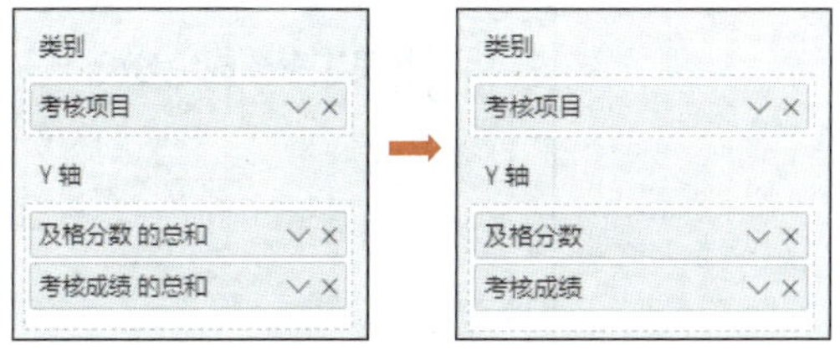

图 9-47 修改字段名称

步骤 6 调整“新员工考核成绩分析”报表页中视觉对象的大小和位置，效果如图 9-48 所示。

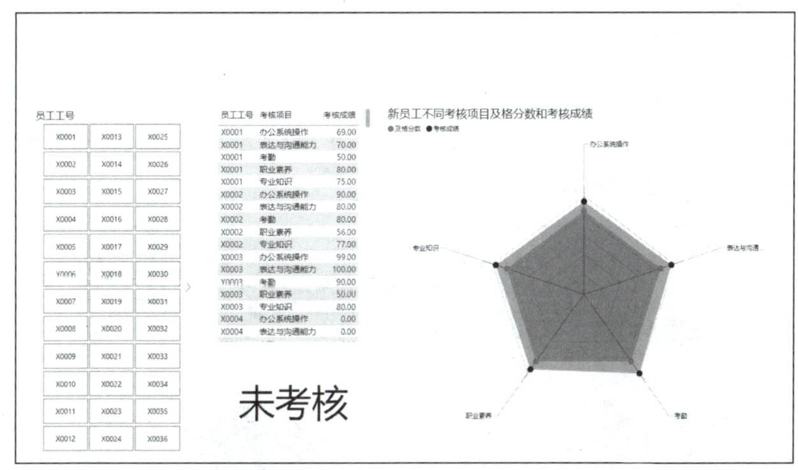

图 9-48 “新员工考核成绩分析”报表页效果

2. 完善和美化报表

步骤 1 设置画布背景。在“可视化”窗格“设置页面格式”选项卡中展开“画布背景”，设置颜色为“白色，10%较深”，透明度（%）为“50”。

步骤 2 设置报表页标题。将“员工构成分析”报表页中的标题（包括图像和圆角矩形）复制到“新员工考核成绩分析”报表页，并将圆角矩形的文本修改为“新员工考核成绩分析”。

步骤 3 选中切片器，在“可视化”窗格“设置视觉对象格式”选项卡“视觉对象”子选项卡的“值”设置区设置“值”字体颜色为“黑色”，“背景”颜色为“#a0d1ff，主题颜色 1，60%较浅”。

步骤 4 切换到“常规”子选项卡，在“效果”设置区设置“背景”颜色为“#a0d1ff，主题颜色 1，60%较浅”，透明度（%）为“50”；打开“视觉对象边框”开关按钮，设置边框颜色为“#118DFF，主题颜色 1”，圆角（像素）为“10”。

步骤 5 打开表、卡片图和雷达图的“视觉对象边框”开关按钮，设置它们的边框颜色为“#118DFF，主题颜色 1”，圆角（像素）为“10”。

步骤 6 调整报表页中视觉对象的大小和位置，效果如图 9-49 所示。

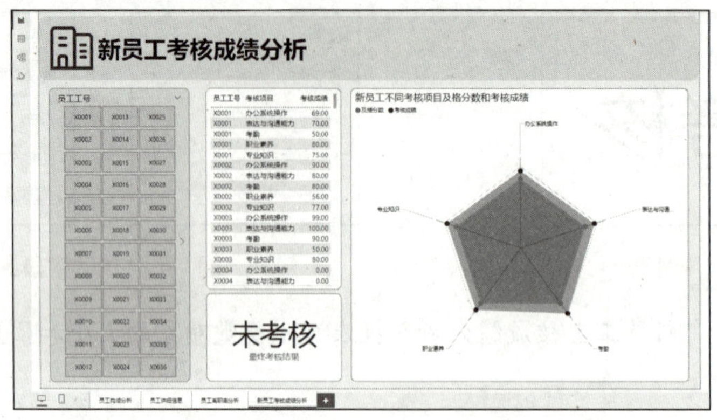

图 9-49 完善和美化后的“新员工考核成绩分析”报表页效果

3. 报表的可视化分析

步骤 1 在“新员工考核成绩分析”报表页中，在“员工工号”切片器中选择“X0001”选项，筛选结果如图 9-50 所示。

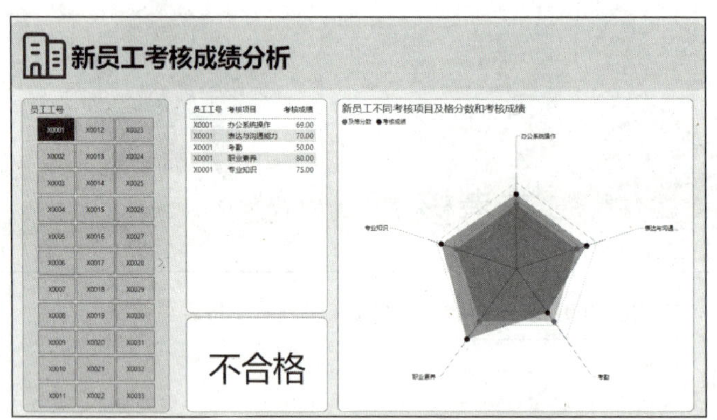

图 9-50 筛选 X0001 号员工的考核成绩

由图 9-50 可以看出，X0001 号员工考勤项目考核成绩不及格，最终考核结果为不合格。

步骤 2 在“员工工号”切片器中选择“X0004”选项，筛选结果如图 9-51 所示。

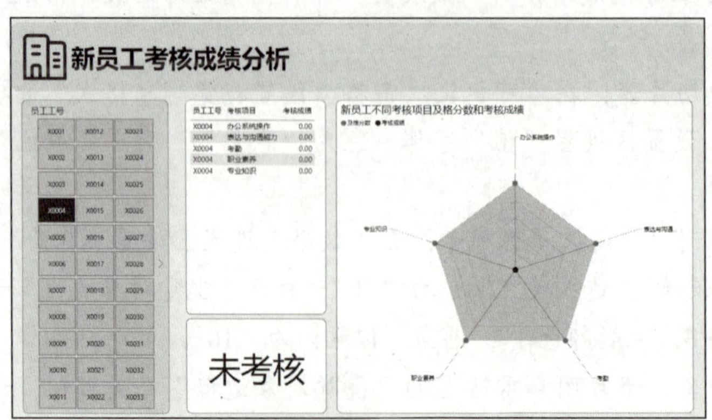

图 9-51 筛选 X0004 号员工的考核成绩

由图 9-51 可以看出，X0004 号员工所有项目的考核成绩为 0，最终考核结果为未考核。

步骤 3 在“员工工号”切片器中选择“X0026”选项，筛选结果如图 9-52 所示。

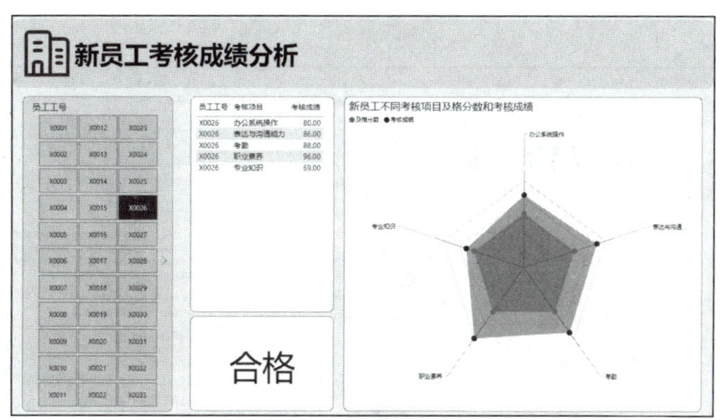

图 9-52　筛选 X0026 号员工的考核成绩

由图 9-52 可以看出，X0026 号员工所有考核项目的考核成绩均及格，最终考核结果为合格。

9.5 在 Power BI 移动端查看报表和仪表板

本节首先将报表发布到 Power BI 服务，并在 Power BI 服务中创建仪表板，然后在移动端查看报表和仪表板。

9.5.1 发布报表与创建仪表板

步骤 1 发布报表。在 Power BI Desktop 的“主页”选项卡“共享”命令组中单击“发布”命令按钮，在弹出的提示框中单击“保存”按钮，将报表发布到“我的工作区”，然后在“发布到 Power BI”对话框中单击打开链接，进入 Power BI 服务，如图 9-53 所示。

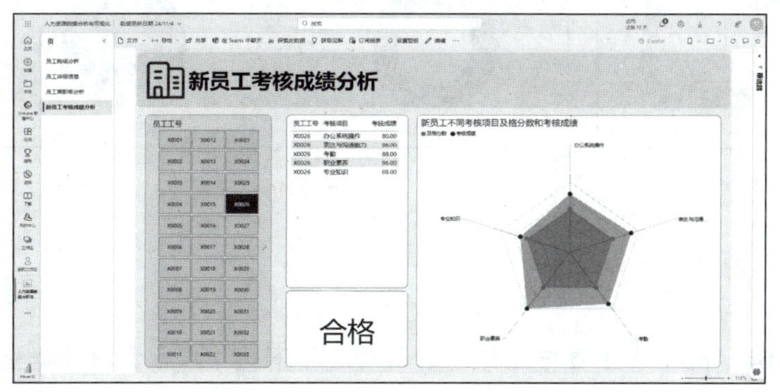

图 9-53　Power BI 服务中的报表

在 Power BI 移动端查看报表和仪表板

步骤 2 切换报表页。在报表页面的左侧报表页导航栏中，单击不同的报表页名称，可切换到对应的报表页，此处单击“员工构成分析”，切换到“员工构成分析”报表页，如图 9-54 所示。

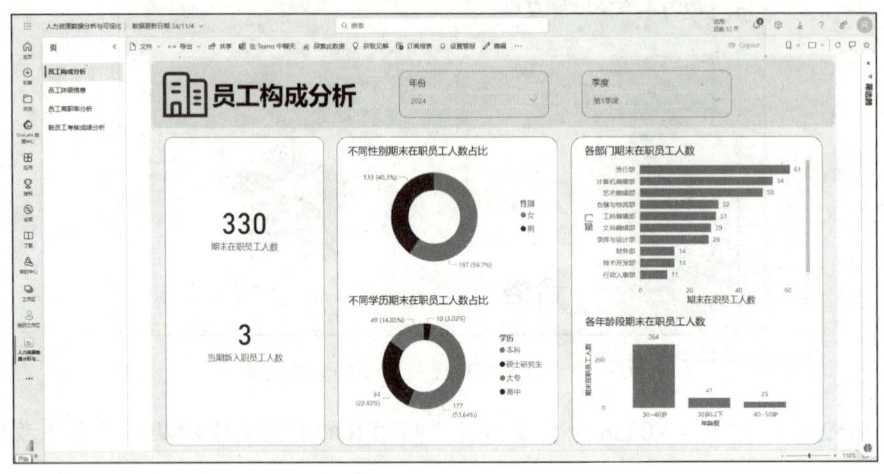

图 9-54 切换到“员工构成分析”报表页

步骤 3 创建仪表板。在“员工构成分析”报表页中，在“年份”和“季度”切片器中选择“全选”选项，单击“不同学历期末在职员工人数占比”环形图右上角的“固定视觉对象”按钮，打开“固定到仪表板”对话框，选中“新建仪表板”单选钮，在“仪表板名称”输入框中输入“人力资源数据”，单击“固定”按钮，如图 9-55 所示。

步骤 4 切换到“员工离职率分析”报表页，取消选中“部门”切片器中“计算机编辑部”选项，将“不同学历当期离职员工人数占比”饼图固定到“人力资源数据”仪表板，得到的仪表板如图 9-56 所示。

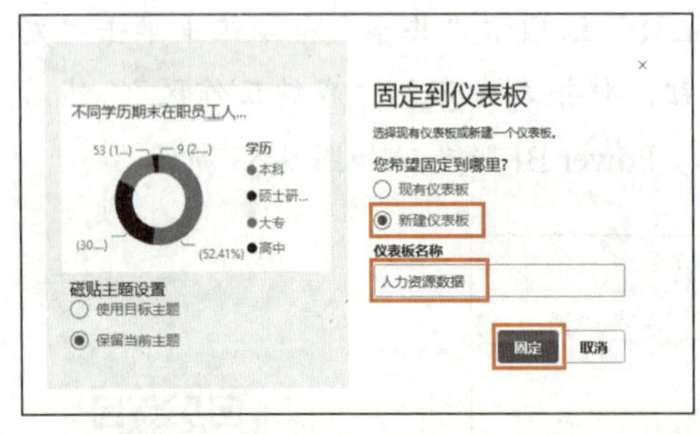

图 9-55 将视觉对象固定到仪表板

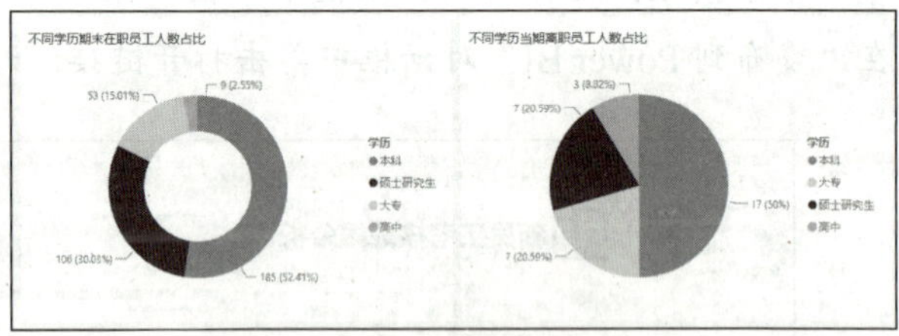

图 9-56 仪表板

9.5.2 在移动端查看报表和仪表板

步骤 1 打开 Power BI App，在主页中选择“最新动态”下的“人力资源数据分析与可视化”报表，打开报表，如图 9-57 所示。

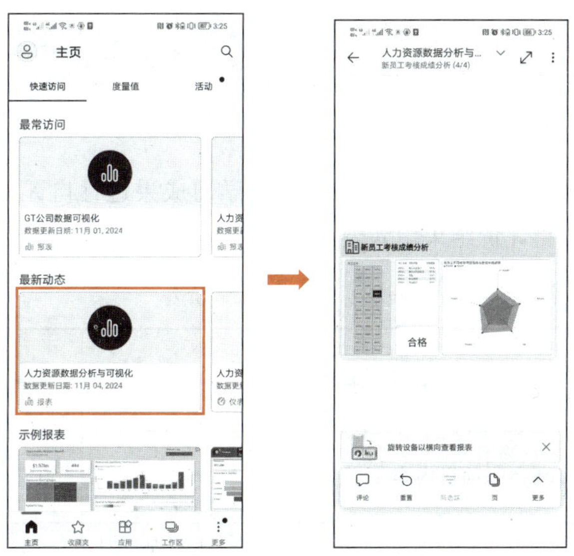

图 9-57　查看“人力资源数据分析与可视化”报表

步骤 2 在界面上方单击“人力资源数据分析与可视化”下拉按钮，在其下拉列表中选择“员工构成分析”选项，切换到“员工构成分析”报表页，如图 9-58 所示。

步骤 3 返回主页，选择“最新动态”下的“人力资源数据”仪表板，打开仪表板，如图 9-59 所示。

图 9-58　切换到“员工构成分析”报表页

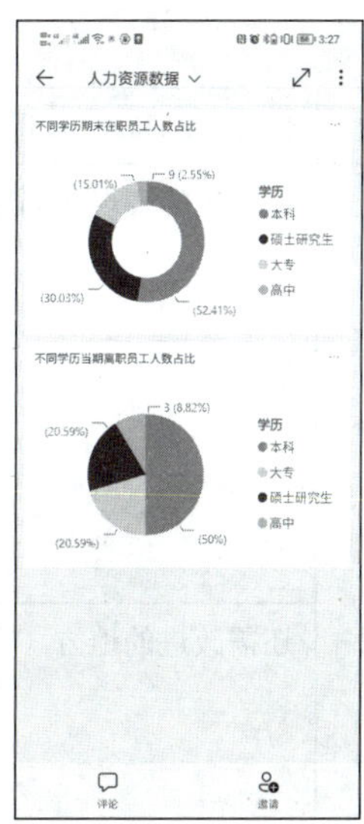

图 9-59　查看“人力资源数据”仪表板

项目评价

请同学们结合本项目的学习情况，按小组对学习成果进行自评和互评，然后请老师进行师评和综合评价，并将评价结果填入表9-1中。

表9-1　学习成果评价表

评价项目	评价内容	分值	评价分数		
			自评	互评	师评
项目完成度（60%）	根据操作步骤完成项目内容	60分			
能力（20%）	根据需求对数据进行处理和分析，并使用合适的视觉对象进行可视化	20分			
素养（20%）	互帮互助，具有团队精神	5分			
	认真负责，按时完成学习、实践任务	5分			
	提高自己的动手能力，做到学以致用	5分			
	提升分析和解决问题的能力，培养系统化思维	5分			
合计		100分			
综合分数	自评（25%）+互评（25%）+师评（50%）=_______	等级：			
综合评价	最突出的表现（创新或进步）：				
	还需改进的地方（不足或缺点）：				
	指导教师签字：				

注：等级可以“优”（90分≤综合分数≤100分）、“良”（80分≤综合分数＜90分）、“中”（60分≤综合分数＜80分）、“差”（综合分数＜60分）为标准进行评价。

参考文献

［1］裴丽丽．Power BI 数据挖掘与可视化分析［M］．北京：人民邮电出版社，2023．

［2］Excel Home．Power BI 数据分析与可视化实战［M］．北京：北京大学出版社，2022．

［3］尚西．Power BI 数据分析从入门到进阶［M］．北京：机械工业出版社，2022．

［4］凤凰高新教育．Power BI 商业数据分析完全自学教程［M］．北京：北京大学出版社，2021．

［5］王国平．Microsoft Power BI 商业数据分析与案例实战［M］．北京：清华大学出版社，2021．

［6］夏帮贵．Power BI 数据分析与数据可视化［M］．北京：人民邮电出版社，2019．